# College General Mathematics

# 大學一般數學

金 柄 茂 著

도서
출판 신 성

# 머 리 말

제1장부터 제10장까지 한학기의 강의를 통해 소화하도록 하였으나 학생들의 능력에 따라 시수를 구별하지 않고 자기 능력에 맞게 소화해 나가면서 공부해도 관계없다.

제1장 방정식과 부등식, 제2장 함수, 제3장 지수함수와 로그함수, 제4장 삼각함수까지의 구성은 실전문제와 풀이를 수록하여 그 장에서 배운 내용이 실제생활에 활용되는 예제를 다루어 학습동기 유발에 효과가 있기를 바라고, 탐구학습에 중점을 두고 제시된 용어의 정의 확인문제는 배운 내용을 찾아 정리하고 이해하여 연습문제 풀이에 활용하도록 한다. 해설이나 내용서술이 부족한 부분은 각자 노력하여 보완하고 정리하여 자기 것으로 만들기를 바랍니다. 다양한 보충 연습, 익힘 문제를 통해 일일이 설명하지 못한 부분을 보완하고 문제해결력을 증진시켜 그 장의 목적을 달성하도록 하였으며 연습문제와 Homework는 정답을 스스로 또는 협동으로 풀어 보기 바랍니다.

제5장 수열과 수학적귀납법, 제6장 복소수, 제7장 행렬과 행렬식, 제8장 벡터와 공간기하, 제9장 도형과 방정식, 제10장 이산변수와 연속변수의 구성은 앞 장과 달리 실전문제, 용어의 정의 확인문제, 보충 연습, 익힘 문제를 다루지 않았다. 수학학습에 대한 자신의 태도를 점검하고 용어의 정의를 스스로 탐구하여 공부할 기회를 갖도록 했으며 예제와 문제를 풀어 기본적인 문제풀이에 접근하도록 하고 연습문제에서 다양한 경험을 쌓아 문제해결력을 높이도록 하였다. 정확한 개념의 이해를 못하면 수학학습의 어려움이 있음을 깨달을 기회가 되었으면 합니다. 전체적으로 그래프나 그림 설명이 부족하여 이해에 어려움을 줄 수 있으나 학생이 직접 그려보고 느끼고 생각하며 새로운 것을 자기 것으로 만들어가는 과정을 배우는데 도움을 주기위한 방책으로 생각하기 바랍니다.

현장에서 학생들을 지도하며 느낀 점과 대학수학에 대한 수십 편의 논문을 쓰면서 얻은 경험, 그리고 일반수학을 선택한 학생들의 기초 수학능력을 기르는데 도움을 주며 그들이 수학에 대한 긍정적인 태도를 갖도록 책의 내용 구성에 관심을 기울였다. 대학수학에서 좋은 성과를 거둔 학생이 모든 분야에서 좋은 성과를 얻을 수 있다. 책을 읽어가다 적절하지 못한 용어, 내용의 흐름이 부드럽지 못하고 매끄럽지 못한 부분, 풀이가 틀린 부분을 지적해 주면 즉시 반영하여 수정, 보완하고 보다 나은 책이 되도록 노력할 것이다. 배우기 쉽고 가르치기 쉬운 분량으로 만들다 보니 부족하거나 빠진 부분이 있을 수 있다. 이것은 다른 교재를 활용하거나 지도교수의 도움으로 보완하길 바랍니다. 수학을 통해 보다 나은 내일을 기약하고 자신의 밑거름을 마련하는 기회로 삼길 바라며 이 책이 나오기까지 물심양면으로 도움을 주신 신성출판사 신동수 사장님과 직원 여러분에게 깊은 고마움을 전합니다.

수학 문제의 해결은 머리와 연필 끝에서 이루어짐을 명심하고 수업에 임해주기 바랍니다. 고맙습니다.

저 자

# 목 차

제 1 장

# 방정식과 부등식

〈 학습내용 〉

1.1 집합

1.2 실수

1.3 이차방정식

1.4 여러 가지 방정식

1.5 부등식

# 방정식과 부등식

## 1.1 집 합

집합 기호를 사용하면, 수학의 내용을 정확하면서도 보다 쉽고 간결하게 표현할 수 있다. 이 절에서는 앞으로 사용하게 될 집합 기호와 논리 기호에 대하여 간단히 설명하기로 한다.

어떤 일정한 범위 내에서 명확하게 구별이 가능한 어떤 대상들을 모아놓은 것을 **집합**(set)이라 하고, 모여진 대상 하나 하나를 그 집합의 **원소**(element)라 한다. 집합은 $A, B, \cdots, X, Y, Z$ 등으로 나타내고, 집합을 구성하는 대상인 원소는 $a, b, \cdots, x, y, z$ 등으로 나타낸다.

대상 $x$가 집합 $S$의 원소일 때 이것을

$$x \in S \quad \text{또는} \quad S \ni x$$

로 나타내고, "$x$는 집합 $S$에 속한다." 또는 "집합 $S$는 $x$를 포함한다." 라고 말한다. 또, 대상 $x$가 집합 $S$의 원소가 아닐 때는

$$x \notin S \quad \text{또는} \quad S \not\ni x$$

로 나타낸다.

한 집합을 나타내는 방법은 다음의 두 가지가 있다. 우선, 집합을 이루고 있는 원소들을 순서에 관계없이 나열하고 괄호 { }로 묶어서 나타내는 원소나열법이 있고, 다른 하나는 어떤 성질 $p(x)$를 만족하는 모든 $x$로 이루어진 집합을

$$\{ x \mid p(x) \}$$

와 같이 나타내는 조건제시법이 있다.

**예제 1** $S = \{a, b, c\}$ 일 때, $a \in S$ 이고 $x \notin S$ 이다

또, $X = \{x \mid x^2 - 5x + 6 = 0\}$ 일 때는 $X = \{2, 3\}$ 이므로 $2 \in X$ 이고 $5 \notin X$ 이다.

두 집합 $A, B$ 에 대하여 집합 $A$ 의 모든 원소가 집합 $B$ 의 원소일 때, 즉 $x \in A$ 이면 $x \in B$ 일 때 $A$ 를 $B$ 의 **부분집합**(subset)이라 하고

$$A \subset B \quad \text{또는} \quad B \supset A$$

로 나타낸다. 이것을 " $A$ 는 $B$ 에 포함된다." 또는 " $B$ 는 $A$ 를 포함한다." 라고 한다. $A$ 가 $B$ 의 부분집합이 아니면

$$A \not\subset B \quad \text{또는} \quad B \not\supset A$$

로 나타낸다. 두 집합 $A$ 와 $B$ 가 $A \subset B$ 이고 $B \subset A$ 인 관계가 동시에 성립할 때 $A$ 와 $B$ 는 같은 집합이라 하고 $A = B$ 로 나타낸다. 두 집합 $A$ 와 $B$ 가 $A \subset B$ 이지만 $A \neq B$ 일 때 $A$ 를 $B$ 의 **진부분집합**(proper subset)이라 하고 $A \subsetneq B$ 로 나타낸다.

책에 따라서는 부분집합을 나타낼 때 $\subset$ 대신 $\subseteq$ 을 쓰고, 진부분집합을 나타낼 때는 $\subsetneq$ 대신 $\subset$ 을 쓰기도 한다.

원소를 하나도 가지지 않는 집합을 **공집합**(empty set)이라 하고, $\varnothing$ 또는 $\{\ \}$ 로 나타낸다. 공집합은 모든 집합의 부분집합이다.

두 집합 $A$ 와 $B$ 가 있을 때,

$$A \cup B = \{x \mid x \in A \text{ 또는 } x \in B\}$$

를 $A$ 와 $B$ 의 **합집합**(union)이라 하고,

$$A \cap B = \{x \mid x \in A \text{ 그리고 } x \in B\} = \{x \mid x \in A,\ x \in B\}$$

를 $A$ 와 $B$ 의 **교집합**(intersection)이라 한다.

합집합과 교집합 사이의 관계는 다음과 같다.

**정 리 1.1.1**

임의의 집합 $A, B, C$에 대하여 다음이 성립한다.

$$A \cup (B \cap C) = (A \cup B) \cap (A \cup C)$$

$$A \cap (B \cup C) = (A \cap B) \cup (A \cap C)$$

두 집합 $A$와 $B$에 대하여 집합 $A$의 원소 $a$와 집합 $B$의 원소 $b$로 만든 **순서쌍**(ordered pair) $(a, b)$ 전체의 집합을 $A \times B$로 나타내고, 이것을 집합 $A$와 $B$의 **곱집합**(product)이라 한다. 즉,

$$A \times B = \{(a, b) \mid a \in A, b \in B\}$$

이며, $A \times A$를 간단히 $A^2$으로 쓰기로 한다.

일반적으로, 집합 $A_1, A_2, \cdots, A_n$의 $A_1 \times A_2 \times \cdots \times A_n$은

$$\prod_{i=1}^{n} A_i = A_1 \times A_2 \times \cdots \times A_n$$
$$= \{(a_1, a_2, \cdots, a_n) \mid a_i \in A_i,\ i = 1, 2, \cdots, n\}$$

으로 정의된다. 예를 들어, $\mathbf{R}$을 실수 집합이라 할 때,

$$\mathbf{R}^2 = \mathbf{R} \times \mathbf{R} = \{(x, y) \mid x, y \in \mathbf{R}\}$$

$$\mathbf{R}^3 = \mathbf{R} \times \mathbf{R} \times \mathbf{R} = \{(x, y, z) \mid x, y, z \in \mathbf{R}\}$$

이 되고, 이것은 각각 좌표평면과 좌표공간을 뜻한다.

참과 거짓의 판별이 분명한 문장을 **명제**라고 하고, $p, q, r, \cdots$ 등으로 나타낸다. 두 명제 $p, q$에 대하여, 명제 "$p$이면 $q$이다."가 참이면

$$p \Rightarrow q$$

라고 나타내고, "$p$는 $q$를 **함의**(imply)한다."라고 한다. 이 때 $p$는 $q$가 되기 위한 **충분조건**, $q$는 $p$가 되기 위한 **필요조건**이라 한다.

두 명제 $p, q$에 대하여 $p \Rightarrow q$이고 $q \Rightarrow p$일 때,

$$p \Leftrightarrow q$$

로 나타내고, “ $p$ 와 $q$ 는 서로 **동치**(equivalence)”라 한다.

## ◈◈◈ 연습 문제 1-1 ◈◈◈

1. 다음 집합을 원소 나열법으로 나타내어라.

1) $\{x \mid x^2 + x - 6 = 0\}$　　2) 0 보다 큰 3 의 배수의 집합

3) $\{x \mid x^2 + x - 6 = 0\}$　　4) 자연수의 집합

2. 다음 집합을 조건제시법으로 나타내어라.

1) $\{2, 4, 8, 16, 32, \cdots\}$　　2) 홀수 전체의 집합

3) $\{3, 5, 7, 11, 13, 17\}$　　4) $\{1, 4, 9, 16, 25, \cdots\}$

3. 두 집합 $A = \{1, 2, 3\}$, $B = \{1, 3, 7\}$ 이 주어져 있을 때, 다음 집합을 구하여라.

1) $A \cup B$　2) $A \cap B$　3) $A \times B$　4) $B \times A$

4. 다음 문장 중에서 명제를 골라라.

1) $x^2 - 2x + 1 = 0$ 을 만족하는 해는 $x = 3$ 이다.
2) 나는 책을 많이 가지고 있다.
3) 수학은 재미있다.
4) 우리 과 재학생 중에서 키가 제일 큰 학생은 민수다.

5. 다음 명제의 참, 거짓을 구별하여라.

1) $A \cap (B \cup C) = (A \cap B) \cup C$
2) $A \cap (B \cap C) = (A \cap B) \cap C$
3) $\left\{x \,\middle|\, \dfrac{x^2-1}{x-1} = 0\right\} = \{x \mid x + 1 = 0\}$
4) $x + 1 = 0$ 또는 $x - 1 = 0 \Rightarrow x = 1$

# 1-2 실 수

이 절에서는 실수와 그 성질에 대하여 알아보자.

$$\mathbf{N} = \{1, 2, 3, \cdots, n, n+1, \cdots\}$$

을 **자연수**(natural number)의 집합이라 한다. 자연수의 집합은 덧셈에 대하여 닫혀 있다. 예를 들어, 자연수의 집합에서는 $15 + 23 = 38$ 과 같이 언제나 더하기를 할 수 있다. 그러나, 뺄셈에 대하여는 닫혀 있지 않다. 따라서 언제나 뺄셈이 가능하도록 자연수의 집합을 확장할 필요가 있다.

자연수 $1, 2, 3, \cdots$ 과 $0$ 및 자연수에 마이너스 부호를 붙인 $-1, -2, -3, \cdots$ 들을 모아 놓은 집합

$$\mathbf{Z} = \{\cdots, -3, -2, -1, 0, 1, 2, \cdots\}$$

을 **정수**(integer)의 집합이라 한다. 정수의 집합은 덧셈, 뺄셈, 곱셈에 대하여 닫혀 있지만 나눗셈에 대하여는 닫혀 있지 않다. 그러므로 나눗셈에 대하여 닫혀 있게 하기 위하여 수의 범위를 더욱 확장할 필요가 있다.

기약분수로 나타낼 수 있는 수를 **유리수**(rational number)라 하고, 유리수의 집합을

$$\mathbf{Q} = \left\{ \frac{n}{m} \;\middle|\; m, n \in \mathbf{Z},\ m \neq 0 \right\}$$

로 나타낸다. 모든 유리수는 다음과 같이 소수 전개로 나타낼 수 있다.

**예** $\dfrac{3}{4} = 0.75 = 0.74999\cdots \qquad \dfrac{1}{3} = 0.3333\cdots$

$\dfrac{17}{7} = 2.428571428\cdots \qquad -\dfrac{1}{6} = -0.1666\cdots$

위의 예에서 알 수 있듯이 유리수의 소수 전개에는 유한인 경우와 무한인 경우가 있다. 유한인 경우를 **유한소수**라 하고, 무한인 경우를 **무한소수**라 한다. 무한소수 중에는 예를 들어,

$$\frac{17}{7} = 2.\widehat{428571}\widehat{428571}\widehat{428571}\cdots$$

과 같이 '428571'이 하나의 마디가 되어 계속 반복되는 것도 있다. 이렇게 반복되는 부분이 있는 소수를 **순환소수**라 한다.

한편 소수 전개에서 순환하지 않는 소수가 있다. 이런 소수를 **무리수**(irrational number)라 한다. 유리수와 무리수를 통틀어 **실수**(real number)라 하고, 실수의 집합은 $\mathbf{R}$ 로 나타낸다. 이것을 다시 쓰면 다음과 같다.

$$\text{실수}\begin{cases}\text{유리수} \cdots \ \text{순환하는 소수} \\ \text{무리수} \cdots \ \text{순환하지 않는 소수}\end{cases}$$

지금까지 우리는 실수가 실제로 어떻게 구성되어 있는지를 간단히 살펴보았다. 실수를 다음과 같은 공리적인 방법으로 정의하기로 한다. 실수를 공리적으로 정의하기 전에 먼저 그 속에 포함된 몇 가지 개념을 살펴보자.

**정의 1.2.1 체의 공리**(axiom of field)

집합 $\mathbf{R}$ 에는 **덧셈**과 **곱셈**이 잘 정의되어 있다. 즉, 집합 $\mathbf{R}$ 에서 임의의 원소 $a, b$ 에 대하여 두 수의 합 $a+b$ 과 곱 $a \cdot b$ 에 대응하는 수가 각각 집합 $\mathbf{R}$ 에 유일하게 존재한다. 또한, 임의의 $a, b, c \in \mathbf{R}$ 에 대하여 다음 조건을 만족한다.

(A1) $a + b = b + a$

(A2) $a + (b + c) = (a + b) + c$

(A3) 집합 $\mathbf{R}$ 속에 $0$ 이 존재하여 $a + 0 = 0 + a = a$ 이 성립한다. 이 $0$ (zero)을 **덧셈에 대한 항등원**(identity)이라 한다.

(A4) 임의의 원소 $a \in \mathbf{R}$ 에 대하여 적당한 $x \in \mathbf{R}$ 가 존재하여 $a + x = x + a = 0$ 을 만족한다.

이때 존재하는 $x$ 를 **덧셈에 대한 역원**(inverse)이라 하고 $-a$ 로 나타낸다.

(M1) $a \cdot b = b \cdot a$

(M2) $a \cdot (b \cdot c) = (a \cdot b) \cdot c$

(M3) 집합 **R** 속에 $1$ 이 존재하여 $a \cdot 1 = 1 \cdot a = a$ 이 성립한다. 이 $1$ 을 **곱셈에 대한 항등원**(identity) 또는 **단위원**이라 한다.

(M4) $0$ 이 아닌 임의의 $a \in \mathbf{R}$ 에 대하여 적당한 $x \in \mathbf{R}$ 가 존재하여 $a \cdot x = x \cdot a = 1$ 을 만족한다. 이때 존재하는 $x$ 를 **곱셈에 대한 역원**(inverse)이라 하고 $\frac{1}{a}$ 또는 $a^{-1}$ 로 나타낸다.

(D) $a \cdot (b + c) = a \cdot b + a \cdot c$

**주 1.2.2** (1) 편의상 곱셈 $a \cdot b$를 $ab$로 나타내기도 한다.

(2) 위의 (1) 에서 (A1), (A2), (M1), (M2) 는 덧셈과 곱셈에 대한 **교환법칙**과 **결합법칙**이 성립함을 뜻하며, (D) 는 덧셈과 곱셈에 대한 **배분법칙**이 성립함을 뜻한다.

(3) 집합 **R** 위에서 뺄셈과 나눗셈을 다음과 같이 정의한다.

$$a - b = a + (-b)$$

$$a \div b = ab^{-1} \text{ 단, } b \neq 0$$

우리가 흔히 사용하는 다음 식들은 위의 정의를 사용하여 증명할 수 있다.

**정 리 1.2.3**

$a, b, c \in \mathrm{R}$ 일 때 다음 성질이 성립한다.

(1) $-(-a) = a$

(2) $a \cdot 0 = 0 \cdot a = 0$

(3) $ab = 0 \Rightarrow a = 0$ 또는 $b = 0$

(4) $a + b = a + c \Rightarrow b = c$

(5) $ab = ac,\ a \neq 0 \Rightarrow b = c$

**정의 1.2.4 순서공리**(axiom of order)

집합 **R** 에는 다음 성질을 만족하는 순서 관계가 정의된다. 여기서 $a, b, c$ 는 집합 **R** 속의 임의의 원소이다.

(1) 임의의 $a, b \in \mathbf{R}$ 에 대하여 다음 중 하나만 성립한다.

$$a > b,\ a = b,\ a < b$$

(2) $a > b,\ b > c \quad \Rightarrow \quad a > c$

(3) $a > b \Leftrightarrow a + c > b + c$

(4) $a > 0,\ b > 0 \quad \Rightarrow \quad ab > 0$

$a > 0$ 이거나 $a = 0$ 인 것을 $a \geq 0$ 으로 표기하며, 순서가 주어져 있는 집합 $\mathbf{R}$ 에서의 원소 $a \in \mathbf{R}$ 의 **절대값**(absolute value) $|a|$ 을 다음과 같이 정의한다.

$$|a| = \begin{cases} a & a \geq 0 \\ -a & a < 0 \end{cases}$$

이 정의로부터 다음이 성립하는 것을 증명할 수 있다.

**정 리 1.2.5**

$a, b, x \in \mathrm{R}$ 일 때 다음 성질이 성립한다.

$$|a| \geq 0, \quad |ab| = |a||b|$$

$$|x| < a \quad \Leftrightarrow \quad -a < x < a$$

$$|a+b| \leq |a| + |b|$$

**정의 1.2.6** 순서가 주어져 있는 집합 $\mathbf{R}$ 의 부분집합 $S \subset \mathbf{R}$ 가 **위로 유계**(bounded above) [**아래로 유계**(bounded below)]라 하는 것은, 적당한 원소 $u$ 가 $\mathbf{R}$ 에 존재하여 임의의 원소 $x \in S$ 에 대하여 $x \leq u$ [$x \geq u$] 를 만족할 때이다. 이 때 존재하는 $u \in \mathbf{R}$ 를 집합 $S$ 의 **상계**(upper bound)[**하계**(lower bound)]라 한다.

집합 $S \subset \mathbf{R}$ 가 **유계**(bounded)라 하는 것은 그 집합이 위로 유계인 동시에 아래로 유계가 성립할 때이다.

위로[아래로] 유계인 집합 $S \subset \mathbf{R}$ 에 대하여 다음 두 조건을 만족하는 $\mathbf{R}$ 의 원소 $u_0$ 를 집합 $S$ 의 **상한**(least upper bound)[**하한**(greatest lower bound)]이라 하며, $u_0 = \mathrm{lub}\, S$ [$u_0 = \mathrm{glb}\, S$] 로 나타낸다.

(1) 모든 $x \in S$ 에 대하여 $x \leq u_0$ [$x \geq u_0$] 가 성립한다.

(2) $S$ 의 임의의 상계[하계] $u$ 에 대하여 $u_0 \leq u$ [$u_0 \geq u$] 가 성립한다.

위로 유계인 집합이 있을 때, 그 집합의 상계는 유일하지 않다. 집합 $S \subset \mathbf{R}$ 에 대하여 $u \in \mathbf{R}$ 가 하나의 상계라면, $u$ 보다 더 큰 $\mathbf{R}$ 의 원소는 다시 $S$ 의 상계가 될 수 있다. 마찬가지로 하나의 하계보다 더 작은 것은 다시 하계가 될 수 있다.

유계인 집합이 반드시 상한이나 하한을 갖는 것은 아니며, 혹시 존재하더라도 그 집합 안에 있을 필요는 없다.

**예제 1** 집합 $A = \{ x \in \mathbf{R} \mid 2 < x \leq 5 \}$ 는 유계이며, $\cdots, 1, 2$ 등은 집합 $A$ 의 하계이고, $5, 6, 7, \cdots$ 등은 집합 $A$ 의 상계이다. 이 집합의 하한은 $2$ 이고, 상한은 $5$ 이다. 여기서, $2 \notin A$ 이지만 $5 \in A$ 이다(아래 그림 참조).

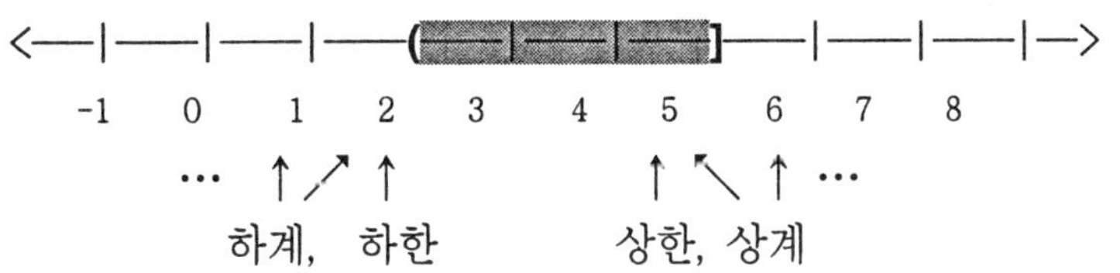


집합 $B = \{ x \in \mathbf{Q} \mid x^2 \leq 5 \} \subset \mathbf{Q}$ 는 유계이며, $3, 4, \cdots$ 등이 상계가 된다. 그러나 이 집합은 $\mathbf{Q}$ 안에서는 상한을 갖지 못한다.

**정의 1.2.7 완비성**(completeness)**공리**
위로 유계인 임의의 부분집합 $A(\neq \varnothing) \subset \mathbf{R}$ 는 항상 $\mathbf{R}$ 안에서 상한을 갖는다.

위의 공리는 다음과 동치이다.

아래로 유계인 임의의 부분집합 $A(\neq \varnothing) \subset \mathbf{R}$ 는 항상 $\mathbf{R}$ 안에서 하한을 갖는다.

**정의 1.2.8** 위에서 서술한 세 가지 공리(체의 공리, 순서 공리, 완비성공리)들을 모두 만족하는 집합을 **실수**의 집합 $\mathbf{R}$ 이라 정의한다.

한 직선이 주어져 있을 때, 기준이 되는 점 $O$ 를 실수의 $0$ 에 대응시킨 후에 단위 길이 1 을 그 직선 위에서 기준점 $O$의 오른쪽에 오도록 설정해 주면, 모든 유리수는 주어진 직선 위의 어떤 점에 대응시킬 수 있음을 쉽게 알 수 있다. 사실은[여기서 쉽게 증명할 수는 없지만] 주어진 직선 위의 모든 점은 실수에 대응시킬 수 있으며, 임의의 실수는 그 직선상의 단 하나의 점에 대응시킬 수 있다. 특히, $a < b$이면 $a$는 $b$의 왼쪽에 오게 된다. 이렇게 실수가 대응되어 있는 직선을 **수직선**이라 하고, 기준이 되는 점을 **원점**(origin)이라고 한다. 직선상의 점 $P$에 실수 $x$가 대응되어 있다면 그 $x$를 점 $P$의 (1차원) **좌표**(coordinate)라 하고 이것을 $P(x)$ 로 나타낸다.

이 수직선에서는 두 점 $P(x), Q(y)$ 사이의 **거리**(distance)를
$d(P, Q) = |x - y| \in \mathbf{R}$ 로 정의한다.

수직선상의 두 점 $a, b$가 있을 때, 두 점 사이에 있는 모든 점의 집합을 **구간**(interval)이라 한다. 구간은 다음의 네 종류가 있다.

$(a, b) = \{x \in \mathbf{R} \mid a < x < b\}$ $[a, b] = \{x \in \mathbf{R} \mid a \le x \le b\}$

$[a, b) = \{x \in \mathbf{R} \mid a \le x < b\}$ $(a, b] = \{x \in \mathbf{R} \mid a < x \le b\}$

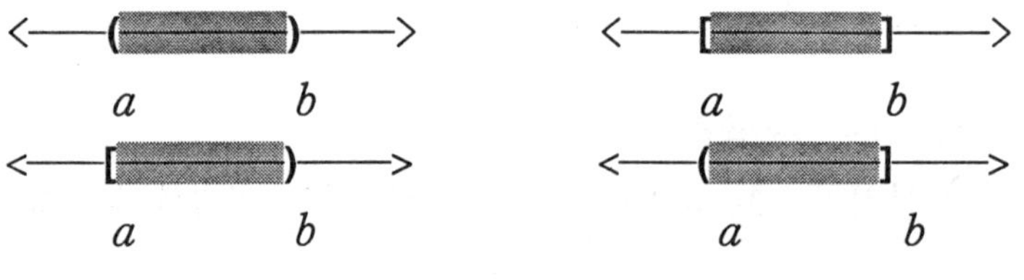


이 중에서 $(a, b)$를 **개구간**(open interval)이라 하고, $[a, b]$를 **폐구간**(closed interval)이라 한다.

점 $O$에서 직교하는 두 수직선 $\overrightarrow{Ox}, \overrightarrow{Oy}$가 평면상에 있다. 평면상의 임의의 점 $P$에서 두 직선에 각각 수선을 내려서 $\overrightarrow{Ox}, \overrightarrow{Oy}$와 만나는 수선의 발의 (1차원) 좌표를 각각 $x, y$라 하자. 그러면 평면상의 임의의 점 $P$에는 $(x, y) \in \mathbf{R} \times \mathbf{R}$ 라는 실수의 순서쌍이 대응되며, 역으로 임의의 순서쌍 $(x, y) \in \mathbf{R} \times \mathbf{R}$ 은 평면상의 유일한 점에 대응된다.

이 때 $x$를 점 $P$의 $x$좌표, $y$를 점 $P$의 $y$좌표라 하고, 순서쌍 $(x, y)$를 점 $P$의 **좌표**(coordinate)라 하고, $P(x, y)$로 표시한다. 이렇게 평면 위의 각 점에 실수의 순서쌍이 대응되어 있을 때 이것을 **좌표평면**(coordinate plane)이라 하고, 두 직선 $\overrightarrow{Ox}$, $\overrightarrow{Oy}$를 각각 $x$ **축**, $y$ **축**이라 고 하며, 두 축의 교점을 **원점**(origin)이라고 한다.

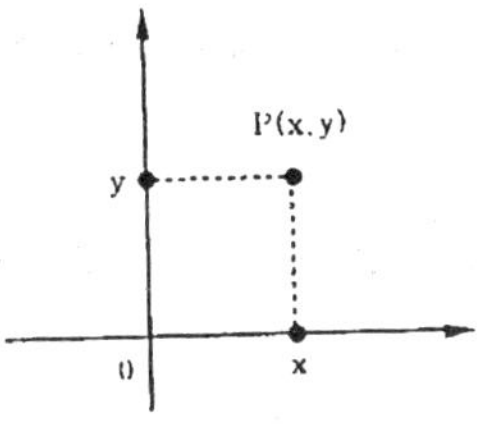


이 좌표평면에서 두 점 $P(x_1, y_1), Q(x_2, y_2)$ 사이의 **거리**(distance)는 다음과 같이 정의된다.

$$d(P, Q) = \sqrt{(x_2 - x_1)^2 + (y_2 - y_1)^2}$$

# ◈◈◈ 연습 문제 1-2 ◈◈◈

1. $\sqrt{8}$ 은 무리수임을 보여라.

2. 소수 전개에서 소수점 아래의 숫자가 유한개인 수는 유리수임을 보여라.

3. 다음을 증명하여라.
   1) 수직선상의 두 점의 좌표가 유리수라면, 이 두 점의 중점의 좌표도 유리수임을 보여라.
   2) 위의 1)을 이용해서 유리수의 개수는 무수히 많음을 보여라.

4. 다음 집합을 구간 또는 구간의 합으로 표현하고, 수직선상에 그림으로 나타내 보아라.
   1) $\{x \mid |x-1| \le 4\}$　　2) $\{x \mid |1-x^2| \ge 2\}$
   3) $\{x \mid 0 < x^2+4x \le 12\}$　　4) $\{x \mid 2x^2-8x+4 \ge 0\}$

5. 두 점 $P$, $Q$ 사이의 거리를 구하여라.
   1) $P(1,-2)$, $Q(4,2)$　　2) $P(5,3)$, $Q(-7,4)$
   3) $P(0,0)$, $Q(6,-8)$　　4) $P(3,0)$, $Q(4,-5)$

# 1-3 이차방정식

## ▶ 이차방정식의 풀이

이차방정식 $x^2+1=0$ 은 실수 범위에서는 근을 갖지 못하지만, 복소수 범위에서는 $x=i$ 또는 $x=-i$ 라는 근을 갖는다. 이제부터는 이차방정식의 근을 복소수의 범위까지 확장하여 생각하기로 한다. 실수 계수를 갖는 이차방정식

$$ax^2+bx+c=0, \quad a,b,c \in R,\ a \neq 0$$

의 근이 실수인 경우를 **실근**, 허수인 경우를 **허근**이라 한다. 이 책에서는 실수 계수를 갖는 이차방정식의 경우만을 다루기로 한다.

제곱근의 정의나 인수분해, 또는 완전제곱식을 이용하면 이차방정식의 근을 복소수의 범위에서 구할 수 있다.

**예제 1** 다음 이차방정식을 풀어라.

1) $x^2+5=0$ 2) $x^2+6x+11=0$

**풀이** 1) 상수항을 이항하면 $x^2=-5$이 된다.

$-5=(\pm\sqrt{5}i)^2$이므로, $x=\sqrt{5}i$, 또는 $x=-\sqrt{5}i$

2) 상수항을 이항하면

$$x^2+6x=-11$$

$x$ 의 계수 6의 $\frac{1}{2}$ 의 제곱인 9를 양변에 더하여 완전제곱식으로 고치면

$$x^2+6x+9=-11+9,\ (x+3)^2=-2$$

$$x+3=\pm\sqrt{2}i$$

$$\therefore\ x=-3\pm\sqrt{2}i$$ ▣

**주 1.3.1** 일반적으로 실수 계수의 모든 이차방정식은 복소수 범위까지 해의 범위를

확장하면 항상 두 개의 근을 갖는 것이 알려져 있다.

이차방정식 $ax^2+bx+c=0(a,\ b,\ c\in \mathrm{R},\ a\neq 0)$은 복소수 범위 내에서 언제나 완전제곱식으로 변형하여 풀 수 있다. 그러나 이차방정식을 풀 때마다 완전제곱식으로 변형하는 것은 번거로우므로 근의 공식을 사용하면 편리하다.

**정 리 1.3.2 (이차방정식의 근의 공식)**

실수 계수를 갖는 이차방정식 $ax^2+bx+c=0(a\neq 0)$의 근은 다음과 같다.

$$x=\frac{-b\pm\sqrt{b^2-4ac}}{2a}$$

**예제 2** 이차방정식 $x^2+3x-10=0$을 근의 공식을 이용하여 풀어라.

**풀이** $a=1,\ b=3,\ c=-10$이므로 근의 공식에서

$$\begin{aligned} x&=\frac{-3\pm\sqrt{3^2-4\cdot1\cdot(-10)}}{2\cdot1} \\ &=\frac{-3\pm\sqrt{49}}{2} \end{aligned}$$

따라서 $x=2$, 또는 $x=-5$ ▣

## ▶ 판별식

실수 계수를 갖는 이차방정식 $ax^2+bx+c=0(a\neq 0)$의 근은 근의 공식에 의하여 다음과 같이 구할 수 있다.

$$x=\frac{-b\pm\sqrt{b^2-4ac}}{2a}$$

이 때, 이 근은 근호 안의 식 $b^2-4ac$의 부호에 따라서

[1] $b^2-4ac>0$일 때, 서로 다른 두 실근

[2] $b^2-4ac=0$일 때, 중근

[3] $b^2-4ac<0$일 때, 서로 다른 두 허근이 된다. 그리고 이 사실의 역도 성립된다.

이와 같이, 이차방정식의 근을 식 $b^2-4ac$의 값의 부호에 따라 판별할 수 있으므로, 식 $b^2-4ac$를 이차방정식 $ax^2+bx+c=0\ (a\neq 0)$의 **판별식**(Discriminant)이라 하고, D로 나타낸다. 즉

$$D=b^2-4ac$$

이다. 이상을 정리하면 다음과 같다.

**정 리 1.3.3 (이차방정식의 근의 판별)**

이차방정식 $ax^2+bx+c=0\ (a,b,c\in R, a\neq 0)$은

1) $D=b^2-4ac>0 \Leftrightarrow$ 서로 다른 두 실근을 가진다. ← 실근

2) $D=b^2-4ac=0 \Leftrightarrow$ 중근을 가진다. ← 실근

3) $D=b^2-4ac<0 \Leftrightarrow$ 서로 다른 두 허근을 가진다.

**주 1.3.4** 서로 다른 두 허근의 경우는 켤레복소수가 된다.

**예제 3** 이차방정식 $x^2-3x+k=0(k\in R)$에 대하여 다음 물음에 답하여라.

1) 실근을 가지도록 $k$의 값의 범위를 정하여라.

2) 중근을 가지도록 $k$의 값을 정하여라.

**풀이** 판별식을 $D$라고 하면 $D=(-3)^2-4\cdot 1\cdot k=9-4k$이다.

1) 실근에는 서로 다른 두 실근과 중근의 두 가지 경우가 있으므로 $D\geq 0$이어야 한다. 따라서 $9-4k\geq 0$, 즉 $k\leq \frac{9}{4}$이다.

2) 중근을 가지려면 $D=0$이어야 하므로 $9-4k=0$, 따라서 $k=\frac{9}{4}$이다. ▣

### ▶ 근과 계수의 관계

실수 계수를 갖는 이차방정식 $ax^2+bx+c=0(a\neq 0)$의 근

$$x=\frac{-b\pm\sqrt{b^2-4ac}}{2a}$$

에서 두 근을 $\alpha, \beta$라 하면

$$\alpha=\frac{-b+\sqrt{b^2-4ac}}{2a},\ \beta=\frac{-b-\sqrt{b^2-4ac}}{2a}$$

라 놓을 수 있다. 이 때,

$$\begin{aligned}\alpha+\beta&=\frac{-b+\sqrt{b^2-4ac}}{2a}+\frac{-b-\sqrt{b^2-4ac}}{2a}\\&=\frac{-2b}{2a}=-\frac{b}{a}\\\alpha\cdot\beta&=\frac{-b+\sqrt{b^2-4ac}}{2a}\cdot\frac{-b-\sqrt{b^2-4ac}}{2a}\\&=\frac{b^2-(b^2-4ac)}{4a^2}=\frac{4ac}{4a^2}=\frac{c}{a}\end{aligned}$$

이다. 그러므로 이차방정식의 두 근의 합과 곱은 이차방정식의 계수로 나타낼 수 있다.

**정 리 1.3.5 (이차방정식의 근과 계수의 관계)**

이차방정식 $ax^2+bx+c=0(a\neq 0)$의 두 근을 $\alpha, \beta$라 하면

$$\alpha+\beta=-\frac{b}{a},\ \alpha\beta=\frac{c}{a}$$

**주 1.3.6** 이차방정식의 계수가 실수이면 두 근의 합과 곱은 언제나 실수가 됨을 알 수 있다.

**예제 4** 이차방정식 $x^2-5x+9=0$의 두 근을 $\alpha, \beta$라 할 때, 다음 식의 값을 구하여라.

1) $\alpha^2+\beta^2$ 2) $\dfrac{1}{\alpha}+\dfrac{1}{\beta}$

**풀이** 근과 계수의 관계에 의하여 $\alpha+\beta=5$, $\alpha\beta=9$이 된다.

1) $\alpha^2+\beta^2=(\alpha+\beta)^2-2\alpha\beta$
$=5^2-2\cdot 9=7$

2) $\dfrac{1}{\alpha}+\dfrac{1}{\beta}=\dfrac{\beta+\alpha}{\alpha\beta}=\dfrac{5}{9}$ ▣

## ▶ 두 수를 근으로 하는 이차방정식

두 수 $\alpha, \beta$를 근으로 하고 $x^2$의 계수가 1인 이차방정식은

$$(x-\alpha)(x-\beta)=0$$

이므로, 좌변을 전개하여 정리하면

$$x^2-(\alpha+\beta)x+\alpha\beta=0$$

이 된다. 따라서 다음 사실을 알 수 있다.

**정 리 1.3.7 (두 수를 근으로 하는 이차방정식)**

두 수 $\alpha, \beta$를 근으로 하고 $x^2$의 계수가 1인 이차방정식은
$x^2-(\alpha+\beta)x+\alpha\beta=0$

**예제 5** 두 수 $3+4i, 3-4i$ 를 근으로 하고 $x^2$의 계수가 1인 이차방정식을 구하여라.

**풀이** 구하는 이차방정식을 $x^2+px+q=0$이라 하면,

두 근의 합 $-p=(3+4i)+(3-4i)=6$

$\therefore p=-6$

두 근의 곱 $q=(3+4i)(3-4i)=9+16=25$

$\therefore q=25$

이다. 따라서 구하는 이차방정식은 $x^2-6x+25=0$이다. ▣

## ▶ 이차식의 인수분해

이차방정식 $ax^2+bx+c=0(a,b,c\in R, a\neq 0)$의 두 근을 $\alpha,\beta$라 하면 근과 계수와의 관계에 의하여

$$\alpha+\beta=-\frac{b}{a},\ \alpha\beta=\frac{c}{a}$$

를 얻는다. 따라서 주어진 이차식은

$$\begin{aligned} ax^2+bx+c &= a(x^2+\frac{b}{a}x+\frac{c}{a}) \\ &= a\ \{x^2-(\alpha+\beta)x+\alpha\beta\} \\ &= a(x-\alpha)(x-\beta) \end{aligned}$$

와 같이 인수분해된다. 따라서 이차식은 복소수 범위에서는 언제나 일차식의 곱으로 인수분해할 수 있다.

**정 리 1.3.8 (이차식의 인수분해)**

이차방정식 $ax^2+bx+c=0(a\neq 0)$ 의 두 근을 $\alpha,\beta$라 하면

$$ax^2+bx+c=a(x-\alpha)(x-\beta)$$

**예제 6** 이차식 $x^2+2x+5$을 복소수 범위에서 인수분해하여라.

**풀이** 이차방정식 $x^2+2x+5=0$ 의 근을 구하면

$$x=\frac{-2\pm\sqrt{2^2-4\cdot 1\cdot 5}}{2\cdot 1}=-1\pm 2i$$

$$\begin{aligned} \therefore\ x^2+2x+5 &= \{x-(-1+2i)\}\ \{x-(-1-2i)\} \\ &= (x+1-2i)(x+1+2i) \end{aligned}$$

▣

## ◈◈◈ 연습문제 1-3 ◈◈◈

1. 다음 이차방정식의 해를 구하여라.

1) $x^2+3x-4=0$ 2) $2x^2-2x-3=0$

3) $3x(x-1)+1=0$ 4) $x^2-\sqrt{5}x+1=0$

2. 다음 이차방정식의 근을 판별하여라.

1) $x^2+3x-2=0$ 2) $4x^2-2x+1=0$

3) $5x^2-10x+5=0$ 4) $2x^2-2x-3=0$

3. 이차방정식 $x^2+(3-k)x-2(k-1)=0$이 중근을 가지도록 실수 $k$의 값을 정하여라. 또, 이때의 중근을 구하여라.

4. 이차방정식 $x^2+4x-2=0$의 두 근을 $\alpha, \beta$라 할 때, 다음 식의 값을 구하여라.

1) $(\alpha+2)(\beta+2)$ 2) $(\alpha-\beta)^2$

3) $\dfrac{1}{\alpha-1}+\dfrac{1}{\beta-1}$ 4) $\dfrac{1}{\alpha^2}+\dfrac{1}{\beta^2}$

5. 두 수의 합이 8이고, 곱이 6인 두 수를 구하여라.

6. 다음의 이차식을 복소수 범위에서 인수분해하여라.

1) $x^2-2$ 2) $4x^2+4x+1$

3) $x^2-8x+12$ 4) $2x^2+4x+3$

5) $3x^2-2x-1$

# 1-4 여러 가지 방정식

## ▶ 삼차방정식과 사차방정식

$x^3-x^2+2x+1=0$과 $2x^4+5x^2-3=0$와 같이 $x$에 대한 다항식 $P(x)$의 차수가 3차, 4차일 때, 방정식

$$P(x)=0$$

을 각각 $x$에 대한 **삼차방정식**, **사차방정식**이라 한다.

일반적인 삼차방정식과 사차방정식의 풀이는 간단하지 않으므로 여기서는 간단히 인수분해를 이용하여 풀 수 있는 경우만 다루기로 한다.

**예제 1** 삼차방정식 $x^3-1=0$을 풀어라.

**풀이** 좌변을 인수분해하면

$$(x-1)(x^2+x+1)=0$$

$$\therefore\ x=1 \text{ 또는 } x^2+x+1=0$$

따라서 구하는 근은 $x=1$ 또는 $x=\dfrac{-1\pm\sqrt{3}i}{2}$ ▣

**주 1.4.1** 이차방정식이 복소수 범위 내에서 두 개의 근을 갖는 것과 같이, 실수 계수를 갖는 삼차방정식은 복소수 범위 내에서 세 개의 근을 갖는다. 이 때, 한 근은 반드시 실수이며 다른 두 근은 모두 실수이거나 켤레 복소수가 된다.

인수분해가 쉽게 되지 않는 경우에는 인수정리를 사용하면 방정식의 근을 쉽게 구할 수 있다.

**예제 2** 방정식 $x^4+3x^3+3x^2-x-6=0$을 풀어라.

**풀이** $P(x)=x^4+3x^3+3x^2-x-6$ 라 하면

$$P(1)=1+3+3-1-6=0$$

따라서 $P(x)$ 는 인수 $x-1$ 을 가진다.

$$\begin{array}{r|rrrrr} & 1 & 3 & 3 & -1 & -6 \\ 1 & & 1 & 4 & 7 & 6 \\ \hline & 1 & 4 & 7 & 6 & \boxed{0} \\ -2 & & -2 & -4 & -6 & \\ \hline & 1 & 2 & 3 & \boxed{0} & \end{array}$$

조립제법을 이용하여 $P(x)$ 를 인수분해하면

$$P(x)=(x-1)(x^3+4x^2+7x+6)$$

$Q(x)=x^3+4x^2+7x+6$라 하면

$$Q(-2)=-8+16-14+6=0$$

이므로 $Q(x)$ 는 인수 $x+2$를 가진다. 따라서 주어진 방정식은

$$(x-1)(x+2)(x^2+2x+3)=0$$

$$\therefore\ x-1=0 \text{ 또는 } x+2=0 \text{ 또는 } x^2+2x+3=0$$

따라서 $x=1$ 또는 $x=-2$ 또는 $x=-1\pm\sqrt{2}i$ ▣

**예제 3** 어느 정육면체의 가로, 세로, 높이를 각각 1cm, 2cm, 3cm씩 줄여서 직육면체를 만들었더니 그 부피가 $24\text{cm}^3$가 되었다고 한다. 원래의 정육면체의 한 변의 길이를 구하여라.

**풀이** 원래의 정육면체의 한 변의 길이를 $x$ cm라 하면, 새로 만들어진 직육면체의 가로, 세로, 높이는 각각 $(x-1)$ cm, $(x-2)$ cm, $(x-3)$ cm가 된다. 따라서 구하는 방정식은

$$(x-1)(x-2)(x-3)=24$$

이다. 여기서 $x-2=X$ 라 하면 주어진 방정식은

$$(X+1)X(X-1)=24$$

$$X^3-X-24=0$$

이다. 인수정리를 사용하여 좌변을 인수분해하면

$$(X-3)(X^2+3X+8)=0$$

따라서 $X-3=0$ 또는 $X^2+3X+8=0$이다. 그러나 $X^2+3X+8=0$는 서로 다른 두 허근을 가지므로 주어진 문제의 뜻에는 맞지 않는다.

$$\therefore\ X=3$$

그러므로 $x=5$ (cm)이다. ▣

## ▶ 연립방정식

미지수가 2개인 연립일차방정식을 풀 때에는 미지수를 하나 소거하여 1개의 일차방정식으로 만들어서 풀었다. 미지수가 3개인 연립일차방정식의 경우에도 같은 방법으로 미지수를 하나씩 소거하여 풀면 된다.

**예제 4** 다음 연립일차방정식을 풀어라.

1) $\begin{cases} x+2y-2z=-2 & \cdots ① \\ x-y+2z=7 & \cdots ② \\ -2x+3y+z=2 & \cdots ③ \end{cases}$  2) $\begin{cases} x+y=1 & \cdots ① \\ y+z=3 & \cdots ② \\ z+x=6 & \cdots ③ \end{cases}$

**풀이** 1) 미지수가 2개인 연립방정식을 만들기 위하여 다음과 같이 $z$를 소거한다.

①+②에서

$$\begin{array}{rl} & x+2y-2z=-2 \\ + & x-y+2z=7 \\ \hline & 2x+y \qquad =5 \quad \cdots ④ \end{array}$$

②-③×2에서

$$\begin{array}{rl} & x-y+2z=7 \\ - & -4x+6y+2z=4 \\ \hline & 5x-7y \qquad =3 \quad \cdots ⑤ \end{array}$$

이제 $x$, $y$에 대한 두 방정식 ④, ⑤를 푼다.

④×7+⑤에서

$$\begin{array}{rl} & 14x+7y=35 \\ + & 5x-7y=3 \\ \hline & 19x \qquad =38 \end{array} \qquad \therefore x=2$$

$x=2$를 ④에 대입하면 $2\times2+y=5$ $\therefore\ y=1$

$x=2$, $y=1$를 ③에 대입하면 $-2\times2+3\times1+z=2$ $\therefore\ z=3$

2) ①+②+③을 하면

$$2x+2y+2z=10,\ \text{즉}\ x+y+z=5 \quad \cdots ④$$

④-①을 하면 $z=4$

④-②를 하면 $x=2$

④-③을 하면 $y=-1$ ▣

## ▶ 미지수가 2개인 연립이차방정식의 풀이

미지수가 2개인 연립방정식에서 차수가 가장 높은 방정식이 이차방정식일 때, 이것을 미지수가 2개인 연립이차방정식이라 한다. 연립이차방정식을 풀 때에도 미지수를 하나 소거하여 해를 구한다.

**예제 5** 연립방정식 $\begin{cases} x-y=4 & \cdots ① \\ x^2+y^2=40 & \cdots ② \end{cases}$ 을 풀어라.

**풀이** ①에서 $y=x-4$ $\cdots$ ③

③을 ②에 대입하면

$$x^2+(x-4)^2=40,\quad x^2+x^2-8x+16=40$$

$$x^2-4x-12=0,\qquad (x-2)(x-6)=0$$

$\therefore$ $x=2$ 또는 $x=6$

이것을 ③에 각각 대입하면

$x=2$일 때 $y=-2$, $x=6$일 때 $y=2$ ▣

**예제 6** 연립방정식 $\begin{cases} x^2-5xy+6y^2=0 & \cdots ① \\ 2x^2-xy-9y^2=6 & \cdots ② \end{cases}$ 을 풀어라.

**풀이** ①을 인수분해하면

$$(x-2y)(x-3y)=0 \qquad \therefore\ x=2y \text{ 또는 } x=3y$$

따라서 위의 연립이차방정식은 다음의 두 연립이차방정식으로 나누어 생각할 수 있다.

i) $\begin{cases} x=2y & \cdots ①' \\ 2x^2-xy-9y^2=6 & \cdots ② \end{cases}$ 또는 ii) $\begin{cases} x=3y & \cdots ①'' \\ 2x^2-xy-9y^2=6 & \cdots ② \end{cases}$

i) $x=2y$일 때, 이것을 ②에 대입하여 정리하면

$$y^2=-2 \quad \therefore\ y=\pm\sqrt{2}i$$

그러므로 $y=\sqrt{2}i$ 일 때 $x=2\sqrt{2}i$

$y=-\sqrt{2}i$일 때 $x=-2\sqrt{2}i$

ii) $x=3y$일 때, 이것을 ②에 대입하여 정리하면

$$y^2=1 \quad \therefore\ y=\pm 1$$

그러므로 $y=1$ 일 때 $x=3$

$y=-1$ 일 때 $x=-3$

따라서 i), ii)로부터 구하는 해는

$$\begin{cases} x=3 \\ y=1 \end{cases},\ \begin{cases} x=-3 \\ y=-1 \end{cases},\ \begin{cases} x=2\sqrt{2}i \\ y=\sqrt{2}i \end{cases},\ \begin{cases} x=-2\sqrt{2}i \\ y=-\sqrt{2}i \end{cases}$$ ▣

# ◈◈◈ 연습문제 1-4 ◈◈◈

1. 다음 방정식을 풀어라.

1) $x^3-3x^2+5x-3=0$　　2) $x^4-4x^3+4x^2-1=0$

3) $3x^3-2x^2-2x+1=0$　　4) $3(x-1)^3-2(x-1)-1=0$

2. 삼차방정식 $x^3=1$의 한 허근을 $\omega$ 라 할 때 다음에 답하여라.

1) $\omega^2+\omega+1=0$이 성립함을 보여라.

2) 다른 한 허근은 $\omega^2$임을 밝혀라.

3) $\omega^3+\omega^2+1=2-\omega$임을 보여라.

4) $\omega^{2002}+\omega^6+\omega^2$의 값을 구하여라.

3. 다음 연립방정식을 풀어라.

1) $\begin{cases} 2x+y+z=4 \\ x-z=-2 \\ -2y+z=7 \end{cases}$　　2) $\begin{cases} 2x+y+z=5 \\ x-y+z=9 \\ x-2y+3z=20 \end{cases}$

3) $\begin{cases} x+y=5 \\ y+z=8 \\ x+z=7 \end{cases}$　　4) $\begin{cases} 2x-2y-z=6x+y+2z=2x-y \\ x+y+3z=3 \end{cases}$

4. 다음 연립방정식을 풀어라.

1) $\begin{cases} x+y=9 \\ xy=45 \end{cases}$　　2) $\begin{cases} x+2y+3=0 \\ xy=5 \end{cases}$

3) $\begin{cases} x^2-y^2=0 \\ x^2+xy+y^2=81 \end{cases}$　　4) $\begin{cases} x^2+5xy+4y^2=-2 \\ 3x^2+xy-2y^2=8 \end{cases}$

5. $f(x)=ax^2+bx+c$에서

$$f(3)=1,\quad f(-1)=1,\quad f(2)=4$$

일 때, 계수 $a, b, c$의 값을 구하여라.

6. 두 자리의 자연수가 있다. 각 자리의 수의 제곱의 합은 26이고, 숫자의 순서를 바꾼 수는 처음 수보다 36이 작아진다고 한다. 처음 정수를 구하여라.

7. 전국 고교 농구 대회에 출전한 정호는 어느 시합에서 26점을 얻었다. 그 시합에서 정호는 모두 15개의 슛을 성공시켰는데, 성공시킨 2점 슛과 3점 슛의 개수의 합은 성공시킨 자유투의 개수의 2배가 된다고 한다. 이 시합에서 정호가 성공시킨 슛의 개수를 각 각 구하여라.

# 1-5 부등식

## ▶ 절댓값을 포함한 일차부등식

복소수의 대소는 비교하지 않으므로 부등식에서 사용되는 문자는 실수를 나타낸다. 따라서 부등식의 기본 성질은 앞에서 배운 실수의 대소 관계의 기본 성질과 같다.

원점에서부터 $x$ 까지의 거리인 $x$ 의 절댓값을 기호로 다음과 같이 나타낸다.

$$|x|$$

절댓값을 포함한 부등식에서는 다음이 성립한다.

$|x| > k \Leftrightarrow x < -k$ 또는 $x > k$

$|x| < k \Leftrightarrow -k < x < k$

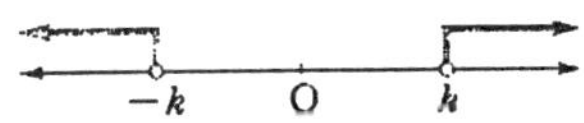

$|x| > k$

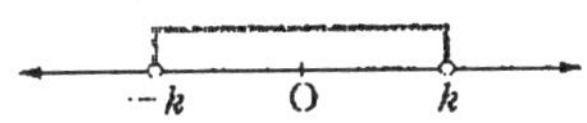

$|x| < k$

**예제 1** 다음 부등식을 풀어라.

1) $|x-3| < 2$　　　2) $|2x+1| \geq 5$

**풀이** 1) $|x-3| < 2 \Leftrightarrow -2 < x-3 < 2$

$-2 < x-3$에서　$1 < x$

$x-3 < 2$에서　$x < 5$

따라서 $1 < x < 5$

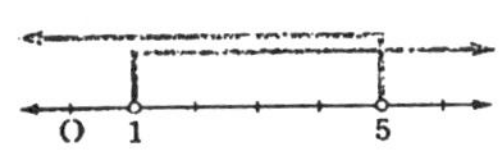


2) $|2x+1| \geq 5 \Leftrightarrow 2x+1 \leq -5$ 또는 $2x+1 \geq 5$

$2x+1 \leq -5$에서 $2x \leq -6$　$\therefore x \leq -3$

$2x+1 \geq 5$에서$2x \geq 4$　$\therefore x \geq 2$

따라서 $x \leq -3$ 또는 $x \geq 2$　■

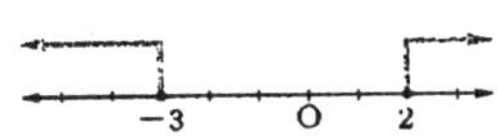


## ▶ 이차부등식

부등식의 모든 항을 좌변으로 이항하였을 때,

$$ax^2+bx+c>0, \quad ax^2+bx+c<0$$
$$ax^2+bx+c\geq 0, \quad ax^2+bx+c\leq 0 \quad (\text{단, } a\neq 0)$$

와 같이 좌변이 x에 관한 이차식이 되는 경우 이 부등식을 $x$에 관한 **이차부등식**이라 한다.

이차방정식 $ax^2+bx+c=0(a\neq 0)$에서 $D=b^2-4ac>0$이면 서로 다른 두 실근 $\alpha, \beta(\alpha<\beta)$를 갖는다. 이 때 이차식 $ax^2+bx+c$는

$$ax^2+bx+c=a(x-\alpha)(x-\beta)$$

와 같이 인수분해 되므로 $a>0$이면 $ax^2+bx+c$의 부호는 $(x-\alpha)(x-\beta)$의 부호와 같아지고, $x$ 의 범위에 따른 $(x-\alpha)(x-\beta)$의 부호는 다음 표와 같다.

| $x$ 의 범위 | $x<\alpha$ | $x=\alpha$ | $\alpha<x$ β | $x=\beta$ | $\beta<x$ |
|---|---|---|---|---|---|
| $x-\alpha$ | - | 0 | + | + | + |
| $x-\beta$ | - | - | - | 0 | + |
| $(x-\alpha)(x-\beta)$ | + | 0 | - | 0 | + |

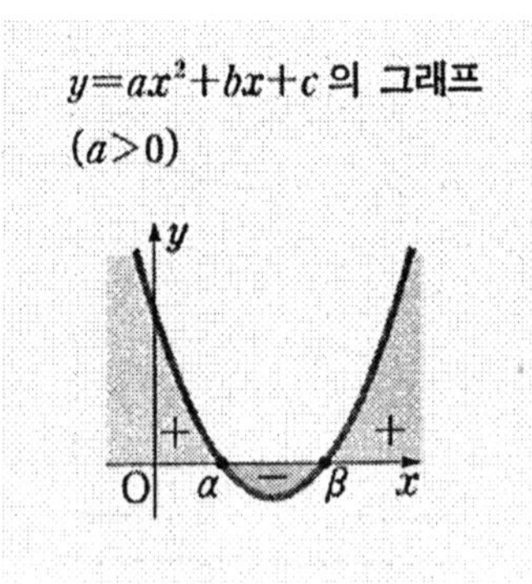


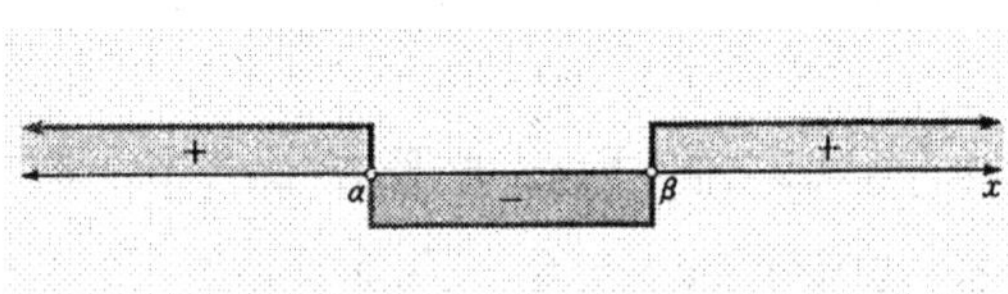


그러므로 $a>0$이고 $D=b^2-4ac>0$일 때, 이차부등식의 해는 다음과 같다.

**정 리 1.5.1 (이차부등식의 해($D>0$일 때)**

이차방정식 $ax^2+bx+c=0(a>0)$이 서로 다른 두 실근 $\alpha,\beta(\alpha<\beta)$를 가지면

(1) $ax^2+bx+c>0$의 해는 $x<\alpha$ 또는 $x>\beta$

(2) $ax^2+bx+c<0$의 해는 $\alpha<x<\beta$

(3) $ax^2+bx+c\geq0$의 해는 $x\leq\alpha$ 또는 $x\geq\beta$

(4) $ax^2+bx+c\leq0$의 해는 $\alpha\leq x\leq\beta$

**예제 2** 다음 이차부등식을 풀어라.

1) $x^2-2x-3>0$ 2) $-x^2+6x-2\geq0$

**풀이** 1) 인수분해하면 $x^2-2x-3=(x+1)(x-3)>0$

그러므로 구하는 해는 $x<-1$ 또는 $x>3$이다.

2) 양변에 -1을 각각 곱하면 $x^2-6x+2\leq0$

방정식 $x^2-6x+2=0$의 해를 구하여 좌변을 인수분해하면

$$x^2-6x+2=\{x-(3-\sqrt{7})\}\{x-(3+\sqrt{7})\}\leq0$$

그러므로 구하는 해는 $3-\sqrt{7}\leq x\leq3+\sqrt{7}$이다. ▣

## ▶ D=0일 때의 이차부등식

이차방정식 $ax^2+bx+c=0(a\neq0)$에서 $D=b^2-4ac=0$이면 중근 $\alpha$를 가지므로 이차식 $ax^2+bx+c$는

$$ax^2+bx+c=a(x-\alpha)^2$$

와 같이 인수분해된다. 여기서, $a>0$라고 할 때

$x=\alpha$ 이면 $a(x-\alpha)^2=0$

$x\neq\alpha$ 이면 $a(x-\alpha)^2>0$

이 되므로 이것을 이용하면 다음 결과를 얻는다.

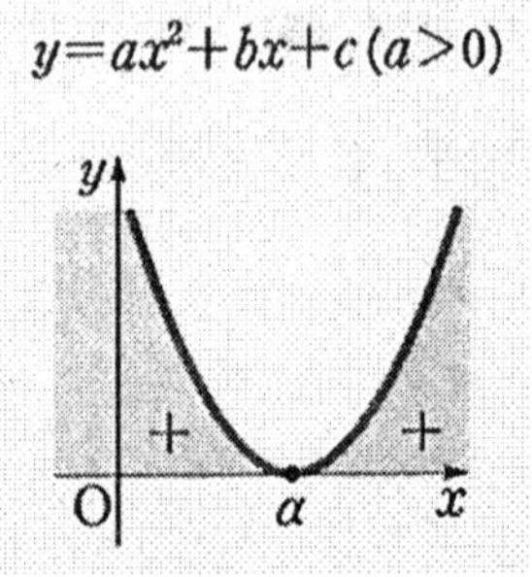


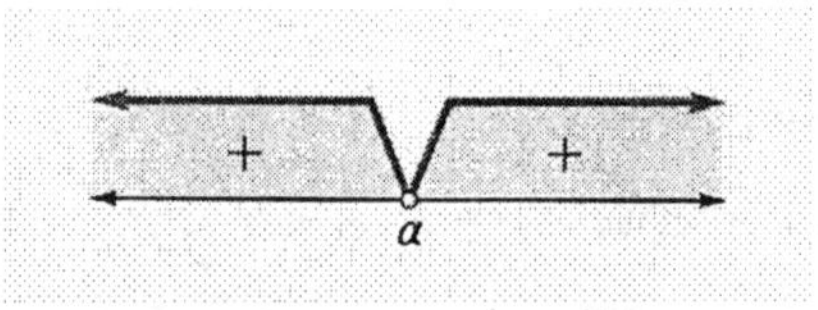


**정 리 1.5.2 (이차부등식의 해($D=0$일 때)**

이차방정식 $ax^2+bx+c=0\,(a>0)$이 중근 $\alpha$를 가지면

(1) $ax^2+bx+c>0$의 해는 $x\neq\alpha$인 모든 실수

(2) $ax^2+bx+c<0$의 해는 없다.

(3) $ax^2+bx+c\geq0$의 해는 모든 실수

(4) $ax^2+bx+c\leq0$의 해는 $x=\alpha$

**예제 3** 다음 이차부등식을 풀어라.

1) $x^2+6x+9>0$  2) $x^2-4x+4<0$

**풀이** 1) 좌변을 인수분해하면

$$x^2+6x+9=(x+3)^2>0$$

이 되므로 $x\neq-3$이 아닌 모든 실수에서 성립한다.

2) 좌변을 인수분해하면

$$x^2-4x+4=(x-2)^2<0$$

이 되므로 이 식을 만족하는 실수 값은 없다. ▣

### ▶ D<0일 때의 이차부등식

이차방정식 $ax^2+bx+c=0(a\neq0)$에서 $D=b^2-4ac<0$이면 서로 다른 두 허근을 갖는다. 이 때 $a>0$이라면

$$ax^2+bx+c=a(x^2+\frac{b}{a}x)+c$$

$$=a(x+\frac{b}{2a})^2+\frac{-b^2+4ac}{4a}=a(x+\frac{b}{2a})^2+\frac{-D}{4a}>0$$

이 되므로 $x$ 의 모든 값에 대하여 $ax^2+bx+c>0$이다.

따라서 다음 결과를 얻는다.

**정 리 1.5.3 (이차부등식의 해($D<0$일 때)**

이차방정식 $ax^2+bx+c=0(a>0)$이 서로 다른 두 허근을 가지면

(1) $ax^2+bx+c>0$, $ax^2+bx+c\geq0$의 해는 모든 실수

(2) $ax^2+bx+c<0$, $ax^2+bx+c\leq0$의 해는 없다.

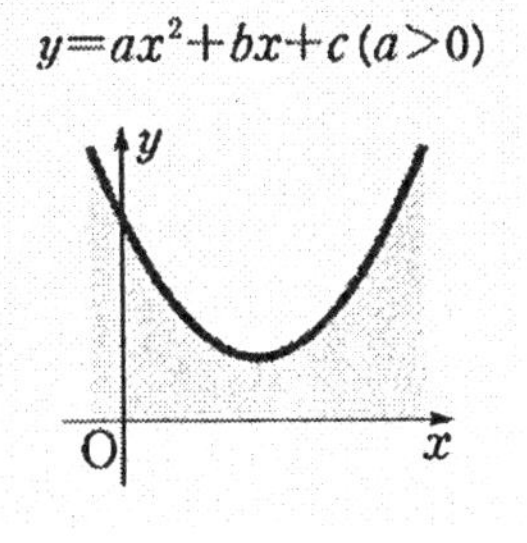


**예제 4** 다음 이차부등식을 풀어라.

1) $x^2+4x+5\leq0$  2) $x^2+2x+3>0$

**풀이** 1) 이차방정식 $x^2+4x+5=0$에서

$$D=4^2-4\times1\times5=-4<0$$

이고, $x^2$의 계수는 $1>0$이므로

$$x^2+4x+5=(x+2)^2+1\le 0$$

을 만족하는 실수해는 없다.

2) 이차방정식 $x^2+2x+3=0$에서

$$D=2^2-4\times1\times3=-8<0$$

이고, $x^2$의 계수는 $1>0$이므로 부등식

$$x^2+2x+3=(x+1)^2+2>0$$

은 모든 실수에 대하여 성립한다. ▣

## ▶ 연립이차부등식

연립일차부등식의 풀이와 마찬가지로 연립이차부등식을 풀 때에는 각 부등식을 풀어서 이들의 공통부분을 구하면 된다.

**예제 5** 연립부등식 $\begin{cases} x^2-4x+3>0 & \cdots ① \\ 2x^2-9x-5\le 0 & \cdots ② \end{cases}$ 을 풀어라.

**풀이** 부등식 ①을 풀면 $x^2-4x+3=(x-1)(x-3)>0$

$\therefore\ x<1$ 또는 $x>3$ … ③

부등식 ②를 풀면

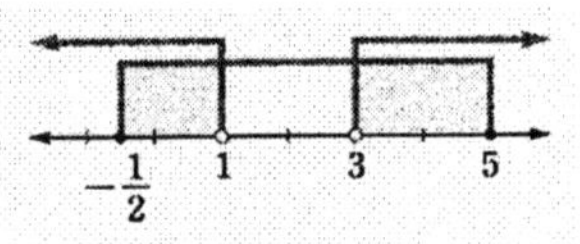


$$2x^2-9x-5=(2x+1)(x-5)\le 0$$

$\therefore\ -\dfrac{1}{2}\le x\le 5$ … ④

따라서 구하는 연립부등식의 해는 ③과 ④를 동시에 만족시키는 다음의 $x$의 값이 된다.

$$-\frac{1}{2}\le x<1 \text{ 또는 } 3<x\le 5$$ ▣

## ▶ 부등식의 증명

부등식 $x>3$ 은 $x=1$이면 성립하지 않지만, $x=4$이면 성립한다. 그러나 부등식 $x^2+1>0$은 $x$에 임의의 실수를 대입하여도 이 부등식은 성립한다. 이와 같이 부등식의 문자에 어떤 실수를 대입하여도 항상 성립하는 부등식을 **절대부등식**이라 한다.

부등식을 증명할 때에는 다음과 같은 실수의 대소 관계에 관한 성질이 자주 사용된다.

**정 리 1.5.4 (부등식의 증명에 이용되는 성질)**

$a, b$가 임의의 실수일 때

(1) $a > b \Leftrightarrow a - b > 0$

(2) $a^2 \geq 0$ , $a^2 + b^2 \geq 0$

(3) $a^2 = 0 \Leftrightarrow a = 0$

(4) $a^2 + b^2 = 0 \Leftrightarrow a = 0, b = 0$

(5) $a > 0,\ b > 0$ 일 때, $a > b \Leftrightarrow a^2 > b^2$

**예제 6** $a, b$가 실수일 때, 부등식 $a^2 + b^2 \geq ab$가 성립함을 증명하여라. 또, 등호는 $a = b = 0$일 때만 성립함을 보여라.

**풀이** $(a^2 + b^2) - ab = (a - \frac{b}{2})^2 + \frac{3}{4}b^2$

$a, b$는 실수이므로 $(a - \frac{b}{2})^2 \geq 0$, $\frac{3}{4}b^2 \geq 0$이다.

따라서 $(a^2 + b^2) - ab = (a - \frac{b}{2})^2 + \frac{3}{4}b^2 \geq 0$ , 즉 $a^2 + b^2 \geq ab$이다.

등호는 $a - \frac{b}{2} = 0$, $b = 0$, 즉 $a = b = 0$일 때만 성립한다. ▣

**예제 7** $a \geq 0, b \geq 0$일 때, 부등식 $\frac{a+b}{2} \geq \sqrt{ab}$가 성립함을 증명하여라. 또, 등호는 $a = b$일 때만 성립함을 보여라.

**풀이** $\frac{a+b}{2} - \sqrt{ab} = \frac{(\sqrt{a})^2 + (\sqrt{b})^2 - 2\sqrt{a}\sqrt{b}}{2}$

$$= \frac{(\sqrt{a}-\sqrt{b})^2}{2} \geq 0$$

따라서 $$\frac{a+b}{2} \geq \sqrt{ab}$$

등호는 $\sqrt{a}-\sqrt{b}=0$, 즉 $a=b$일 때만 성립한다. ▣

## ◈◈◈ 연습문제 1-5 ◈◈◈

1. 다음 부등식을 풀어라.

1) $|x-3|<4$　　2) $|2x+1|\ge 1$

3) $3 \le |2x+5| \le 7$　　4) $|x-1| + |x-3| < 2$

2. 다음 이차부등식을 풀어라.

1) $x^2-9x+14>0$　　2) $-x^2-2x+6\ge 0$

3) $x^2-8x+16\ge 9$　　4) $3x^2+4x-8>x^2-2$

4. 다음 연립이차부등식을 풀어라.

1) $\begin{cases} x+3\le 2x \\ x^2+3x+2\le 0 \end{cases}$　　2) $\begin{cases} x^2-3x-3\le 0 \\ -4x^2+7x+15\le 0 \end{cases}$

3) $\begin{cases} 1<x+2<6 \\ x^2+2x-15\ge 0 \end{cases}$　　4) $\begin{cases} x^2-3x-10>0 \\ x^2-9x+14\le 0 \end{cases}$

5. $x$ 에 관한 두 이차방정식 $4x^2-kx-12=0$과 $x^2+2kx-5=0$이 동시에 실근을 갖도록 $k$ 값의 범위를 구하여라.

6. 부등식 $-x^2+kx+(k-1)<0$ 이 모든 실수에 대하여 성립하도록 $k$ 값을 정하여라.

7. 다음 부등식을 증명하여라.

1) $(a+b)^2\ge 4ab$

2) $a>b>0$일 때, $\sqrt{a}-\sqrt{b}<\sqrt{a-b}$

8. $a>0, b>0$일 때, 부등식 $(a+b)(\frac{1}{a}+\frac{1}{b})\ge 4$를 증명하여라.

9. $a>0, b>0$일 때, $\sqrt{ab} \geq \frac{2ab}{a+b}$임을 증명하여라. 또, 등호가 성립하는 것은 어떤 경우인가?

<참고> $a>0, b>0$일 때, $\frac{a+b}{2}$를 $a$와 $b$의 **산술평균**, $\sqrt{ab}$를 **기하평균**, $\frac{2ab}{a+b}$를 **조화평균**이라 한다.

10. $0<a<b$일 때 다음 네 식의 크기를 비교하여라.

$\sqrt{a+b}$, $\sqrt{a}+\sqrt{b}$, $\sqrt{b}-\sqrt{a}$, $\sqrt{b-a}$

## 실전문제

1. 어떤 자연수를 7배하여 6을 빼면 50보다 작다고 한다. 그 수를 구하여라.

2. 정사각형의 변의 길이를 확대하여 직사각형을 만들려고 한다. 한 변의 길이는 2cm 다른 한 변의 길이는 5cm늘여 만든 직사각형의 넓이는 $130cm^2$보다 작을 때 원래 정사각형의 한 변의 길이는?

3. 8개의 변으로 이루어진 다각형을 팔각형이라고 한다. 다각형의 대각선은 이웃하지 않은 꼭지점을 이은 선분이다. $n$각형의 대각선의 수 $d$는 $d=\frac{n(n-3)}{2}$로 주어진다. 대각선의 수가 35개를 초과하는 다각형은?

4. 섭씨온도 $T_c$와 화씨온도 $T_f$ 사이에는 $T_f=\frac{9}{5}T_c+32$인 관계가 있다. 사람의 구강 온도가 98.6° $T_f$보다 높으면 열을 갖는다고 한다. 섭씨온도로 몇도인가?

5. 처음 높이 $s_0$, 처음 속도 $v_0$로 쏘아올린 어떤 물체의 높이 $s$는 $g=32ft/s^2$이고, $t$초 후에 $s=-\frac{1}{2}gt^2+v_0t+s_0$로 주어진다. 장난감 로켓이 바닥에서 위로 곧장 쏘아지면 그때 $s_0=0$이다. 처음 속도가 $72ft/s$이면, 로켓이 바닥 위 $80ft$ 높이 이상에 있을 시간은?

6. 철수와 영희의 나이는 $A_c$ $A_y$이고 나이의 차이는 많아야 3년이다. 이것을 부등식으로 나타내어라.

7. 처음 성적은 82점이었다. 중간고사 등급은 처음 성적과 중간고사 성적의 평균이다. 평점 B는 80점에서 89점까지이다. 중간학기 평점이 B라면 중간고사에서 받은 성적은?

## 실전문제의 정답과 풀이

1. 어떤 자연수를 $x$라 놓으면,
   $7x - 6 < 50$에서 $7x < 56$,  $x < 8$이 되어
   어떤 수는 8보다 작은 자연수이다.

2. 정사각형의 한 변의 길이를 $x cm$라 하면,
   직사각형의 넓이는 $(x+2)(x+5)$이고
   $(x+2)(x+5)<130$이므로 $x^2+7x-120<0$에서
   $(x+15)(x-8)<0$이고 $-15<x<8$이다.
   $x>0$이므로 $0<x<8$이다.

3. $n$각형의 대각선의 $d=\frac{n(n-3)}{2}$에서 $\frac{n(n-3)}{2}>35$이고,
   $n(n-3)>70$에서 $n^2-3n-70>0$을 정리하면, $(n-10)(n+7)>0$
   $n \geq 3$이므로 $n>10$이다. 따라서, 11각형 이상이다.

<u>답만</u> 알아보면,

4. $T_c > 37$
5. $\frac{1}{2}$초 동안 $80ft$ 높이 이상에 있다.
6. $|A_c - A_y| \leq 3$
7. 78점 이상 96점 이하.

# 용어의 정의 확인 문제

**1. 절대값과 절대값의 성질**

$|x| = x(x \geq 0)$, $|x| = -x(x < 0)$

$|xy| = |x||y|$, $\left|\dfrac{y}{x}\right| = \dfrac{|y|}{|x|}$

$|x+y| \leq |x| + |y|$

**2. xy-평면 위의 두 점 사이의 거리**

두 점 $(x_1, y_1)$, $(x_2, y_2)$ 사이의 거리는

$\sqrt{(x_2-x_1)^2+(y_2-y_1)^2}$ 이다.

**3. 원의 정의와 방정식**

평면 위의 한 점에서 같은 거리에 있는 평면 위의 점의 집합을 원이라 하고,

중심이 $(a, b)$, 반지름의 길이 $r$인 원의 방정식의 표준형은

$(x-a)^2+(y-b)^2=r^2$이고,

특히, 중심이 원점$(0, 0)$, 반지름의 길이 $r$인 원의 방정식은

$x^2+y^2=r^2$이다.

원의 방정식의 일반형은 $x^2+y^2+Ax+By+C=0$이고,

$(x+\dfrac{A}{2})^2+(y+\dfrac{B}{2})^2=\dfrac{A^2+B^2-4C}{4}(>0)$에서,

중심$(-\dfrac{A}{2}, -\dfrac{B}{2})$이고 반지름의 길이 $\dfrac{\sqrt{A^2+B^2-4C}}{2}$이다.

# 보충 연습문제

*** 다음 물음에 답하시오(1-20).**

1. 구간 $(-\infty, 12]$를 부등식으로 나타내면?
2. 부등식 $-6 < x \leq 7$을 구간으로 나타내면?
3. 순서쌍 $(a,b)$가 제3사분면의 점이면 순서쌍 $(b,a)$는 몇 사분면의 점인가?
4. 제2사분면의 점 $(x,-3x)$이 점 $(2,-1)$에서 거리가 5라면 $x$는?
5. 방정식의 그래프가 점(-4,6)을 포함하고 $x$축에 대칭이면 또 어떤 점을 포함하는가?
6. 방정식의 그래프가 점(-1,8)을 포함하고 원점에 대칭이면 또 어떤 점을 포함하는가?
7. 중심이 (-3,-6)이고 반지름의 길이가 5인 원의 방정식은?
8. $|4-x|=12$일 때 $x$는?
9. (4,-8)과 (-6,0)을 이은 선분의 중점에서 원점까지의 거리는?
10. $y=2|x|-7$의 그래프는 (　　)에 대해 대칭이다.
11. $y=2|x|-7$의 그래프의 절편을 구하라.
12. 원 $x^2-12x+y^2=0$의 그래프는 (　　)에 대해 대칭이다.
13. 원 $x^2-12x+y^2=0$의 그래프의 중심과 반지름의 길이는?
14. 원 $(x-2)^2+(y-1)^2=10$의 절편은?
15. 원 $x^2+y^2=25$위의 $x$좌표가 -4인 두 점을 구하라.
16. $y=-\sqrt{81-x^2}$의 그래프를 그려라.
17. 원 $x^2+y^2=49$의 그래프의 외부 영역을 부등식으로 나타내어라.
18. 점 $(a, 2a+\sqrt{3})$이 $y=3x$의 그래프 위의 점일 때 $a$는?
19. 수직선 위의 $x$와 $\sqrt{3}$ 사이의 거리가 6보다 클 때 $x$의 값은?
20. $xy-$평면의 점 $(x,y)$의 좌표가 $xy<0$일 때 몇 사분면의 점인가?

**＊ 다음 물음에 대해 참, 거짓으로 답하시오(21-40).**

21. 양이 아닌 수의 의미는 음수이다.
22. 0은 양수도 음수도 아니다.
23. -1은 -3보다 작지 않다.
24. $a>b$이면 $b-a$는 양수가 아니다.
25. $a>b$이면 $a^2>b^2$이다.
26. 임의 실수 a에 대해 $-a<a$이다.
27. $a<0$이면 $\frac{a}{-a}<0$이다.
28. $a^2>a$이면 $a>1$이다.
29. $x$가 양수이면 $-x$는 음수이다.
30. $|3x-5|\geq-2$의 해는 $(-\infty,\infty)$이다.
31. $|-4t+8|=4|t-2|$이다.
32. 점(-3,0)은 제2사분면의 섬이다.
33. 점(3,-7)은 제3사분면의 점이다.
34. 점(0,0)과 점(3,4)사이의 거리는 7이다.
35. $y$절편을 구하기 위해 $x=0$이라 놓고 $y$에 대해 푼다.
36. 원 $x^2+y^2-8x=12$위에 x좌표가 3인 점은 없다.
37. 원의 방정식이 $x^2+y^2+ax+by=0$이면 반드시 원점을 지난다.
38. 직각삼각형의 세 꼭지점은 (0,0), $(a,0)$, $(0,b)$이다(단 $a>0$, $b<0$).
39. 방정식 $x^2y+5y=2x$의 그래프는 원점에 대칭이다.
40. 부등식 $\frac{50}{x^2+34}\leq 0$은 해가 없다.

## 보충 연습문제 풀이, 정답

**단답형 문항(1-20)**

1. $x\leq 12$

2. (-6, 7]
3. $a<0$, $b<0$이므로 $(b, a)$는 제3사분면
4. $\sqrt{(x-2)^2+(-3x+1)^2}=5$에서 양변을 제곱하여 정리하면
   $x^2-x-2=0$이고, $(x-2)(x+1)=0$이다.
   따라서, $x<0$이므로 $x=-1$
5. $x$축 위의 점
6. (1, -8)
7. $(x+3)^2+(y+6)^2=25$
8. -8, 16
9. $\sqrt{17}$
10. $y$축
11. $x$절편은 $\frac{7}{2}$, $-\frac{7}{2}$이고 $y$절편은 $-7$이다.
12. $x$축
13. 중심(6,0), 반지름의 길이 6이다.
14. $y$절편 : $1\pm\sqrt{6}$, $x$절편 : $-1$, 5
15. (-4, 3), (-4, -3)
16. 원점을 중심으로 하고 반지름의 길이 3인 원의 $x$축 아래 부분이다.
17. 원점을 중심으로 하고 반지름의 길이 7인 원의 바깥 부분이다.
18. $\sqrt{3}$
19. $x<-6+\sqrt{3}$, $x>6+\sqrt{3}$
20. 제2사분면, 제4사분면

<u>참, 거짓 문항(21-40)</u>

21. 0 또는 음수가 되어 **거짓**
22. 참
23. 참
24. 참
25. $-3>-5$이지만 $(-3)^2<(-5)^2$이 되어 **거짓**

26. $a=-3$이면 $3<-3$이 되어 **거짓**
27. 참
28. $a^2 > a$에서, $a(a-1) > 0$이고, $a>1$ 또는 $a<0$이 되어 **거짓**
29. 참
30. 참
31. 참
32. $x$축 위의 점은 어느 사분면에도 속하지 않아 **거짓**
33. 제4사분면의 점이므로 **거짓**
34. 거리는 5가 되어 **거짓**
35. 참
36. $(3, \pm 3\sqrt{3})$이 원위의 점이 되어 **거짓**
37. 참
38. 참
39. 참
40. 참

## 보충 익힘 문제

* $0 < a < b$일 때 다음 두 식의 크기를 비교하시오(41-44).

41. $a^2$과 $ab$
42. $-a$와 $-b$
43. $a$와 $a+b$
44. $\dfrac{1}{a}$과 $\dfrac{1}{a+b}$

* (　 )에 알맞은 부등식의 기호나 수를 쓰시오(45-52).

45. $x-10>5$이면 $x+($ $)>35$ 이다.
46. $x-3\geq 7$이면 $x\geq($ $)$이다.
47. $-\frac{1}{4}x\leq 3$이면 $x\geq($ $)$이다.
48. $21x-4x\geq 3x+15$이면 $x+($ $)\geq 8$이다.
49. $-2\leq 3-2x\leq 5$이면 ( ) $\leq x\leq$ ( )이다.
50. $-2\leq x\leq 5$이면 ( ) $\leq -3x\leq$ ( )이다.
51. 수직선 위의 두 점 $a, b(a<b)$를 이은 선분의 중점은 $m=7$이다. $d(a, b)$는 두 점 $a$, $b$ 사이의 거리를 나타내고 $d(a, b)=3$이라면 $a=($ $)$, $b=($ $)$ 이다.
52. $xy-$평면의 점 $(x, y)$의 좌표가 $(0,5)$와 $(x,-7)$에서 같은 거리에 있을 때

$y+3=($ $)$이다.

**보충 익힘 문제 풀이, 정답**

**크기 비교 문항(41-44)**

41. $a^2-ab=a(a-b)<0$이 되어 $a^2<ab$이다.
42. $-a-(-b)=-a+b=b-a>0$이 되어 $-a>-b$이다.
43. $a<a+b$
44. $0<a<a+b$에서 $\frac{1}{a}>\frac{1}{a+b}$이다.

**단답형(45-52)**

45. 양변에 30을 더하면, **20**
46. 양변에 3을 더하면, **10**

47. 양변에 -4를 곱하면, $x \geq -12$

48. $\dfrac{97}{14}$

50. 양변에 -3배하면, $-15 \leq -3x \leq 6$

51. $\dfrac{a+b}{2}=7$, $b-a=3$에서 $a=\dfrac{11}{2}$, $b=\dfrac{17}{2}$이다.

52. $\sqrt{x^2+(y-5)^2}=|y+7|$에서 양변을 제곱하여 정리하면,

$x^2=24(y+1)$, $y+1=\dfrac{x^2}{24}$

또, 양변에 2를 더하면, $y+3=\dfrac{x^2+48}{24}$이다.

## Home Work

1. 근의 공식을 이용하여 다음 방정식의 실근을 구하여라.

1) $16x^2+8x-3=0$
2) $x^2-2x-2=0$
3) $x^2+8x-4=0$
4) $(x-5)^2=2x$
5) $16x^2+4x+3=0$
6) $49x^2-28x+4=0$

2. 다음 다항식의 값을 0으로 하는 $x$를 구하여라.

1) $2x^3-9x^2-6x+5$
2) $3x^3-16x^2-13x+6$
3) $x^4-4x^3+3x^2+2x$
4) $9x^4-10x^2+1$
5) $x^4-x^3-20x^2$
6) $x^4-14x^3-87x^2+1080x$
7) $3x^3-33x^2+90x$
8) $2x^3-17x^2+8x$
9) $2x^3+11x^2-63x$
10) $3x^4-108x^2$
11) $6x^3-7x^2-89x+140$
12) $x^3-5x^2-28x+32$

3. 다음 방정식의 실근을 구하여라.

1) $2x^2-x-1=0$
2) $3x^2-5x+2=0$
3) $(x-5)(x+3)=33$
4) $(x-1)(x+2)=4$
5) $x^3+64=0$
6) $x^3-216=0$
7) $x^4-16=0$
8) $x^4-625=0$
9) $x^3-x^2-4x+4=0$
10) $2x^3+x^2+6x+3=0$

11) $(x+2)^2(x-1)+(x+2)(x-1)^2=0$

12) $(x+5)^2(x-2)+(x+5)^2=0$

13) $4x^4-45x^2+20x+21=0$

14) $x^3-2x^2-21x-18=0$

15) $6y^3-13y^2+y+2=0$

16) $15t^3-22t^2-5t=0$

17) $9a^5-30a^4-81a^3+30a^2=0$

18) $2x^3-x^2-2x+1=0$

19) $125x^3-1=0$

20) $8x^5-32x^4+x^2-4=0$

21) $x^5-12x^4+36x^3-x^2+12x-36=0$

22) $7m^3+24m=m^4+13m^2+80$

4. 다음 연립방정식을 풀어라.

1) $\begin{cases} x=-2y-3 \\ 2x+y=6 \end{cases}$

2) $\begin{cases} 0.5a=b-20 \\ \dfrac{3}{2}a-b=-15 \end{cases}$

3) $\begin{cases} x-\dfrac{3}{2}y=\dfrac{4x+3y}{3}+\dfrac{5}{6} \\ 4x-3y-4(2x+y)=-15 \end{cases}$

4) $\begin{cases} 8a+b=12-2b \\ -a-b=16+2b \end{cases}$

5) $\begin{cases} 3y-(x+y)=3x \\ 5x+2(2x-3y)=3 \end{cases}$

6) $\begin{cases} \dfrac{x}{4}-\dfrac{y}{5}=-\dfrac{1}{5} \\ \dfrac{x}{3}-\dfrac{y}{6}=\dfrac{1}{4} \end{cases}$

7) $\dfrac{2x+3}{3}=\dfrac{x+y}{5}=x-\dfrac{y}{2}$

8) $\dfrac{4a+b}{3}=2a-b=6$

9) $m-2n=2m+n=7$

10) $3x-2y=2y+4x=7$

11) $\begin{cases} 7x-2(x-y)=9 \\ \dfrac{1}{2}x+\dfrac{2}{3}(x-y)=-\dfrac{1}{6} \end{cases}$

12) $\begin{cases} 0.3x-0.1(y-1)=1.3 \\ 1-\dfrac{y-2x}{3}=\dfrac{x+1}{2}-y \end{cases}$

5. 연립방정식을 이용하여 다음 문제를 풀어라.

1) 한 권에 150원인 공책 $x$권과 한 자루에 100원인 연필 $y$ 자루를 사고 1,200원을 내었다. 두 미지수 $x, y$에 관한 일차방정식을 만들고, 그 해를 구하여라.

2) 어느 박물관의 입장료가 어른은 1,000원, 어린이는 500원이다. 8,500원을 내고 15명이 들어갔다면, 어른은 몇 명이고 어린이는 몇 명인가?

3) 두 자리의 자연수가 있어 각 자리의 숫자의 합은 13이고, 이 수의 십의 자리의 숫자와 일의 자리의 숫자를 바꾼 두 자리의 수는 처음 수보다 9가 크다. 처음의 수를 구하여라.

4) 집에서 5㎞ 떨어져 있는 역까지 가기 위하여 아침 7시에 집을 떠나 시속 4㎞의 속력으로 역으로 걸어 가다가, 기차 시간에 늦을 것 같아 도중에서 시속 6㎞의 속력으로 달려 8시에 도착하였다. 달린 거리는 얼마인가?

5) 농도가 서고 다른 두 종류의 소금물 A, B가 있다. A를 100g, B를 200g 섞으면 농도가 6%인 소금물이 되고, 거꾸로 A를 200g, B를 100g 섞으면 농도가 8%인 소금물이 된다. A, B의 농도는 각각 얼마인가?

6) 크고 작은 두 수가 있어, 큰 수를 작은 수로 나누면 몫은 7이고 나머지는 4이며, 또 큰 수의 2배를 작은 수로 나누면 몫은 15이고 나머지는 2이다. 두 수를 구하여라.

7) 물속에서 금은 그 무게의 $\frac{1}{19}$이 가벼워지고, 은은 그 무게의 $\frac{2}{21}$가 가벼워진다. 무게가 122g인 금과 은의 합금을 물속에서 달았더니 112g이었다. 이 합금에는 금과 은이 각각 몇 g씩 섞어 있는가?

8) 갑, 을 두 사람이 가위바위보를 하여 이긴 사람은 계단을 둘씩 올라가고, 진 사람은 계단을 하나씩 내려가기로 한 결과, 처음의 위치보다 갑은

14계단을, 을은 2계단을 올라가 있게 되었다. 갑은 몇 번을 이겼는가?

9) 가정용 상수도의 1개월 요금은 다음과 같이 정해진다.

> * 10㎥까지는 기본요금 $a$원
> * 10㎥를 넘었을 때에는 넘어간 양에 대하여 1㎥ 당 $b$원의 초과요금과 기본요금의 합
> * 30㎥를 넘었을 때에는 넘어간 양에 대하여 1㎥ 당 $2b$원의 초과요금과 30㎥일 때의 요금의 합

어떤 가정에서 5월에는 25㎥를 사용하여 4,630원을, 또 6월에는 40㎥를 사용하여 5,180원의 상수도 요금을 냈다. 기본요금 $a$원과 초과요금 $b$원을 각각 구하여라.

6. 다음 부등식을 풀어라.

1) $7(x-3)<4x-9$ 2) $2(3x-5)\leqq 3(3x-2)$

3) $0.5x-3>0.4x-0.6$ 4) $0.2(x-3)\geqq 0.5x-1.5$

5) $\dfrac{x-2}{3}-\dfrac{x-3}{6}\leqq x-4$ 6) $\dfrac{x-2}{3}-\dfrac{3x-5}{2}<-1$

7) $2-\dfrac{2(3-x)}{3}\leqq\dfrac{5x-5}{4}$ 8) $\dfrac{1}{3}x-3<x-4$

9) $5-(2x-3)<3(2x-4)$ 10) $\dfrac{3x-2}{4}\geqq\dfrac{2x-1}{3}+\dfrac{x+1}{2}$

7. 다음 연립부등식을 풀어라.

1) $\begin{cases}2(2x-1)<2x-1\\ \dfrac{x-2}{4}\leqq\dfrac{2}{3}x+1\end{cases}$ 2) $\begin{cases}\dfrac{5}{6}x+\dfrac{1}{2}\leqq\dfrac{x}{3}+2\\ 5x-3(3x-4)<5(2x-3)\end{cases}$

3) $\begin{cases} 2(x-2) < -3(2-x)+3 \\ \dfrac{2x+1}{2} \geq \dfrac{3}{2}x+\dfrac{2}{3} \end{cases}$

4) $2-\dfrac{2(1-x}{3} < \dfrac{3x+9}{4} < \dfrac{x-1}{2}+2$

8. 부등식을 이용하여 다음 문제를 풀어라.

1) 현재 갑은 5,000원, 을은 8,000원이 예금되어 있다. 이달부터 매월 갑은 2,500원씩, 을은 1,000원씩 예금한다고 한다. 갑의 예금액이 을의 예금액의 2배보다 많아지는 것은 몇 개월 후부터인가?

2) 원가가 900원인 물건을 정가의 1할을 할인하여 팔아서 원가의 1할 이상의 이익을 얻으려고 한다. 정가는 얼마 이상으로 정하면 되겠는가?

3) 200개의 사과를 한 상자에 15개씩 넣으면 사과가 한 상자분 이상 남고, 한 상자에 24개씩 넣으면 상자가 3개 이상 남는다고 한다. 상자는 몇 개 있는가?

4) 오른쪽 표는 두 종류의 제품 A, B를 각각 1개씩 만드는데 필요한 재료 E, F의 양을 나타낸 것이다. 재료 E가 50g, 재료 F가 85g이 있을 때, 제품 A, B를 합하여 30개를 만들면 A는 최대로 몇 개까지 만들 수 있는가?
또, 위의 경우에서 A, B를 각각 1개에 400원, 500원씩 받을 때, 전체의 값이 제일 클 때의 값을 구하여라.

| 제품 \ 재료 | E | F |
|---|---|---|
| A | 1g | 3g |
| B | 3g | 2g |

5) 어느 극장에서 20명 이상은 1할, 40명 이상은 1.5할을 입장료에서 할인하여 준다고 한다. 20명 이상 40명 미만인 단체는 몇 명 이상일 때 40명의 입장권을 사는 것이 유리한가?

6) 역에서 기차를 기다리는데 발차 시각까지는 1시간 30분의 여유가 있다. 이 시간을 이용하여 상점에 가서 물건을 사려고 하는데 걷는 속력은 시

속 3㎞이고, 상점에서 물건을 사는데 30분이 걸린다고 한다. 역에서부터 몇 ㎞ 이내에 있는 상점이라야 물건을 살 수 있는가?

7) 오른쪽 표는 식품 A, B 각각의 100g 당 열량과 단백질의 양을 나타낸 것이다. A, B를 합친 200g 의 식품에서 열량을 400cal 이상, 단백질 30g 이상 되게 하려고 할 때, A의 무게의 범위를 구하여라.

| 성분 / 식품 | 열량 (cal) | 단백질 (g) |
|---|---|---|
| A | 170 | 20 |
| B | 370 | 10 |

9. 다음 이차방정식을 풀어라.

1) $x^2+2x-5=0$ 2) $x^2-5x-7=0$

3) $3x^2-5x-1=0$ 4) $(x-2)(x+3)=4$

5) $3x^2-2x-1=0$ 6) $2x^2-6x-3=0$

7) $(x-\frac{2}{3})^2-(\frac{2}{3}-x)(x-\frac{1}{3})=0$

8) $2x(x-2)-(x-3)(x+1)=0$

9) $(x-5)^2-4(x-5)-5=0$

10) $2(x^2-2)-3(x^2-1)+6=0$

10. 다음 문제를 이차방정식을 이용하여 풀어라.

1) 어떤 원의 반지름의 길이를 3㎝만큼 짧게 하였더니 그 넓이는 처음 원의 넓이의 반으로 되었다고 한다. 처음 원의 반지름의 길이를 구하여라.

2) 길이가 20m인 끈으로 직사각형을 만들어 넓이가 21㎠가 되게 하려고 하다. 이 직사각형의 두 변의 길이를 각각 구하여라.

3) 어떤 수를 제곱해야 할 것을 잘못하여 2배를 하였더니 제곱을 한 것보다 48이 작아졌다고 한다. 원래의 수를 구하여라.

4) 가로의 길이가 440m, 세로의 길이가 209m인 직사각형 모양의 땅이 있다. 여기에 가로로 $n$개, 세로로 $2n$개의 나비가 같은 길을 만들려고 한다. 길의 전체의 넓이를 땅의 전체의 넓이의 10%가 되게 하고, 길의 나비를 모두 1m씩 할 때, $n$의 값을 구하여라.

5) 지면 50m의 높이에서 초속 50m로 곧 바로 위로 쏘아 올린 물체의 $t$ 초 후의 높이를 $h$m라고 하면 $t$와 $h$ 사이에는 대략 $h=-5t^2+50t+50$ 인 관계가 성립한다. 지면으로부터 높이가 130m일 때에는 쏘아 올린지 몇 초 후인가?

6) 어떤 수 $x$에 3을 더하여 제곱해야 할 것을 잘못하여 $x$에 3을 더하여 2배를 하였다. 그런데도 결과는 같은 값이 나왔다. $x$의 값은 얼마인가?

7) $n$각형의 대각선의 총수는 $\frac{n(n-3)}{2}$ 이다. 대각선을 27개를 그을 수 있는 다각형은 몇 각형인가?

11. 다음 부등식을 풀어라.

1) $3x-5\le 4x+7$

2) $\frac{2}{3}x-2\le\frac{3}{4}x+5$

3) $-5\le -2x\le 5$

4) $-7\le -3x+2\le 7$

5) $|x-3|\le 9$

6) $|-5x|\le 37$

7) $|-4x+3|\le 12$

8) $|6-7x|\ge 8$

9) $5x-14\le -x^2$

10) $x^2-8x+16\ge 0$

11) $x^3\le x$

12) $(x^2-x)(x^2+x)\le 0$

13) $\frac{1}{x}\ge -x+2$

14) $\frac{x-1}{2x-4}\ge 1$

15) $4x^4-45x^2+20x+21 \geq 0$

16) $x^3-2x^2-21x-18 \leq 0$

17) $6y^3-13y^2+y+2 \leq 0$

18) $15t^3-22t^2-5t \geq 0$

19) $9a^5-30a^4-81a^3+30a^2 \geq 0$

20) $2x^3-x^2-2x+1 \leq 0$

21) $125x^3-1 \leq 0$

22) $8x^5-32x^4+x^2-4 \geq 0$

23) $x^5-12x^4+36x^3-x^2+12x-36 \leq 0$

24) $7m^3+24m \leq m^4+13m^2+80$

제2장

# 함 수

〈 학습내용 〉

2-1 함수

2-2 다항함수

2-3 유리함수와 무리함수

# 함 수

## 2-1 함 수

**정의 2.1.1** 두 집합 $A$, $B$가 있을 때, $A$의 각 원소 $x$를 $B$의 하나의 원소 $y$에 대응시키는 대응규칙 $f$를 집합 $A$로부터 집합 $B$로의 **함수**(function of $A$ into $B$)라 하고 $f: A \to B$로 나타낸다. 이 때, $A$를 함수 $f$의 **정의역**(domain)이라 하고, $B$를 $f$의 **공역**(codomain)이라 한다.

함수 $f: A \to B$에 의하여 정의역의 원소 $x$에 대응하는 공역의 원소를 $f(x)$로 나타내고, 이것을 $x$에서의 $f$의 값(value) 또는 $f$에 의한 $x$의 상(image)이라 한다. $f$에 의한 상 전체의 집합

$$\{ f(x) \mid x \in A \}$$

를 $f$의 **치역**(range) 또는 **상**이라 한다.

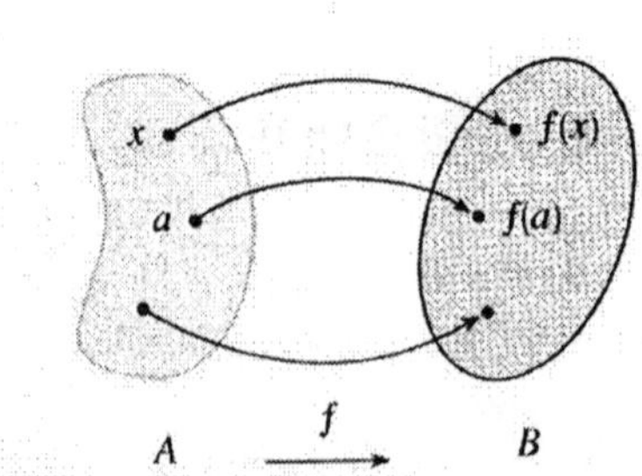

함수 $f: A \to B$가 다음 성질을 가질 때, $f$ 를 **일대일함수**(one to one, injective) 또는 **단사**(injection)라 한다.

$$x_1 \neq x_2 \Rightarrow f(x_1) \neq f(x_2),$$

즉,

$$f(x_1) = f(x_2) \Rightarrow x_1 = x_2.$$

다시 말하면, 각 $y \in B$에 대하여 $f(x) = y$인 원소 $x \in A$가 많아야 하나 존재할 때 $f$를 1대1 함수라 한다.

함수 $f: A \to B$의 치역 $f(A)$와 공역 $B$가 일치 할 때, 즉

$$\{f(x) \mid x \in A\} = B$$

일 때, $f$를 $A$에서 $B$ **위로의 함수**(function of $A$ onto $B$) 또는 **전사**(surjection)라 한다. 모든 $y \in B$에 대하여 $f(x) = y$인 원소 $x \in A$가 적어도 하나 존재할 때, $f$를 전사라 한다. 함수 $f: A \to B$가 1대1인 동시에 위로의 함수일 때, $f$를 **일대일대응**(one to one correspondence) 또는 **전단사함수**(bijection)라 한다. 집합 $A$에서 $A$ 자신으로의 함수를 $A$ 위의 **변환**(transformation)이라 한다. $A$에서 $A$ 위로의 일대일대응을 $A$위의 **치환**(permutation)이라 한다.

함수 $f: A \to B$에 대하여 $A$의 원소 $B$의 원소 $y$가 대응하면 $y = f(x)$이다. 이 때, $x$를 **독립변수**(independent variable)라하고 $y$를 **종속변수**(dependent variable)라 한다.

**예제 1** 함수 $f: \mathbb{R} \to \mathbb{R}$, $f(x) = 2x + 3$은 1대1 대응이다. 왜냐하면, 임의의 실수 $x_1$, $x_2$에 대하여

$$2x_1 + 3 = 2x_2 + 3 \quad \Rightarrow \quad x_1 = x_2$$

이므로 $f$는 일대일이다. 임의의 $y$에 대하여 $\frac{y-3}{2}$이 존재하여

$$f\left(\frac{y-3}{2}\right) = 2\left(\frac{y-3}{2}\right) + 3 = y$$

이므로 $f$ 는 위로의 함수이다. 즉 $f$는 전단사 함수이다. ▣

## 함수의 합성

**정의 2.1.2** 두 함수 $f: A \to B$, $g: B \to C$에 대하여, $A$에서 $C$로의 함수

$$x \to f(x) \to g(f(x))$$

를 얻게 된다. 이와 같이 정의된 함수를 $f$와 $g$의 **합성함수**(composition)라 하고 이를 $g \circ f$로 나타낸다. 즉, 함수 $g \circ f: A \to C$는

$$(g \circ f)(x) = g(f(x)), \quad x \in A$$

에 의하여 정의된 함수이다.

## 간단한 함수

간단한 함수에 대하여 언급하기로 한다.

1) 정의역 모든 $x$대하여 $f(x) = c$일 때, 이 함수를 **상수함수**(constant function)라 한다.
2) $f(x) = x$ 정의된 함수 $f: \mathbb{R} \to \mathbb{R}$를 **항등함수**(identity function)라 한다.
3) 음이 아닌 정수 $n$대하여

$$f(x) = a_0x^n + a_1x^{n-1} + \cdots, a_{n-1}x + a_n, \quad (a_0, \cdots, a_n \in R)$$

으로 정의된 함수 $f: \mathbb{R} \to \mathbb{R}$를 **다항함수**(polynomial function)라 한다. 이 때 $a_0, a_1, \cdots, a_n$를 **계수**라 하고, 최고차항의 계수 $a_0$가 0이 아닐 때 $n$를 다항식의 **차수**라 한다.
4) 두 다항식의 몫으로 나타낼 수 있는 함수를 **유리함수**(rational function)라 한다. 즉, 유리함수는

$$f(x) = \frac{a_0x^n + a_1x^{n-1} + \cdots + a_{n-1} + a_n}{b_0x^m + b_1x^{m-1} + \cdots + b_{m-1} + b_m}$$

꼴이다.

5) 일반적으로 $y=f(x)$로 정의된 함수 $f$ 가 있을 때, 적당한 다항식 $p_0(x)$, $p_1(x)$, $\cdots$, $p_n(x)$에 대하여 등식

$$p_0(x)y^n+p_1(x)y^{n-1}+\cdots,p_{n-1}(x)y+p_n(x)=0$$

이 항등적으로 성립하는 경우 이 함수를 **대수적 함수**라 한다.

대수적 함수가 아닌 함수를 **초월함수**(transcendental function)라 한다. 삼각함수, 로그함수, 지수함수 등은 모두 초월함수이다.

6) 일반적으로 $x_1<x_2$ 때, $f(x_1)<f(x_2)[f(x_1)>f(x_2)]$이면 함수 $f$는 **증가함수** [**감소함수**]라고 한다.

## ◈◈◈ 연습 문제 2-1 ◈◈◈

1. 다음 물음에 답하여라.
   1) 함수란 무엇인가?
   2) 정의역, 공역이란 무엇인가?
   3) 함수의 그래프란 무엇인가?

2. 함수를 나타내는 여러 방법을 설명 하여라.

3. 유리함수의 예를 들어 설명하여라.

4. 증가함수를 정의 하여라.

5. 다음 함수의 그래프를 그려라.
   1) $y=x^2$ 2) $y=x^3$ 3) $y=\sin x$
   4) $y=2^x$ 5) $y=|x|$ 6) $y=\sqrt{x}$

6. 함수 $f: \mathbb{R} \to \mathbb{R}$가 있다. $y$축에 평행한 직선은 그래프와 몇 번이나 만나는가?

7. 두 함수 $f: A \to B$ $g: B \to C$가 있다. $f \circ g = g \circ f$는 성립하는가?

8. 두 함수 $f: A \to B$, $g: B \to C$에 대하여 다음 물음에 답하여라.
   1) 함수 $f+g$의 정의역은 무엇인가?
   2) 함수 $fg$의 정의역은 무엇인가?
   3) 함수 $\frac{f}{g}$의 정의역을 생각해 보자.

※ 함수 $f+g$, $fg$를 각각 $(f+g)(x)=f(x)+g(x)$, $(fg)(x) = f(x) \times g(x)$로 정의 한다.

# 2-2 다항함수

함수 $y=f(x)$에서 $f(x)$가 $x$에 대한 다항식일 때, 이 함수를 **다항함수**(polynomial function)라고 한다. 다항식이 일차, 이차, 삼차일 때의 다항함수를 각각 **일차함수, 이차함수, 삼차함수**라고 한다. $f(x)$가 0차인 다항식, 즉 $f(x)=c$($c$는 상수)일 때, 이 함수를 **상수함수**라고 한다.

## 일차함수

$f(x)=ax+b(a\neq0)$인 함수를 일차함수라 하고 그 그래프는 기울기가 $a$, $y$절편이 $b$인 직선이다. 이 때 기울기 $a$는 직선이 $x$축의 양의 방향과 이루는 각 $\theta$의 탄젠트의 값, 즉 $a=\tan\theta$이다. 따라서 기울기 $a$에 대하여 $a>0$일 때, $x$가 증가하면 $y$도 증가하므로 그 그래프는 오른쪽으로 올라가는 직선이고(그림 2. 1), $a<0$일 때, $x$가 증가하면 $y$는 감소하므로 그 그래프는 왼쪽으로 올라가는 직선이다.

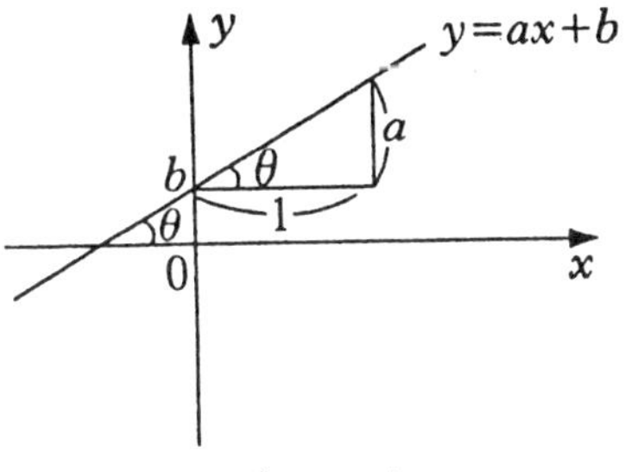

(그림 2. 1)

**[예제 1] — (기울기, 절편, $x$축과 이루는 각 구하기)**

다음 일차함수의 기울기, $y$절편, $x$축의 양의 방향과 이루는 각을 각각 구하여라.

1) $y=\sqrt{3}x+2$　　　　2) $y=x-3$

**풀이**

1) 기울기 $\sqrt{3}$, $y$절편 2

$x$축과 이루는 각 $\tan60^\circ=\sqrt{3}$이므로 $60^\circ$

2) 기울기 1, $y$절편 $-3$

$x$축과 이루는 각 $\tan 45^\circ = 1$이므로 $45^\circ$ ▣

**[문제 1]** 1) 일차함수 $ax+by+c=0$이 나타내는 직선이 다음 조건을 만족할 때, 제 몇 사분면을 지나지 않는가?

a) $ab<0,\ bc<0$　　b) $ac<0,\ bc>0$　　c) $ab>0,\ ac=0$

2) $x$의 일차방정식 $ax+2-a=0$이 양의 근을 갖는 $a$의 범위를 구하여라.

**답** 1) a) 제4사분면, b) 제2사분면, c) 제1, 3사분면

2) $a<0$ 또는 $a>2$

## 이차함수

$f(x)$가 $x$에 대한 이차의 다항식,

즉 $f(x)=ax^2+bx+c(a\neq 0)$인 함수를 이차함수라 하며, 그 그래프는 포물선이다.

$y=ax^2+bx+c(a\neq 0)$의 그래프에서 $a>0$일 때, 아래로 볼록하고, $a<0$일 때, 위로 볼록하며 $|a|$의 값이 클수록 포물선의 폭이 좁아진다. $b$의 부호에 따라 축의 위치가 정해지고 $c$는 포물선의 $y$절편이다(그림 2. 2).

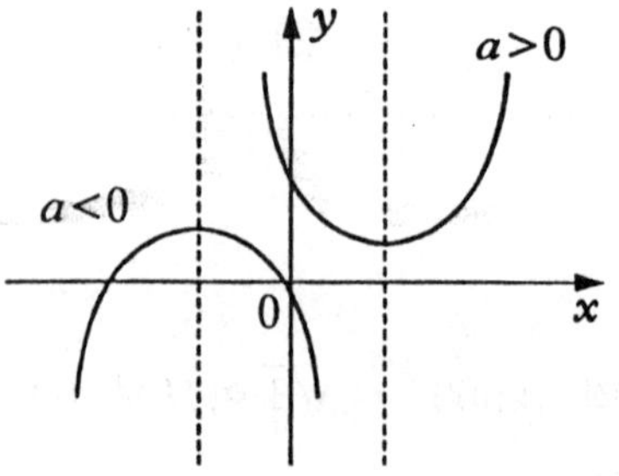


(그림 2. 2)

**예** $y=x^2-4x+1$의 그래프는 $y=x^2$의 그래프를 어떻게 평행이동한 것인가?

**풀이** $y=x^2-4x+1=(x-2)^2-3$에서 $x$축 방향으로 2, $y$축 방향으로 $-3$

$y=ax^2+bx+c(a\neq 0)$를 변형하면,

$$y=a\left(x+\frac{b}{2a}\right)^2-\frac{b^2-4ac}{4a}$$

이므로 $y=ax^2$의 그래프를 $x$축 방향으로 $-\frac{b}{2a}$, $y$축 방향으로 $-\frac{b^2-4ac}{4a}$만큼 평행이동한 것이다. 따라서 이 함수의 그래프는 포물선이고

꼭지점 : $\left(-\frac{b}{2a}, -\frac{b^2-4ac}{4a}\right)$

축의 방정식 : $x=-\frac{b}{2a}$ (그림 2. 3)

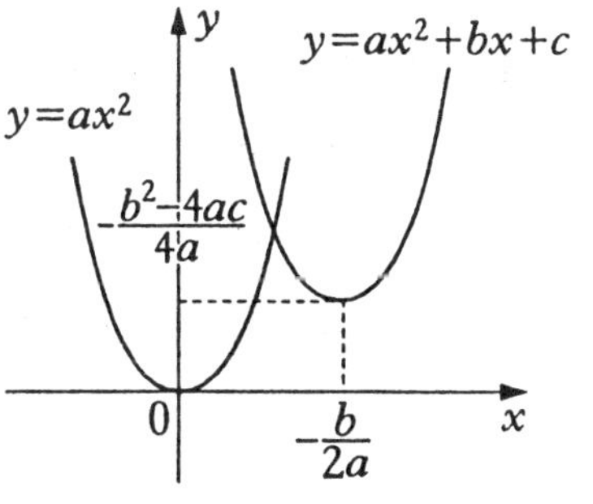

(그림 2. 3)

**[예제 2] (이차함수의 그래프 그리기)**

이차함수 $y=-x^2+2x+3$의 그래프를 그려라

**풀이**

$y=-x^2+2x+3=-(x-1)^2+4$

꼭지점 (1, 4), $y$절편이 3이므로

$y$축과의 교점은 (0, 3)

$y=-x^2+2x+3=-(x+1)(x-3)$

$x$축과의 교점은 $(-1, 0)$, (3, 0)

$x^2$항의 계수가 $-1$이므로

위로 볼록한 포물선이다(그림 2. 4).

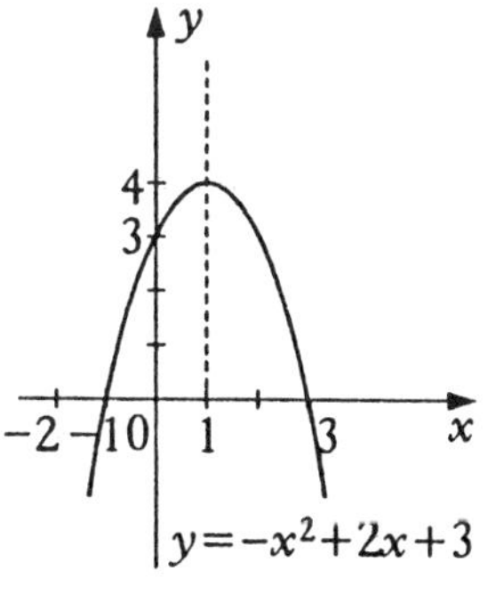

(그림 2. 4)

▣

**[문제 2]** 다음 이차함수의 꼭짓점의 좌표와 대칭축의 방정식, $x$축과의 교점의 좌표를 구하고, 그 그래프를 그려라.

1) $y=-x^2+4x-3$ 2) $y=\frac{1}{2}x^2+x-\frac{3}{2}$

**답** 1) 꼭짓점의 좌표는 (2, 1)
대칭축의 방정식은 $x=2$
$x$축과의 교점은 (1, 0), (3, 0)
그래프는 (그림 2. 5)과 같다.

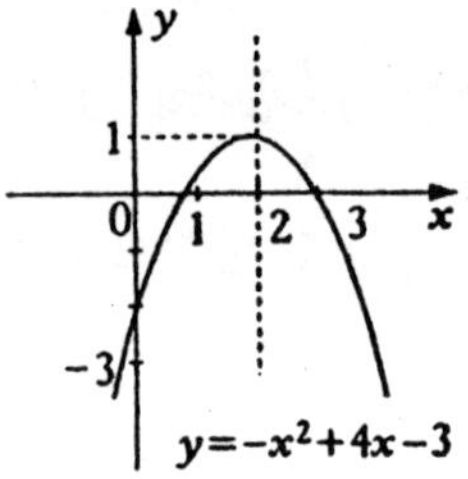


(그림 2. 5)

2) 꼭짓점의 좌표는 (−1, −2)
대칭축의 방정식은 $x=-1$
$x$축과의 교점은 (−3, 0), (1, 0)
그래프는 (그림 2. 6)과 같다. ▣

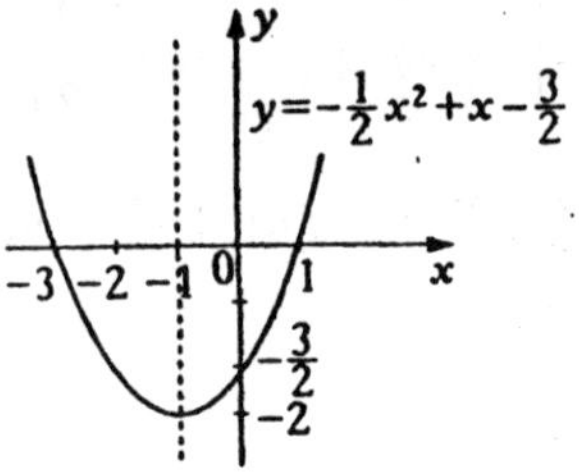


(그림 2. 6)

## 삼차함수

$f(x)$가 $x$에 대한 삼차의 다항식, 즉 $f(x)=ax^3+bx^2+cx+d(a\neq0)$인 함수 $y=f(x)$를 **삼차함수**라 한다. 여기서는 $y=ax^3$, $y=a(x-m)^3+n$인 꼴의 그래프에 대해서 다루기로 하고 나머지는 도함수의 응용에서 알아보기로 하자.

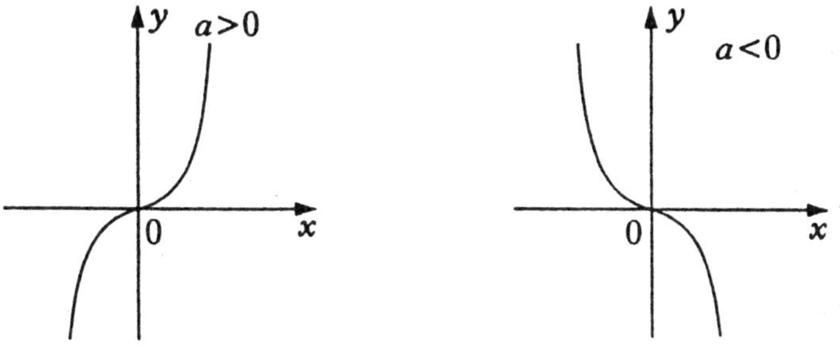


(그림 2. 7)

삼차함수 $y=ax^3(a\neq 0)$의 그래프는 (그림 2. 7)과 같이

1) 원점에 대하여 대칭인 곡선이다.
2) $a>0$일 때, $x$가 증가하면 $y$도 증가하고, $a<0$일 때, $x$가 증가하면 $y$는 감소한다.
3) $|a|$가 클수록 $y$축에 가깝다.
4) 원점을 기점으로 볼록한 방향이 바뀐다.

또 $y=a(x-m)^3+n(a\neq 0)$의 그래프는 $y=ax^3$의 그래프를 $x$축의 방향으로 $m$, $y$축의 방향으로 $n$만큼 평행 이동한 것이다.

**[예제 3] — (삼차함수의 그래프와 평행이동)**

함수 $y=-x^3+3x^2-3x-2$는 함수 $y=-x^3$의 그래프를 어떻게 평행이동한 것인가?

**풀이** $y=-x^3+3x^2-3x-2=-(x-1)^3-3$에서 $x$축 방향으로 1, $y$축 방향으로 -3만큼 평행 이동한다. ▣

**[문제 3]** 함수 $y=-3(x-3)^3+2$는 함수 $y=-3x^3$의 그래프를 어떻게 평행이동한 것인가?

**답** $x$축 방향 3, $y$축 방향 2

## 우함수와 기함수

함수 $y=f(x)$에서 $f(-x)=f(x)$, 즉 $y=f(x)$의 그래프가 $y$축에 대하여 대칭인 함수를 **우함수**(even function)라 하고, 함수 $y=f(x)$에서 $f(-x)=-f(x)$, 즉 $y=f(x)$의 그래프가 원점에 대하여 대칭인 함수를 **기함수**(odd function)라고 한다.

**예** $f(x)=x^2$에서 $f(-x)=(-x)^2=x^2=f(x)$, 즉 $f(x)=x^2$의 그래프는 $y$축에 대하여 대칭인 곡선이다. $f(x)=x^3$에서 $f(-x)=(-x)^3=-x^3=-f(x)$, 즉 $f(x)=x^3$의 그래프는 원점에 대하여 대칭인 곡선이다.
따라서 $y=x^2$은 우함수이고, $y=x^3$은 기함수이다.

**[예제 4] (우함수와 기함수 구별하기)**

$f(x)$가 우함수, $g(x)$가 기함수일 때, 다음 각 함수는 우함수인가, 기함수인가?

1) $f(x)g(x)$ 2) $\dfrac{f(x)}{g(x)}$ 3) $f(g(x))$ 4) $g(g(x))$

**풀이** 문제의 조건에서 $f(-x)=f(x)$, $g(-x)=-g(x)$이다.

1) $F(x)=f(x)g(x)$라 놓으면,

$F(-x)=f(-x)g(-x)=f(x)\{-g(x)\}=-f(x)g(x)=-F(x)$

∴ 기함수

2) $F(x)=\dfrac{f(x)}{g(x)}$라 놓으면,

$F(-x)=\dfrac{f(-x)}{g(-x)}=\dfrac{f(x)}{-g(x)}=-\dfrac{f(x)}{g(x)}=-F(x)$

∴ 기함수

3) $F(x)=f(g(x))$라 놓으면,

$F(-x)=f(g(-x))=f(-g(x))=f(g(x))=F(x)$

∴ 우함수

4) $F(x)=g(g(x))$라 놓으면,

$F(-x)=g(g(-x))=g(-g(x))=-g(g(x))=-F(x)$

∴ 기함수 ▣

**[문제 4]** 다음 각 함수는 우함수인가, 기함수인가?

1) $f(x)=\dfrac{1}{x^2}$ 2) $f(x)=x^2-4$ 3) $f(x)=-3x$ 4) $f(x)=|x|$

**답** 1) 우함수 2) 우함수 3) 기함수 4) 우함수

## ◈◈◈ 연습 문제 2-2 ◈◈◈

**1.** 다음 일차함수의 치역을 구하여라.

1) $y=-x+2$ 2) $y=2x-3,\ (1 \leq x \leq 4)$

**2.** 일차함수 $y=(m-2)x-n+1$의 그래프가 $x$축의 양의 방향과 이루는 각이 $30°$이고, 점$(\sqrt{3},\ 0)$을 지날 때, $m$, $n$을 구하여라.

**3.** $x$의 일차방정식 $(a-1)x+2a=0$이 음의 근을 갖는 $a$의 범위를 구하여라.

**4.** 다음 조건을 만족하는 이차함수를 구하여라.

1) 대칭축이 $x=-1$, 두 점 $(-3,\ -6)$, $(0,\ -3)$을 지난다.

2) 두 점 $(1,\ 1)$, $(4,\ 4)$를 지나고, 꼭지점이 $x$축 위에 있다.

**5.** 이차함수 $y=x^2-4x+3$과 $y=-x^2+2x+1$의 그래프는 점 $P$에 대하여 대칭이다. 이 때, 점 $P$의 좌표를 구하여라.

**6.** 다음 물음에 답하여라.

1) 함수 $f(x)=\dfrac{3x}{x^2}+2$는 우함수인가, 기함수인가?

2) 함수 $f(x)=2x^2-4x+1$을 $x$축 방향으로 $m$만큼 평행이동하면 우함수가 된다. 이 때 $m$의 값을 구하여라.

# 2-3 유리함수와 무리함수

## 유리함수

함수 $y=f(x)$에서 $f(x)$가 $x$에 대한 유리식일 때, 이 함수를 **유리함수** 특히 $f(x)$가 다항식이면 다항함수, $f(x)$가 $\frac{2}{x}$, $\frac{2x+1}{x-1}$과 같이 분모에 $x$를 포함한 유리식일 때, **분수함수**라 한다. 분수함수의 정의역은 특별한 조건이 없는 한 실수 전체의 집합 $R$에서 분모를 0으로 하는 원소를 제외한 집합으로 한다.

**예** $y=\frac{2}{x}$, $y=\frac{2x+1}{x-1}$의 정의역을 구하면 $R-\{0\}$, $R-\{1\}$이다.

분수함수 중 가장 간단한 꼴인 $y=\frac{k}{x}(k\neq 0)$에 대하여 알아보자.

위의 $k$의 여러 가지 값에 따라 그래프를 그리면 (그림 2. 8)과 같은 곡선을 얻는다. 이들 곡선을 **쌍곡선**이라 한다.

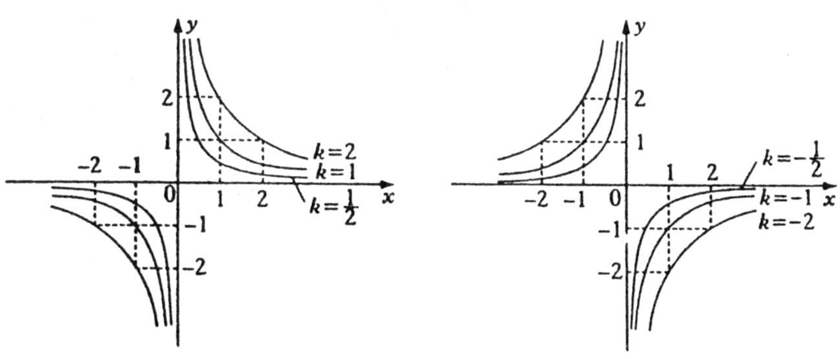


a) $k>0$일 때 b) $k<0$일 때

(그림 2. 8)

**예** 다음 함수의 그래프를 그려라.

1) $y=\dfrac{1}{|x|}$ 2) $|y|=\dfrac{1}{x}$ 3) $|y|=\dfrac{1}{|x|}$

**풀이** (그림 2. 9)

1) 2) 3)

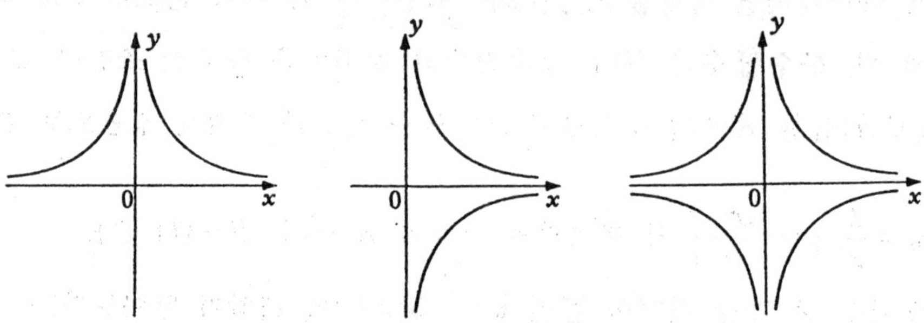


(그림 2. 9)

함수 $y=\dfrac{k}{x-p}+q(k\neq 0)$의 그래프는 $y=\dfrac{k}{x}$의 그래프를 $x$축 방향으로 $p$, $y$축 방향으로 $q$만큼 평행이동한 것이다. 또, $y=\dfrac{ax+b}{cx+d}(c\neq 0,\ ad-bc\neq 0)$의 그래프는 $y=\dfrac{k}{x-p}+q$의 꼴로 변형하여 그리면 된다.

분수함수의 경우 곡선위의 점이 한없이 가까워지는 일정한 직선을 그 곡선의 **점근선**이라고 한다. 특히 점근선이 직교하는 쌍곡선을 **직각쌍곡선**이라고 한다.

**예** $y=\dfrac{2x-5}{x-3}$의 그래프는 $y=\dfrac{1}{x-3}+2$의 꼴로 고쳐 그리면 된다.

정의역은 $R-\{3\}$, 치역은 $R-\{2\}$, 점근선은 $x=3$, $y=2$이다.

**[예제 1] (분수함수의 그래프)**

$y=\dfrac{1}{x-2}+3$의 그래프를 그려라.

**풀이** 이 함수의 그래프는 직각쌍곡선 $y=\dfrac{1}{x}$을 $x$축 방향으로 2, $y$축 방향으로 3만큼 평행이동한 것이다.

따라서 그래프는 (그림 2. 10)와 같은 직각쌍곡선이다.

정의역은 $R-\{2\}$, 치역은 $R-\{3\}$, $x=2$, $y=3$이 점근선이고, 점(2, 3)에 대하여 대칭이다.

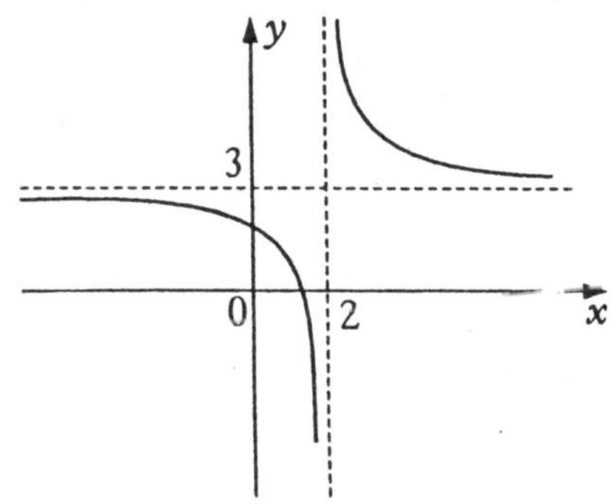


(그림 2. 10)

▣

**[문제 1]** 함수 $y=\dfrac{bx+c}{x+a}$는 정의역이 $R-\{1\}$, 치역이 $R-\{-2\}$이고, 그래프는 $y=\dfrac{2}{x}$의 그래프를 평행이동한 것일 때, $a+b+c$의 값을 구하여라.

**답** 1

## 무리함수

함수 $y=f(x)$에서 $f(x)$가 $x$에 대한 무리식일 때, 이 함수를 **무리함수**라 한다. 무리함수 $y=f(x)$의 정의역은 함수값이 실수가 되도록 근호안의 값이 음이 되지 않는 변수 $x$의 범위로 한다.

여기에서는 $y=\pm\sqrt{ax}$, $y=\pm\sqrt{ax+b}+c$, $y=\pm\sqrt{r^2-x^2}$ 꼴의 함수의 그래프에 대해 알아본다.

$y=\sqrt{x}$ 의 그래프는 포물선 $y^2=x$의 그래프 중 $y\geqq 0$인 부분

$y=\sqrt{-x}$ 의 그래프는 포물선 $y^2=-x$의 그래프 중 $y\geqq 0$인 부분

$y=-\sqrt{x}$ 의 그래프는 포물선 $y^2=x$의 그래프 중 $y\leqq 0$인 부분

$y=-\sqrt{-x}$ 의 그래프는 포물선 $y^2=-x$의 그래프 중 $y\leqq 0$인 부분

을 나타낸다. 일반으로, $y=\pm\sqrt{ax}$ 의 그래프는 $a$의 양, 음에 따라 그리면 (그림 2. 11)과 같은 반포물선이 된다.

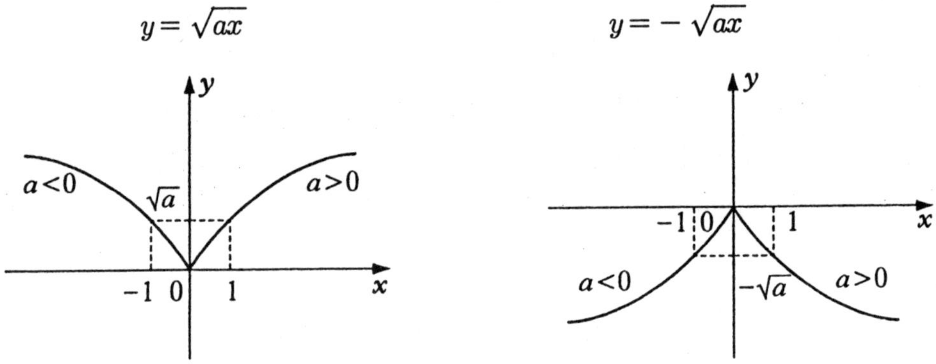


(그림 2. 11)

$y=\pm\sqrt{ax+b}+c(a\neq 0)$의 그래프를 변형하면 $y=\pm\sqrt{a\left(x+\frac{b}{a}\right)}+c$에서 $y=\pm\sqrt{ax}$ 의 그래프를 $x$축 방향으로 $-\frac{b}{a}$, $y$축 방향으로 $c$만큼 평행이동한 것이다.

**[예제 2] — (무리함수의 그래프 그리기)**

함수 $y=\sqrt{2x-4}+1$의 그래프를 그려라.

**풀이** $y=\sqrt{2(x-2)}+1$로 변형되므로 $y=\sqrt{2x}$의 그래프를 $x$축 방향으로 2, $y$축 방향으로 1만큼 평행이동한 것이다(그림 2. 12).

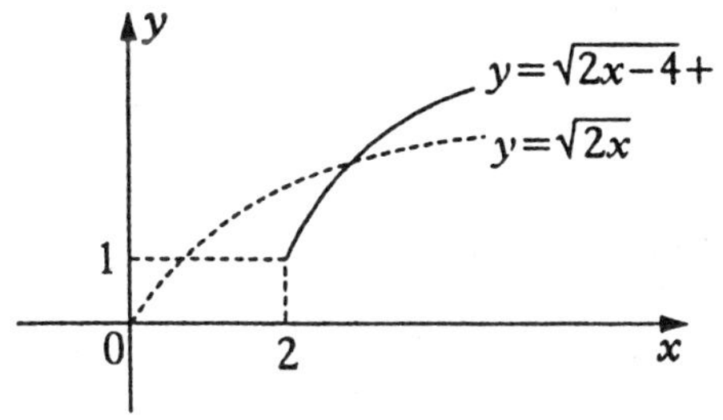


(그림 2. 12) ▣

**[문제 2]** 다음 함수의 그래프를 그리고, 정의역 $X$, 치역 $Y$를 구하여라.

1) $y=-\sqrt{2x+4}+2$ 2) $y=\sqrt{6-3x}-1$

**답** 1) $X=\{x|x\geqq 2\}$, $Y=\{y|y\leqq 2\}$, 그래프는 (그림 2. 13)

2) $X=\{x|x\leqq 2\}$, $Y=\{y|y\geqq -1\}$, 그래프는 (그림 2. 13)

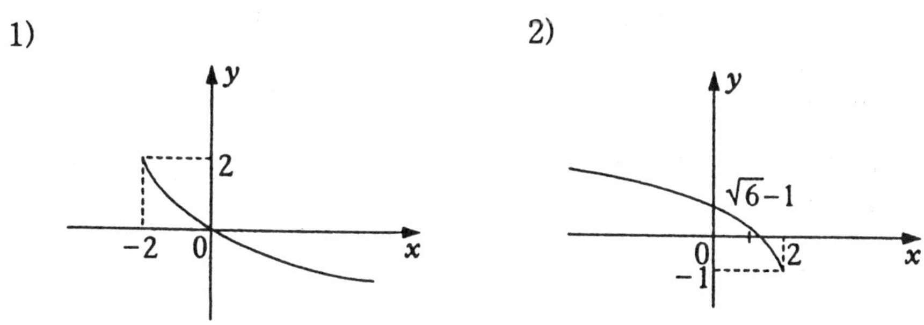


(그림 2. 13)

$y=\pm\sqrt{r^2-x^2}$의 양변을 제곱하면 $y^2=r^2-x^2$, 즉 원 $x^2+y^2=r^2$의 그래프에서 $y=\sqrt{r^2-x^2}$은 $y\geqq 0$인 위쪽 반원, $y=-\sqrt{r^2-x^2}$은 $y\leqq 0$인 아래쪽 반원이다.

**[예제 3] (반원의 그래프 그리기)**

$y=\sqrt{1-x^2}$의 그래프를 그려라.

**풀이** 변을 제곱하면 $y^2=1-x^2$, $x^2+y^2=1$

즉, 원 $x^2+y^2=1$의 $y\geqq 0$인 부분인 반원을 그리면 된다(그림 2. 14).

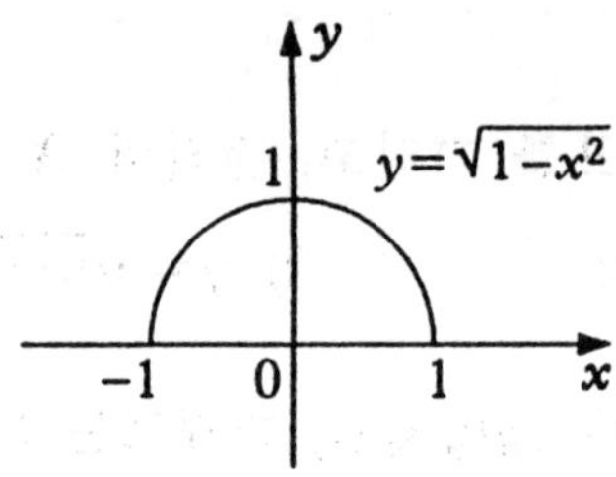


(그림 2. 14) ▣

**[문제 3]** 다음 함수의 그래프를 보고, 정의역 $X$, 치역 $Y$를 구하여라.

1) $y=\sqrt{2x-x^2}$　　　　2) $y=2-\sqrt{4x-x^2}$

**답** 1) $X=\{x\,|\,0\leqq x\leqq 2\}$, $Y=\{y\,|\,0\leqq y\leqq 1\}$, 그래프는 (그림 2. 15)

2) $X=\{x\,|\,0\leqq x\leqq 4\}$, $Y=\{y\,|\,0\leqq y\leqq 2\}$, 그래프는 (그림 2. 15)

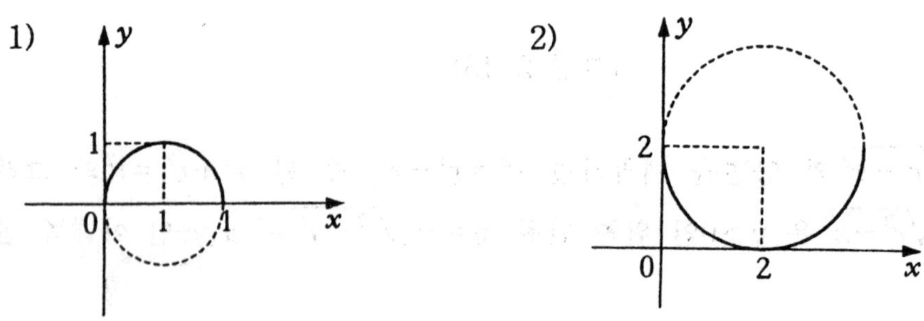


(그림 2. 15)

## ◈◈◈ 연습 문제 2-3 ◈◈◈

1. 함수 $y=\frac{3x-1}{x-1}$에 대하여 다음 물음에 답하여라.

   1) 정의역이 $\{x\,|\,-1\leqq x<1$ 또는 $1<x\leqq 2\}$일 때, 치역을 구하여라.

   2) 치역이 $\{y\,|\,y\leqq 1$ 또는 $y>3\}$일 때, 정의역을 구하여라.

2. 함수 $y=\frac{x-3}{ax-b}$의 그래프가 점 $\left(2,\ \frac{5}{2}\right)$를 지나고 $x$축에 평행한 점근선이 $y=\frac{1}{2}$일 때, $a-b$의 값을 구하여라.

3. 함수 $y=\frac{|x-1|}{x}$의 그래프와 직선 $y=mx$가 만나지 않는 $m$의 값의 범위를 구하여라.

4. 함수 $y=-\sqrt{6-2x}+2$에서 정의역이 $\{x\,|\,1\leqq x\leqq 2\}$일 때, 치역을 구하여라.

5. 함수 $y=-\sqrt{4-x^2}-1$의 그래프를 그리고 정의역 $X$, 치역 $Y$를 구하여라.

6. 함수 $y=\sqrt{x-3}$, $y=mx+1$이 교점을 갖는 $m$의 값의 범위를 구하여라.

## 실전문제

1. 가로 40*cm*, 세로 30*cm*인 직사각형 모양의 마분지로 네 귀퉁이에서 길이 *xcm*인 정사각형을 잘라내어 접어 뚜껑이 없는 직육면체 모양의 상자를 만들려고 한다. 부피 $V$를 구하는 식을 만들고 정의역을 구하여라.

2. 어떤 전원에 의해 생산된 전력 $P$는 $P=\dfrac{E^2r}{R^2+2Rr+r^2}$으로 주어진다. $E$는 전원의 전압, $R$은 전원의 저항, $r$은 회로의 저항이다. $E$=5볼트, $R$=1옴을 이용하여 $P$를 $r$의 함수로서 나타내고 그래프의 점근선, $r$, $P$절편을 구하여라.

3. 제동거리에 대한 모델을 알아보기 위해 브레이크를 밟은 후 걸린 시간 $s$(초)와 움직인 거리 $d(m)$를 알아본 결과 (s, d)는 다음과 같았다.
(10, 19), (40, 116), (70, 343). 이를 근거로 $d=as^2+bs+c$로 나타내어라.

4. 어느 농장의 토끼 수($P$)의 증가는 시간($t$)의 함수 $P(t)=\dfrac{3000t}{t+1}(t \geq 0)$로 주어진다. 결국 토끼수의 증가는 몇 마리에서 멈추는가?

5. 약이 환자에게 투약되어 피 속에 용해되는 것을 관찰해보면 약이 투약되고 t시간 후 용해된 양 $c(mg/L)$는 $c(t)=\dfrac{5t}{t^2+1}$로 주어진다. 최대 용해된 양은 얼마이고, 오랜 시간이 지난 후 용해된 양은 얼마가 남고, 용해된 양이 $0.3mg/L$으로 떨어질 때까지 걸리는 시간은?

6. 섭씨온도 $C$와 화씨온도 $F$사이에는 함수관계가 선형적이다.
$(0^\circ C, 32^\circ F)$이고, $(60^\circ C, 140^\circ F)$라면 $F$를 C의 함수로 나타내고,

$100^\circ C$는 $212^\circ F$임을 확인하여라.

7. 배양중인 어떤 박테리아는 원모양으로 자라고, 반지름의 길이 $r(t)$는 $t$시간 후 $r(t)=4-\dfrac{4}{t^2+1}(cm)$로 주어진다. 박테리아에 의해 덮인 넓이와 둘레의 길이를 시간 t의 함수로 나타내어라.

8. 빌딩 옥상에서 위로 발사한 장난감 로켓의 땅위에서 높이는 $s(t)=-16t^2+96t+256(m)$으로 주어진다. 빌딩의 높이, 로켓이 도달한 최대 높이, 로켓이 땅위에 닿을 때 시간을 구하여라.

9. 감기 전염 모델에 의하면, 인구 $P$명중 $D$명이 감염되고 $P$-$D$명이 감염되지 않았다면 매일 전염될 인원 $R(D)$는 $R(D)=kD(P-D)$ (단, $k>0$인 상수)로 주어진다. 인구 $P$가 일정할 때, 감기가 가장 급격히 번지는 것은 감염된 사람이 $\dfrac{P}{2}$일 때임을 보이고, 또 인구가 10,000명인 도시에서 일요일에 125명이 감염되고 월요일에는 새로 37명이 감염된다면 상수 $k$의 값은? 화요일에 새로 감염되는 사람의 수를 추정하고 계속하여 수요일, 목요일, 금요일과 토요일에 새로 감염되는 사람의 수를 추정하여라.

10. 목장 주인이 $1000m^2$의 직사각형 모양의 땅을 갖고 있다. 목장을 같은 넓이를 갖는 두 개의 똑같은 직사각형 모양으로 나누고 담장을 두르려고한다. 담장의 길이를 최소가 되게 할 때, 담장의 길이를 구하여라.

## 실전문제의 풀이와 정답

1. 가로 40-2x, 세로 30-2x, 높이 $x$에서 부피 $V$는

$V=x(40-2x)(30-2x)=4x(15-x)(20-x)>0$이고,

$x>0,\ 20-x>0,\ 15-x>0$이므로

정의역은 $0 < x < 15$이다.

2. $P = \dfrac{25r}{1+2r+r^2} = \dfrac{25r}{(1+r)^2}$에서,
점근선은 $r = -1$, $P = 0$이고, $r$, $P$절편은 각각 0이다.

3. 계산기에 의해 근사식을 구하면,
$d \fallingdotseq 0.072s^2 - 0.378s + 15.56$이다.

4. $P(t) = \dfrac{3000t}{t+1} = 3000 - \dfrac{3000}{t+1} < 3000$에서
증가는 3000마리를 넘지 못한다.

5. $c(t) = \dfrac{5t}{t^2+1}$에서, $c(t)t^2 - 5t + c(t) = 0$이고 $t \geq 0$이므로
$c(t) \geq 0$이고, $D = 25 - 4c(t)^2 \geq 0$에서 $0 \leq c(t) \leq \dfrac{5}{2}$
따라서, 최대 용해된 양은 $2.5mg/L$이다.
오랜 시간이 지나면 $c(t) \to 0$이므로 0이 된다.
또, $0.3 = \dfrac{5t}{t^2+1}$에서 $3t^2 - 50t + 3 = 0$, $t = \dfrac{25 \pm \sqrt{616}}{3}$에서,
$t \geq 0$이므로 $t \fallingdotseq 16.61$시간이다.

6. $F = AC + B$라 하면 $C$=0, $F$=32와 $C$=62, $F$=140에서
$B$=32, 140=60$A$+32이고 60$A$=108, $A = \dfrac{108}{60} = \dfrac{9}{5}$
따라서, $F = \dfrac{9}{5}C + 32$이다.
$C$=100을 대입하면, $F = \dfrac{9}{5} \times 100 + 32 = 212$이다.

7. 넓이 $S$는 $S = \pi r^2(t) = \pi(4 - \dfrac{4}{t^2+1})^2 = 16(\dfrac{t^2}{t^2+1})^2$이고,

둘레의 길이 $l$은 $l=2\pi r(t)=2\pi(4-\frac{4}{t^2+1})=8\pi\frac{t^2}{t^2+1}$이다.

8. $t=0$일 때, 빌딩의 높이 $s(0)=256(m)$이고,
로켓이 도달한 최대높이는
$s(t)=-16t^2+96t+256=-16(t^2-6t+9-9)+256$
$=-16(t-3)^2+400$에서 $400m$이다.
로켓이 땅위에 닿을 때 높이=0에서, $s(t)=-16t^2+96t+256=0$,
$-16(t+2)(t-8)=0$에서 $t>0$이므로 $t=8$이다.

9. $R(D)=kD(P-D)=-k(D^2-PD)=-k(D-\frac{P}{2})^2+k\frac{P^2}{4}$에서 $D=\frac{P}{2}$일 때 최대이다.
$125(10000-125)k=37$에서 $k\fallingdotseq 3\times 10^{-5}$이다.
따라서, 화요일에 새로 감염되는 사람의 수는
$R(162)=3\times 10^{-5}\times 162(10000-162)\fallingdotseq 48$명
같은 방법으로 수요일, 목요일, 금요일, 토요일에 새로 감염되는
사람의 수는 $R(210)=3\times 10^{-5}\times 210(10000-210)\fallingdotseq 62$명,
$R(272)=3\times 10^{-5}\times 272(10000-272)\fallingdotseq 79$명,
$R(351)=3\times 10^{-5}\times 351(10000-351)\fallingdotseq 102$명,
$R(453)=3\times 10^{-5}\times 453(10000-453)\fallingdotseq 130$명이다.

10. 직사각형의 가로 $xm$, 세로 $ym$라면,
$xy=1000$이고 담장의 길이는 $2x+3y$에서,
$L=2x+3y=2x+\frac{3000}{x}\geq 2\sqrt{2x\cdot\frac{3000}{x}}=40\sqrt{15}\fallingdotseq 155m$이다.

## -용어의 정의 확인문제-

**1. 다항함수(polynomial function)**

함수 $y=f(x)$에서 $f(x)$가 $x$에 대한 다항식일 때, 이 함수를 다항함수라고 한다. 다항식이 일차, 이차, 삼차일 때의 다항함수를 각각 일차함수, 이차함수, 삼차함수라고 한다. $f(x)$가 0차인 다항식, 즉 $f(x)=c$일 때, 이 함수를 상수함수라고 한다.

* $f(x)=a_nx^n+a_{n-1}x^{n-1}+\cdots+a_1x+a_0(a_n\neq 0)$: $x$에 대한 $n$차함수

**2. 나머지정리(remainder theorem)**

다항식 $f(x)$가 일차식 $x-c$로 나누면 나머지 $r$은 $f(c)=r$이다.

이를테면, $f(x)=4x^3-x^2+4$를 $x-2$로 나눈 나머지 $r$은 $f(2)=32$이다.

**3. 인수정리(factor theorem)**

$c$가 다항함수 $f$를 0으로 하기 위한 필요충분조건은 $x-c$가 $f(x)$의 인수이다. 이를테면, $f(2)=0$이면 $f(x)=(x-2)Q(x)$이다.

**4.대수학의 기본정리(fundamental theorem of algebra)**

모든 $n(>0)$차의 실계수를 갖는 다항함수 $f(x)$에서 $f(x)=0$는 정확히 $n$개의 근(복소수근 포함)을 갖는다.

**5. 중간값정리(intermediate value theorem)**

폐구간 $[a, b]$에서 $y=f(x)$가 연속함수이고,
$a<b$에 대해 $f(a)\neq f(b)$이며, 임의의 수
$N$이 $f(a)$와 $f(b)$사이에 있으면 $f(c)=N$인 $c$가 개구간 $(a, b)$에

적어도 하나 존재한다.

이를 이용하여 $f(x)=x^3+x-1=0$의 근이 $(-1,\ 1)$에 있음을 보일 수 있다. $f(-1)<0$, $f(1)>0$이므로 $f(c)=0$인 $c$가 $(-1,\ 1)$에 존재.

**6. 켤레근정리(conjugate zeros theorem)**

$f(x)$가 실계수를 갖는 $n(>1)$차의 다항함수일 때, $z$가 $f(x)=0$의 복소수근이면 $z$의 켤레복소수가 $f(x)=0$의 또 다른 복소수근이다.
이를테면 $a+bi$가 근이면 $a-bi$도 근이다.

**7. 유리수근정리(rational zeros theorem)**

다항식 $a_nx^n+a_{n-1}x^{n-1}+\cdots+a_1x+a_0$이 정수계수를 가지면 다항식을 0으로 하는 모든 유리수값은 $x=\dfrac{p}{q}$꼴이다. $p$는 $a_0$의 약수이고
$q$는 $a_n$의 약수이다.

**8. 부분분수분해(partial fraction decomposition)**

주어진 분수식을 보다 간단한 분모를 갖는 분수식의 합으로 분해하는 방법으로 이를테면 $\dfrac{5x+7}{(x-1)(x+3)}=\dfrac{A}{x-1}+\dfrac{B}{x+3}$
$5x+7=A(x+3)+B(x-1)$에서, $A=3$, $B=2$ 따라서, $\dfrac{3}{x-1}+\dfrac{2}{x+3}$로 분해하는 것을 부분분수분해라 한다.

**9. 우함수와 기함수**

함수 $f(x)$가 $f(-x)=f(x)$이면 우함수이고,
그래프는 $y$축에 대칭이다.
우함수의 예는 $x^n$과 $\dfrac{1}{x^n}$꼴($n$은 짝수), $\cos x$, 등이다.
함수 $f(x)$가 $f(-x)=-f(x)$이면 기함수이고,

그래프는 원점에 대칭이다.

기함수의 예는 $x^n$과 $\dfrac{1}{x^n}$꼴($n$은 홀수), $\sin x$, $\tan x$, 등이다.

참고로 모든 함수는 우함수와 기함수의 합으로 표현된다.

즉, $f(x)=\dfrac{f(x)+f(-x)}{2}+\dfrac{f(x)-f(-x)}{2}$

**10. 이차함수**

$y=ax^2+bx+c(a\neq 0)$가 이차함수이고,

그래프는 $y=a(x+\dfrac{b}{2a})^2-\dfrac{b^2-4ac}{4a}$로 고치면,

대칭축 : $x=-\dfrac{b}{2a}$, 꼭지점 : $(-\dfrac{b}{2a}, -\dfrac{b^2-4ac}{4a})$

$y$절편은 $c$이다.

$a>0$이면 아래로 볼록하고, $a<0$이면 위로 볼록하며

$b^2-4ac>0$이면 $x$축과 두 점에서 만나고

$b^2-4ac=0$이면 $x$축과 접하고

$b^2-4ac<0$이면 $x$축과 만나지 않는다.

**11. 함수의 합성**

$f: X\to Y$, $g: Y\to Z$인 함수일 때,

$f$와 $g$의 합성함수 $(g\circ f)(x)=g(f(x))$로 정의하고,

세 함수 $f$, $g$, $h$가 서로 합성함수 만들기가 가능할 때,

$g\circ f\neq f\circ g$, $(f\circ g)\circ h=f\circ(g\circ h)$이고

$I$가 항등함수일 때, $I\circ f=f\circ I=f$이다.

**12. 역함수**

$f: X\to Y$ 가 일대일대응 함수일 때, $f^{-1}: Y\to X$ 를 $f$ 의

역함수라 하고 $f(x)=y$이면 $f^{-1}(y)=x$이다.

$f$와 $f^{-1}$의 그래프는 $y=x$에 대칭이다.

또, $f \circ f^{-1}=f^{-1} \circ f=I$이다.

## 보충 연습문제

**＊ (        )에 알맞은 답을 쓰시오(1-30).**

1. 다항함수 $f(x)=x^3(x-2)^2$의 그래프는 (        )에서 $x$축에 접하고 (        )에서 $x$축을 지난다.
2. -1과 2-3$i$를 근으로 하는 3차 다항함수는 (                    )이다.
3. 다항함수 $f(x)=x^4-3x^3+17x^2-2x+2$는 많아야 (        )개의 유리근을 갖는다.
4. $f(x)=kx^2(x-2)(x-3)$에 대해 $f(4)=64$이면 $k=($        $)$이다.
5. 유리함수 $f(x)=\dfrac{2x+10}{x^2-4x+3}$의 그래프의 $y$절편은 (        )이다.
6. 유리함수 $f(x)=\dfrac{2x+10}{x^2-4x+3}$의 그래프의 수직점근선은 (        )이다.
7. 유리함수 $f(x)=\dfrac{x^3+x}{4-2x^3}$의 그래프의 $x$절편은 (        )이다.
8. 유리함수 $f(x)=\dfrac{x^3+x}{4-2x^3}$의 그래프의 수평점근선은 (            )이다.
9. 수평점근선 y=1, 수직점근선 $x=0$과 $x$절편이 (3, 0)인 유리함수는 (        )이다.

10. 유리함수 $f(x)=\dfrac{x^n}{x^3+8}$의 그래프가 수평점근선 $y$=0을 가지면 음이 아닌 정수 $n$=(　　　)이다.

11. $f(x)=\dfrac{2x^3-3}{x^2+4}$일 때, ($\dfrac{1}{2}$,　　)은 $f$의 그래프 위의 점이다.

12. $f(x)=\dfrac{Ax}{12x-3}$이고 $f(2)=2$이면, $A=($　　$)$이다.

13. 함수 $f(x)=\dfrac{1}{\sqrt{7-2x}}$의 정의역은 (　　　)이다.

14. 함수 $f(x)=\sqrt{x^2-4x}$의 값이 0이 되는 $x$를 구하면 (　　　)이다.

15. 함수 $f(x)=|x-5|+7$의 치역은 (　　　)이다.

16. $f$의 그래프가 $y$축에 대칭이면 $f(-x)$=(　　　)이다.

17. 직선 $3x-4y+1=0$과 $kx+3y-4=0$이 평행일 때, $k$=(　　　)이다.

18. $-5x+3y-7=0$의 $x$절편과 $y$절편은 차례로 (　　,　　)이다.

19. $f(-3)=0$과 $f(0)=-2$인 선형함수의 기울기는 (　　　)이다.

20. 점(1,2)를 지나고 $y=-2x+5$에 수직인 직선의 방정식은 (　　　)이다.

21. $f(x)=x^2-4x+3$의 $x$절편과 $y$절편은 차례로 (　　　,　　)이다.

22. $f(x)=-x^2+3x+2$의 치역은 (　　　)이다.

23. $f(0)=5$이고 $x$절편이 -3뿐인 이차함수는 $f(x)=($　　　$)$이다.

24. $f(x)=3x-2$이고 $g(x)=-x^2+3x-5$일 때, $(g\circ f)(-2)=($　　$)$이다.

25. $y=(3-x)^2+8$의 꼭지점은 (　　,　　)이다.

26. 일대일대응 함수인 $f$의 역함수가 $f^{-1}(x)=\sqrt{x-6}$이면 $f$의 정의역과 치역은 차례로 (　　　,　　　)이다.

27. 일대일 함수 $f$의 $x$절편은 (-5,0)이고 그 역함수 $f^{-1}$의 $y$절편은 (　　)이다.

28. $f(x)=\dfrac{x-3}{2x+5}$의 역함수 $f^{-1}=($　　　$)$이다.

29. $f(x) = \begin{cases} 4x-3, x<0 \\ x^3, 0 \le x \le 1 \\ x^2+64, x>1 \end{cases}$ 의 그래프 위의 점$(a,16a)$일 때 $a$=(　　　)이다.

30. $f(x)=[x+2]-5$일 때, $f(5.4)=($　　　$)$이다.
(단, $f(x)=[x]$는 x를 넘지 않는 최대정수를 나타낸다.)

## 연습문제 풀이, 정답

### 단답형문항(1-30)

1. 차례대로 $x=2$,　$x=0$

2. 세 근이 -1, 2-3i, 2+3i인 3차 다항함수는
$(x+1)(x^2-4x+13)=x^3-3x^2+9x+13$이다.

3. $f(1)=1-3+17-2+2=15 \neq 0$,
$f(-1)=1+3+17+2+2=25 \neq 0$,
$f(2)=16-24+68-4+2=58 \neq 0$,
$f(-2)=16+24+68+4+2=114 \neq 0$이 되어
유리근을 하나도 갖지 않는다.

4. $f(4)=32k=64$에서, $k=2$

5. $y$절편은 $f(0)=\dfrac{10}{3}$

6. $f(x)=\dfrac{2(x+5)}{(x-1)(x-3)}$에서 분모를 0으로 하는 $x=1$, $x=3$이
수직점근선이다.

7. $\dfrac{x^3+x}{4-2x^3}=0$에서, $x(x^2+1)=0$, $x=0$이 $x$절편이다.

8. $f(x)=\dfrac{x^3+x}{4-2x^3}=-\dfrac{1}{2}+\dfrac{x-2}{4-2x^3}$에서 수평점근선은 $y=-\dfrac{1}{2}$이다.

9. 분모와 분자의 차수가 갖고 분자는 $x-3$의 인수를 가져야 한다.
수직점근선 $x=0$에서, $y=\dfrac{x-3}{x}$이다.

10. 분자의 차수가 분모보다 작아야하므로 음이 아닌 정수 $n=1,2$이다.

11. $f(\frac{1}{2})=\dfrac{\frac{1}{4}-3}{\frac{1}{4}+4}=\dfrac{1-12}{1+16}=-\dfrac{11}{17}$

12. 21

13. $7-2x>0$에서, $x<\dfrac{7}{2}$

14. $\sqrt{x^2-4x}=0$에서, $x=0$, $x=4$

15. $[7, \infty)$

16. $f(x)$

17. $x$, $y$의 비가 같으면 두 직선은 평행하므로 $\dfrac{3}{k}=\dfrac{-4}{3}$에서, $k=-\dfrac{9}{4}$

18. $x$절편은 $y=0$일 때, $-5x=7$에서 $x=-\dfrac{7}{5}$
$y$절편은 $x=0$일 때, $3y=7$에서 $y=\dfrac{7}{3}$

19. 두 점 (-3, 0), (0, -2)를 지나는 직선의 기울기는 $\dfrac{-2-0}{0-(-3)}=-\dfrac{2}{3}$

20. 기울기 $\frac{1}{2}$이고 점(1, 2)를 지나므로 직선의 방정식은
$y=\frac{1}{2}(x-1)+2$에서, $y=\frac{1}{2}x+\frac{3}{2}$

21 $x$절편은 $y=0$일 때, $x^2-4x+3=0$, $(x-1)(x-3)=0$에서, $x=1$, $x=3$
$y$절편은 $x=0$일 때, $y=3$

22. $f(x)=-(x^2-3x)+2=-(x-\frac{3}{2})^2+\frac{17}{4}\leq\frac{17}{4}$이므로
치역은 $(-\infty, \frac{7}{4}]$이다.

23. $f(x)=a(x+3)^2$에서, $5=9a$ 이고 $a=\frac{5}{9}$
$f(x)=\frac{5}{9}(x+3)^2$이다.

24. $(g\circ f)(-2)=g(f(-2))=g(-8)=-64-24\quad 5=-93$

25. (3, 8)

26. $f^{-1}$의 정의역은 $x\geq 6$, 치역은 $y\geq 0$이므로
$f$의 정의역은 $[0,\infty)$, 치역은 $[6,\infty)$이다.

27. -5

28. $y=\frac{x-3}{2x+5}$에서 $2xy+5y=x-3$이고, $x$에 대해 정리하면
$x=\frac{-5y-3}{2y-1}=\frac{5y+3}{-2y+1}$에서
$x$와 $y$를 바꾸면 $y=f^{-1}(x)=\frac{5x+3}{-2x+1}$이다.

29. (i) $a<0$이면

$4a-3=16a$, $12a=-3$에서, $a=-\dfrac{1}{4}$

(ii) $0 \le a \le 1$이면

$a^3=16a$, $a(a-4)(a+4)=0$에서, $a=0$

(iii) $a>1$이면

$a^2+64=16a$, $(a-8)^2=0$에서 $a=8$

30. $f(5.4)=[7.4]-5=7-5=2$

## 보충 익힘문제

*** 다음 물음에 참, 거짓으로 답하시오(31-66).**

31. $f(x)=2x^3-8x^{-2}+5$는 다항함수가 아니다.
32. $f(x)=x+\dfrac{1}{x}$은 유리함수이다.
33. 다항함수의 그래프는 정의역내에서 끊긴 점을 가질 수 없다.
34. 4차의 다항함수는 정확히 4개의 실근을 갖는다.
35. 2차이상의 다항식이 $x-2$로 나누어지면 나머지는 항상 상수이다.
36. 7차방정식 $2x^7-1=-x$는 구간[0, 1]에서 해를 갖는다.
37. 계수가 양수인 다항함수 $f(x)=ax^3+bx^2+cx+d$는 양의 실근을 갖지 않는다.
38. 유리함수 $f(x)=\dfrac{x^2+1}{x}$의 그래프는 사선점근선(slant asymptote)을 갖는다.

39. 다항함수 $f(x)=4x^6+3x^2-2$는 y축에 대칭이다.

40. 기함수인 다항함수의 그래프는 원점을 지난다.

41. 점근선은 함수의 그래프가 접근할 뿐 지나지 않는 직선이다.

42. 점 $(\frac{1}{3},\frac{7}{4})$은 $f(x)=\frac{2x+4}{-x+3}$의 그래프 위에 있다.

43. 유리함수 $f(x)=\frac{P(x)}{Q(x)}$의 그래프는 $P$의 차수가 $Q$의 차수보다 클 때 사선점근선(slant asymptote)을 갖는다.

44. 2+3$i$가 실계수를 갖는 다항함수를 0이 되게 하면 2-3$i$도 다항함수를 0이 되게 한다.

45. 다항함수는 반드시 적어도 한 개의 유리근을 갖는다.

46. $f(x)=x^4+5x^2+2$의 그래프는 $x$축을 지나지 않는다.

47. 점(0,3), (2,2),(6,0)은 일직선 위에 있다.

48. 함수의 그래프는 단 하나의 $y$절편을 갖는다.

49. 함수 $f$가 $f(a)=f(b)$일 때, $a=b$이다.

50. 0이 아닌 함수 $f$는 $x$축에 대해 대칭일 수 없다.

51. $f(x)=(x-1)^{\frac{1}{3}}$의 정의역은 $(-\infty,\infty)$이다.

52. $f(x)=x$와 $g(x)=\sqrt{x+2}$일 때, $\frac{g}{f}$의 정의역은 $[-2,\infty)$이다.

53. 함수 $f$가 일대일 대응이면 같은 값을 두 번 가질 수 없다.

54. 양의 기울기를 갖는 두 직선은 수직일 수 없다.

55. (2,-5)를 지나는 $x$축에 수직인 직선의 방정식은 $x$=-2이다.

56. $f$와 $f^{-1}$의 그래프의 교점은 $y=x$ 위에 있다.

57. 일대일대응 함수 $f(x)=\frac{1}{x}$은 $f=f^{-1}$인 성질을 갖고 있다.

58. 함수 $f(x)=2x^2+16x-2$는 구간 [5,7]에서 증가한다.

59. 우함수는 일대일대응일 수 없다.

60. 모든 기함수는 일대일대응 함수이다.

61. 함수 $f$가 일대일 대응이면 $f^{-1}(x) = \frac{1}{f(x)}$이다.
62. 함수 $f$가 $x_1 < x_2$를 포함하는 구간에서 증가함수이면, $f(x_1) < f(x_2)$이다.
63. 함수 $f(x) = |x| + 1$은 구간 $(-\infty, 0]$에서 증가한다.
64. 함수의 합성에 대해 $f \circ (g+h) = f \circ g + f \circ h$이다.
65. 함수 $f$에 대해 $y$절편이 (0,1)이면, $y = 4 - 3f(x)$의 그래프에 대한 $y$절편은 (0,1)이다.
66. 임의의 함수 $f$에 대해 $f(x_1 + x_2) = f(x_1) + f(x_2)$이다.

## 풀이, 정답

## 참, 거짓 문항(31-66)

31. $x^{-2} = \frac{1}{x^2}$이므로 $f(x) = 2x^3 - 8x^{-2} + 5$는 유리함수이다. **참**
32. 유리함수는 $\frac{p(x)}{q(x)}$($p(x)$, $q(x)$는 다항함수, $q(x) \neq 0$)꼴이다. **참**
33. 다항함수는 정의역에서 항상 연속이다. **참**
34. 4차의 다항함수는 많아야 4개의 실근을 갖는다. **거짓**
35. 2차 이상의 다항식 $P(x) = (x-2)Q(x) + R$(상수) 꼴이므로 나머지는 항상 상수이다. **참**
36. $p(x) = 2x^7 + x - 1$이라면, $p(0) = -1$, $p(1) = 2$이고, $p(x)$는 연속함수이므로 중간값정리에 의해 구간(0, 1)에서 해를 갖는다. **참**
37. $x = t$(양수)를 대입하면, $f(t) = at^3 + bt^2 + cy + d > 0$이 되어 근이 될 수 없다. **참**
38. $f(x) = x + \frac{1}{x}$에서, 점근선은 $y = x$, $x = 0$이므로 사선점근선을 갖는다. **참**
39. $f(-x) = 4(-x)^6 + 3(-x)^2 - 2 = 4x^6 + 3x^2 - 2 = f(x)$가 되어

$y$축에 대칭이다. **참**

40. $f(-x)=-f(x)$에서, $f(0)=-f(0)$, $2f(0)=0$, $f(0)=0$이 되어 원점을 지난다. **참**

41. $f(x)=\dfrac{x^2+2x}{x^2-1}$의 그래프는 점근선 $y=1$과 만난다. **거짓**

42. $f(\frac{1}{3})=\dfrac{\frac{2}{3}+4}{-\frac{1}{3}+3}=\dfrac{\frac{14}{3}}{\frac{8}{3}}=\dfrac{14}{8}=\dfrac{7}{4}$이 되어 **참**

43. $y=\dfrac{x^3+1}{x}$의 점근선은 $x=0$, $y=x^2$이 되어 사선섬근선을 갖지 않는다. **거짓**

44. 복소수가 근이면 켤레복소수도 근이다. **참**

45. $f(x)=x^2+1$은 유리근을 갖지 않는다. **거짓**

46. $f(x)=x^4+5x^2+2 \geq 2$이므로 $x$축과 만나지 않는다. **참**

47. $\dfrac{2-3}{2-0}=\dfrac{0-2}{6-2}$에서, $\dfrac{-1}{2}=\dfrac{-2}{4}=\dfrac{-1}{2}$이 되어 **참**

48. 정의역에 $x=0$이 포함되지 않으면 $y$절편이 없다. **거짓**

49. $f(x)=x^2$에서, $f(-1)=f(1)$이지만 $-1 \neq 1$이 되어 **거짓**

50. 함수 $y=f(x)$에서 $x$축에 대칭이면 $-y=y$, 즉 $f(x)=-f(x)$에서 $2f(x)=0$이고, $f(x)=0$ **참**

51. **참**

52. $\dfrac{g}{f}=\dfrac{\sqrt{x+2}}{x}$에서, $x+2 \geq 0$이고 $x \neq 0$이므로 정의역은 $-2 \leq x < 0,\ 0 < x$이므로 **거짓**

53. **참**

54. 기울기의 곱이 -1이므로 하나는 양, 하나는 음이어야 한다. **참**

55. $x=2$이므로 **거짓**

56. **참**

57. **참**

58. $f(x)=2(x+4)^2-34$에서 증가구간은 $x \geq -4$
따라서, [5, 7]에서 증가한다. **참**

59. $f(x)=f(-x)$이므로 **참**

60. $f(x)=x^3-x$는 기함수이지만 $f(-1)=f(0)=f(1)=0$이 되어 **거짓**

61. $f(x)=2x-1$은 일대일대응 이지만 $f^{-1}(x)=\dfrac{1}{2}x+\dfrac{1}{2}=\dfrac{x+1}{2}$이 되어

$f(x) \neq \dfrac{1}{f^{-1}(x)}$이다. **거짓**

62. **참**

63. $(-\infty,\ 0)$에서 감소하므로 **거짓**

64. $f(x)=x^2,\ \ g(x)=x,\ \ h(x)=x^3-1$이면
$f \circ (g+h)=(x^3+x-1)^2$이고, $f \circ g+f \circ h=(x^3-1)^2$이 되어
$f \circ (g+h) \neq f \circ g+f \circ h$ **거짓**

65. $f(0)=1$에서, $y=4-3f(0)=4-3=1$ **참**

66 $f(x)=ax^2$이면 $f(x_1+x_2)=a(x_1+x_2)^2 \neq ax_1^2+ax_2^2=f(x_1)+f(x_2)$이므로
**거짓**

## 보충문제

*** 조립제법, 나눗셈을 이용하여 $f(x)$를 $d(x)$로 나눈 몫과 나머지를 쓰시오 (67-72).**

67. $f(x)=7x^4-6x^2-9x+9,$ $\qquad d(x)=x+2$

68. $f(x)=6x^5-4x^3+2x^2-7,$ $\qquad d(x)=2x^2-1$

69. $f(x)=15x^4-2x^3+8x+6.$ $\qquad d(x)=5x^3+x+2$

70. $f(x)=4x^3-7x^2-8x-5,$ $\qquad d(x)=x+2$

71. $f(x)=5x^3-4x^2+6x-12,$ $\qquad d(x)=x-5$

72. $f(x)=x^6-6x^5+4x^4-3x^3+2x^2-x+7,$ $\quad d(x)=x-3$

73. $f(x)=x^n+c^n$이 $x+c$로 나누어떨어지는 양의 정수 $n$을 구하시오.

74 .$f(x)=36x^{98}-45x^{45}+36x^{36}-25x^{25}+16x^{16}-7x^7+3x^3-5x-9$를 $x+1$로 나눈 나머지는?

* 다음 식을 인수분해하고 $f(x)=0$의 유리수 근을 구하시오(75-78).

75. $f(x)=8x^4+19x^3+31x^2+38x+18$

76. $f(x)=12x^3+16x^2+7x+1$

77. $f(x)=(x-3)^2-1$

78. $f(x)=(x+2)^4-1$

* 다음 조건을 만족하는 $k$를 구하시오($k$는 실수)(79-82).

79. $f(x)=x^4+3x^3-x^2+kx-1$을 $g(x)=x+3$으로 나눈 나머지는 12이다.

80. $f(x)=8x^2-2kx+9$의 인수는 $x+\dfrac{1}{2}$이다.

81. $f(x)=2x^3+x^2+2x+3$의 인수는 $x+k$이다.

82. $f(x)=\dfrac{x-3}{x^2+2x-8}$의 그래프는 $x=k$에서 끊긴다.

* 다음 유리식을 부분분수로 분해하시오(83-86).

83. $\dfrac{2x-1}{x(x^2+2x-8)}$ $\qquad$ 84. $\dfrac{1}{x^4(x^2+5)}$

85. $\dfrac{x^2}{(x^2+4)^2}$

86. $\dfrac{x^5-x^4+2x^3+5x-1}{(x-1)^2}$

* 다음 함수의 그래프를 그리는데 필요한 점근선, $x$절편, $y$절편이 있으면 구하시오(87-96).

87. $f(x)=\dfrac{2}{x^2+3}$

88. $f(x)=\dfrac{x^2-1}{x^2+1}$

89. $f(x)=\dfrac{2x}{x-3}$

90. $f(x)=2+\dfrac{1}{x^2}$

91. $f(x)=\dfrac{x}{(x-1)^2}$

92. $f(x)=\dfrac{(x+2)^2}{x-2}$

93. $f(x)=\dfrac{x^2-8}{2(x-3)}$

94. $f(x)=\dfrac{-x^2+5x+4}{x+2}$

95. $f(x)=\dfrac{3x}{x^3-1}$

96. $f(x)=\dfrac{x+1}{x^2+3x-10}$

* $h=f\circ g$인 두 함수 $f$와 $g$를 구하시오(97-98).

97. $h(x)=\dfrac{(2x+5)^2}{x^2}$

98. $h(x)=3(x+4)-\sqrt{x+4}$

99. $f(x)=x^3-2$의 그래프에 대해 다음의 변환에 대한 방정식을 구하시오.

1) 3만큼 왼쪽으로 평행이동

2) 5만큼 아래쪽으로 평행이동

3) 오른쪽으로 1, 위로 3만큼 평행이동

4) $x$축에 대해 대칭이동

5) y축에 대해 대칭이동

6) 원점(0,0)에 대칭이동

100. 부분 구간에서 정의된 함수로 $y=x-|x-1|+|x-2|+1$을 나타내고 그 함수의 그래프를 그리시오.

* 함수 $f$의 그래프에 대해 조사하고 함수 g의 정의역을 구하시오(101-102).

101. $f(x)=x^2-6x+10,\qquad g(x)=\sqrt{x^2-6x+10}$

102. $f(x)=-x^2+7x-6,\qquad g(x)=\dfrac{1}{\sqrt{-x^2+7x-6}}$

* 주어진 함수 $f$는 일대일대응 함수이다. 역함수 $f^{-1}$를 구하시오(103-104).

103. $f(x)=(x-1)^3$

104. $f(x)=\sqrt{x}$

## 풀이, 정답(67-104)

* 67-72에 대해 몫과 나머지만 알아본다.

67. 몫 : $7x^3-14x^2+22x-53$, 나머지 : $115$

68. 몫 : $3x^3-\dfrac{1}{2}x+\dfrac{3}{4}$, 나머지 : $-\dfrac{1}{2}x-\dfrac{25}{4}$

69. 몫 : $3x-\dfrac{2}{5}$, 나머지 : $-3x^2+\dfrac{12}{5}x+\dfrac{34}{5}$

70. 몫 : $4x^2-15x+22$, 나머지 : $-49$

71. 몫 : $5x^2+21x+111$, 나머지 : $543$

72. 몫 : $x^5-3x^4-5x^3-18x^2-52x-157$, 나머지 : $-464$

73. $f(-c)=(-c)^n+c^n=(-1)^nc^n+c^n$에서

$(-1)^n=-1$일 때, $f(-c)=0$

따라서, $n=2k+1$($k$는 0과 자연수)

74. $f(-1)=36+45+36+25+16+7-3+5-9=158$에서,

나머지는 158이다.

75. $f(-1)=0$이므로 $f(x)=(x+1)(8x^3+11x^2+20x+18)=0$에서,

유리수 근은 $x=-1$이다.

76. $f(-\frac{1}{2})=f(-\frac{1}{3})=0$에서, $f(x)=(2x+1)^2(3x+1)=0$

따라서, 유리수 근은 $-\frac{1}{2}$, $-\frac{1}{3}$이다.

77. $f(x)=(x-3)^2-1=(x-3-1)(x-3+1)=(x-4)(x-2)=0$

따라서, 유리수 근은 2, 4이다.

78. $f(x)=(x+2)^4-1=\{(x+2)^2-1\}\{(x+2)^2+1\}$

$=(x+3)(x+1)(x^2+4x+5)=0$

따라서, 유리수 근은 -3, -1이다.

79. $f(-3)=81-81-9-3k-1=12$에서, $-3k=22$

따라서, $k=-\frac{22}{3}$이다.

80. $f(-\frac{1}{2})=2=k+9=0$에서, $k=-11$이다.

81. $f(-k)=-2k^3+k^2-2k+3=0$에서,

$2k^3-k^2+2k-3=(k-1)(2k^2+k+3)=0$이고,

$k=1$이다.

82. $f(x)=\dfrac{x-3}{x^2+2x-8}=\dfrac{x-3}{(x+4)(x-2)}$

$x=-4$, $x=2$가 수직점근선이므로 $x=-4$, $x=2$에서 끊긴다.

83. $\dfrac{2x-1}{x(x^2+2x-8)}=\dfrac{2x-1}{x(x+4)(x-2)}=\dfrac{A}{x}+\dfrac{B}{x+4}+\dfrac{C}{x-2}$

$=\dfrac{A(x+4)(x-2)+Bx(x-2)+Cx(x+4)}{x(x+4)(x-2)}$에서

$2x-1=A(x+4)(x-2)+Bx(x-2)+Cx(x+4)$

$x=2$ 대입 : $3=12C$, $C=\frac{1}{4}$, $x=0$ 대입 : $-1=-8A$, $A=\frac{1}{8}$,

$x=-4$ 대입 : $24B=-9$, $B=-\frac{9}{24}$이다.

따라서, $\frac{1}{8}\frac{1}{x}-\frac{9}{24}\frac{1}{x+4}+\frac{1}{4}\frac{1}{x-2}$로 분해된다.

84. $\frac{1}{x^4(x^2+5)}=\frac{Ax^3+Bx^2+Cx+D}{x^4}+\frac{Ex+F}{x^2+5}$

$=\frac{(Ax^3+Bx^2+Cx+D)(x^2+5)+(Ex+F)x^4}{x^4(x^2+5)}$에서,

$1=(Ax^3+Bx^2+Cx+D)(x^2+5)+(Ex+F)x^4$

계수를 비교하여 구하면,

$A=0$, $B=-\frac{1}{25}$, $C=0$, $D=\frac{1}{5}$, $E=0$, $F=\frac{1}{25}$이다.

따라서, $-\frac{1}{25}\frac{1}{x^2}+\frac{1}{5}\frac{1}{x^4}+\frac{1}{25}\frac{1}{x^2+5}$로 분해된나.

85. $\frac{x^2}{(x^2+4)^2}=\frac{Ax+B}{x^2+4}+\frac{Cx+D}{(x^2+4)^2}=\frac{(Ax+B)(x^2+4)+Cx+D}{(x^2+4)^2}$

$x^2=(Ax+B)(x^2+4)+Cx+D$에서, 계수를 비교하여 구하면,

$A=0$, $B=1$, $C=0$, $D=-4$이다.

따라서, $\frac{1}{x^2+4}-\frac{4}{(x^2+4)^2}$로 분해된다.

86. $\frac{x^5-x^4+2x^3+5x-1}{(x-1)^2}=x^3+x^2+3x+5+\frac{12x-6}{(x-1)^2}$에서,

$\frac{12x-6}{(x-1)^2}=\frac{A}{x-1}+\frac{B}{(x-1)^2}=\frac{A(x-1)+B}{(x-1)^2}$이고,

$12x-6=A(x-1)+B$, 계수를 비교하면 $A=12$, $B=6$이다.

따라서, $\frac{12}{x-1}+\frac{6}{(x-1)^2}$로 분해된다.

87. 점근선 : $y=0$, $y$절편 : $\frac{2}{3}$

88. $f(x)=\dfrac{x^2-1}{x^2+1}=1+\dfrac{-2}{x^2+1}$에서,

점근선 : $y=1$, $x$절편 : $-1, 1$, $y$절편 : $-1$

89. $f(x)=\dfrac{2x}{x-3}=\dfrac{2(x-3)+6}{x-3}=2+\dfrac{6}{x-3}$

점근선 : $y=2$, $x=3$, $x$절편 : 0, $y$절편 : 0

이 그래프는 원점을 지난다.

90. 점근선 : $y=2$, $x=0$, $x$절편 : 없다, $y$절편 : 없다.

91. 점근선 : $y=0$, $x=1$, $x$절편 : 0, $y$절편 : 0

92. $f(x)=\dfrac{(x+2)^2}{x-2}=x+6+\dfrac{16}{x-2}$에서,

점근선 : $y=x+6$, $x=2$, $x$절편 : $-2$, $y$절편 : $-2$

93. $f(x)=\dfrac{x^2-8}{2(x-3)}=\dfrac{1}{2}x+\dfrac{3}{2}+\dfrac{1}{2(x-3)}$에서,

점근선 : $y=\dfrac{1}{2}x+\dfrac{3}{2}$, $x=3$, $x$절편 : $\pm 2\sqrt{2}$, $y$절편 : $\dfrac{4}{3}$

94. $f(x)=\dfrac{-x^2+5x+4}{x+2}=-x+7+\dfrac{-10}{x+2}$에서,

점근선 : $y=-x+7$, $x=-2$, $x$절편 : $\dfrac{5\pm\sqrt{41}}{2}$, $y$절편 : 2

95. 점근선 : $y=0$, $x=1$, $x$절편 : 0, $y$절편 : 0

96. $f(x)=\dfrac{x+1}{x^2+3x-10}=\dfrac{x+1}{(x+5)(x-2)}$에서,

점근선 : $y=0$, $x=-5$, $x=2$, $x$절편 : $-1$, $y$절편 : $-\dfrac{1}{10}$

97. $f(x)=x^2$, $g(x)=\dfrac{2x+5}{x}$

98. $f(x)=3x-\sqrt{x}$, $g(x)=x+4$

99. 1) $x\to x+3$ 대입, $f(x+3)=(x+3)^3-2$에서, $y=(x+3)^2-2$이다.

2) $y \to y-(-5)$ 대입, $f(x)-(-5)=x^3-2$, $f(x)=x^3-7$에서,

$y=x^3-7$이다.

3) $x \to x-1$, $y \to y-3$ 대입,

$f(x)-3=f(x-1)^3$에서, $f(x)=(x-1)^3-2+3$이고,

$y=(x-1)^3+1$이다.

4) $y \to -y$ 대입, $-y=x^3-2$에서, $y=-x^3+2$이다.

5) $x \to -x$ 대입, $y=f(-x)=-x^3-2$이다.

6) $x \to -x$, $y \to -y$ 대입, $-y=(-x)^3-2$에서, $y=x^3+2$이다.

100. 다음과 같이 주어진 범위에서 함수를 구해 그래프를 그린다.

i) $x<1$; $y=x+x-1-x+2+1=x+2$

ii) $1 \le x < 2$; $y=x-(x-1)-(x-2)+1=x-x+1-x+2+1=-x+4$

iii) $x \ge 2$ ; $y=x-(x-1)+(x-2)+1=x-x+1+x-2+1=x$

101. $f(x)=(x-3)^2+1 \ge 1$이브로 $g(x)$의 정의역은 모든 실수

즉, $(-\infty, \infty)$이다.

102. $f(x)=-(x^2+7x)-6=-(x-\frac{7}{2})^2+\frac{49}{4}-6=-(x-\frac{7}{2})^2+\frac{25}{4} \le \frac{25}{4}$

그런데, $-x^2+7x-6>0$이어야 하므로 $x^2-7x+6<0$에서 $1<x<6$

따라서, $g(x)$의 정의역은 $(1, 6)$이다.

103. $y=(x-1)^3$에서 $x-1=y^{\frac{1}{3}}$이고 $x=y^{\frac{1}{3}}+1$

따라서, 역함수는 $x$와 $y$를 바꾸면 $f^{-1}(x)=\sqrt[3]{x}+1$이다.

104. $y=\sqrt{x}$에서, $x=y^2$이고 따라서, 역함수는 $x$와 $y$를 바꾸면

$f^{-1}(x)=x^2(x \ge 0)$이다.

## Home Work

1. 집합 $X=\{x|0\leqq x\leqq 2\}$에서 정의된 함수 $f(x)$가 다음과 같이 주어져 있다.

   1) $f(0)+f(\frac{1}{2})+f(\sqrt{2})$의 값을 구하여라.

   2) $f(x)+f(2-x)$의 값을 구하여라.

2. 두 집합 $X=\{-2, -1, 2, a\}$, $Y=\{-1, 0, b\}$에 대하여 정의된 함수 $f: X\rightarrow Y$, $f(x)=x^2-1$에서 치역이 공역 $Y$와 같도록 상수 $a$, $b$의 값을 정하여라.

3. 다음 물음에 답하여라.

   1) $f(x)=x^2-2|x|$, $g(x)=x^2+1$일 때, $(g\circ f)(4)$, $(f\circ(g\circ f))(2)$를 구하여라.

   2) $f(x)=\dfrac{x}{x-1}$, $g(f(x))=4x^2+x$일 때, $g(3)$을 구하여라.

4. 함수 $f(x)=\dfrac{ax-1}{x+1}$의 역함수가 $f^{-1}(x)=\dfrac{2x+c}{bx+1}$일 때, 상수 $a$, $b$, $c$의 값을 구하여라.

5. 실수 전체의 집합 $R$에서 정의된 함수 $f$, $g$가 각각 $f(x)=ax+b(a\neq 0)$, $g(x)=cx+3(c\neq 0)$이고,

   1) $f\circ f=f$일 때, $a$, $b$의 값을 구하여라.

   2) $f^{-1}(3)=2$, $(f\circ g)(x)=2x-3$일 때, $c$의 값을 정하여라.

6. 함수 $y=\dfrac{x-3}{ax-b}$의 그래프가 점 $\left(2, \dfrac{5}{2}\right)$를 지나고 $x$축에 평행한 점근선이 $y=\dfrac{1}{2}$일 때, $a-b$의 값을 구하여라.

7. 함수 $y=\dfrac{|x-1|}{x}$의 그래프와 직선 $y=mx$가 만나지 않는 $m$의 값의 범위를 구하여라.

8. 함수 $y=-\sqrt{6-2x}+2$에서 정의역이 $\{x \mid 1 \leq x \leq 2\}$일 때, 치역을 구하여라.

9. 함수 $y=-\sqrt{4-x^2}-1$의 그래프를 그리고 정의역 $X$, 치역 $Y$를 구하여라.

10. 함수 $y=\sqrt{x-3}$, $y=mx+1$이 교점을 갖는 $m$의 값의 범위를 구하여라.

11. $X=\{1, 2, 3, 4\}$, $Y=\{5, 6, 7\}$일 때, $X$에서 $Y$로의 함수 중 치역이 2개의 원소로 된 함수는 모두 몇 개 있는가?

12. $f(x)$는 일차함수이고 모는 실수 $x$에 대하여 $f(f(x))=x$, $f(5)=-4$를 만족한다. $f(3)$을 구하여라.

13. 실수전체의 집합 $R$에서 정의된 함수 $f(x)=ax+b(a\neq 0)$가 있다. $f^{-1}(0)=0$, $(f\circ f)(0)=3$일 때, $f^{-1}(3)$의 값을 구하여라.

14. 그래프가 세 점 $(1, a)$, $(a, 7)$, $(5, 11)$을 지나고 기울기가 음인 직선의 방정식을 구하여라.

15. 함수 $y=\dfrac{2x+4}{x+1}$에서 치역이 $\{y \mid y\leq 0$ 또는 $y\geq 3\}$일 때, 정의역을 구하여라.

16. $y=x-[x](-1\leq x\leq 3)$의 그래프를 그려라(단, $[x]$는 $x$를 넘지 않는 최대의 정수를 나타낸다).

**17.** 두 점 $(0, -1)$, $(3, 2)$를 지나며 꼭지점이 직선 $y=3x-3$ 위에 있고, 위로 볼록한 이차함수를 구하여라.

**18.** 임의의 함수 $f(x)$에 대하여 다음 각 함수는 우함수인가, 기함수인가?

1) $f(x)+f(-x)$　　　　2) $f(x)-f(-x)$

1) $y=x^2+4x+2$　　　　2) $y=-2x^2-5x-5$

**19.** 포물선 $y=ax^2-2x+a$와 $x$축과의 두 교점 사이의 거리가 $\sqrt{2}$일 때, $a$의 값을 구하여라.

**20.** 포물선 $y=ax^2$의 그래프가 직선 $y=-2x-a+4$보다 항상 아래쪽에 있을 $a$의 범위를 구하여라.

21. 다음 이차함수의 최댓값 또는 최솟값을 구하고, 그 때의 $x$ 의 값을 구하여라. 또, $x$축과 만나는 점의 개수를 구하여라.

1) $y=-3(x+3)^2$　　2) $y=(2x-1)^2$　　3) $y=(x-6)(x+4)$

4) $y=8x-7x^2$　　5) $y=3x^2+5x-4$　　6) $y=-5x^2+8x-4$

7) $y=x^2-8x+2$　　8) $y=x^2-12x+36$　　9) $y=-3x^2-6x+4$

10) $y=2x^2+3x-4$　　11) $y=-2x^2+4x+3$　　12) $y=x^2-3x+2$

13) $y=(x-5)^2$　　14) $y=7x-9x^2$　　15) $y=-6x^2-4x+3$

**21.** 함수 $y=-\sqrt{4-x^2}-1$의 그래프를 그리고 정의역 $X$, 치역 $Y$를 구하여라.

**22.** 이차함수 $y=-x^2+ax$가 $-1\leq x\leq 1$의 범위에서 최댓값 4를 가질 $a$의 값을 구하여라.

**23.** 실수 $x$, $y$가 $x^2+y^2=1$을 만족할 때, $\dfrac{y}{x-2}$의 최댓값, 최솟값을 구하여라.

제3장

# 지수함수와 로그함수

〈 학습내용 〉

3-1 지수와 로그

3-2 지수함수

3-3 로그함수

# 지수함수와 로그함수

## 3-1 지수와 로그

### ▶ 지수 법칙의 확장

지수법칙 $a^m a^n = a^{m+n} (a \neq 0)$ 이 $m=0$ 일 때에도 성립한다면 자연수 $n$ 에 대하여 $a^0 a^n = a^{0+n} = a^n$ 이므로 $a^0 = \frac{a^n}{a^n} = 1$ 이 되어야 한다.

따라서 $a \neq 0$ 일 때

$$a^0 = 1$$

로 정의한다. 또, 자연수 $n$ 에 대하여 이 지수법칙이 $m=-n$ 일 때에도 성립 한다면 $a^{-n} a^n = a^{-n+n} = a^0$ 이므로 $a^{-n} = \frac{1}{a^n}$ 이 되어야 한다. 따라서 $a \neq 0$ 이고 $n$ 이 자연수일 때

$$a^{-n} = \frac{1}{a^n}$$

로 정의한다.

**정의 3.1.1 0 또는 음의 정수의 지수**

$a \neq 0$ 이고 $n$ 이 자연수일 때

$$a^0 = 1, \quad a^{-n} = \frac{1}{a^n}$$

일반적으로 정수 지수에 대하여 다음 지수법칙이 성립한다.

**정 리 3.1.2 (정수 지수의 지수법칙)**

$a \neq 0$, $b \neq 0$ 이고 $m$, $n$ 이 정수일 때

(1) $a^m a^n = a^{m+n}$ (2) $(a^m)^n = a^{mn}$

(3) $(ab)^n = a^n b^n$ (4) $a^m \div a^n = a^{m-n}$

**예제 1** $\dfrac{9^3\times 81^{-2}\times 3^3}{3^{-5}\times 27^3}$ 을 간단히 하여라.

**풀이** $\dfrac{9^3\times 81^{-2}\times 3^3}{3^{-5}\times 27^3}=\dfrac{(3^2)^3\times(3^4)^{-2}\times 3^3}{3^{-5}\times(3^3)^3}=\dfrac{3^6\times 3^{-8}\times 3^3}{3^{-5}\times 3^9}$

$$=3^{6+(-8)+3-(-5)-9}=3^{-3}=\frac{1}{27}$$ ▣

$a>0$ 일 때, 유리수 $p, q$ 에 대하여 지수법칙 $(a^p)^q=a^{pq}$ 이 성립한다면 $m$ 이 임의의 정수이고 $n$ 이 양의 정수일 때

$$(a^{\frac{m}{n}})^n=a^{\frac{m}{n}\cdot n}=a^m$$

이다. $a^m>0$ 이므로 $a^{\frac{m}{n}}$ 은 $a^m$ 의 $n$ 제곱근이 된다.

따라서 유리수 지수를 다음과 같이 정의한다.

**정의 3.1.3 유리수 지수**

$a>0$ 이고 $m$ 이 정수, $n$ 이 자연수일 때

$$a^{\frac{m}{n}}=\sqrt[n]{a^m}\ ,\quad a^{\frac{1}{n}}=\sqrt[n]{a}$$

유리수 지수를 위에서와 같이 정의하면 지수를 유리수까지 확장하더라도 지수법칙은 그대로 성립한다.

**정 리 3.1.4 (유리수 지수의 지수법칙)**

$a>0$ , $b>0$ 이고 $m$ , $n$ 이 유리수일 때

1) $a^m a^n=a^{m+n}$  2) $(a^m)^n=a^{mn}$

3) $(ab)^n=a^n b^n$  4) $a^m\div a^n=a^{m-n}$

**예** $2^{\frac{1}{3}}\times 2^{\frac{2}{3}}=2^{\frac{1}{3}+\frac{2}{3}}=2^1=2$ 이고

$(3^{\frac{1}{2}}\times 2^{\frac{3}{4}})^4=(3^{\frac{1}{2}})^4\times(2^{\frac{3}{4}})^4=3^2\times 2^3=72$ 이다.

양수 $a$ 에 대하여 지수 $x$ 가 무리수일 때에도 $a^x$ 의 값을 정할 수 있다. 예를 들어 지수가 무리수인 $2^{\sqrt{2}}$ 의 값에 대하여 알아보자.

$\sqrt{2}=1.4142\cdots$ 이므로 이 무한소수에서 차례로 만든 유리수

$$1,\ 1.4,\ 1.41,\ 1.414,\ 1.4142,\ \cdots$$

은 $\sqrt{2}$ 에 점점 가까워진다.

따라서 이들 유리수를 지수로 하는 수

$$2^1,\ 2^{1.4},\ 2^{1.41},\ 2^{1.414},\ 2^{1.4142},\ \cdots$$

도 일정한 값에 가까워지는데, 이 수를 $2^{\sqrt{2}}$ 로 정한다.

이와 같이 정의하면 지수법칙은 지수가 실수일 때에도 성립한다.

**정 리 3.1.5 (실수 지수의 지수법칙)**

$a>0$ , $b>0$ 이고 $m$ , $n$ 이 실수일 때

1) $a^m a^n = a^{m+n}$ 2) $(a^m)^n = a^{mn}$

3) $(ab)^n = a^n b^n$ 4) $a^m \div a^n = a^{m-n}$

## ▶ 로그와 그 성질

$a>0$ , $a\neq1$ 일 때, 임의의 양수 $N$ 에 대하여

$$a^x = N$$

을 만족하는 실수 $x$ 는 오직 하나 존재한다. 이 $x$ 를 $a$ 를 **밑**으로 하는 $N$ 의 **로그**라고 하며, 이것을

$$x = \log_a N$$

으로 나타낸다. 이 때, $N$ 을 $\log_a N$ 의 **진수**라고 한다.

**정의 3.1.6 로그의 정의**

$a>0$ , $a\neq1$ , $N>0$ 일 때

$$a^x = N \Leftrightarrow x = \log_a N$$

**예제 2** 1) $10^5 = 100000 \Leftrightarrow 5 = \log_{10}100000$

2) $5^{-1} = \frac{1}{5 \Leftrightarrow} - 1 = \log_5 \frac{1}{5}$ ▣

$a>0$ , $a \neq 1$ , $M>0$ , $N>0$ 일 때, $x = \log_a M$ , $y = \log_a N$ 로 놓으면

$$M = a^x \ , \quad N = a^y$$

이다. 지수법칙에 의하여

$$MN = a^x a^y = a^{x+y}$$

이고, 이를 로그의 정의를 이용하여 나타내면 $\log_a MN = x + y$ 이므로 다음을 얻는다.

$$\log_a MN = \log_a M + \log_a N$$

이와 같은 로그의 여러 가지 성질을 정리하면 다음과 같다. 이에 대한 증명은 연습문제로 남겨둔다.

**정 리 3.1.7 (로그의 성질)**

$a>0$ , $a \neq 1$ , $M>0$ , $N>0$ 일 때

1) $\log_a 1 = 0$ , $\log_a a = 1$

2) $\log_a MN = \log_a M + \log_a N$

3) $\log_a \frac{M}{N} = \log_a M - \log_a N$

4) $\log_a M^p = p\log_a M$ ($p$는 임의의 실수)

**예** 1) $\log_2 6 = \log_2(2 \times 3) = \log_2 2 + \log_2 3 = 1 + \log_2 3$

2) $\log_3 \frac{1}{5} = \log_3 1 - \log_3 5 = -\log_3 5$

3) $\log_7 \sqrt{7} = \log_7 7^{\frac{1}{2}} = \frac{1}{2}\log_7 7 = \frac{1}{2}$

$a$ 를 밑으로 하는 로그 $\log_a b$ 를 임의의 양수 $c(c \neq 1)$ 를 밑으로 하는 로그로

바꾸어 나타내어 보자.

$x = \log_a b$, $y = \log_c a$ 로 놓으면 로그의 정의에 의하여

$$b = a^x,\ a = c^y$$

이다. 이 때, $b = a^x = (c^y)^x = c^{xy}$ 이므로

$$xy = \log_c b$$

$$\log_a b \cdot \log_c a = \log_c b$$

이다. 그런데, $a \neq 1$ 이므로 $\log_c a \neq 0$ 이다.

따라서, 양변을 $\log_c a$ 로 나누면 다음 식을 얻는다.

$$\log_a b = \frac{\log_c b}{\log_c a}$$

**정 리 3.1.8 (로그의 밑의 변환)**

$a>0$ , $a \neq 1$ , $b>0$ , $c>0$ , $c \neq 1$ 일 때

$$\log_a b = \frac{\log_c b}{\log_c a}$$

**예** $\log_9 4 = \dfrac{\log_{10}4}{\log_{10}9} = \dfrac{2\log_{10}2}{2\log_{10}3} = \dfrac{\log_{10}2}{\log_{10}3}$

## ◈◈◈ 연습문제 3-1 ◈◈◈

1. 다음 식을 간단히 하여라(단, $a>0$ , $b>0$ ).

1) $\sqrt{a\sqrt{a\sqrt{a}}}$ 2) $(a^{\frac{1}{2}}+b^{\frac{1}{2}})(a^{\frac{1}{2}}-b^{\frac{1}{2}})$

2. $a=2^x$ , $b=2^y$ , $c=2^z$ 일 때 $\log_2 abc$ 를 $x$ , $y$ , $z$ 를 사용하여 나타내어라. $x$ , $y$ , $z$ 는 모두 0 이 아닌 실수이다.

3. 정리 3.1.7의 3)과 4)를 증명하여라.

4. 다음 식의 값을 구하여라(단, $a>0$ , $a\neq1$ , $b>0$ , $b\neq1$ , $c>0$ , $c\neq1$ ).

1) $\log_a b \cdot \log_b a$ 2) $\log_a b^2 \cdot \log_b c^2 \cdot \log_c a^2$

# 3-2 지수함수

## ▶ 지수함수와 그 그래프

두 실수 $x$ 와 $y$ 사이에

$$y=2^x$$

인 관계가 있으면 임의의 실수 $x$ 의 값에 대하여 $y$ 의 값 $2^x$ 이 결정된다. 그러므로 관계식 $y=2^x$ 은 실수 전체의 집합을 정의역으로 하는 함수이다.

$x$ 의 값이 정수일 때, 이에 대응하는 $y$ 의 값을 구하면 다음과 같다.

| $x$ | $\cdots$ | $-3$ | $-2$ | $-1$ | $0$ | $1$ | $2$ | $3$ | $\cdots$ |
|---|---|---|---|---|---|---|---|---|---|
| $y=2^x$ | $\cdots$ | $\frac{1}{8}$ | $\frac{1}{4}$ | $\frac{1}{2}$ | $1$ | $2$ | $4$ | $8$ | $\cdots$ |

위의 표에서 얻은 $x$ , $y$ 의 값의 순서쌍을 좌표로 하는 점 $(x, y)$ 를 좌표평면 위에 나타내면 아래 그림의 왼쪽과 같다. 실제로 함수 $y=2^x$ 의 그래프는 이 점들을 매끄럽게 이은 아래의 오른쪽과 같다.

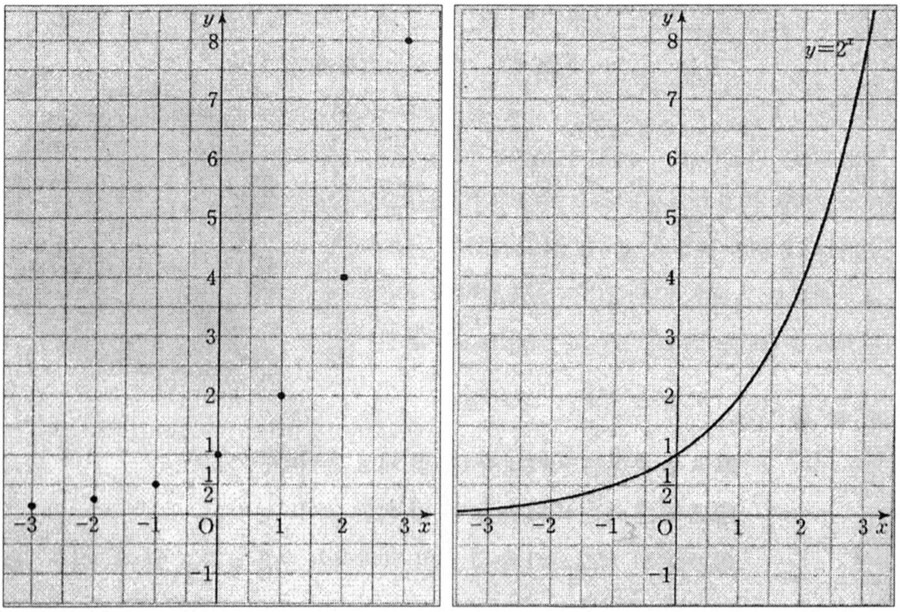

위의 오른쪽 그림에서 $x$ 의 값이 증가할수록 $y$ 의 값은 한없이 커지며, $x$ 의 값이 감소할수록 $y$ 의 값은 0에 가까워짐을 알 수 있다. 즉, $x$ 축은 이 그래프의 점근선이다.

일반적으로 실수 전체의 집합을 정의역으로 하는 함수

$$y = a^x \ (a>0,\ a\neq 1)$$

을 $a$ 를 밑으로 하는 **지수함수**라고 한다.

**예제 1** 지수함수 $y=\left(\frac{1}{2}\right)^x$ 의 그래프를 그려라.

**풀이** $y=\left(\frac{1}{2}\right)^x = 2^{-x}$ 이므로 $x$ 의 값이 정수일 때, $y$ 의 값을 구하면

| $x$ | $\cdots$ | $-3$ | $-2$ | $-1$ | $0$ | $1$ | $2$ | $3$ | $\cdots$ |
|---|---|---|---|---|---|---|---|---|---|
| $y=\left(\frac{1}{2}\right)^x$ | $\cdots$ | $8$ | $4$ | $2$ | $1$ | $\frac{1}{2}$ | $\frac{1}{4}$ | $\frac{1}{8}$ | $\cdots$ |

위의 표에서 얻은 $x$ , $y$ 의 값의 순서쌍을 좌표로 하는 점 $(x, y)$ 를 좌표평면 위에 나타내어 부드러운 곡선으로 이어서 얻은 $y=\left(\frac{1}{2}\right)^x$ 의 그래프는 아래의 그림과 같다.

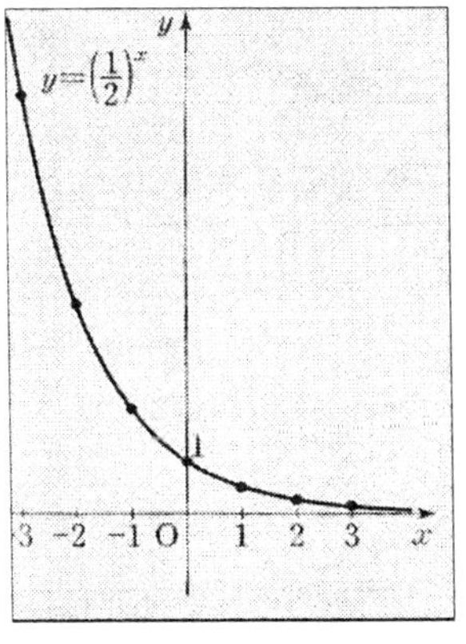


■

지수함수 $y=\left(\frac{1}{2}\right)^x$ 의 그래프에서 $x$ 의 값이 증가할수록 $y$ 의 값은 0에 가까워

짐을 알 수 있다.즉, $x$ 축은 이 그래프의 점근선이다. 한편, $y=\left(\frac{1}{2}\right)^x$ 의 그래프와 $y=2^x$ 의 그래프는 $y$ 축에 대하여 서로 대칭이다.

지수함수 $y=a^x(a>0,\ a\neq1)$ 의 그래프는 아래와 같다.

**(1) $a>1$ 일 때**

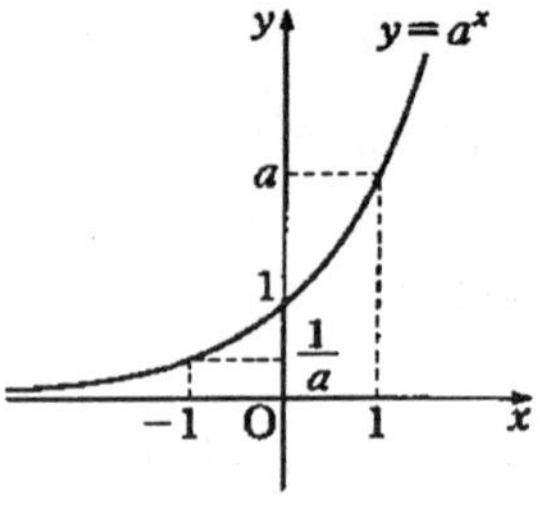


**(2) $0<a<1$ 일 때**

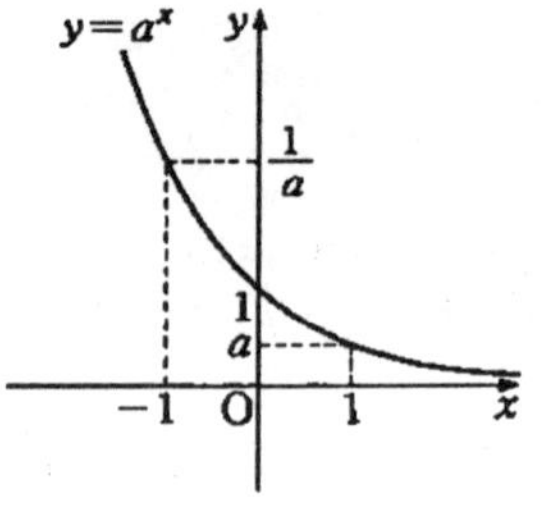


지수함수 $y=a^x\ (a>0, a\neq1)$ 의 정의역은 실수 전체의 집합이고, 치역은 양의 실수 전체의 집합이다. 그래프는 점 (0,1)을 지나고, $x$ 축이 점근선이다. $a>1$ 일 때, $x$ 의 값이 증가하면 $y$ 의 값이 증가하고 $0<a<1$ 일 때는 $x$ 의 값이 증가하면 $y$ 의 값은 감소한다.

## ▶ 지수방정식과 지수부등식

방정식 $2^x=16$ 과 같이 지수에 미지수가 들어 있는 방정식을 **지수방정식**이라고 한다. 지수방정식을 풀 때, 지수함수 $y=a^x$ 의 다음 성질을 이용한다.

실수 $a>0$ , $a\neq1$ 에 대하여

$$a^{x_1}=a^{x_2} \Leftrightarrow x_1=x_2$$

**예제 2** 다음 지수방정식을 풀어라.

1) $9^x=3^{2-x}$　　　　2) $4^x+2^{x+2}-32=0$

**풀이** 1) $9^x=(3^2)^x=3^{2x}$ 이므로 $3^{2x}=3^{2-x}$

따라서 $2x=2-x$ 즉, $x=\dfrac{2}{3}$

2) 주어진 방정식은 $(2^2)^x+2^x\cdot 2^2-32=0$

이므로 $X=2^x$로 놓으면

$$X^2+4X-32=0$$
$$(X+8)(X-4)=0$$

즉, $X=-8$, 또는 $X=4$ 그런데 $X=2^x>0$ 이므로 $X=4$이다.

따라서 $2^x=4$, 즉 $2^x=2^2$ 그러므로 $x=2$ ▣

부등식 $3^x<1$ 과 같이 지수에 미지수가 들어 있는 부등식을 **지수부등식**이라고 한다. 지수부등식을 풀 때, 지수함수 $y=a^x$ 의 다음 성질을 이용한다.

실수 $a>0$ , $a\neq 1$ 에 대하여

$a>1$일 때, $a^{x_1}<a^{x_2} \Leftrightarrow x_1<x_2$

$0<a<1$일 때, $a^{x_1}<a^{x_2} \Leftrightarrow x_1>x_2$

**예제 3** 다음 지수부등식을 풀어라.

1) $2^x>128$ 2) $\left(\dfrac{1}{2}\right)^{x-1}>\left(\dfrac{1}{2}\right)^{2x+1}$

**풀이** 1) $128=2^7$ 이므로 주어진 부등식은 $2^x>2^7$

밑 2는 1보다 크므로 지수함수의 성질에 의하여

$$x>7$$

2) 밑 $\dfrac{1}{2}$ 은 1보다 작으므로 지수함수의 성질에 의하여 $x-1<2x+1$

이 부등식을 풀면

$$x>-2$$ ▣

## ◈◈◈ 연습문제 3-2 ◈◈◈

1. 지수함수 $y=2^x$ 의 그래프를 이용하여 다음 함수의 그래프를 그려라.

1) $y=2^{x-1}-1$　　　2) $y=2^{|x|}$

2. 다음 지수방정식을 풀어라.

1) $25^x=\frac{1}{125}$　　　2) $2^{2x+3}-4\cdot 2^x-4=0$

3. 다음 지수부등식을 풀어라.

1) $\left(\frac{1}{16}\right)^x\leq 2$　　　2) $9^x-7\cdot 3^x-18<0$

# 3-3 로그함수

## ▶ 로그함수와 그 그래프

지수함수 $y=2^x$ 은 실수 전체의 집합에서 양의 실수 전체의 집합으로 일대일대응이다. 따라서 지수함수 $y=2^x$ 의 역함수가 존재한다.

지수함수 $y=2^x$ 에서 로그의 정의에 의하여

$$x=\log_2 y$$

이고, 이 등식에서 $x$ 와 $y$ 를 바꾸면 지수함수 $y=2^x$ 의 역함수

$$y=\log_2 x$$

를 얻는다. 역함수 $y=\log_2 x$ 의 그래프는 $y=2^x$ 의 그래프와 직선 $y=x$ 에 대하여 대칭이므로 함수 $y=\log_2 x$ 의 그래프는 그림과 같다.

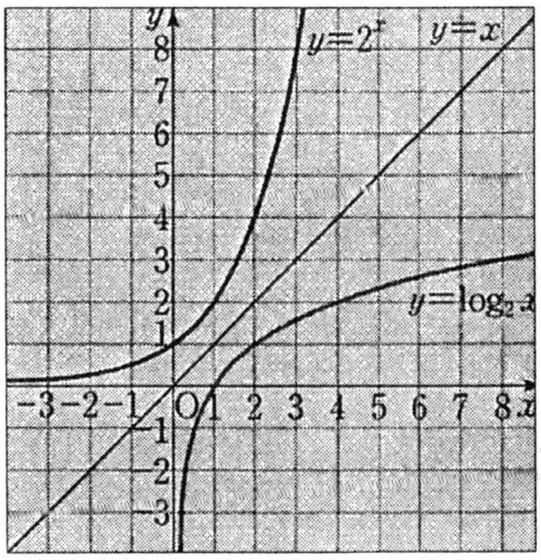


일반적으로 $a\neq1$ 인 양수 $a$ 에 대하여 지수함수 $y=a^x$ 의 역함수

$$y=\log_a x$$

가 존재하며, 이 함수를 $a$ 를 밑으로 하는 **로그함수**라고 한다.

로그함수 $y=\log_a x$ 의 그래프와 지수함수 $y=a^x$ 의 그래프가 직선 $y=x$ 에 대하여 대칭임을 이용하여 로그함수 $y=\log_a x$ 의 그래프를 그리면 아래와 같다.

(1) $a>1$ 일 때

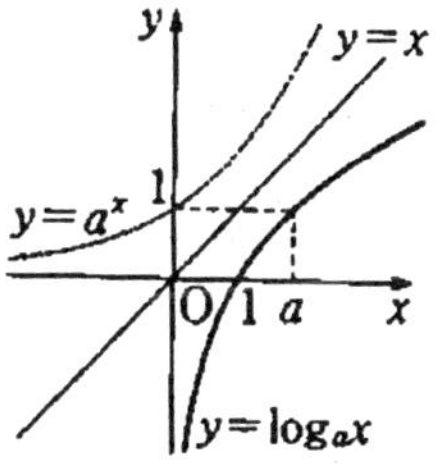


(2) $0<a<1$ 일 때

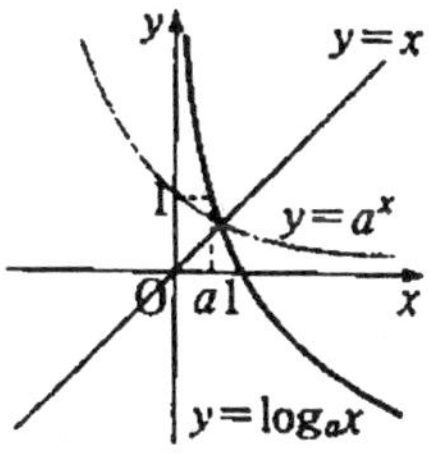


로그함수의 정의역은 양의 실수 전체의 집합이고, 치역은 실수 전체의 집합이다. 그

래프는 점 (1,0)을 지나고 $y$ 축은 점근선이다. $a>1$ 일 때, $x$ 값이 증가하면 $y$ 의 값도 증가하고, $0<a<1$ 일 때는 $x$ 값이 증가하면 $y$ 의 값은 감소한다.

## ▶ 로그방정식과 로그부등식

$\log_2(2x+1)=2$ 와 같이 로그의 진수 또는 밑에 미지수가 들어 있는 방정식을 **로그방정식**이라고 한다. 로그방정식을 풀 때, 로그함수 $y=\log_a x$ 의 다음 성질을 이용한다.

$$(\text{진수})>0,\ (\text{밑})>0,\ (\text{밑})\neq 1$$

$$\log_a x_1=\log_a x_2 \Leftrightarrow x_1=x_2$$

**예제 1** 로그방정식 $\log_{10}(x-1)+\log_{10}(x+2)=1$을 풀어라.

**풀이** 로그의 진수는 양수이어야 하므로

$x-1>0$, $x+2>0$에서 $x>1$ …①

주어진 방정식을 변형하면

$\log_{10}\{(x-1)(x+2)\}=\log_{10}10$

$(x-1)(x+2)=10$

$\therefore x=3,\ -4$ …②

①, ②에서 구하는 해는 $x=3$ ▣

$\log_2 x^2\leq 4$ 와 같이 로그의 진수 또는 밑에 미지수가 들어 있는 부등식을 **로그부등식**이라고 한다. 로그부등식을 풀 때, 로그함수 $y=\log_a x$ 의 다음 성질을 이용한다.

실수 $a>0$ , $a\neq 1$ 에 대하여

$a>1$일 때, $\log_a x_1<\log_a x_2 \Leftrightarrow x_1<x_2$

$0<a<1$일 때, $\log_a x_1<\log_a x_2 \Leftrightarrow x_1>x_2$

$$(\text{진수})>0,\ (\text{밑})>0,\ (\text{밑})\neq 1$$

**예제 2** 로그부등식 $\log_{10}x+\log_{10}(x-3)>1$을 풀어라.

**풀이** 진수의 조건에서

$x>0$, $x-3>0$ 즉 $x>3$ …①

$\log_{10}x(x-3)>\log 10$ 에서

$x(x-3)>10$ 즉 $x^2-3x-10>0$

$(x+2)(x-5)>0$ 즉 $x<-2$ 또는 $x>5$ …②

①, ②에서 $x>5$ ▣

## ◆◆◆ 연습문제 3-3 ◆◆◆

1. $y = \log_{10} x$의 그래프를 이용하여 다음 그래프를 그려라.

1) $y = -\log_{10} x$　　　2) $y = \log_{10}(-x)$

2. 다음 로그방정식을 풀어라.

1) $\log_2 x = -1$　　　2) $(\log x)^2 = 3 + \log x^2$

3. 다음 지수부등식을 풀어라 (단, $a > 0$, $a \neq 1$).

1) $\log_{\frac{1}{2}}(x-1) > -1$　　　2) $2\log_a(x+1) < \log_a(x+7)$

## 실전문제

1. 건강한 사람의 몸속에 있는 대장균(E)이 두 배가 되는데 20분이 걸린다. 지수성장 모델 시간 $t$에서의 개체 수 $P(t)=P_0e^{kt}$, $k>0$, 처음 개체 수 $P_0=P(0)$를 이용하여 6시간 후의 대장균(E)의 수를 구하여라.

2. 뉴톤의 온도 변화 법칙에 의하면 $T_0$는 물체의 처음온도,
   $T_m$은 주위의 온도일 때, $t$시간 후의 물체의 온도
   $T(t)$는 $T(t)=T_m+(T_0-T_m)e^{kt}$, $k<0$로 주어진다.
   75°$F$인 부엌의 350°$F$인 오븐에서 케이크를 꺼냈다.
   1분 후의 케이크의 온도는 300°$F$로 측정되었다.
   1) 6분 후의 케이크의 온도는?
   2) 케이크의 온도가 80°$F$가 되는 시간은?

3. 원금 $P$원, 연이율 $r$, $t$년 간 복리, 1년에 $n$번씩 복리로 $t$년 후 원리합계 $S$라하면 $S=P(1+\dfrac{r}{n})^{nt}$로 주어진다. 특히 같은 조건에서 연속적으로 복리로 하면 $S=Pe^{rt}$가 된다. 1000만원을 연이율 3%의 복리로 예금을 하였다. 매달 복리일 경우와 연속적으로 복리일 경우 10년 후 원리합계는?

4. 지진의 크기 $M(Richter)$은 $M=\log_{10}\dfrac{A}{A_0}$, $A$는 최대 지진의 지진파의 진폭, $A_0$는 $M=0$에 대응하는 참고 진폭이다. 크기 6의 지진 또는 큰 지진은 강력히 파괴적으로 여겨진다. 2004년 12월 26일 북부 수마트라의 서해안에서 일어났던 지진은 초기에 9.3 Richter로 20만명을 죽음으로 몬 쓰나미(tsunami)를 일으켰다. 또, 2005년 3월 28일 같은 지역 해안에서 8.7 Richter의 지진이 일어났다. 2004년 지진이 2005년 지진에 비해 얼마나

강한가?

5. $pH$(*hydrogen potential*) 농도는 $pH = -\log_{10}[H^+]$로 정의되고 $[H^+]$는 수소 이온의 용해도를 나타낸다. $0 < pH < 7$이면 산성, $pH > 7$이면 알카리성, $pH = 7$이면 중성으로 분류된다.
건강한 사람의 혈액 속에 수소이온 농도는 $[H^+] = 3.98 \times 10^{-8} moles/\ell$로 알려질 때, 피의 $pH$를 구하여라.

## 실전문제의 풀이와 정답

1. 대장균(E)의 처음 수 $P_0$, 20분$= \frac{1}{3}$시간, $P(\frac{1}{3}) = 2P_0$에서,
$P_0 e^{\frac{k}{3}} = 2P_0$, $e^{\frac{k}{3}} = 2$에서, $\frac{k}{3} = \ln 2$, $k = 3\ln 2 \fallingdotseq 2.0794$이다.
따라서, $t$시간 후의 대장균(E)의 수 $P(t) = P_0 e^{2.0794t}$이고,
$t = 6$을 대입하면 $P(6) = P_0 e^{2.0794(6)} \fallingdotseq 262{,}144 P_0$이다.
즉 대장균 1마리가 6시간 후에 262,144마리가 된다.

2. 1) $T_0 = 350$, $T_m = 75$, $T(t) = 75 + 275e^{kt}$에서,
$T(1) = 300$, $T(1) = 75 + 275e^k = 300$이고, $e^k = \frac{225}{275} = \frac{9}{11}$,
$k = \ln\frac{9}{11} \fallingdotseq -0.2007$, $T(t) = 75 + 275e^{-0.2007t}$이다.
6분 후의 케이크의 온도는 $T(6) = 75 + 275e^{-0.2007(6)} \fallingdotseq 157.5\,^\circ F$ 이다.
2) $T(t) = 80$에서, $75 + 275e^{-0.2007t} = 80$, $e^{-0.2007t} = \frac{5}{275} = \frac{1}{55}$이고,
$$t = \frac{\ln\frac{1}{25}}{-0.2007} \fallingdotseq 20\text{분이다.}$$

3. 매달 복리일 경우 $S=P(1+\frac{r}{n})^{nt}$,

$n=12$, $P=1000$만, $r=0.03$, $t=10$에서,

$S=1000만(1+\frac{0.03}{12})^{12(10)}=1000만(1.0025)^{120}\fallingdotseq 13{,}493{,}500$원이고,

연속적으로 복리일 경우 $S=Pe^{rt}$에서,

$S=1000만e^{(0.03)(10)}=1000만e^{0.3}\fallingdotseq 13{,}498{,}600$원으로

매달 복리일 경우보다 5,100원 더 많다.

4. $9.3=\log_{10}(\frac{A}{A_0})_{2004}$이고, $8.7=\log_{10}(\frac{A}{A_0})_{2005}$에서,

$(\frac{A}{A_0})_{2004}=10^{9.3}$이고, $(\frac{A}{A_0})_{2005}=10^{8.7}$을 의미한다.

9.3=8.7+0.6 이므로

$(\frac{A}{A_0})_{2004}=10^{9.3}=10^{0.6}10^{8.7}=10^{0.6}(\frac{A}{A_0})_{2005}\fallingdotseq 3.98(\frac{A}{A_0})_{2005}$이다.

2004년 지진이 2005년 지진에 비해 거의 4배 강한 지진이다.

5. $pH=-\log_{10}[3.98\times 10^{-8}]=-[\log_{10}3.98+\log_{10}10^{-8}]=-[\log_{10}3.98-8\log_{10}10]$

$=-[\log_{10}3.98-8]\fallingdotseq -[0.5999-8]\fallingdotseq 7.4$

참고로 $7.2<pH<7.6$이면 정상이라고 한다.

## 용어의 정의 문제

1. **지수함수와 성질**(exponential function and its property) :

$a>0$이고, $a\neq 1$일 때, $y=a^x$로 주어진 함수를 밑이 $a$인 지수함수라고

한다.

$0 < a < 1$일 때, $y = a^x$로 주어진 함수의 그래프의 특징은 감소함수이며

정의역 : $(-\infty, \infty)$, 치역 : $(0, \infty)$ $y$절편 : $(0, 1)$이다.

$a > 1$일 때, $y = a^x$로 주어진 함수의 그래프의 특징은 증가함수이며

정의역 : $(-\infty, \infty)$, 치역 : $(0, \infty)$ $y$절편 : $(0, 1)$이다.

**2. 지수의 법칙**(law of exponent) :

$$a^0 = 1, \quad a^x a^y = a^{x+y}, \quad \frac{a^x}{a^y} = a^{x-y}, \quad (a^x)^y = a^{xy},$$

$$(ab)^x = a^x b^x, \quad (\frac{a}{b})^x = \frac{a^x}{b^x}, \quad a^{-x} = \frac{1}{a^x}$$

**3. 수 e**(number e) :

$e = \lim_{h \to 0} (1+h)^{\frac{1}{h}}$로 정의되고 $e = 2.718281828459 \cdots$이다.

**로그함수와 성질**(logarithmic function and its property) :

$a > 0$이고, $a \neq 1$일 때,

$y = \log_a x \Leftrightarrow x = a^y$로 정의되는 함수를 밑이 $a$인 **로그함수**라고 한다.

$0 < a < 1$일 때, $y = \log_a x$로 주어진 함수의 그래프의 특징은 감소함수이며

정의역 : $(0, \infty)$, 치역 : $(-\infty, \infty)$ $x$절편 : $(1, 0)$이다.

$a > 1$일 때, $y = \log_a x$로 주어진 함수의 그래프의 특징은 증가함수이며

정의역 : $(0, \infty)$, 치역 : $(-\infty, \infty)$ $x$절편 : $(1, 0)$이다.

**4. 자연로그**(natural logarithm)와 **상용로그**(common logarithm) :

밑이 $e$인 로그를 자연로그라 하고, $\log_e x = \ln x$라고 쓴다.

밑이 10인 로그를 상용로그라 하고 , $\log_{10} x = \log x$라고 쓴다.

**5. 로그의 법칙**(law of logarithm) :

$a>0$이고, $a \neq 1$일 때, $M>0,\ N>0,\ \ b>0$ :

$$\log_a MN = \log_a M + \log_a N, \qquad \log_a \frac{M}{N} = \log_a M - \log_a N,$$

$$\log_a M^n = n\log_a M, \quad \log_a b = \frac{\ln b}{\ln a}\text{(밑 변환의 공식)}$$

**6. 쌍곡함수**(hyperbolic function) :

$\sinh x = \dfrac{e^x - e^{-x}}{2}$ 를 $x$의 쌍곡사인(hyperbolic sine),

$\cosh x = \dfrac{e^x + e^{-x}}{2}$를 $x$의 쌍곡코사인(hyperbolic cosine),

$\tanh x = \dfrac{\sinh x}{\cosh x},\ \ \mathrm{sech}\, x = \dfrac{1}{\cosh x},\ \ \coth x = \dfrac{\cosh x}{\sinh x},\ \mathrm{csch}\, x = \dfrac{1}{\sinh x}$로

정의하고 이들을 **쌍곡함수**라고 한다. 삼각함수와 유사한 공식들이 성립한다.

$\cosh^2 x - \sinh^2 x = 1,\quad 1 - \tanh^2 x = \mathrm{sech}^2 x,$

$\sinh 2x = 2\sinh x\cosh x,\qquad \cosh 2x = \sinh^2 x + \cosh^2 x,$

$\cosh(-x) = \cosh x,\qquad \sinh(-x) = -\sinh x$ 등이다.

## 보충 연습문제

*** (　　　)에 알맞은 답을 쓰시오(1-22).**

1. $y = 6 - e^{-x}$의 그래프는 $y$절편이 (　　　)이고, 수평점근선은 $y=$(　　　)이다.
2. $y = -10 + 10^{5x}$의 그래프의 $x$절편은 $x=$(　　)이다.
3. $y = \ln(x+4)$의 그래프의 $x$절편은 $x=$(　　)이고, 수직점근선은

$x=($ $)$이다.

4. $y=\log_8(x+2)$의 그래프의 $y$절편은 ( )이다.

5. $\log_5 2-\log_5 10=($ $)$이다.

6. $6\ln e+3\ln\frac{1}{e}=($ $)$이다.

7. $e^{3\ln 10}=($ $)$이다.

8. $10^{\log_{10}3.14}=($ $)$이다.

9. $\log_4(2^2\cdot 4^5\cdot 16^2)=($ $)$이다.

10. $\frac{\log_3 81}{\log_3 27}=($ $)$이다.

11. $\log_5 M=-2$이면, $M=($ $)$이다.

12. $\log_a 10=\frac{1}{2}$이면, $a=($ $)$이다.

13. $\ln e^{-5}=($ $)$이다.

14. $\ln 3+\ln(x-2)=\ln 4+\ln 2x$일 때, $x=($ $)$이다.

15. $-1+\ln(x+2)=0$일 때, $x=($ $)$이다.

16. $\ln(\ln(\ln x))=1$일 때, $x=($ $)$이다.

17. $100-20e^{-0.15t}=35$일 때 t를 구하면 ( )이다.

18. $3^t=5$이면, $3^{-2t}=($ $)$이다.

19. $5^{3x}=($ $)^x$이다.

20. $(e^4)^{\frac{x}{8}}=($ $)^{\frac{x}{2}}$이다.

21. $y=e^{x-2}+c$의 그래프가 (2, 9)를 지나면 $c=($ $)$이다.

22. 평행이동에 의해 $y=e^x$의 그래프위의 점(0, 1)은
$y=4+e^{x-2}$위의 점( )으로 옮겨진다.

## 보충 연습문제 풀이와 정답 (1-22).

1. $x=0$일 때 $y=6-1=5$에서, $y$절편은 5이다.
   $y=6-\dfrac{1}{e^x}<6$에서 수평점근선은 $y=6$이다.

2. $y=0$일 때 $0=-10+10^{5x}$, $10=10^{5x}$에서
   $5x=1$, $x=\dfrac{1}{5}$이므로 $x$절편은 $\dfrac{1}{5}$이다.

3. $y=0$에서 $0=\ln(x+4)$이고, $x+4=1$, $x=-3$이 $x$절편이고,
   수직점근선은 $x=-4$이다.

4. $x=0$일 때 $y=\log_8 2=\log_8 8^{\frac{1}{3}}=\dfrac{1}{3}$에서, $y$절편은 $\dfrac{1}{3}$이다.

5. $\log_5 2-\log_5 10=\log_5\dfrac{2}{10}=\log_5\dfrac{1}{5}=\log_5 5^{-1}=-1$

6. $6\ln e+3\ln\dfrac{1}{e}=6-3=3$

7. $e^{3\ln 10}=e^{\ln 10^3}=10^3=1000$

8. 일반으로 $a^{\log_a b}=b$에서, $10^{\log_{10}3.14}=3.14$

9. $\log_4(2^2\cdot 4^5\cdot 16^2)=\log_4(4^{1+5+4})=\log_4 4^{10}=10$

10. $\dfrac{\log_3 81}{\log_3 27}=\dfrac{\log_3 3^4}{\log_3 3^3}=\dfrac{4}{3}$

11. $\log_5 M=-2 \Leftrightarrow M=5^{-2}=\dfrac{1}{5^2}=\dfrac{1}{25}$이다.

12. $\log_a 10=\dfrac{1}{2}\Leftrightarrow a^{\frac{1}{2}}=10$, $a=10^2=100$이다.

13. -5

14. $x > 2$에서, $\ln 3(x-2) = \ln 8x$, $3x-6 = 8x$이고,

$-5x = 6$, $x = -\dfrac{6}{5}$이므로 해는 없다.

15. $x > -2$이고, $\ln(x+2) = 1$, $x+2 = e$에서, $x = e-2$이다.

16. $\ln(\ln(\ln x)) = 1 \Rightarrow \ln(\ln x) = e$

$\Rightarrow \ln x = e^e \Rightarrow x = e^{e^e}$

17. $100 - 20e^{-0.15t} = 35$에서, $20e^{-0.15t} = 65$, $e^{-0.15t} = \dfrac{65}{20} = \dfrac{13}{4} = 3.25$이고,

$-0.15t = \ln 3.25$, $t = -\dfrac{\ln 3.25}{0.15}$

18. $3^t = 5$에서, $3^{-2t} = (3^t)^{-2} = 5^{-2} = \dfrac{1}{25}$

19. $5^{3x} = (5^3)^x = 125^x$에서 125이다.

20. $e^{\frac{x}{2}}$에서, $e$

21. $x = 3$, $y = 9$를 대입하면, $9 = e^0 + c = 1 + c$에서, $c = 8$

22. $y = 4 + e^{x-2}$의 그래프는 $y = e^x$의 그래프를
$x \to 2$, $y \to 4$만큼 평행이동한 것이다. 따라서, 점$(0, 1) \to$점$(2, 5)$로
옮겨진다.

## 보충 익힘문제

*** 다음 물음에 대해 참, 거짓으로 답하시오(23-38).**

23. $y=e^x$와 $y=\ln x$는 서로 역함수이다.

24. 점 $(b,1)$은 $f(x)=\log_b x$의 그래프위에 있다.

25. $y=5^{-x}$와 $y=(0.2)^x$는 같은 함수이다.

26. $e^{x^2-1}-1=1$이면 $x=\pm\ln\sqrt{2}$이다.

27. $16^{\frac{x}{4}}=2^{2x}$이다.

28. $\dfrac{3^{x^2}}{3^x}=3^x$이다.

29. $(5^x+5^{-x})=(5+5^{-1})^x$이다.

30. $3^{3+3x}=27^{x+1}$이다.

31. $-\ln 4=\ln 0.25$이다.

32. $\ln\dfrac{e^a}{e^{-b}}=a+b$이다.

33. $\ln(\ln(\ln e))=0$이다.

34. $\ln\sqrt{25}=\dfrac{\ln 5}{2}$이다.

35. $\ln(e+5e)=6$이다.

36. $\log_8\dfrac{1}{64}=-2$이다.

37. $\log_{27}9=3^{-1}$이다.

38. $\log_5 25^{-1}=-4$이다.

## 보충 익힘문제 풀이와 정답(23-38).

23. 참

24. 참

25. 참

26. $e^{x^2-1}=2,\ x^2-1=\ln 2$이고,
$x^2=1+\ln 2,\ x=\pm\sqrt{1+\ln 2}$이 되어 거짓.

27. $16^{\frac{x}{4}}=(2^4)^{\frac{x}{4}}=2^x\neq 2^{2x}$ 되어 거짓.

28. $\dfrac{3^{x^2}}{3^x}=3^{x^2-x}\neq 3^x$ 되어 거짓.

29. $(5^x+5^{-x})\neq(5+5^{-1})^x=(\dfrac{26}{5})^x$ 되어 거짓.

30. $3^{3+3x}=(3^3)^{1+x}=27^{x+1}$이 되어 참.

31. $-\ln 4=\ln 4^{-1}=\ln\dfrac{1}{4}=\ln 0.25$ 되어 참.

32. $\ln\dfrac{e^a}{e^{-b}}=\ln e^{a+b}=a+b$ 되어 참.

33. $\ln(\ln(\ln e))=\ln(\ln 1)=\ln 0$으로 정의 되지 않아 거짓.

34. $\ln\sqrt{25}=\ln 5\neq\dfrac{\ln 5}{2}$ 되어 거짓.

35. $\ln(e+5e)=\ln 6e=\ln 6+\ln e=1+\ln 6\neq 6$ 되어 거짓.

36. $\log_8\dfrac{1}{64}=\log_8 8^{-2}=-2$ 되어 참.

37. $\log_{27}9=\dfrac{\log_3 9}{\log_3 27}=\dfrac{\log_3 3^2}{\log_3 3^3}=\dfrac{2}{3}\neq 3^{-1}$ 되어 거짓.

38. $\log_5 25^{-1}=\log_5(5^2)^{-1}=\log_5 5^{-2}=-2\neq-4$ 되어 거짓.

## 보충 문제

* $x$를 구하시오(39-48).

39. $5^{-x}=0.2$

40. $512^{\frac{x}{3}}=8$

41. $2^{x-1}=16$

42. $3^{-\frac{x}{2}}=81$

43. $e^{1-3x}=e^{-8}$

44. $e^{x^2-1}=e^{3x+17}$

45. $2^{1-3x}=32$

46. $3^{2x}=5^{1-3x}$

47. $e^{x-3}=10$

48. $3e^{x}=5e^{-3x+1}$

## 보충 문제 풀이와 정답(39-48).

39. $5^{-x}=(5^{-1})^x=(\frac{1}{5})^x=0.2=\frac{1}{5}$에서, $x=1$

40. $512^{\frac{x}{3}}=(2^9)^{\frac{x}{3}}=2^{3x}=8^x=8$에서, $x=1$

41. $2^{x-1}=16=2^4$에서 $x-1=4$, $x=5$

42. $3^{-\frac{x}{2}}=81=3^4$, $-\frac{x}{2}=4$에서, $x=-8$

43. $e^{1-3x}=e^{-8}$에서, $1-3x=-8$, $3x=9$, $x=3$

44. $e^{x^2-1}=e^{3x+17}$에서, $x^2-1=3x+17$, $x^2-3x-18=0$,
$(x-6)(x+3)=0$, $x=6$, $-3$

45. $2^{1-3x}=32=2^5$에서 $1-3x=5$, $3x=-4$이고, $x=-\frac{4}{3}$

46. $3^{2x}=5^{1-3x}$의 양변에 로그를 취하면
$2x\log3=(1-3x)\log5$에서,

$(2\log3+3\log5)x=\log5$이고,
$x=\dfrac{\log5}{2\log3+3\log5}$이다.

47. $e^{x-3}=10$에서, $x-3=\ln10$, $x=3+\ln10$

48. $3e^{x}=5e^{-3x+1}$에서, $\dfrac{e^{x}}{e^{-3x+1}}=\dfrac{5}{3}$이고, $4x-1=\ln\dfrac{5}{3}$,
$4x=1+\ln\dfrac{5}{3}$이다. 따라서, $x=\dfrac{1+\ln\frac{5}{3}}{4}=\dfrac{1}{4}\ln\dfrac{5}{3}e$이다.

## 보충 평가문제

*** 다음 문제를 읽고 물음에 답하시오.**

1. $y=2^{x}$와 $y=\log_{2}x$의 그래프를 같은 좌표평면 위에 그리시오.

2. 함수 $f(x)=\log(x+1)$의 그래프를 그리고 정의역, 치역과 점근선을 구하시오.

3. 다음 식의 값을 구하시오.

$a$) $\log_{3}\sqrt{27}$　　　$b$) $\log_{2}80-\log_{2}10$

$c$) $\log_{8}4$　　　$d$) $\log_{6}4+\log_{6}9$

4. 로그 법칙을 이용하여 다음 식을 전개하시오.

$$\log\sqrt[3]{\frac{x+2}{x^{4}(x^{2}+4)}}$$

5. 다음 식을 하나의 로그식으로 고치시오.

$$\ln x - 2\ln(x^2+1) + \frac{1}{2}\ln(3-x^4)$$

6. 방정식의 해를 소수 둘째자리까지 구하시오.

$a)$ $2^{x-1}=10$ $b)$ $5\ln(3-x)=4$

$c)$ $10^{x+3}=6^{2x}$ $d)$ $\log_2(x+2)+\log_2(x-1)=2$

7. 배양중인 처음 박테리아의 수는 1000마리이다.

1시간 후 박테리아의 수는 8000마리이다.

*a)* $t$시간 후의 박테리아 수의 모델함수를 만드시오.

*b)* 1.5시간 후의 박테리아 수는?

*c)* 언제 박테리아 수가 15000마리가 되는가?

*d)* 이 함수의 그래프를 그리시오.

8. 일년마다 이율 5.6%인 예금에 12,000불이 투자되었다.

*a)* 이자가 매달 복리로지급된다면 $t$년 후의 원리합계 구하는 공식은?

*b)* 이자가 매일 복리로 지급된다면 3년 후의 원리합계는?

*c)* 이자가 반년마다의 복리로 지급된다면 원리합계가 20,000불에 도달하는 데 얼마나 걸리겠는가?

## -보충 평가문제 풀이와 정답-

1.

2. 정의역 : $(-1,\ \infty)$, 치역 : $(-\infty,\ \infty)$,

점근선 : $x=-1$

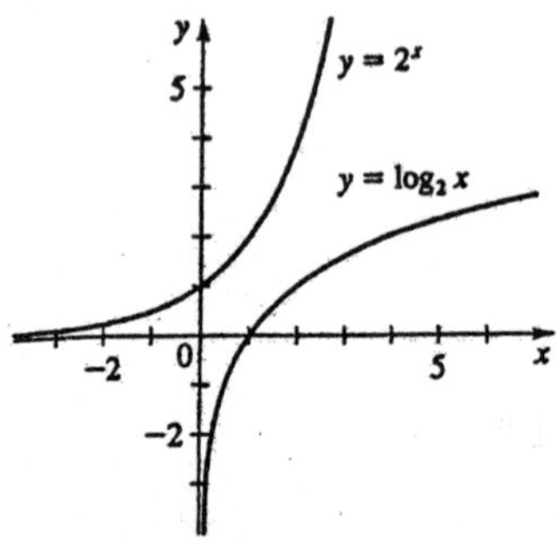


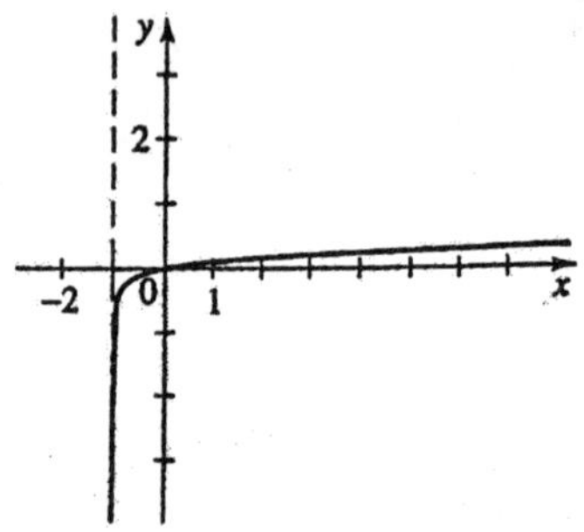


3. $a)\ \frac{3}{2}$, $b)$ 3, $c)\ \frac{2}{3}$, $d)$ 2

4. $\frac{1}{3}[\log(x+2)-4\log x-\log(x^2+4)]$

5. $\ln\left(\frac{x\sqrt{3-x^4}}{(x^2+1)^2}\right)$

6. $a)$ 4.32, $b)$ 0.77, $c)$ 5.39, $d)$ 2

7. $a)\ n(t)=1000e^{2.07944t}$, $b)$ 22627, $c)$ 1.3$h$,

$d)$

8. $a)\ A(t)=12{,}000\left(1+\frac{0.056}{12}\right)^{12t}$,

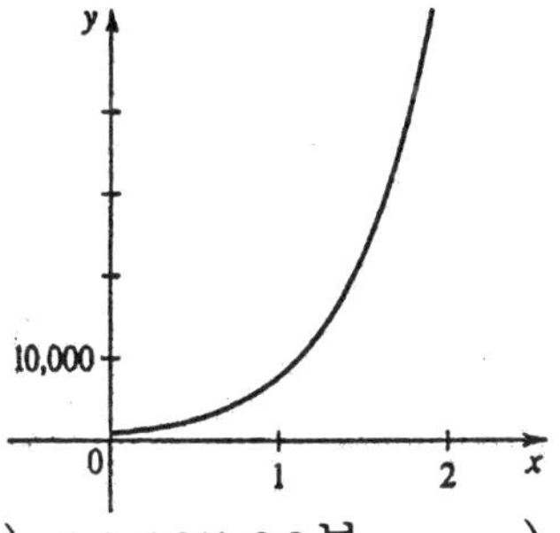


$b$) 14,195.06불, $c$) 9.249년

## Home Work

1. 다음 값을 간단히 하여라.

1) $(3^2)^5$
2) $6^2 \cdot 6^3$
3) $(4^2)^5$

4) $(\frac{5}{2})^4$
5) $7^{-3}$
6) $(3^{-2})^{-4}$

7) $27^{\frac{2}{3}}$
8) $32^{\frac{3}{5}}$
9) $36^{\frac{3}{2}}$

10) $81^{-\frac{1}{4}}$
11) $(\frac{27}{1000})^{-\frac{2}{3}}$
12) $(\frac{9}{4})^{-\frac{5}{2}}$

13) $8^{-\frac{1}{3}} \times 8^{\frac{1}{6}} \div 8^{\frac{1}{2}}$
14) $\frac{a\sqrt{a}}{\sqrt[3]{a^4}}$

15) $(\sqrt[6]{4})^3$
16) $\frac{\sqrt[6]{2} \times \sqrt{8}}{\sqrt[3]{4}}$

17) $3 \cdot \sqrt[4]{2} + \sqrt[4]{32}$
18) $\sqrt{2\sqrt{2\sqrt{2}}}$

**2.** $x$를 구하여라.

1) $x^{-\frac{1}{4}} = 81$
2) $x^{-\frac{2}{3}} = 36$
3) $x^{-\frac{3}{2}} = \frac{1}{8}$

4) $9^5 \cdot 9^3 = 9^x$
5) $\frac{2^5}{2^{-1}} = 2^x$
6) $(2 \cdot 5)^{-3} = x^{-3}$

7) $x^{-2} = \frac{1}{9}$
8) $x^{\frac{3}{2}} = \frac{1}{27}$
9) $4x^{-\frac{2}{3}} = 9$

**3.** 다음 식을 간단히 하여라.

1) $\log_2 16$　　2) $\log_6 \sqrt{6}$　　3) $\log_5 \frac{1}{5}$

4) $\log_6 216$　　5) $\log_8 2097152$　　6) $\log_2 0.5$

7) $\log_{1000} 100$　　8) $\log_3 \frac{1}{27}$　　9) $\log_{100} 0.001$

**4.** $x$를 구하여라.

1) $\log_x 3 = \frac{1}{2}$　　2) $\log_x 32 = 5$　　3) $\log_{100} x = -1.5$

4) $\log_6 x = 3$　　5) $\log_{17} x = 0$　　6) $\log_x \frac{1}{243} = -\frac{5}{6}$

**5.** 다음 식을 간단히 하여라.

1) $\log_6 2 + \log_6 108$　　2) $\log_2 25 + \log_2 7$

3) $\log_{12} 3 + \log_{12} 4$　　4) $\log_5 40 - \log_5 8$

5) $2\log_6 6\sqrt{6}$　　6) $\log 85 - \log 17 + \frac{1}{2}\log 25$

**6.** 다음 식을 하나의 로그식으로 나타내어라.

1) $\ln(x-2) - \ln(x+2)$

2) $\ln(2x+1) + \ln(2x-1)$

3) $3\ln x + 2\ln y - 4\ln z$

4) $\frac{1}{3}\{2\ln(x+3) + \ln x - \ln(x^2-1)\}$

5) $2\{\ln x - \ln(x+1) - \ln(x-1)\}$

6) $2\ln 3 - \frac{1}{2}\ln(x^2+1)$

7) $\frac{3}{2}\{\ln x(x^2+1) - \ln(x+1)\}$

8) $2\ln x + \frac{1}{2}\ln(x+1)$

**7.** 다음 값을 구하여라.

1) $\log(\log_{\sqrt{5}}25)$

2) $9\log_9 4$

3) $\log_{\sqrt{2}} 2\sqrt[4]{8}$

4) $\log_{\cos 30^\circ}\frac{9}{16}$

5) $y=3^{x+1}-2$

6) $y=2\log_3 x$

**8.** 다음 함수의 역함수를 구하여라.

1) $y=3^{x+1}-2$

2) $y=2\log_3 x$

**9.** $2<\log_x 16<4$를 풀어라.

**10.** 다음 함수의 그래프를 그려라.

1) $y=3^{|x|}$

2) $y=2^x+2^{-x}$

**11.** $2^{3x}+2^{-3x}=2^x+2^{-x}$을 풀어라.

제4장

# 삼각함수

〈 학습내용 〉

4-1 삼각함수와 그 그래프

4-2 여러 가지 공식

4-3 삼각방정식과 삼각부등식

# 삼각함수

## 4-1 삼각함수와 그 그래프

### ▶ 삼각함수의 뜻

좌표평면에서 $x$ 축의 양의 방향이 시초선일 때, 동경 OP가 나타내는 일반각의 크기를 $\theta$ 라 하자. 동경 OP 위의 한 점을 Q, 그 좌표를 $(x, y)$ 라 하고, 선분 OQ의 길이를 $r$ 라 하면, 피타고라스의 정리에 의하여

$$r=\sqrt{x^2+y^2}$$

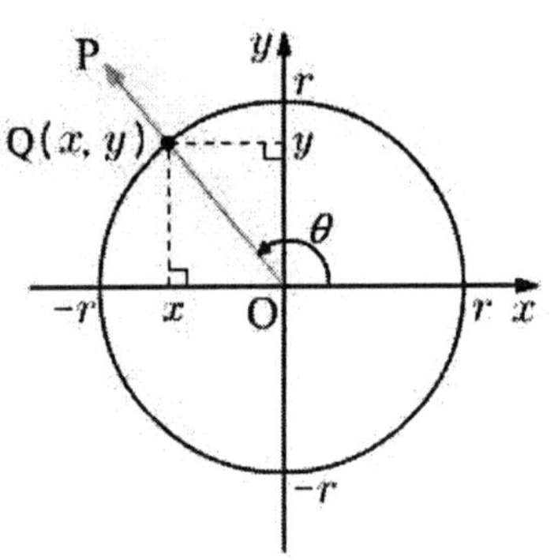


이다. 이 때, $\theta$ 의 크기가 정해지면 $\frac{y}{r}$, $\frac{x}{r}$, $\frac{y}{x}(x\neq0)$ 의 값이 각각 한 가지로 결정된다. 따라서

$$\theta \rightarrow \frac{y}{r}, \quad \theta \rightarrow \frac{x}{r}, \quad \theta \rightarrow \frac{y}{x}(x \neq 0)$$

와 같은 대응은 함수이다. 이들을 각각 **사인**, **코사인**, **탄젠트 함수**라 하고, 다음과 같이 나타낸다.

$$\sin\theta = \frac{y}{r}, \quad \cos\theta = \frac{x}{r}, \quad \tan\theta = \frac{y}{x}$$

또, $\theta \rightarrow \frac{r}{y}(y \neq 0)$, $\theta \rightarrow \frac{r}{x}(x \neq 0)$, $\theta \rightarrow \frac{x}{y}(y \neq 0)$ 와 같은 대응을 각각 **코시컨트**, **시컨트**, **코탄젠트** 함수라 하고 다음과 같이 나타낸다.

$$\mathrm{cosec}\theta = \frac{r}{y}, \quad \sec\theta = \frac{r}{x}, \quad \cot\theta = \frac{x}{y}$$

위의 여섯 가지 함수를 통틀어 일반각 $\theta$ 에 대한 **삼각함수**라 한다.

**예제 1** 각 $\theta$ 의 동경이 점 $(1, -\sqrt{3})$ 을 지날 때, $\sin\theta$ , $\cos\theta$ , $\tan\theta$ 의 값을 구하여라.

**풀이** $x=1$ , $y=-\sqrt{3}$ 이므로

$$r=\sqrt{1^2+(-\sqrt{3})^2}=2$$

이다. 따라서 구하는 삼각함수의 값은 각각 다음과 같다.

$$\sin\theta=-\frac{\sqrt{3}}{2}, \quad \cos\theta=\frac{1}{2}, \quad \tan\theta=-\sqrt{3}$$ ▣

## ▶ 삼각함수 사이의 관계

삼각함수의 정의로부터

$$\frac{\sin\theta}{\cos\theta}=\frac{\frac{y}{r}}{\frac{x}{r}}=\frac{y}{r}\times\frac{r}{x}=\frac{y}{x}$$

이고 $\tan\theta=\frac{y}{x}$ 이므로 $\tan\theta=\frac{\sin\theta}{\cos\theta}$ 이다.

이와 같이 삼각함수의 정의로부터 삼각함수 사이의 여러 관계를 찾을 수 있다.

**정 리 4.1.1 (삼각함수 사이의 관계(1))**

$$\mathrm{cosec}\,\theta=\frac{1}{\sin\theta}, \quad \sec\theta=\frac{1}{\cos\theta}, \quad \cot\theta=\frac{1}{\tan\theta}$$

$$\tan\theta=\frac{\sin\theta}{\cos\theta}, \quad \cot\theta=\frac{\cos\theta}{\sin\theta}$$

단위원 $x^2+y^2=1$ 위의 점 $P(x, y)$ 에서 $x=\cos\theta$ , $y=\sin\theta$ 이므로

$$\cos^2\theta+\sin^2\theta=1$$

이다. 일반적으로 삼각함수 사이에는 다음과 같은 관계가 성립한다.

**정 리 4.1.2 (삼각함수 사이의 관계(2))**

$$\sin^2\theta + \cos^2\theta = 1$$

$$1 + \tan^2\theta = \sec^2\theta \ , \quad 1 + \cot^2\theta = \mathrm{cosec}^2\theta$$

임의의 정수 $n$ 에 대하여 일반각 $2n\pi+\theta$ 와 각 $\theta$ 의 동경은 일치하므로 두 각의 삼각함수의 값은 같다.

**정 리 4.1.3 ( $2n\pi+\theta$ 의 삼각함수)**

$$\sin(2n\pi+\theta) = \sin\theta \ , \ \cos(2n\pi+\theta) = \cos\theta \ ,$$

$$\tan(2n\pi+\theta) = \tan\theta \quad (n\text{은 정수})$$

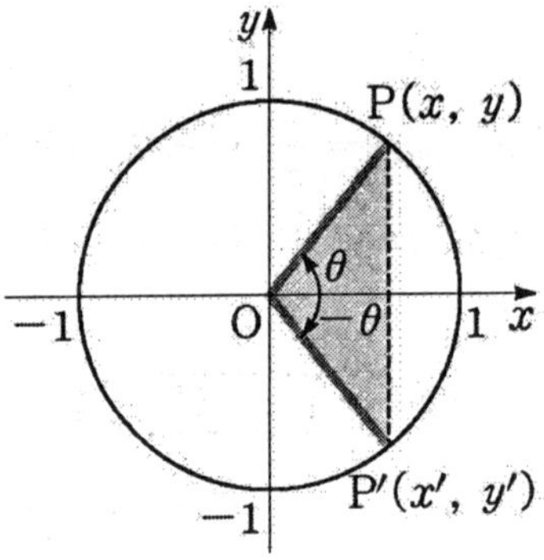


오른쪽 그림에서 일반각 $\theta$ 를 나타내는 동경 OP와 $-\theta$ 를 나타내는 동경 OP′은 $x$ 축에 대하여 대칭이므로

$$x' = x \ , \quad y' = -y$$

이다. 따라서 $-\theta$ 의 삼각함수를 $\theta$ 의 삼각함수로 나타내면 다음과 같다.

$$\sin(-\theta) = y' = -y = -\sin\theta$$

$$\cos(-\theta) = x' = x = \cos\theta$$

$$\tan(-\theta) = \frac{y'}{x'} = -\frac{y}{x} = -\tan\theta$$

**정 리 4.1.4 ( $-\theta$ 의 삼각함수)**

$$\sin(-\theta) = -\sin\theta \ , \ \cos(-\theta) = \cos\theta \ , \ \tan(-\theta) = -\tan\theta$$

오른쪽 그림에서 일반각 $\theta$ 를 나타내는 동경 OP와 $\pi+\theta$ 를 나타내는 동경 OP′은 원점에 대하여 대칭이므로

$$x' = -x \ , \quad y' = -y$$

이다. 따라서 $\pi+\theta$ 의 삼각함수를 $\theta$ 의 삼각함수로 나타내면 다음과 같다.

$\sin(\pi+\theta)=y'=-y=-\sin\theta$

$\cos(\pi+\theta)=x'=-x=-\cos\theta$

$\tan(\pi+\theta)=\dfrac{y'}{x'}=\dfrac{y}{x}=\tan\theta$

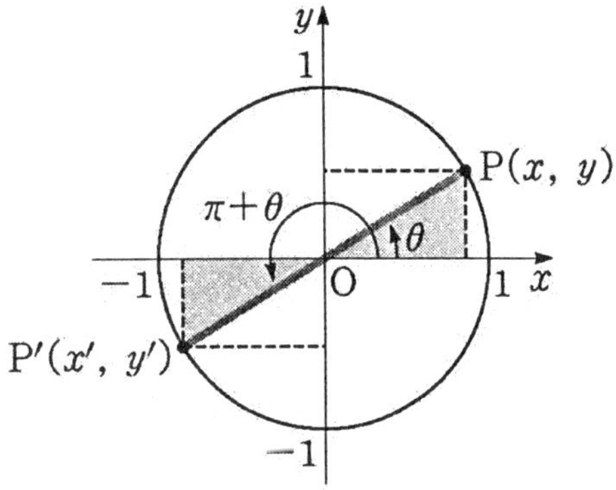


앞의 식의 $\theta$ 에 $-\theta$ 를 대입하여 $\pi-\theta$ 의 삼각함수를 $\theta$ 의 삼각함수로 나타내면 다음과 같다.

$\sin(\pi-\theta)=-\sin(-\theta)=\sin\theta$

$\cos(\pi-\theta)=-\cos(-\theta)=-\cos\theta$

$\tan(\pi-\theta)=\tan(-\theta)=-\tan\theta$

**정 리 4.1.5 ( $\pi\pm\theta$ 의 삼각함수)**

$\sin(\pi+\theta)=-\sin\theta$ , $\cos(\pi+\theta)=-\cos\theta$ , $\tan(\pi+\theta)=\tan\theta$

$\sin(\pi-\theta)=\sin\theta$ , $\cos(\pi-\theta)=-\cos\theta$ , $\tan(\pi-\theta)=-\tan\theta$

오른쪽 그림에서 일반각 $\theta$ 를 나타내는 동경 OP와 $\dfrac{\pi}{2}+\theta$ 를 나타내는 동경 OP′에서

$$x'=-y\ ,\quad y'=y$$

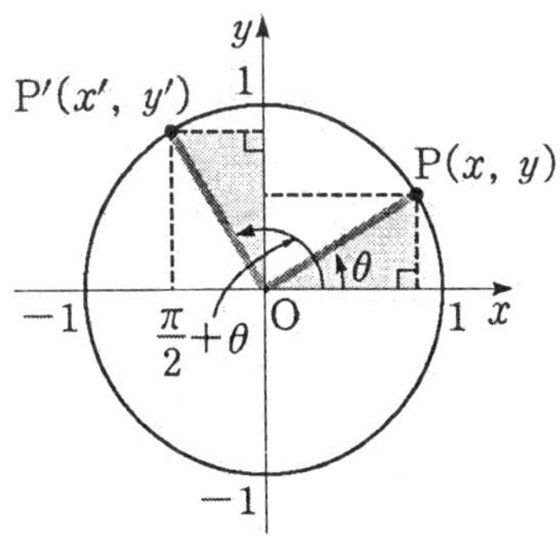


이다. 따라서 $\dfrac{\pi}{2}+\theta$ 의 삼각함수를 $\theta$ 의 삼각함수로 나타내면 다음과 같다.

$\sin(\dfrac{\pi}{2}+\theta)=y'=x=\cos\theta$

$\cos(\dfrac{\pi}{2}+\theta)=x'=-y=-\sin\theta$

$\tan(\dfrac{\pi}{2}+\theta)=\dfrac{y'}{x'}=-\dfrac{x}{y}=-\cot\theta$

앞의 식의 $\theta$ 에 $-\theta$ 를 대입하여

$\dfrac{\pi}{2}-\Theta$ 의 삼각함수를 $\theta$ 의 삼각함수로 나타내면 다음과 같다.

$\sin(\dfrac{\pi}{2}-\theta)=\cos(-\theta)=\cos\theta$

$\cos(\frac{\pi}{2}-\theta)=-\sin(-\theta)=\sin\theta$

$\tan(\frac{\pi}{2}-\theta)=-\cot(-\theta)=\cot\theta$

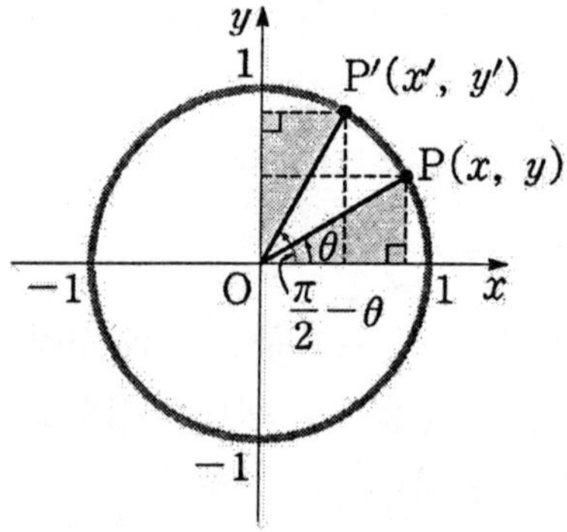


**정 리 4.1.6 ( $\frac{\pi}{2}\pm\theta$ 의 삼각함수)**

$\sin(\frac{\pi}{2}+\theta)=\cos\theta$ , $\cos(\frac{\pi}{2}+\theta)=-\sin\theta$ , $\tan(\frac{\pi}{2}+\theta)=-\cot\theta$

$\sin(\frac{\pi}{2}-\theta)=\cos\theta$ , $\cos(\frac{\pi}{2}-\theta)=\sin\theta$ , $\tan(\frac{\pi}{2}-\theta)=\cot\theta$

**예** 1) $\cos\frac{25}{4}\pi=\cos\left(2\pi\times3+\frac{\pi}{4}\right)=\cos\frac{\pi}{4}=\frac{\sqrt{2}}{2}$

2) $\sin\left(-\frac{\pi}{3}\right)=-\sin\frac{\pi}{3}=-\frac{\sqrt{3}}{2}$

3) $\tan\frac{3}{4}\pi=\tan\left(\pi-\frac{\pi}{4}\right)=-\tan\frac{\pi}{4}=-1$

4) $\sin\frac{\pi}{3}=\sin\left(\frac{\pi}{2}-\frac{\pi}{6}\right)=\cos\frac{\pi}{6}$

## ▶ 삼각함수의 그래프

각 $\theta$ 의 동경과 단위원과의 교점의 좌표를 $P(x,y)$ 라 하면

$$y=\sin\theta\ ,\quad x=\cos\theta$$

이다. 따라서 각 $\theta$ 를 변화시키면서 교점 $P$ 의 $y$ 좌표와 $x$ 좌표의 값을 구하여 좌표평면에 나타내면 사인함수와 코사인함수의 그래프를 그릴 수 있다.

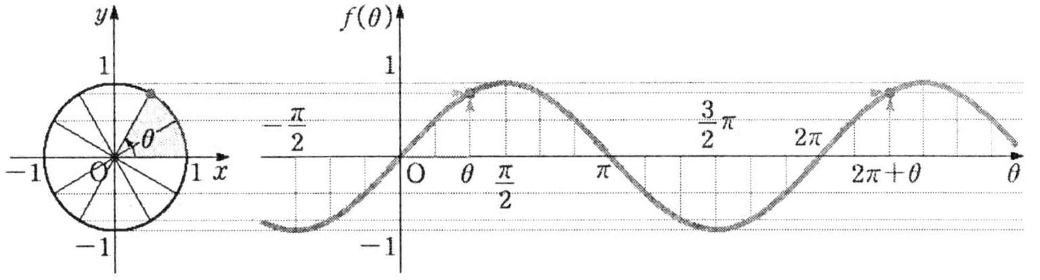


함수 $f(\theta)=\sin\theta$ 의 그래프

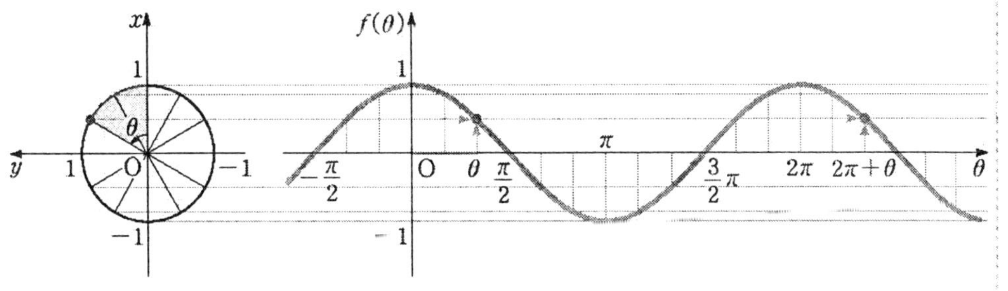


함수 $f(\theta)=\cos\theta$ 의 그래프

지금부터는 사인함수와 코사인함수에서 $\theta$ 를 $x$ , $f(\theta)$ 를 $y$ 로 나타내기로 한다. 앞의 사인함수와 코사인함수의 그래프를 살펴보면 함수 $y=\sin x$ 와 $y=\cos x$ 의 최대값은 1이고 최소값은 -1이다. 즉,

$$-1\le\sin x\le 1\ ,\quad -1\le\cos x\le 1$$

이다. 또 임의의 실수 $x$ 에 대하여

$$\sin(x+2n\pi)=\sin x\ ,\quad \cos(x+2n\pi)=\cos x\quad (n\text{은 정수})$$

임을 알 수 있다.

일반적으로 함수 $y=f(x)$ 에서 임의의 $x$ 에 대하여

$$f(x+p)=f(x)$$

인 0이 아닌 상수 $p$ 가 있을 때, 그 중에서 가장 작은 양수를 그 함수의 **주기**라 하고 주기를 가지는 함수 $f(x)$ 를 **주기함수**라 한다.

$y=\sin x$ 와 $y=\cos x$ 는 주기 $2\pi$ 인 주기함수이다.

한편, $\sin(-x) = -\sin x$ 이므로 $y = \sin x$ 의 $x$, $y$ 에 $-x$, $-y$ 를 각각 대입하면

$$-y = \sin(-x) = -\sin x \Leftrightarrow y = \sin x$$

이다. 따라서 $y = \sin x$ 의 그래프는 원점에 대하여 대칭이다.

또, $\cos(-x) = \cos x$ 이므로 $y = \cos x$ 의 $x$ 에 $-x$ 를 대입하면

$$y = \cos(-x) \Leftrightarrow y = \sin x$$

이다. 따라서 $y = \cos x$ 의 그래프는 $y$ 축에 대하여 대칭이다.

오른쪽 그림과 같이 각 $\theta$ 의 동경 OP의 연장선과 직선 $x = 1$ 과의 교점을 $\mathrm{T}(1, t)$ 라 하면 $\triangle\mathrm{OPH}$ 는 $\triangle\mathrm{OTA}$ 와 닮음꼴이므로

$$\tan\theta = \frac{y}{x} = \frac{t}{1} = t$$

이다. 따라서 각 $\theta$ 의 크기를 변화시키면서 점 T의 $y$ 좌표값 $t$ 를 구하여 좌표평면에 나타내면 탄젠트함수의 그래프를 그릴 수 있다. 한편, $\tan(\theta + \pi) = \tan\theta$, $\tan(-\theta) = -\tan\theta$ 이므로 탄젠트함수는 주기가 $\pi$ 인 주기함수이고 그 그래프는 원점에 대하여 대칭이다

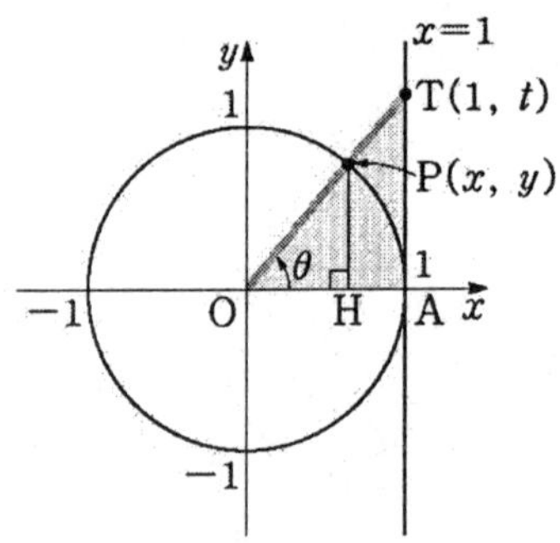


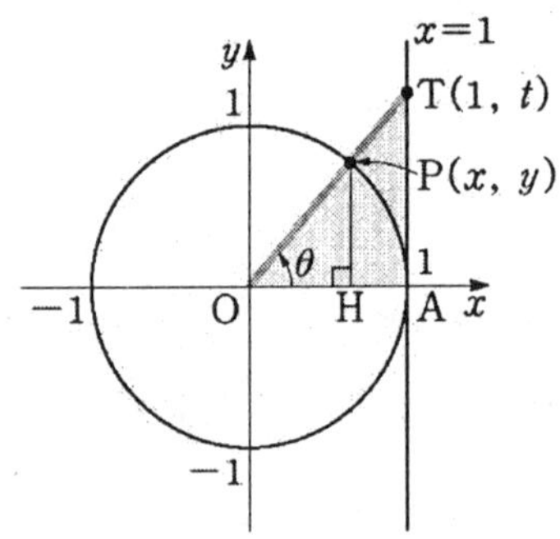


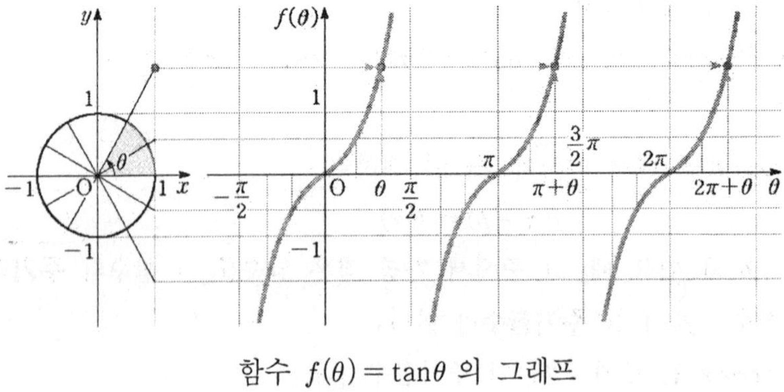


함수 $f(\theta) = \tan\theta$ 의 그래프

이제부터는 함수 $f(\theta)=\tan\theta$ 에서 $\theta$ 를 $x$ , $f(\theta)$ 를 $y$ 로 나타내기로 한다.

**예제 2** 다음 삼각함수의 치역과 주기를 구하여라.

1) $y=\sin 2x$  2) $y=2\cos x$  3) $y=\tan 2x$

**풀이** 1) $-1\leq\sin 2x\leq 1$ 이므로 치역은 $\{y|-1\leq y\leq 1\}$ 이다. 또

$$\sin 2x=\sin(2x+2\pi)=\sin 2(x+\pi)$$

이므로 주기는 $\pi$ 이다.

2) $-1\leq\cos x\leq 1$ 이므로 $-2\leq 2\cos x\leq 2$ 이다. 따라서 치역은 $\{y|-2\leq y\leq 2\}$ 이다. 또 $2\cos x=2\cos(x+2\pi)$ 이므로 주기는 $2\pi$ 이다.

3) $\tan 2x=\tan(2x+\pi)=\tan 2\left(x+\frac{\pi}{2}\right)$ 이므로 주기는 $\frac{\pi}{2}$ 이다. 또, 주기가 $\frac{\pi}{2}$ 이므로 점근선은

$$\begin{aligned} x &= \frac{1}{2}\left(n\pi+\frac{\pi}{2}\right) \\ &= \frac{\pi}{2}n+\frac{\pi}{4}(n\text{은 정수}) \end{aligned}$$

이다. 치역은 실수 전체의 집합이다. ▣

## ◆◆◆ 연습문제 4-1 ◆◆◆

1. 다음 삼각함수의 값을 구하여라.

   1) $\cos\left(-\frac{\pi}{6}\right)$ 2) $\sin 225^\circ$ 3) $\tan\frac{5}{6}\pi$

2. 다음 중 $\sin(-\theta)$ 와 같은 것은 어느 것인가?

   1) $\cos(-\theta)$ 2) $\sin(2n\pi+\theta)$

   3) $\sin(\pi+\theta)$ 4) $\cos\left(\frac{\pi}{2}-\theta\right)$

3. 다음 삼각함수의 그래프를 그리고, 주기와 최댓값, 최솟값을 각각 구하여라.

   1) $y=2\cos x+1$ 2) $y=\sin 2x-1$ 3) $y=\tan 3x$

4. $\sin x+\cos x=a$ 일 때, $\sin^3 x+\cos^3 x$ 를 $a$ 로 나타내어라.

# 4-2 여러 가지 공식

## ▶ 사인법칙과 코사인법칙

오른쪽 그림의 $\triangle ABC$ 에서 세 각의 크기를 $A, B, C$ 그 대변의 길이를 각각 $a, b, c$ 외접원의 반지름의 길이를 $R$ 라 하자.

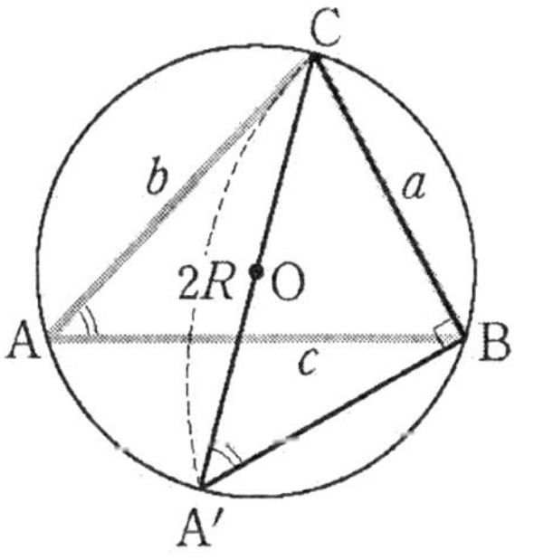


$A < \frac{\pi}{2}$ 일 때, 지름 CA′을 그으면 호 BC에 대한 원주각의 크기는 일정하므로 A=A′이고 $\sin A = \sin A'$

이다.

$\triangle A'BC$ 에서 $\sin A' = \frac{a}{2R}$ 이므로 $\frac{a}{\sin A'} = 2R$ 이다.

즉, $\frac{a}{\sin A} = 2R$ 이고 마찬가지 방법으로 $\frac{b}{\sin B} = 2R$ , $\frac{c}{\sin C} = 2R$

이다. 따라서

$$\frac{a}{\sin A} = \frac{b}{\sin B} = \frac{c}{\sin C} = 2R$$

이다. 이것을 **사인법칙**이라 한다. 이 식에서 $A = \frac{\pi}{2}$ , $A > \frac{\pi}{2}$ 인 경우에도 사인법칙은 성립한다

**정 리 4.2.1 (사인법칙)**

$\triangle ABC$ 에서 외접원의 반지름의 길이를 $R$ 라 하면

$$\frac{a}{\sin A} = \frac{b}{\sin B} = \frac{c}{\sin C} = 2R$$

**예제 1** $\triangle ABC$ 에서 $A = 45$ , $B = 75$ , $c = 8$ 일 때 a를 구하여라.

**풀이** $C = 180 - (45 + 75) = 60$

이므로 사인법칙에 의하여

$$\frac{a}{\sin 45} = \frac{8}{\sin 60}$$

이다. 따라서

$$a = 8\times\frac{\sin 45}{\sin 60} = 8\times\frac{\sqrt{2}}{2}\times\frac{2}{\sqrt{3}} = 8\frac{\sqrt{6}}{3}$$ ▣

오른쪽 그림과 같이 $\angle C$ 가 예각인 $\triangle ABC$ 의 꼭지점 A에서 대변 BC위에 내린 수선의발을 D라 하면

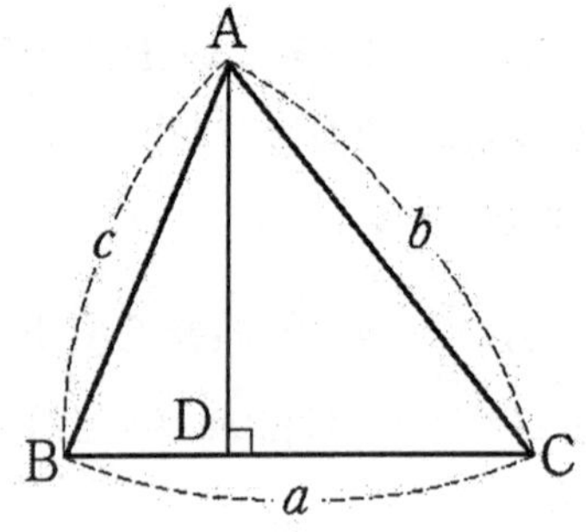


$$a = \overline{CD} + \overline{BD} = b\cos C + c\cos B$$

이다. 꼭지점 B, C에 대하여도 마찬가지 방법으로

$$b = c\cos A + a\cos C$$
$$c = a\cos B + b\cos a$$

임을 알 수 있다. 이를 **제1코사인법칙**이라 한다. 제1코사인법칙은 둔각삼각형, 직각삼각형에서도 성립한다.

제1코사인법칙의 각 식의 양변에 차례로 $a, b, c$ 를 곱하면

$$a^2 = ab\cos C + ac\cos B \cdots\cdots ①$$
$$b^2 = bc\cos A + ba\cos C \cdots\cdots ②$$
$$c^2 = ac\cos B + bc\cos A \cdots\cdots ③$$

이다. 이 때, ②, ③식을 변끼리 더하면

$$\begin{aligned} b^2 + c^2 &= ba\cos C + ac\cos B + 2bc\cos A \\ &= a^2 + 2bc\cos A \end{aligned}$$

이므로

$$a^2 = b^2 + c^2 - 2bc\cos A$$

이다. 다음 두 식도 마찬가지 방법으로 구할 수 있다.

$$b^2 = c^2 + a^2 - 2ca\cos B$$
$$c^2 = a^2 + b^2 - 2ab\cos C$$

이를 **제2코사인법칙**이라 한다.

**정 리 4.2.2 (코사인법칙)**

| 제1코사인법칙 | 제2코사인법칙 |
|---|---|
| $a = b\cos C + c\cos B$ | $a^2 = b^2 + c^2 - 2bc\cos A$ |
| $b = c\cos A + a\cos C$ | $b^2 = c^2 + a^2 - 2ca\cos B$ |
| $c = a\cos B + b\cos a$ | $c^2 = a^2 + b^2 - 2ab\cos C$ |

**예제 2** $\triangle ABC$ 에서 $a=13$ , $b=8$ , $c=7$ 일 때, A를 구하여라.

**풀이** 제2코사인법칙 $a^2 = b^2 + c^2 - 2bc\cos A$ 로부터

$$\cos A = \frac{b^2 + c^2 - a^2}{2bc}$$
$$= \frac{8^2 + 7^2 - 13^2}{2 \times 8 \times 7} = -\frac{1}{2}$$

이다. $0 < A < 180$ 이므로 $A = 120$ 이다. ▣

## ▶ 삼각함수의 덧셈정리

각의 크기가 $\alpha, \beta, \alpha - \beta (0° < \alpha - \beta < 180°), 0°$ 인 동경과 중심이 O인 단위원과 만나는 점을 각각 $A, B, C, D$ 라 하면

$$\triangle AOB \equiv \triangle COD$$

이므로 $\overline{AB} = \overline{CD}$ 이다. 즉,

$$\overline{AB}^2 = \overline{CD}^2 \quad \cdots\cdots ①$$

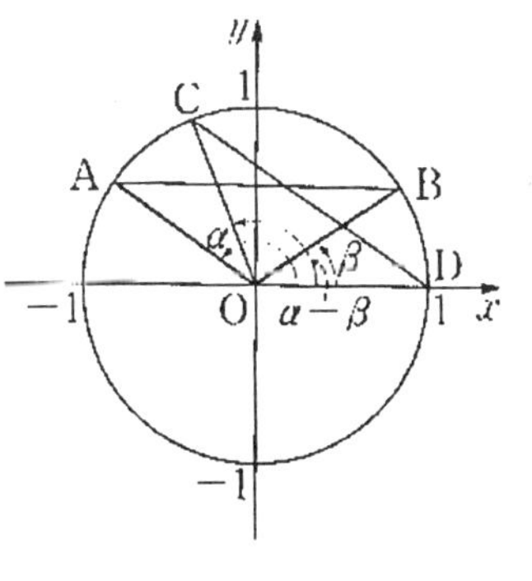


이 때 점 $A, B, C$ 의 좌표를 $\alpha, \beta$ 를 이용하여 나타내면

$A(\cos\alpha, \sin\alpha)$

$B(\cos\beta, \sin\beta)$

$C(\cos(\alpha - \beta), \sin(\alpha - \beta))$

$D(1, 0)$

이다. 두 점 사이의 거리를 구하면

$$\begin{aligned}\overline{AB}^2 &= (\cos\alpha-\cos\beta)^2+(\sin\alpha-\sin\beta)^2 \\ &= (\cos^2\alpha+\sin^2\alpha)+(\cos^2\beta+\sin^2\beta)-2(\cos\alpha\cos\beta-\sin\alpha\sin\beta) \\ &= 2-2(\cos\alpha\cos\beta+\sin\alpha\sin\beta) \\ \overline{CD}^2 &= \{\cos(\alpha-\beta)-1\}^2+\{\sin(\alpha-\beta)-0\}^2 \\ &= \cos^2(\alpha-\beta)+\sin^2(\alpha-\beta)-2\cos(\alpha-\beta)+1 \\ &= 2-2\cos(\alpha-\beta)\end{aligned}$$

①에 의하여

$$2-2(\cos\alpha\cos\beta+\sin\alpha\sin\beta)=2-2\cos(\alpha-\beta)$$

따라서

$$\cos(\alpha-\beta)=\cos\alpha\cos\beta+\sin\alpha\sin\beta \qquad \cdots\cdots ②$$

②에서 $\beta$ 대신에 $-\beta$ 를 대입하면 다음 식을 얻을 수 있다.

$$\cos(\alpha+\beta)=\cos\alpha\cos\beta-\sin\alpha\sin\beta$$

한편, $\cos\left\{\frac{\pi}{2}+(\alpha+\beta)\right\}=-\sin(\alpha+\beta)$ 이므로

$$\begin{aligned}\sin(\alpha+\beta) &= -\cos\left\{\left(\frac{\pi}{2}+\alpha\right)+\beta\right\} \\ &= -\cos\left(\frac{\pi}{2}+\alpha\right)\cos\beta+\sin\left(\frac{\pi}{2}+\alpha\right)\sin\beta \\ &= \sin\alpha\cos\beta+\cos\alpha\sin\beta\end{aligned}$$

따라서

$$\sin(\alpha+\beta)=\sin\alpha\cos\beta+\cos\alpha\sin\beta \cdots\cdots ③$$

③에서 $\beta$ 대신에 $-\beta$ 를 대입하면 다음 식을 얻을 수 있다.

$$\sin(\alpha-\beta)=\sin\alpha\cos\beta-\cos\alpha\sin\beta$$

또

$$\begin{aligned}\tan(\alpha+\beta) &= \frac{\sin(\alpha+\beta)}{\cos(\alpha+\beta)} \\ &= \frac{\sin\alpha\cos\beta+\cos\alpha\sin\beta}{\cos\alpha\cos\beta-\sin\alpha\sin\beta}\end{aligned}$$

에서 분모와 분자를 0이 아닌 $\cos\alpha\cos\beta$ 로 나누면

$$\tan(\alpha+\beta)=\frac{\tan\alpha+\tan\beta}{1-\tan\alpha\tan\beta}$$

가 된다.

마찬가지 방법으로

$$\tan(\alpha-\beta)=\frac{\tan\alpha-\tan\beta}{1+\tan\alpha\tan\beta}$$

을 얻을 수 있다.

**정 리 4.2.3 (삼각함수의 덧셈정리)**

$$\sin(\alpha+\beta)=\sin\alpha\cos\beta+\cos\alpha\sin\beta$$
$$\sin(\alpha-\beta)=\sin\alpha\cos\beta-\cos\alpha\sin\beta$$
$$\cos(\alpha+\beta)=\cos\alpha\cos\beta-\sin\alpha\sin\beta$$
$$\cos(\alpha-\beta)=\cos\alpha\cos\beta+\sin\alpha\sin\beta$$
$$\tan(\alpha+\beta)=\frac{\tan\alpha+\tan\beta}{1-\tan\alpha\tan\beta}$$
$$\tan(\alpha-\beta)=\frac{\tan\alpha-\tan\beta}{1+\tan\alpha\tan\beta}$$

**예제 3** 다음 삼각함수의 값을 구하여라.

1) $\cos 75^\circ$ 2) $\sin 105^\circ$ 3) $\tan 15^\circ$

**풀이** 덧셈정리를 이용하여 특수한 각에 대한 삼각함수 값을 구할 수 있다.

1) $\cos 75^\circ=\cos(45^\circ+30^\circ)=\cos 45^\circ\cos 30^\circ-\sin 45^\circ\sin 30^\circ$

$$=\frac{\sqrt{2}}{2}\cdot\frac{\sqrt{3}}{2}-\frac{\sqrt{2}}{2}\cdot\frac{1}{2}=\frac{\sqrt{6}-\sqrt{2}}{4}$$

2) $\sin 105^\circ=\sin(60^\circ+45^\circ)=\sin 60^\circ\cos 45^\circ+\cos 60^\circ\sin 45^\circ$

$$=\frac{\sqrt{3}}{2}\cdot\frac{\sqrt{2}}{2}+\frac{1}{2}\cdot\frac{\sqrt{2}}{2}=\frac{\sqrt{6}+\sqrt{2}}{4}$$

3) $\tan 15^\circ = \tan(45^\circ - 30^\circ) = \dfrac{\tan 45^\circ - \tan 30^\circ}{1 + \tan 45^\circ \tan 30^\circ}$

$$= \frac{1 - \dfrac{1}{\sqrt{3}}}{1 + 1 \cdot \dfrac{1}{\sqrt{3}}} = \frac{\sqrt{3} - 1}{\sqrt{3} + 1} = 2 - \sqrt{3}$$

▣

## ▶ 삼각함수의 여러 가지 공식

삼각함수의 덧셈정리에서 $\beta = \alpha$ 로 놓으면

$$\sin 2\alpha = \sin\alpha\cos\alpha + \sin\alpha + \cos\alpha = 2\sin\alpha\cos\alpha$$

$$\cos 2\alpha = \cos\alpha\cos\alpha - \sin\alpha\sin\alpha = \cos^2\alpha - \sin^2\alpha$$

이고 $\sin^2 a + \cos^2 a = 1$ 을 이용하면

$$\cos 2\alpha = \cos^2\alpha - \sin^2\alpha = 2\cos^2\alpha - 1 = 1 - 2\sin^2\alpha$$

임을 알 수 있다. 또,

$$\tan 2\alpha = \frac{\tan\alpha + \tan\alpha}{1 - \tan\alpha\tan\alpha} = \frac{2\tan\alpha}{1 - \tan^2\alpha}$$

이다. 이상을 정리하면 다음과 같다.

**정 리 4.2.4 (배각의 공식)**

$$\sin 2\alpha = 2\sin\alpha\cos\alpha$$

$$\cos 2\alpha = \cos^2\alpha - \sin^2\alpha = 2\cos^2\alpha - 1 = 1 - 2\sin^2\alpha$$

$$\tan 2\alpha = \frac{2\tan\alpha}{1 - \tan^2\alpha}$$

배각의 공식을 이용하여 $\sin 3\alpha$ 를 계산하면

$$\begin{aligned} \sin 3\alpha &= \sin(\alpha + 2\alpha) = \sin\alpha\cos 2\alpha + \cos\alpha\sin 2\alpha \\ &= \sin\alpha(1 - 2\sin^2\alpha) + 2\sin\alpha\cos^2\alpha \\ &= \sin\alpha - 2\sin^3\alpha + 2\sin\alpha(1 - \sin^2\alpha) \\ &= 3\sin\alpha - 4\sin^2\alpha \end{aligned}$$

을 얻을 수 있다. 마찬가지 방법으로 코사인과 탄젠트에 대해서도 다음 식을 얻을 수

있다.

**정 리 4.2.5 (삼배각의 공식)**

$$\sin 3\alpha = 3\sin\alpha - 4\sin^3\alpha$$

$$\cos 3\alpha = 4\cos^3\alpha - 3\cos\alpha$$

$$\tan 3\alpha = \frac{3\tan\alpha - \tan^3\alpha}{1 - 3\tan^2\alpha}$$

$\cos 2\alpha$ 에 대한 배각의 공식에서 $\alpha$ 대신에 $\frac{\alpha}{2}$ 를 대입하면

$$\cos\alpha = \cos\left(2 \cdot \frac{\alpha}{2}\right) = 2\cos^2\frac{\alpha}{2} - 1$$

$$= 1 - 2\sin^2\frac{\alpha}{2}$$

따라서

$$\cos^2\frac{\alpha}{2} = \frac{1+\cos\alpha}{2}, \qquad \sin^2\frac{\alpha}{2} = \frac{1-\cos\alpha}{2}$$

위의 두 식에서

$$\tan^2\frac{\alpha}{2} = \frac{\sin^2\frac{\alpha}{2}}{\cos^2\frac{\alpha}{2}} = \frac{\frac{1-\cos\alpha}{2}}{\frac{1+\cos\alpha}{2}} = \frac{1-\cos\alpha}{1+\cos\alpha}$$

를 얻는다.

이상을 정리하면 다음과 같은 반각의 공식을 얻는다.

**정 리 4.2.6 (반각의 공식)**

$$\sin^2\frac{\alpha}{2} = \frac{1-\cos\alpha}{2}$$

$$\cos^2\frac{\alpha}{2} = \frac{1+\cos\alpha}{2}$$

$$\tan^2\frac{\alpha}{2} = \frac{1-\cos\alpha}{1+\cos\alpha}$$

삼각함수의 덧셈정리에서 $\sin\alpha\cos\beta$ , $\cos\alpha\sin\beta$ , $\sin\alpha\sin\beta$ , $\cos\alpha\cos\beta$ 를 구하면 삼각함수의 곱을 합 또는 차의 꼴로 바꾸는 식을 얻을 수 있다.

**정 리 4.2.7 (곱을 합 · 차로 바꾸는 공식)**

$$\sin\alpha\cos\beta = \frac{1}{2}\{\sin(\alpha+\beta)+\sin(\alpha-\beta)\}$$

$$\cos\alpha\sin\beta = \frac{1}{2}\{\sin(\alpha+\beta)-\sin(\alpha-\beta)\}$$

$$\cos\alpha\cos\beta = \frac{1}{2}\{\cos(\alpha+\beta)+\cos(\alpha-\beta)\}$$

$$\sin\alpha\sin\beta = \frac{1}{2}\{\cos(\alpha+\beta)-\cos(\alpha-\beta)\}$$

위의 공식에서 $A=\alpha+\beta$, $B=\alpha-\beta$ 로 놓으면 $\alpha=\frac{A+B}{2}$, $\beta=\frac{A-B}{2}$ 이므로 다음과 같이 합 또는 차를 곱으로 고치는 공식을 얻을 수 있다.

**정 리 4.2.8 (합 · 차를 곱으로 바꾸는 공식)**

$$\sin A+\sin B = 2\sin\frac{A+B}{2}\cos\frac{A-B}{2}$$

$$\sin A-\sin B = 2\cos\frac{A+B}{2}\sin\frac{A-B}{2}$$

$$\cos A+\cos B = 2\cos\frac{A+B}{2}\cos\frac{A-B}{2}$$

$$\cos A-\cos B = -2\sin\frac{A+B}{2}\sin\frac{A-B}{2}$$

**예제 4** 다음 삼각함수의 값을 구하여라.

1) $\sin 7.5°\cos 37.5°$　　　　2) $\cos 105°\cos 15°$

**풀이** 곱을 합과 차로 바꾸는 공식과 합을 곱으로 바꾸는 공식을 이용하면 다음과 같이 삼각함수의 값을 구할 수 있다.

1) $\sin 7.5° \cos 37.5° = \frac{1}{2}\{\sin(7.5° + 37.5°) + \sin(7.5° - 37.5°)\}$

$= \frac{1}{2}(\sin 45° - \sin 30°)$

$= \frac{1}{2}\left(\frac{\sqrt{2}}{2} - \frac{1}{2}\right) = \frac{\sqrt{2}-1}{4}$

2) $\cos 105° + \cos 15° = 2\cos\frac{105° + 15°}{2} cos\frac{105° - 15°}{2}$

$= 2\cos 60° \cos 45°$

$= 2 \cdot \frac{1}{2} \cdot \frac{\sqrt{2}}{2} = \frac{\sqrt{2}}{2}$

▣

## ◆◆◆ 연습문제 4-2 ◆◆◆

1. 삼배각의 공식을 증명하여라.

2. 다음 삼각함수의 값을 구하여라(각의 단위는 60분법).

   1) $\sin 75$ 2) $\tan 75$

   3) $\cos 165$ 4) $\tan 165$

3. $\alpha, \beta$ 는 예각이고 $\sin\alpha = \frac{1}{2}$ , $\cos\beta = \frac{3}{4}$ 일 때 다음 값을 구하여라.

   1) $\cos 2\alpha$ 2) $\sin 2\beta$ 3) $\tan 2\beta$

   4) $\sin\frac{\alpha}{2}$ 5) $\cos\frac{\alpha}{2}$ 6) $\tan\frac{\alpha}{2}$

4. 다음 식의 값을 구하여라(각의 단위는 60분법).

   1) $\sin 75 \cos 105$ 2) $\cos 75 \sin 105$

5. 다음을 삼각함수의 곱으로 나타내어라.

   1) $\cos 2x + \cos 4x$ 2) $\sin 5x - \sin x$

   3) $\cos 3x - \cos x$ 4) $\sin 2x + \sin 4x$

## 4-3 삼각방정식과 삼각부등식

$\sin x=\frac{1}{2}$ , $\cos x>\frac{\sqrt{3}}{2}$ 와 같이 각의 크기가 미지수인 삼각함수를 포함하는 방정식과 부등식을 각각 **삼각방정식**과 **삼각부등식**이라 한다. 삼각함수의 성질을 이용하면 삼각방정식과 삼각부등식을 풀 수 있다.

**예제 1** 삼각방정식 $\sin x=\frac{1}{2}$ 을 풀어라 (단, $0\le x\le 2\pi$ ).

**풀이** 삼각함수 $y=\sin x$ 의 그래프에서 $\sin x=\frac{1}{2}$ 인 $x$ 의 값을 구하면 $x=\frac{\pi}{6}, \frac{5}{6}\pi$ 이다. ▣

임의의 각 $\theta$ 와 정수 $n$ 에 대하여

$$\cos(2n\pi+\theta)=\cos\theta \ , \quad \sin(2n\pi+\theta)=\sin\theta$$

가 됨을 이미 알고 있다. 이 때

$$2n\pi+\theta \ (n\text{은 정수})$$

를 각 $\theta$ 에 대한 일반각이라 한다.

삼각방정식을 만족하는 일반각을 그 삼각방정식의 일반해라 한다. 특별히 구간이 주어져 있지 않은 삼각방정식을 풀 때는 일반해를 구한다.

위의 예제1의 일반해를 구하면

$$x=2n\pi+\frac{\pi}{6} \text{ 또는 } x=(2n+1)\pi-\frac{\pi}{6} \quad (n\text{은 정수})$$

이다. 위의 두 값을 하나의 식으로 나타내면 다음과 같다.

$$x=n\pi+(-1)^n\frac{\pi}{6} \quad (n\text{은 정수})$$

일반적으로

$$\sin\theta=\sin(\pi-\theta)$$

$$\cos\theta=\cos(-\theta)$$

$$\tan\theta=\tan(\pi+\theta)$$

가 성립하므로 삼각방정식의 일반해는 다음과 같이 나타냄을 알 수 있다.

**정 리 4.3.1 (삼각방정식의 일반해)**

1) $\sin x = a(|a| \le 1)$ 의 한 해가 $\alpha$ 이면 $x = n\pi + (-1)^n \alpha$ ($n$ 은 정수)

2) $\cos x = a(|a| \le 1)$ 의 한 해가 $\alpha$ 이면 $x = 2n\pi \pm \alpha$ ($n$ 은 정수)

3) $\tan x = a(|a| \le 1)$ 의 한 해가 $\alpha$ 이면 $x = n\pi + \alpha$ ($n$ 은 정수)

**예** $\sin x = \frac{\sqrt{3}}{2}$ 의 한 해가 $x = \frac{\pi}{3}$ 이므로 일반해는

$x = n\pi + (-1)^n \frac{\pi}{3}$ ($n$은 정수) 이다.

삼각방정식과 마찬가지로 삼각부등식도 특별히 구간이 정해지지 않으면 일반해로 나타낸다.

**예제 2** 삼각부등식 $\cos x > \frac{\sqrt{3}}{2}$ 을 풀어라.

**풀이** $\cos x = \frac{\sqrt{3}}{2}$ 인 $x$ 를 구하면 $x = \frac{\pi}{6}$ 와 $x = -\frac{\pi}{6}$ 이므로 삼각부등식을 만족하는 일반해는 다음과 같다.

$$2n\pi - \frac{\pi}{6} < x < 2n\pi + \frac{\pi}{6} \quad (n\text{은 정수})$$ ▣

## ◈◈◈ 연습문제 4-3 ◈◈◈

1. 다음 삼각방정식을 풀어라.

1) $\sqrt{2}\cos x+1=0$　　2) $2\sin^2 x-\sin x=0$

2. 다음 삼각부등식을 풀어라.

1) $2\sin x-1<0$　　2) $\frac{1}{2}<\cos x\leq\frac{\sqrt{3}}{2}$

3. 방정식 $\cos^2 x-\sin x+k=0$ 이 해를 갖도록 하는 실수 $k$ 값의 범위를 구하여라.

## 실전문제

1. 1해리는 각의 크기 1분($1'$)에 해당하는 지구표면의 호의 길이로 정의된다. 지구의 지름의 길이가 7927마일이면 1해리에 해당하는 법정마일(land mile)은 얼마인가?
2. 어떤 조건하에서 처음속도 $v_0$로 높이 $h$에서 수평에 대해 각$\alpha$로 위로 던진 농구공에 의해 얻어지는 최고높이는 $y=h+\dfrac{v_0^2\sin^2\alpha}{2g}$($g$는 중력가속도)로 주어진다. $h=2.15m$, $v_0=8m/s$, $\alpha=64.47°$이고, $g=9.81m/s^2$이면 자유투를 던져 도달하는 최고높이를 구하여라.
3. 회전 때문에 지구는 적도에서 볼록하게 되고 극에서 평편해진다고 한다. 그 결과 중력가속도는 $980cm/s^2$로 일정하지 않고 위도 $\theta$에 따라 변한다. 위성 연구에 의하면, 중력가속도 $g_{sat}$는 함수

   $g_{sat}=978.0309+5.18552\sin^2\theta-0.00570\sin^2 2\theta$로 주어진다.

   1) $\theta=0$일 때 $g_{sat}$는?

   2) 북극에서 $g_{sat}$는?

   3) 북위 $45°$에서 $g_{sat}$는?

4. 1966년부터 1980년까지 모은 자료에 의하면 북반구에 눈덮인 넓이 $S$ (단위는 100만$Km^2$로 측정되고), $S(w)=25+21\cos\left(\dfrac{\pi}{26}(w-5)\right)$로 모델화 된다. $w$는 1월 1일 이후 주(week)의 수이다.

   1) 이 공식에 의해 4월 1일 눈덮인 넓이를 예상하시오.

   2) 어떤 주(week)에 눈덮인 넓이가 최소가 되는가?

5. 고속도로와 철길 설계에서 커브길은 안전을 위한 구심력을 흡수하기 위해 경사지게 한다. 최적의 경사각 $\theta$는 $\tan\theta=\dfrac{v^2}{Rg}$으로 주어진다. $v$는 차량의

속도, $R$은 커브의 반지름의 길이, $g$는 중력가속도이다. 공식이 보여주는 것처럼 주어진 반경에 대해 모든 속도에 대한 정확한 각이 없다. 결과적으로 커브는 커브길 위의 차량의 평균속도에 대해 경사를 이룬다. 평균속도 $30mile/h$인 경우 커브길의 반경 $600ft$에 대한 정확한 경사각을 구하여라. $g=32ft/s^2$이다.

## -실전문제의 풀이와 정답-

1. 지구의 둘레 $=7927\pi \fallingdotseq 7927\times 3.14=24890.78$마일
   1해리 $=24890.78\div 360\div 60 \fallingdotseq 1.15$마일 $=1852m$이다.
2. $y=2.15+\dfrac{8^2\sin^2 64.47°}{2\times 9.81} \fallingdotseq 4.81m$이다.
3. 1) $\theta=0$을 대입하면 $g_{sat}=978.0309cm/s^2$이다.
   2) $\theta=90°$를 대입하면 $g_{sat}=978.0309+5.18552-0=983.21642cm/s^2$이다.
   3) $\theta=45°$를 대입하면
   $$g_{sat}=978.0309+\frac{5.18552}{2}-0.00570=980.61796cm/s^2\text{이다.}$$

4. 1) 1월 1일부터 4월 1일까지 90일 $w=\dfrac{90}{7}\fallingdotseq 13weeks$
   $$S(13)=25+21\cos\left(\frac{\pi}{26}(13-5)\right)=25+21\cos\frac{4\pi}{13}\fallingdotseq 36.93\text{백만 }Km^2$$
   2) $S(w)=25+21\cos\left(\dfrac{\pi}{26}(w-5)\right)$에서,
   $\cos\left(\dfrac{\pi}{26}(w-5)\right)=-1$일 때, 최소가 되므로 $\dfrac{\pi}{26}(w-5)=\pi$에서
   $w=31$이다. 31주 후에 최소가 된다.

5. $\tan\theta = \dfrac{v^2}{Rg}$에서, $\tan\theta = \dfrac{30^2}{600\times 32} = 0.046875$이고

$\theta \fallingdotseq 5.76°$이다.

## 용어의 정의 확인문제

**1. 호도법(radian measure)**

반지름의 길이가 $r$인 원에서 길이가 $r$인 호에 대한 중심각의 크기를 $\alpha°$라 하면 호의 길이는 중심각의 크기에 비례하므로

$\dfrac{\alpha}{360} = \dfrac{r}{2\pi r}$이고, $\alpha = \dfrac{180}{\pi}$(일정)이다. 즉 길이가 반지름의 길이와 같은 호에 대한 중심각의 크기는 반지름의 길이에 관계없이 일정하다. 이 일정한 각의 크기를 **1 라디안**(radian)이라 한다. 1라디안$= \dfrac{180°}{\pi}$, $1° = \dfrac{\pi}{180}$라디안이다.

60분법과 라디안의 관계를 표로 알아보자.

| 60분법 | $180°$ | $\dfrac{180°}{\pi}x$ | $y°$ | $45°$ | $240°$ | $225°$ | $330°$ |
|---|---|---|---|---|---|---|---|
| 라디안 | $\pi$ | $x$ | $\dfrac{\pi}{180}y$ | $\dfrac{\pi}{4}$ | $\dfrac{4}{3}\pi$ | $\dfrac{5}{4}\pi$ | $\dfrac{11}{6}\pi$ |

**2. 부채꼴(sector)의 호의 길이(arc length)와 넓이**

반지름의 길이가 $r$인 원에서 중심각의 크기가 $\theta$인 부채꼴의 호의 길이를 $l$, 넓이를 $S$라 하면 호의 길이 $l$은 중심각의 크기에 비례하므로

$\dfrac{l}{2\pi r} = \dfrac{\theta}{2\pi}$에서, $l = r\theta$이다.

또, 넓이 $S$도 중심각의 크기에 비례하므로

$\dfrac{S}{\pi r^2} = \dfrac{\theta}{2\pi}$에서, $S = \dfrac{1}{2}r^2\theta = \dfrac{1}{2}rl$이다.

### 3. 일반각의 삼각함수(원함수)

반지름의 길이 $r$인 원위의 한 점 $P$의 좌표를 $(x, y)$라 하면 원점 $O(0, 0)$일때 $OP = r$이고, $\frac{y}{r}$, $\frac{x}{r}$, $\frac{y}{x}(x \neq 0)$의 값은 $r$의 크기에 관계없이 $OP$와 $x$축이 이루는 각 $\theta$의 값에 따라 하나로 결정된다. 이것을 각각 일반각 $\theta$의 **사인함수, 코사인함수, 탄젠트함수**라 하고,

기호로 $\sin\theta = \frac{y}{r}$, $\cos\theta = \frac{x}{r}$, $\tan\theta = \frac{y}{x}$와 같이 나타낸다.

마찬가지로 $\mathrm{cosec}\theta = \frac{r}{y} = \frac{1}{\sin\theta}$, $\sec\theta = \frac{r}{x} = \frac{1}{\cos\theta}$, $\cot\theta = \frac{x}{y} = \frac{1}{\tan\theta}$을 각각 일반각 $\theta$의 **코시컨트함수, 시컨트함수, 코탄젠트함수**라 하고, 이들 6가지의 함수를 통틀어 $\theta$의 **삼각함수**(원함수)라고 한다.

### 4. 피타고라스등식(Pythagorean identity)

단위원 $x^2 + y^2 = 1$ 위의 한 점$P(x, y)$, 원점 $O(0, 0)$라 하고 $OP$와 $x$축과 이루는 가을 $\theta$라 하면 $x = \cos\theta$, $y = \sin\theta$이다. 이를 $x^2 + y^2 = 1$에 대입하면 피타고라스 등식 $\cos^2\theta + \sin^2\theta = 1$이 유도된다. 이 등식에서 양변을 $\cos^2\theta$로 나누면 $\frac{\cos^2\theta}{\cos^2\theta} + \frac{\sin^2\theta}{\cos^2\theta} = \frac{1}{\cos^2\theta}$에서, $1 + \tan^2\theta = \sec^2\theta$이다. 또, 양변을 $\sin^2\theta$로 나누면 $\frac{\cos^2\theta}{\sin^2\theta} + \frac{\sin^2\theta}{\sin^2\theta} = \frac{1}{\sin^2\theta}$에서, $1 + \cot^2\theta = \mathrm{cosec}^2\theta$이다.

### 5. 덧셈정리

$\cos(x+y) = \cos x \cos y - \sin x \sin y$

$\cos(x-y) = \cos x \cos y + \sin x \sin y$

$\sin(x+y) = \sin x \cos y + \cos x \sin y$

$\sin(x-y) = \sin x \cos y - \cos x \sin y$

$$\tan(x+y) = \frac{\sin(x+y)}{\cos(x+y)} = \frac{\sin x \cos y + \cos x \sin y}{\mathrm{coss}x \cos y - \sin x \sin y} = \frac{\tan x + \tan y}{1 - \tan x \tan y}$$

$$\tan(x-y)=\frac{\sin(x-y)}{\cos(x-y)}=\frac{\sin x\cos y-\cos x\sin y}{\cos sx\cos y+\sin x\sin y}=\frac{\tan x-\tan y}{1+\tan x\tan y}$$

## 6. 주기함수(periodic function)

$f(x+p)=f(x)$를 만족하는 최소의 양수 $p$를 **주기**라하며 이 조건을 만족시키는 함수 $f$를 **주기함수**라고 한다.

$f(x)=\sin x$에서, $f(x+2n\pi)=\sin(x+2n\pi)=\sin x$이므로 최소의 양수 $2\pi$가 주기이다. 같은 방법으로 $y=\cos x$의 주기는 $2\pi$가 되고, $y=\tan x$의 주기는 $\pi$가 된다.

## 7. 삼각함수의 그래프

$y=\sin x$의 그래프는 $x$의 모든 실수값에 대해 정의되고
$-1\le\sin x\le 1$이므로 정의역은 $\{x|\ x$는 실수$\}$, 치역은 $\{y|-1\le y\le 1\}$이다.

$y=\cos x$의 그래프는 $x$의 모든 실수값에 대해 정의되고
$-1\le\cos x\le 1$이므로 정의역은 $\{x|\ x$는 실수$\}$, 치역은 $\{y|-1\le y\le 1\}$이다.

$y=\tan x$의 그래프는 동경이 $y$축과 일치할 때는 탄젠트의 값이 정의되지 않는다. 즉 $y=\tan x$는 $x\neq n\pi+\frac{\pi}{2}$($n$은 정수)인 모든 실수 $x$에 대해 정의되고 $y$는 모든 실수값을 취한다. 정의역은 $\{x|\ x$는 실수, $x\neq n\pi+\frac{\pi}{2}$, $n$은 정수$\}$ 치역은 $\{y|\ y$는 실수$\}$이다.

일반으로 $y=a\sin w(x+\alpha)$의 그래프의 진폭은 $|a|$이고, 주기는 $\frac{2\pi}{|w|}$이고,
$y=a\cos w(x+\alpha)$의 그래프의 진폭은 $|a|$이고, 주기는 $\frac{2\pi}{|w|}$이며,
$y=a\tan w(x+\alpha)$의 그래프의 주기는 $\frac{\pi}{|w|}$이다.

## 8. 합차, 곱의 공식(sum, difference and product formula)

$$\sin(x+y)+\sin(x-y)=2\sin x\cos y$$

$$\sin(x+y)-\sin(x-y)=2\cos x\sin y$$

$$\cos(x+y)+\cos(x-y)=2\cos x\cos y$$

$$\cos(x+y)-\cos(x-y)=-2\sin x\sin y$$

$$\sin x+\sin y=2\sin\frac{x+y}{2}\cos\frac{x-y}{2}$$

$$\sin x-\sin y=2\cos\frac{x+y}{2}\sin\frac{x-y}{2}$$

$$\cos x+\cos y=2\cos\frac{x+y}{2}\cos\frac{x-y}{2}$$

$$\cos x-\cos y=2\sin\frac{x+y}{2}\sin\frac{x-y}{2}$$

### 9. 2배각공식(double angle formula)

$$\cos 2\theta=\cos^2\theta-\sin^2\theta=2\cos^2\theta-1=1-2\sin^2\theta$$

$$\sin 2\theta=2\sin\theta\cos\theta$$

$$\tan 2\theta=\frac{\sin 2\theta}{\cos 2\theta}=\frac{2\sin\theta\cos\theta}{\cos^2\theta-\sin^2\theta}=\frac{2\tan\theta}{1-\tan^2\theta}$$

### 10. 반각공식(half angle formula)

$$\sin^2\frac{\theta}{2}=\frac{1-\cos\theta}{2},\qquad \cos^2\frac{\theta}{2}=\frac{1+\cos\theta}{2},\qquad \tan^2\frac{\theta}{2}=\frac{1-\cos\theta}{1+\cos\theta}$$

### 11. 사인법칙(law of sine)

삼각형 $ABC$의 세 내각의 크기 $A$, $B$, $C$와 세 변의 길이 $a$, $b$, $c$ 및 외접원의 반지름의 길이 $R$일 때, $\frac{a}{\sin A}=\frac{b}{\sin B}=\frac{c}{\sin C}=2R$인 관계가 성립한다. 이를 **사인법칙**이라 한다.

### 12. 제일코사인 법칙(first law of cosine)

삼각형 $ABC$의 세 내각의 크기 $A$, $B$, $C$와 세 변의 길이 $a$, $b$, $c$일 때, $a=b\cos C+c\cos B$, $b=c\cos A+a\cos C$, $c=a\cos B+b\cos A$인 관계가 성립한다. 이를 **제일코사인 법칙**이라 한다.

### 13. 제이코사인 법칙(second law of cosine)

삼각형 $ABC$의 세 내각의 크기 $A$, $B$, $C$와 세 변의 길이 $a$, $b$, $c$일 때, $a^2=b^2+c^2-2bc\cos A$, $b^2=c^2+a^2-2ca\cos B$, $c^2=a^2+b^2-2ab\cos C$인 관계가 성립한다. 이를 **제이코사인 법칙**이라 한다.

### 14. 역삼각함수(inverse trigonometric function)

6가지 삼각함수의 역함수를 역삼각함수라하고 6가지 역삼각함수는

역사인함수(arcsine function, or inverse sine function),

$y=\arcsin x=\sin^{-1}x \Leftrightarrow x=\sin y$로 정의되고, $-1\le x\le 1$, $-\frac{\pi}{2}\le y\le\frac{\pi}{2}$

예를 들면 $\sin^{-1}(-\frac{1}{2})=-\frac{\pi}{6}$, $\sin^{-1}(-1)=-\frac{\pi}{2}$이다.

역코사인함수(arccosine function, or inverse cosine function),

$y=\arccos x=\cos^{-1}x \Leftrightarrow x=\cos y$로 정의되고, $-1\le x\le 1$, $0\le y\le\pi$

예를 들면 $\cos^{-1}(-\frac{1}{2})=\frac{2\pi}{3}$, $\cos^{-1}(-1)=\pi$이다.

역탄젠트함수(arctangent function, or inverse tangent function),

$y=\arctan x=\tan^{-1}x \Leftrightarrow x=\tan y$로 정의되고,

$-\infty<x<\infty$, $-\frac{\pi}{2}<y<\frac{\pi}{2}$

예를 들면 $\tan^{-1}(-1)=-\frac{\pi}{4}$, $\tan^{-1}(-\sqrt{3})=-\frac{\pi}{3}$이다.

역코시컨트함수(arccosecant function, or inverse cosecant function),

역시컨트함수(arcsecant function, or inverse secant function),

역코탄젠트함수(arccotangent function, or inverse cotangent function)이고,

같은 방법으로 정의된다.

## 보충 연습문제

* (　　　)에 알맞은 답을 쓰시오(1-20).

1. $\frac{\pi}{5}$ $radians$ =(　　　)도　　　　　2. 10도=(　　　)$radians$

3. 단위원 위의 $\frac{5\pi}{6}$에 대응하는 점 $P(t)$의 좌표는(　　　)이다.

4. $\frac{4\pi}{3}$ $radians$에 대응하는 원점에 대칭인 예각은 (　　　)$radians$이다.

5. $\tan\frac{\pi}{3}=$(　　　)이다.

6. $\frac{8\pi}{5}$ $radians$에 대응하는 각은 제(　　　)사분면에 속한다.

7. $\sin\theta=-\frac{1}{3}$이고, $\theta$가 제4사분면의 각이면 $\sec\theta=$(　　　)이다.

8. $\tan t=2$이고, $t$가 제3사분면의 각이면 $\cos t=$(　　　)이다.

9. 함수 $y=2\sec(x+\pi)$의 그래프의 $y$절편은 (　　　)이다.

10. $\sin 2t=\frac{1}{2}$을 만족하는 t의 값은 구간 $[0,2\pi]$에서 (　　　)이다.

11. $\sin u=\frac{3}{5}(0<u<\frac{\pi}{2})$, $\cos v=\frac{1}{\sqrt{5}}(\frac{3\pi}{2}<v<2\pi)$일 때, $\cos(u+v)=$(　　　)이다.

12. $\cos t=-\frac{2}{3}(\pi<t<\frac{3\pi}{2})$일 때, $\cos\frac{t}{2}=$(　　　)이다.

13. 주기가 4이고 진폭이 6인 사인함수는 (　　　)이다.

14. $y=\tan(x-\frac{\pi}{4})$의 그래프의 $y$축 오른쪽에 첫 번째 수직점근선은 (　　　)이다.

15. $\sin t + \cos t = (\quad)\sin(t + \frac{\pi}{4})$이다.

16. $\sin t = \frac{1}{6}$일 때, $\cos(t - \frac{\pi}{2}) = (\qquad)$이다.

17. $y = -10\cos(\frac{\pi x}{3})$의 진폭은 ( )이다.

18. $\cos(\frac{\pi}{6} - \frac{5\pi}{4}) = (\qquad)$이다.

19. $\arccos(\cos\frac{9\pi}{5}) = (\qquad)$이다.

20. 함수 $y = \sin\frac{\pi}{3}t$의 주기는 ( )이다.

## 보충 연습문제 풀이와 정답(1-20)

1. $x$라디안을 60분법으로 고치는 공식은 $\frac{180°}{\pi}x$이다.
   $\frac{180°}{\pi}\frac{\pi}{5} = 36°$이다.

2. 60분법의 $x°$를 라디안으로 고치는 공식은 $\frac{\pi}{180}x$라디안이다.
   $\frac{\pi}{180} \times 10 = \frac{\pi}{18}$라디안이다.

3. 단위원 위의 $\theta$에 대응하는 점 $P(x, y)$의 좌표는 $x = \cos\theta$, $y = \sin\theta$이다.
   따라서, $x = \cos\frac{5}{6}\pi = -\frac{\sqrt{3}}{2}$이고, $y = \sin\frac{5}{6}\pi = \frac{1}{2}$이다. $\therefore (-\frac{3}{2}, \frac{1}{2})$

4. $\frac{4}{3}\pi - \pi = \frac{\pi}{3}$이다.

5. $\sqrt{3}$

6. $\frac{8}{5}\pi = \frac{3}{2}\pi + \frac{\pi}{10}$에서, 제IV사분면의 각이다.

7. $\cos^2\theta = 1 - \sin^2\theta = 1 - \frac{1}{9} = \frac{8}{9}$에서, $\cos\theta > 0$, $\cos\theta = \frac{2\sqrt{2}}{3}$이고,
$\sec\theta = \frac{1}{\cos\theta} = \frac{3}{2\sqrt{2}} = \frac{3\sqrt{2}}{4}$이다.

8. $1 + \tan^2 t = \sec^2 t$, $\sec^2 t = 1 + 4 = 5 = \frac{1}{\cos^2 t}$에서, $\cos^2 t = \frac{1}{5}$, $\cos t < 0$,
$\cos t = -\frac{1}{\sqrt{5}} = -\frac{\sqrt{5}}{5}$이다.

9. $x = 0$일 때, $y = 2\sec\pi = \frac{2}{\cos\pi} = -2$이다.

10. $\sin 2t = \frac{1}{2}$에서, $0 \le 2t \le 4\pi$이고, $2t = \frac{\pi}{6}, \frac{5}{6}\pi, \frac{13}{6}\pi, \frac{17}{6}\pi$에서,
$t = \frac{\pi}{12}, \frac{5}{12}\pi, \frac{13}{12}\pi, \frac{17}{12}\pi$이다.

11. $\sin u = \frac{3}{5}$, $\cos u = \frac{4}{5}$, $\cos v = \frac{1}{\sqrt{5}}$, $\sin v = -\frac{2}{\sqrt{5}}$ 에서,
$\cos(u+v) = \cos u \cos v - \sin u \sin v = \frac{4}{5}\frac{1}{\sqrt{5}} - \frac{3}{5}(-\frac{2}{\sqrt{5}}) = \frac{10}{5\sqrt{5}}$
$= \frac{2}{\sqrt{5}} = \frac{2\sqrt{5}}{5}$이다.

12. $\pi < t < \frac{3}{2}\pi$에서, $\frac{\pi}{2} < \frac{t}{2} < \frac{3}{4}\pi$, $\cos\frac{t}{2} < 0$이다.
$\cos t = 2\cos^2\frac{t}{2} - 1$, $\cos^2\frac{t}{2} = \frac{1+\cos t}{2}$에서,
$\cos\frac{t}{2} = -\sqrt{\frac{1+\cos t}{2}} = -\sqrt{\frac{1-\frac{2}{3}}{2}} = -\sqrt{\frac{1}{6}} = -\frac{1}{\sqrt{6}} = -\frac{\sqrt{6}}{6}$이다.

13. $y = a\sin\omega x$에서, 진폭 : $|a|$, 주기 : $\frac{2\pi}{\omega}$이다.
따라서, $y = \pm 6\sin(\pm\frac{\pi}{2}x)$이다.

14. $y = \tan(x - \frac{\pi}{4})$의 그래프는 $y = \tan x$의 그래프를 $x$축의 방향으로 $\frac{\pi}{4}$만큼 평행이동 시키므로 $y = \tan x$의 $y$축 오른쪽 첫 번째 수직점근선은

$x=\frac{\pi}{2}$에서, $x=\frac{\pi}{2}+\frac{\pi}{4}=\frac{3}{4}\pi$이다.

15. $\sin t+\cos t=\sqrt{2}(\sin t\frac{1}{\sqrt{2}}+\frac{1}{\sqrt{2}}cost)=\sqrt{2}(\sin t\cos\frac{\pi}{4}+\sin\frac{\pi}{4}\cos t)$

$=\sqrt{2}\sin(t+\frac{\pi}{4})$이다.

16. $\cos(t-\frac{\pi}{2})=\cos(-(\frac{\pi}{2}-t))=\cos(\frac{\pi}{2}-t)=\sin t=\frac{1}{6}$이다.

17. 진폭은 $|a|=|-10|=10$이다.

18. $\cos(\frac{\pi}{6}-\frac{5}{4}\pi)=\cos\frac{\pi}{6}\cos\frac{5}{4}\pi+\sin\frac{\pi}{6}\sin\frac{5}{4}\pi$

$=\frac{\sqrt{3}}{2}(-\frac{1}{\sqrt{2}})+\frac{1}{2}(-\frac{1}{\sqrt{2}})=-\frac{\sqrt{3}+1}{2\sqrt{2}}=-\frac{\sqrt{6}+\sqrt{2}}{4}$이다.

19. $\arccos(\cos\frac{9\pi}{5})=y$라면, $0\le y\le\pi$에서,

$\cos^{-1}(\cos\frac{9}{5}\pi)=y$, $\cos\frac{9}{5}\pi=\cos(2\pi-\frac{9}{5}\pi)=\cos\frac{\pi}{5}=\cos y$이고,

$y=\frac{\pi}{5}$이다.

20. 주기$=\frac{2\pi}{\frac{\pi}{3}}=6$이다.

## 보충 익힘문제

*** 다음 물음에 대해 참, 거짓으로 답하시오(21-40).**

21. $\tan t=\frac{3}{4}$이면, $\sin t=3$이고, $\cos t=4$이다.

22. 직각삼각형에서 $\sin\theta = \frac{11}{61}$이면, $\cot\theta = \frac{60}{11}$이다.

23. $\operatorname{cosec}\frac{3\pi}{2} = \sec(-\pi)$이다.

24. $\sec t = \frac{1}{2}$인 각 $t$는 없다.

25. $\sin(2\pi - t) = -\sin t$이다.

26. $1 + \sec^2\theta = \tan^2\theta$이다.

27. (5,0)는 $y = 3\sin\pi x$의 그래프의 $x$절편이다.

28. $(\frac{2\pi}{3}, -\frac{1}{\sqrt{3}})$은 $y = \cot x$의 그래프위의 점이다.

29. 함수 $y = \operatorname{cosec}x$의 치역은 $(-\infty, -1] \cup [1, \infty)$이다.

30. $y = \operatorname{cosec}x$의 그래프는 $y$축과 만나지 않는다.

31. 직선 $x = \frac{\pi}{2}$는 $y = \tan x$의 그래프의 수직점근선이다.

32. $\tan(x + \pi) = 0.3$이면, $\tan x = 0.3$이다.

33. 사인함수 $y = -2\sin x$에 대해 $-2 \le y \le 2$이다.

34. $\sin 6x = 2\sin 3x cos 3x$이다.

35. $y = \sin(2x - \frac{\pi}{3})$의 그래프는 $y = \sin 2x$의 그래프를 오른쪽으로 $\frac{\pi}{3}$만큼 옮긴 것이다.

36. $\tan\frac{5\pi}{4} = 1$이므로 $\arctan 1 = \frac{5\pi}{4}$이다.

37. $\arcsin\frac{1}{2} = 30^\circ$이다.

38. $f(x) = \arcsin x$는 주기함수가 아니다.

39. $f(x) = x\sin x$는 주기가 $2\pi$이다.

40. $f(x) = \sin(\cos x)$는 우함수이다.

## 보충 익힘문제 풀이와 정답(21-40)

21. $\sin t=\frac{3}{5}$, $\cos t=\frac{4}{5}$ 또는, $\sin t=-\frac{3}{5}$, $\cos t=-\frac{4}{5}$에서 **거짓.**

22. $1+\cot^2\theta=\mathrm{cosec}^2\theta$에서, $1+\cot^2\theta=(\frac{61}{11})^2$, $\cot^2\theta=\frac{61^2-11^2}{11^2}=(\frac{60}{11})^2$
$\theta$는 예각이므로 $\cot\theta=\frac{60}{11}$이다. **참.**

23. $\mathrm{cosec}\frac{3}{2}\pi=\frac{1}{\sin\frac{3}{2}\pi}=\frac{1}{-\sin\frac{\pi}{2}}=\frac{1}{\cos\pi}=\frac{1}{\cos(-\pi)}=\sec(-\pi)$, **참.**

24. $\sec t=\frac{1}{\cos t}$에서, $\sec t\geq 1$, $\sec t\leq -1$이므로 $\sec t\neq\frac{1}{2}$이다. **참.**

25. $\sin(2\pi-t)=\sin(-t)=-\sin t$이다. **참.**

26. $1+\sec^2\theta=1+\frac{1}{\cos^2\theta}=\frac{\cos^2\theta+1}{\cos^2\theta}\neq\frac{\sin^2\theta}{\cos^2\theta}=\tan^2\theta$이 되어 **거짓.**

27. $3\sin\pi x=0$에서, $\sin\pi x=0$이고, $\pi x=n\pi$, $x=n$(정수)이다.
$x$절편은 $(n, 0)$이므로 **참.**

28. $x=\frac{2}{3}\pi$를 대입하면, $y=\cot\frac{2}{3}\pi=-\frac{1}{\sqrt{3}}$에서 **참.**

29. $-1\leq\sin x\leq 1$에서, $y=\mathrm{cosec}x=\frac{1}{\sin x}$이고, $y\geq 1$, $y\leq -1$이므로
치역은 $(-\infty, -1]\sqcup[1, \infty)$이다. **참.**

30. $y=\mathrm{cosec}x=\frac{1}{\sin x}$에서, $x=0$일 때 $y$값이 없으므로 $y$축과 만나지 않는다. **참.**

31. $y=\tan x$의 수직점근선은 $x=\frac{2k+1}{2}\pi$($k$는 정수)에서 **참**이다.

32. $\tan x=\tan(x+\pi)=0.3$에서, **참**이다.

33. $-1\leq\sin x\leq 1$에서, $-2\leq y=2\sin x\leq 2$이므로 **참**이다.

34. **참**이다.

35. $y=\sin(2x-\frac{\pi}{3})=\sin2(x-\frac{\pi}{6})$의 그래프는 $y=\sin2x$의 그래프를 오른쪽으로 $\frac{\pi}{6}$만큼 옮긴 것이다. **거짓.**

36. $-\frac{\pi}{2}<\arctan x<\frac{\pi}{2}$에서, $\arctan1=\frac{\pi}{4}$이다. **거짓.**

37. $-\frac{\pi}{2}\le\arcsin x\le\frac{\pi}{2}$에서, $\arcsin\frac{1}{2}=\frac{\pi}{6}=30°$이다. **참.**

38. $\arcsin(x+p)\ne\arcsin x$에서, **거짓.**

39. $f(x+2\pi)=(x+2\pi)\sin(x+2\pi)=(x+2\pi)\sin x\ne f(x)$가 되어 **거짓.**

40. $f(-x)=\sin(\cos(-x))=\sin(\cos x)=f(x)$에서 $f(x)=\sin(\cos x)$는 우함수이므로 **참**이다.

## 보충 문제

*** 다음 방정식을 만족하는 $t$를 구간** $[0,\ 2\pi]$에서 **구하시오(41-46).**

41. $\cos t\sin t-\cos t+\sin t-1=0$
42. $\cos t-\sin t=0$
43. $4\sin^2 t-1=0$
44. $\sin t-2\tan t=0$
45. $\sin t+\cos t=1$
46. $\tan t-3\cot=2$

* 주어진 조건을 만족하는 삼각형을 구하시오(47-51).

47. $A=130°,\ B=20°,\ b=6$
48. $B=50°,\ b=5,\ c=6$
49. $B=40°,\ b=5,\ c=9$
50. $a=12,\ B=26°,\ c=10$
51. $a=7,\ b=6,\ c=9$

* 다음 식을 $x$에 대한 대수식으로 나타내시오(52-57).

52. $\sin(\arccos x)$
53. $\sec(\tan^{-1}x)$
54. $\sin(\tan^{-1}x)$
55. $\tan(\arcsin x)$
56. $\cot(\arcsin x)$
57. $\csc(\arctan x)$

* 다음 값을 구하시오(58-66).

58. $\tan(\sin^{-1}\frac{1}{4})$
59. $\sin(\arctan(-\frac{5}{3}))$
60. $\cos(\arctan(-2))$
61. $\cot(\cos^{-1}\frac{3}{4})$
62. $\cos(\arcsin\frac{2}{5})$
63. $\sin^{-1}(\sin\pi)$
64. $\sin(\arccos\frac{5}{13})$
65. $\sin(\arccos\frac{3}{5})$
66. $\tan(\arccos(-\frac{2}{3}))$

## -보충 문제 풀이-

*** 다음 방정식을 만족하는 $t$를 구간 $[0, 2\pi]$에서 구하시오(41-46).**

41. $\cos t(\sin t-1)+\sin t-1=0$에서,
$(\cos t+1)(\sin t-1)=0$이고,
$\cos t=-1, \ \sin t=1$
따라서, $t=\pi, \ t=\frac{\pi}{2}$이다.

42. $\cos t=\sin t$에서, $\tan t=1$
따라서, $t=\frac{\pi}{4}, \ t=\frac{5\pi}{4}$이다.

43. $(2\sin t+1)(2\sin t-1)=0$에서,
$\sin t=-\frac{1}{2}, \ \sin t=\frac{1}{2}$에서,

$t=\frac{7\pi}{6},\ t=\frac{11\pi}{6},\ t=\frac{\pi}{6},\ t=\frac{5\pi}{6}$이다.

44. $\sin t - 2\frac{\sin t}{\cos t}=0$에서, $\sin t(1-2\frac{1}{\cos t})=0$이고,
$\sin t=0,\ \frac{1}{\cos t}\neq\frac{1}{2}$이므로 $t=0,\ \pi,\ 2\pi$이다.

45. $\sin t=1-\cos t$에서 양변을 제곱하면,
$\sin^2 t=1-2\cos t+\cos^2 t$에서, $1-\cos^2 t=1-2\cos t+\cos^2 t$이고,
$2\cos^2 t-2\cos t=0,\quad 2\cos t(\cos t-1)=0$이다.
$\cos t=0,\ \sin t=1$이고, $\cos t=1,\ \sin t=0$이므로
$t=\frac{\pi}{2},\ 0,\ 2\pi$이다.

46. $\tan t-\frac{3}{\tan t}=2$에서, $\tan^2 t-2\tan t-3=0$이고,
$(\tan t+1)(\tan t-3)=0,\ \tan t=-1,\ \tan t=3$이므로
$t=\frac{3\pi}{4},\ t=\frac{7\pi}{4},\ \tan^{-1}3$이다.

*** 주어진 조건을 만족하는 삼각형을 구하시오(47-51).**

47. $C=180°-130°-20°=30°$이고,
사인정리에서, $\frac{\sin 130°}{a}=\frac{\sin 20°}{6}=\frac{\sin 30°}{c}$이고,
$a=6\frac{\sin 130°}{\sin 20°}\fallingdotseq 13.44,\quad c=6\frac{\sin 30°}{\sin 20°}\fallingdotseq 8.77$이다.

48. 사인정리에서, $\frac{\sin 50°}{5}=\frac{\sin C}{6}$이고,

$\sin C = \frac{6}{5}\sin 50° ≒ 0.9193$, $C ≒ 66.82°$ 또는 $C ≒ 113.18°$ 이다.

$A = 180° - 66.82° - 50° ≒ 63.18°$ 또는

$A = 180° - 113.18° - 50° ≒ 16.82°$ 이다.

사인정리에서, $\frac{\sin 50°}{5} = \frac{\sin 63.18°}{a}$, $a = 5(\frac{\sin 63.18°}{\sin 50°}) ≒ 5.83$이고,

$\frac{\sin 50°}{5} = \frac{\sin 16.82°}{a}$, $a = 5(\frac{\sin 16.82°}{\sin 50°}) ≒ 1.89$이다.

49. 사인정리에서, $\frac{\sin 40°}{5} = \frac{\sin C}{9}$이고, $\sin C = \frac{9}{5}\sin 40° ≒ 1.1570$인데
$-1 \le \sin C \le 1$이어야 하므로 이런 삼각형은 존재하지 않는다.

50. 제이코사인 법칙에서 $b^2 = 12^2 + 10^2 - 2(12)(10)\cos 26°$ 에서,
$b^2 ≒ 28.2894$이고, $b ≒ 5.32$이다.
제이코사인 법칙에서 $10^2 = 12^2 + 5.32^2 - 2(12)(5.32)\cos C$에서,
$\cos C ≒ 0.5663$이므로 $C ≒ 55.51°$ 이다.
마지막으로, $A = 180° - 26° - 55.51° ≒ 98.89°$ 이다.

51. 제이코사인 법칙에서 $9^2 = 6^2 + 7^2 - 2(6)(7)\cos C$에서,
$\cos C = \frac{1}{21}$ $C ≒ 87.27°$ 이다.
사인정리에서, $\frac{\sin B}{6} = \frac{\sin 87.27°}{9}$, $\sin B = \frac{2}{3}\sin 87.27° ≒ 0.6659$이고
$B ≒ 41.75°$ 이다.
마지막으로, $A = 180° - 87.27° - 41.75° ≒ 50.98°$ 이다.

*** 다음 식을 $x$에 대한 대수식으로 나타내시오(52-57).**

52. $t = \cos^{-1}x$라 놓으면, $x = \cos t (0 \le t \le \pi)$이고,
$\sin^2 t + \cos^2 t = 1$에서, $\sin^2 t + x^2 = 1$,

$\sin^2 t = 1 - x^2$, $\sin t > 0$이므로 $\sin t = \sqrt{1-x^2}$ 이다.
즉, $\sin(\arccos x) = \sqrt{1-x^2}$ 이다.

53. $t = \tan^{-1}x$라 놓으면, $x = \tan t(-\frac{\pi}{2} < t < \frac{\pi}{2})$이고,
$1+\tan^2 t = \sec^2 t$에서, $1 + x^2 = \sec^2 t$,
$\sec t > 0$이므로 $\sec t = \sqrt{1+x^2}$ 이다.
즉, $\sec(\tan^{-1}x) = \sqrt{1+x^2}$ 이다.

54. $\dfrac{x}{\sqrt{1+x^2}}$

55. $\dfrac{x}{\sqrt{1-x^2}}$

56. $\dfrac{\sqrt{1-x^2}}{x}$

57. $\dfrac{\sqrt{1+x^2}}{x}$

*** 다음 값을 구하시오(58-66).**

58. $t = \sin^{-1}\frac{1}{4}$라 놓으면, $\sin t = \frac{1}{4}(-\frac{\pi}{2} \le t \le \frac{\pi}{2})$이고,
$\sin^2 t + \cos^2 t = 1$에서, $(\frac{1}{4})^2 + \cos^2 t = 1$이고, $\cos t = \dfrac{\sqrt{15}}{4}$ 이다.
$\tan t = \dfrac{\sin t}{\cos t} = \dfrac{1/4}{\sqrt{15}/4} = \dfrac{1}{\sqrt{15}} = \dfrac{\sqrt{15}}{15}$ 에서,
$\tan(\sin^{-1}\frac{1}{4}) = \tan t = \dfrac{\sqrt{15}}{15}$ 이다.

59. $t - \arctan(-\frac{5}{3})$라 놓으면, $\tan t = -\frac{5}{3}(-\frac{\pi}{2} < t < 0)$이고,
$1 + \tan^2 t = \sec^2 t$에서, $1 + (-\frac{5}{3})^2 = \sec^2 t$,
$\sec t > 0$이므로 $\sec t = \sqrt{1+\dfrac{25}{9}} = \sqrt{\dfrac{34}{9}} = \dfrac{\sqrt{34}}{3}$ 이다.

$\cos t = \frac{1}{\sec t} = \frac{1}{\sqrt{34}/3} = \frac{3}{\sqrt{34}}$ 이고,
$\sin t = \tan t \cos t = -\frac{5}{3}\frac{3}{\sqrt{34}} = -\frac{5}{\sqrt{34}}$ 이다.

60. $t = \arctan(-2)$라 놓으면, $\tan t = -2(-\frac{\pi}{2} < t < 0)$이고,
$1 + \tan^2 t = \sec^2 t$에서, $1 + (-2)^2 = \sec^2 t$,
$\sec t > 0$이므로 $\sec t = \sqrt{5}$ 이고,
$\cos t = \frac{1}{\sec t} = \frac{1}{\sqrt{5}} = \frac{\sqrt{5}}{5}$ 이다.

61. $t = \cos^{-1}\frac{3}{4}$라 놓으면, $\cos t = \frac{3}{4}(0 \le t \le \pi)$이고,
$\sin^2 t + \cos^2 t = 1$에서, $(\frac{3}{4})^2 + \sin^2 t = 1$이고, $\sin t = \frac{\sqrt{7}}{4}$이다.
$\cot t = \frac{\cos t}{\sin t} = \frac{3/4}{\sqrt{7}/4} = \frac{3}{\sqrt{7}} = \frac{3\sqrt{7}}{7}$ 에서,
$\cot(\cos^{-1}\frac{3}{4}) = \frac{3\sqrt{7}}{7}$ 이다.

62. $t = \sin^{-1}\frac{2}{5}$라 놓으면, $\sin t = \frac{2}{5}(-\frac{\pi}{2} \le t \le \frac{\pi}{2})$이고,
$\sin^2 t + \cos^2 t = 1$에서, $(\frac{2}{5})^2 t + \cos^2 t = 1$이고, $\cos t = \frac{\sqrt{21}}{5}$ 이다.
따라서, $\cos(\arcsin\frac{2}{5}) = \frac{\sqrt{21}}{5}$ 이다.

63. $\sin^{-1}(0) = t$라면, $\sin t = 0$에서, $t = 0$ 즉, $\sin^{-1}(\sin\pi) = 0$

64. $t = \cos^{-1}\frac{5}{13}$라 놓으면, $\cos t = \frac{5}{13}(0 \le t \le \pi)$이고,
$\sin^2 t + \cos^2 t = 1$에서, $(\frac{5}{13})^2 + \sin^2 t = 1$이고, $\sin t = \frac{12}{13}$이다.

따라서, $\sin(\arccos\frac{5}{13})=\frac{12}{13}$이다.

65. $t=\cos^{-1}\frac{3}{5}$라 놓으면, $\cos t=\frac{3}{5}(0\le t\le\pi)$이고,
$\sin^2 t+\cos^2 t=1$에서, $(\frac{3}{5})^2+\sin^2 t=1$이고, $\sin t=\frac{4}{5}$이다.
따라서, $\sin(\arccos\frac{3}{5})=\frac{4}{5}$이다.

66. $t=\cos^{-1}(-\frac{2}{3})$라 놓으면, $\cos t=-\frac{2}{3}(\frac{\pi}{2}\le t\le\pi)$이고,
$\sin^2 t+\cos^2 t=1$에서, $(-\frac{2}{3})^2+\sin^2 t=1$이고, $\sin t=\frac{\sqrt{5}}{3}$이다.
$\tan t=\frac{\sin t}{\cos t}=\frac{\sqrt{5}/3}{-2/3}=-\frac{\sqrt{5}}{2}$에서,
$\tan(\arccos(-\frac{2}{3}))=-\frac{\sqrt{5}}{2}$이다.

## Home Work

1. 둘레의 길이가 6$cm$인 부채꼴의 넓이가 최대일 때의 반지름의 길이는?

2. $\theta$가 제4사분면의 각일 때, $\frac{\theta}{3}$는 몇 사분면의 각인가?

3. $\theta$가 제3사분면의 각이고 $\sin\theta=-\frac{3}{5}$일 때, $\sec\theta$와 $\cot\theta$의 값을 구하여라.

4. $\tan 190° + \tan 100° + \tan 350° + \cot 10°$의 값을 구하여라.

5. 함수 $f(x)=2\sin\frac{x}{2}-\cos\frac{2}{3}x$의 주기를 구하여라.

6. $\log_4(1+\sin x)-\log_2\cos x=\frac{1}{2}(0\leq x\leq 2\pi)$를 풀어라.

7. 다음 삼각형 $ABC$를 풀어라.
   1) $A=135°$, $C=30°$, $a=4$
   2) $a=\sqrt{2}$, $b=\sqrt{3}+1$, $C=45°$
   3) $a=2$, $b=\sqrt{6}$, $c=1+\sqrt{3}$

8. 세 변의 길이가 7, 8, 13인 삼각형의 외접원의 반지름의 길이를 $R$, 내접원의 반지름의 길이를 $r$이라 할 때, $Rr$의 값은?

9. 반지름의 길이가 12$cm$, 호의 길이가 $2\pi cm$인 부채꼴의 중심각의 크기와 넓이를 구하여라.

10. $\theta$가 제3사분면의 각일 때, $\frac{\theta}{2}$는 몇 사분면의 각인가?

11. $\theta$가 제2사분면의 각일 때, $\sqrt{(\cos\theta-\sin\theta)^2}-\sqrt{\cos^2\theta}$를 간단히 하여라.

12. 다음 값을 구하여라.

    1) $\sin\frac{13}{4}\pi$ 2) $\cos\left(-\frac{16}{3}\pi\right)$ 3) $\tan\frac{19}{4}\pi$

13. 다음 식을 간단히 하여라.

1) $\dfrac{\cos\theta}{1-\tan\theta}+\dfrac{\sin\theta}{1-\cot\theta}$ 2) $\tan^2\theta+(1-\tan^4\theta)\cos^2\theta$

14. $\theta$가 제4사분면의 각이고, $\mathrm{cosec}\theta=-\dfrac{5}{3}$일 때, $\cot\theta$의 값을 구하여라.

15. 다음 식을 간단히 하여라.

$\sin\left(\dfrac{\pi}{2}+\theta\right)+\cos(\theta-\pi)-\sin(2\pi-\theta)+\cos\left(\theta-\dfrac{\pi}{2}\right)$

16. 다음 함수의 주기와 최댓값, 최솟값을 구하여라.

1) $y=3\sin 2x$ 2) $y=-2\cos\dfrac{x}{3}$ 3) $y=\tan(-3x)$

17. 다음 $\triangle ABC$를 풀어라.

1) $a=2,\ B=45°,\ C=105°$ 2) $a=1+\sqrt{3},\ B=60°,\ C=45°$

18. $\cos 20° \cdot \cos 40° \cdot \cos 80°$의 값을 구하여라.

19. 호의 길이가 $4cm$, 넓이가 $4cm^2$인 부채꼴의 반지름의 길이와 중심각의 크기를 구하여라.

20. $\theta$의 동경과 $3\theta$의 동경이 반대방향으로 일직선이 될 때, $\theta$의 값을 구하여라. 단, $0<\theta<\pi$이다.

21. 다음 값을 구하여라.

1) $\sin 840°$ 2) $\cos 765°$ 3) $\tan(-1110°)$

22. 다음을 예각의 삼각함수로 나타내어라.

1) $\sin(-\dfrac{5}{4}\pi)$ 2) $\cos\dfrac{14}{3}\pi$ 3) $\tan\dfrac{11}{6}\pi$

23. 다음 함수의 그래프를 그려라.

1) $y=2\sin x$ 2) $y=\cos 2x$ 3) $y=\tan\dfrac{x}{2}$

24. 다음 삼각함수의 치역을 구하여라.

1) $y=2\sin\left(x-\frac{\pi}{3}\right)$ 2) $y=\frac{1}{3}\cos\frac{x}{2}$ 3) $y=-3\tan\left(3x-\frac{\pi}{2}\right)$

25. $\triangle ABC$에서 세 내각의 크기를 $A$, $B$, $C$ 세 변의 길이 $a$, $b$, $c$ 외접원의 반지름의 길이 $R$이라 할 때, 다음 각 값을 구하여라.

1) $A=60^\circ$, $R=2cm$일 때, $a$의 값은?

2) $a=2cm$, $R=\sqrt{2}\,cm$일 때, $A$의 값은?

26. 제이코사인 법칙을 이용하여 $\triangle ABC$에서 $a=7$, $b=8$, $c=13$일 때, $C$를 구하여라.

27. 세변의 길이 $a$, $b$, $c$를 알 때, 삼각형의 넓이($S$) 구하는 공식을 헤론의 공식이라 한다. $2p=a+b+c$라 할 때, $S=\sqrt{p(p-a)(p-b)(p-c)}$이다. 이 때, 세변의 길이가 $5cm$, $7cm$, $8cm$인 삼각형의 넓이를 구하여라.

28. $\alpha$는 제1사분면, $\beta$는 제2사분면의 각이고 $\sin\alpha=\frac{4}{5}$, $\cos\beta=-\frac{5}{13}$일 때, $\sin(\alpha-\beta)$, $\cos(\alpha+\beta)$의 값을 구하여라.

29. $\alpha$가 제2사분면의 각이고 $\sin\alpha=\frac{1}{3}$일 때, $\sin 2\alpha$, $\cos 2\alpha$의 값을 각각 구하여라.

30. $0<\alpha<\frac{\pi}{2}$이고 $\tan\alpha=\frac{1}{\sqrt{3}}$일 때, $\sin\frac{\alpha}{2}$, $\cos\frac{\alpha}{2}$, $\tan\frac{\alpha}{2}$의 값을 구하여라.

31. $\sin 75^\circ \cos 15^\circ$의 값을 구하여라.

32. 다음 식을 곱의 꼴로 고쳐라.

1) $\sin 7\theta+\sin\theta$ 2) $\cos 5\theta+\cos 3\theta$ 3) $\cos 9\theta-\cos 5\theta$

33. $0^\circ<\theta<90^\circ$이고 $2\sin\theta-\cos\theta=1$일 때, $\tan\theta$의 값을 구하여라.

제5장

# 수열과 수학적 귀납법

〈 학습내용 〉

5.1 등차수열과 등비수열

5.2 수학적 귀납법

# 수열과 수학적 귀납법

## 5.1 등차수열과 등비수열

두 가지 중요한 수열은 등차수열과 등비수열이다. 모든 수열이 이 두 범주로 들어오는 것은 아니다. 여기서는 이 두 수열을 자세하게 다룰 것이다.

### □ 등차수열

3, 7, 11, 15, 19 … 와 같은 수열을 연속하는 항 사이의 차이가 일정하므로 **등차수열**(arithmetic sequence)이라고 한다. 이 경우 공차(constant difference)는 4이다.

일반으로 등차수열을 다음과 같이 나타낸다.

$a,\ a+d,\ a+2d,\ a+3d,\ \cdots$

여기서 $a$는 첫째항(first term)이고 $a_1,$ $a+d$는 두 번째 항 $a_2$, 이고 각 항은 공차 $d$ 만큼씩 증가한다.

등차수열에서 일반항(general term), $n$째항은 $a_n=a+(n-1)d$로 주어진다.

등차수열의 제 $n$째항까지의 합은

$S_n=a+(a+d)+(a+2d)+\cdots+\{a+(n-1)d\}=\frac{n}{2}[2a+(n-1)d]$이다.

**[예제 1]** (등차수열의 일반항과 합)

수열 3, 4. 5, 6, 7.5, 9, 10.5, 12, …에 대해

1) $n$ 째항 $a_n$을 구하여라.

2) $a_{100}$을 구하여라.

3) $S_{100}$을 구하여라.

**풀이** 1) $a_n = a + (n-1)d$에서 $a=3$, $d=1.5$

따라서 $a_n = 3 + (n-1) \times 1.5 = 1.5n + 1.5$

2) $a_n = 1.5n + 1.5$에서

$a_{100} = 1.5 \times 100 + 1.5 = 151.5$

3) $S_n = \frac{n}{2}\{2a + (n-1)d\}$에서

$S_{100} = \frac{100}{2}\{2 \times 3 + 99 \times 1.5\} = 772.5$ ▣

## □ 등비수열

연속한 항 사이에 일정한 수, 공비(constant ratio)를 곱한 3, 6, 12, 24, 48, …과 같은 수열을 **등비수열**(geometric sequence)이라고 한다. 이 경우 공비는 2이다. 등비수열은 일반으로 다음과 같이 나타낸다. $a,\ ar,\ ar^2,\ \cdots$ $a$는 첫째항, $a_1$이고 $ar$은 둘째항 $a_2$이고 연속된 항은 $r$씩 곱하여 얻는다.

등비수열의 일반항, $n$ 째항 $a_n = a\gamma^{n-1}$이다.

등비수열의 제 $n$항까지의 합 $S_n = a + a\gamma + a\gamma^2 + \cdots + a\gamma^{n-1} = \frac{a(\gamma^n - 1)}{\gamma - 1}$ 이다.

$|\gamma| < 1$인 경우 $S_n = \frac{a(1-\gamma^n)}{1-\gamma}$을 이용해도 좋다.

**[예제 2]** (등비수열의 일반항과 합)

수열 3, 6, 12, 24, 48, …에 대해

1) $n$ 째항 $a_n$을 구하여라.

2) $a_{10}$을 구하여라.

3) $S_{10}$을 구하여라.

**풀이** 1) $a_n = a\gamma^{n-1}$에서 $a=3$, $\gamma=2$

따라서 $a_n = 3 \cdot 2^{n-1}$

2) $a_{10} = 3 \cdot 2^9 = 1536$

3) $S_n = \dfrac{a(\gamma^n - 1)}{\gamma - 1}$에서 $S_{10} = \dfrac{3(2^{10}-1)}{2-1} = 3069$ ▣

**[예제 3]** (등비수열의 응용)

심리학자가 20단어로 된 문장을 검사하였다. 연속적으로 검사하여 기억하는 문장의 단어수는 다음과 같다.

수열이 이런 방식으로 계속된다면 7번째날 기억할 수 있는 단어의 수는?

| 검사일 | 1 | 2 | 3 | 4 |
|---|---|---|---|---|
| 기억단어수 | 16 | 12 | 9 | 6.75 |

**풀이** $a_2 - a_1 = 12 - 16 = -4$, $a_3 - a_2 = 9 - 12 = -3$이 되어 등차수열은 아니다.

$\dfrac{a_2}{a_1} = \dfrac{12}{16} = 0.75$, $\dfrac{a_3}{a_2} = \dfrac{9}{12} = 0.75$, $\dfrac{a_4}{a_3} = \dfrac{6.75}{9} = 0.75$가 되어 이 수열은 공비 $\gamma = 0.75$이고 첫째항 $a = 16$인 등비수열이다.

따라서, $a_7 = a \cdot \gamma^{7-1} = 16 \cdot (0.75)^{7-1} = 2.85$이다. ▣

## □ 반복정의

앞에서 등차수열과 등비수열에 대한 일반항 $a_n$을 구하는 공식은 각 경우에 알아보았다. 등차수열에서 $a_n = a + (n-1)d$이다. $a$, $d$, $n$ 이 주어질 때 $a_n$을 직접 구할 수 있다.

수열을 기술하는데 이용되는 또 다른 방법은 반복정의(recursive definition)이다.

수열 2, 5, 11, 23, 47, …에서 패턴을 찾을 수 있는가? 이 수열은 공차가 없어 등차수열이 아니다. 또 공비가 없어 등비수열도 아니다. 그러나 쉽게 패턴을 찾을 수 있다.

수열은 다음과 같은 규칙으로 만들어 졌다. 처음에 2로 시작하고 두 배하여 1을 더하면 다음이 되는 $a_{n+1} = 2a_n + 1$이고, $a_1 = 2$라고 쓸 수 있다. 다음 항이 앞의 항을 이용하여 만들어지는 정의를 **반복정의**(recursive definition)라고 한다.

**[예제 4]** (수열의 반복정의)

1) $a_{n+1} = 2(a_n - 1)$, $a_1 = 3$으로 정의된 수열의 처음 5개의 항을 써라.

2) 수열 3, 5, 7, 9, …에 대해 $a_n$을 반복공식으로 나타내어라.

**풀이** 1) $a_1 = 3$, $a_2 = 2(a_1 - 1) = 2(3-1) = 4$, $a_3 = 2(a_2 - 1) = 6$

$a_4 = 2(a_3 - 1) = 10$, $a_5 = 2(a_4 - 1) = 18$

처음 5개의 항은 3, 4, 6, 10, 18이다.

2) $a_n = a_{n-1} + 2$, $(a_1 = 3)$이다. ▣

수열의 합을 나타내는데 광범위하게 이용되는 또 다른 수학적 제안은 $\sum$기호이다.

그리스 문자 $\sum$(sigma)는 수열의 합을 나타내는데 이용된다.

예를 들면, $\sum_{n=1}^{20} a_n = a_1 + a_2 + a_3 + \cdots + a_{20}$을 의미한다. $n$ 을 혼동하지 않으면 $\sum_1^{20} a_n$이라고 쓴다.

**[예제 5]** ($\sum$의 이용)

$\sum_3^5 \gamma^2$으로 표현된 합을 자세하게 써라.

**풀이** $\sum_3^5 \gamma^2 = 3^2 + 4^2 + 5^2$ ▣

**[예제 6]** ($\sum$ 이용 일반항과 합구하기)

1) 수열 3, 5.5, 8, ⋯에서 $a_{100}$과 $S_{30}$을 구하여라.
2) 수열이 $a_{n+1} = 2a_n - 1$, $a_0 = 3$으로 정의될 때, $a_9$과 $S_{19}$를 구하여라.

**풀이** 1) $a=3$이고 $d=2.5$인 등차수열이므로

$a_n = 3 + (n-1) \times 2.5$에서 $a_{100} = 250.5$

$$S_{30} = \sum_{n=1}^{30} a_n = \sum_{n=1}^{30} (2.5n + 0.5) = 2.5 \times \frac{30(30+1)}{2} + 0.5 \times 30 = 1177.5$$

2) $a_{n+1} = 2a_n - 1$ $\quad$ $a_1 = 2a_0 - 1 = 5$, $a_1 - a_0 = 5 - 3 = 2$

$a_n = 2a_{n-1} - 1$

$a_{n+1} - a_n = 2(a_n - a_{n-1})$에서 $\{a_{n+1} - a_n\}$은 첫째항 $a_1 - a_0$, $\gamma = 2$ 인 등비수열이므로

$b_n = a_{n+1} - a_n = (a_1 - a_0)2^{n-1} = 2^n$에서

$$a_9 = a_0 + \sum_{k=1}^{9} 2^k = + \frac{2(2^9 - 1)}{2 - 1}$$

$=3+2(511)=1025$이다.

$S_{19}=a_0+a_1+a_2+\cdots+a_{19}$

$=\sum_{k=1}^{20}\left(3+\frac{2(2^n-1)}{2-1}\right)=\sum_{k=1}^{20}(3+2^{n+1}-2)=\sum_{n=1}^{20}(2^{n+1}+1)$

$=\frac{4(2^{20}-1)}{2-1}+20=2097167$ ▣

## 연습문제 5-1

1. 다음 등차수열에서 $a_n$과 $a_{50}$, $S_{20}$을 구하여라.
   1) 2, 5, 8, ⋯　　2) 3, 5, 7, ⋯
   3) 2, -4, -10, ⋯　　4) 16, 13, 10, ⋯
   5) 1, 1.75, 2.5, ⋯　　6) 8, 6.2, 4.4, ⋯
   7) 1000, 930, 860, ⋯　　8) 220, 240, 260, ⋯
   9) $100,\ 100-d,\ 100-2d,\ \cdots$
   10) $N,\ N+2.5, N+5, \cdots$

2. 다음 등비수열에서 $a_n$, $a_{20}$, $S_n$을 구하여라.
   1) 3, 6, 12, ⋯　　2) 2, 6, 18, ⋯
   3) 2, -4, 8, ⋯　　4) -4, -2, -1, ⋯
   5) 3, 1.5, 0.75, ⋯　　6) 256, -128, 64, ⋯
   7) 100, 110, 121, ⋯　　8) 240, -180, 135, ⋯
   9) $N,\ \frac{3}{4}N,\ \left(\frac{3}{4}\right)^2 N,\ \cdots$
   10) $100,\ -\frac{100}{d},\ \frac{100}{d^2},\ \cdots$

**해 답**

1.

1) $2+3(n-1), 149, 610$
2) $3+2(n-1), 101, 440$
3) $2-6(n-1)$, $-292$, $-110$
4) $16-3(n-1)$, $-131$, $-250$
5) $1+0.75(n-1)$, $37, 75, 162.5$
6) $8-1, 8(n-1)$, $-80.2$, $-182$
7) $1000-70(n-1)$, $-2430, 6700$
8) $220+20(n-1)$, $1200, 8200$
9) $100-d(n-1)$, $100-49d, 2000+190d$
10) $N+2.5(n-1)$, $N+122.5, 20N+475$

2.

1) $3\times2^{n-1}$, $3\times2^{19}$, $3(2^n-1)$
2) $2\times3^{n-1}, 2\times3^{19}$, $3^n-1$
3) $2\times(-2)^{n-1}$, $-2^{20}$, $\frac{-2[(-2)^n-1]}{3}$

3. 다음 수열에 대해 $a_n$, $a_{20}$, $S_{20}$을 구하여라.

1) 2, 1, 0.5, ⋯ 2) 2, 1, 0, ⋯
3) 4, 4, 4, ⋯ 5) 5, 2, -1, ⋯
5) 0.25, 0.5, 1, ⋯ 6) 17.1, 5.7, 1.9, ⋯
7) 54.1, 86.3, 118.5, ⋯ 8) 3, 3.5, 5.7, 7, ⋯
9) 3, 3, 6, 6, 12, 12, ⋯ 10) $4a$, $2a$, 0, ⋯

4) $-4\times2^{1-n}$, $-2^{-17}$, $8(2^{-n}-1)$

5) $3\times2^{1-n}$, $3\times2^{-19}$, $-6(2^{-n}-1)$

6) $256\times(-0.5)^{n-1}$, $(-2)^{-11}$, $\dfrac{-512[(-2)^{-1}-1]}{3}$

7) $100\times1.1^{n-1}$, $100\times1.1^{19}$, $100(1.1^{n}-1)$

8) $240\times(-0.75)^{n-1}$, $240\times(-0.75)^{19}$, $\dfrac{960[1-(-0.75)^{n}]}{7}$

9) $N\times0.75^{n-1}$, $N\times0.75^{19}$, $4N\left[1-\left(\dfrac{3}{4}\right)^{n}\right]$

10) $100\times\left(-\dfrac{1}{d}\right)^{n-1}$, $100\times\left(-\dfrac{1}{d}\right)^{10}$, $\dfrac{100d}{d+1}\{1-(-d)^{-n}\}$

3.

1) $2^{2-n}$, $2^{-18}$, $4(1-2^{20})$

2) $3-n$, $-17$, $-150$

3) 4, 4, 80

4) $8-3n$, $-52$, $-470$

5) $2^{n-3}$, $2^{17}$, $0.25(2^{20}-1)$

6) $17.1\left(\frac{1}{3}\right)^{n-1}$, $17.1\left(\frac{1}{3}\right)^{19}$, $25.65$

7) $21.9+32.2n$, $665.9$, $7200$

8) $n+1.5+0.5\times(-1)^{n+1}$, $21$, $240$

9) $3\times 2^{\frac{n}{2}-1}$, ($n$이 짝수), $3\times 2^{9}$, $6(2^{10}-1)$

10) $6a-2an$, $-34a$, $-300a$

4. 다음과 같이 정의된 수열에서 처음 5항을 써라.

  1) $a_{n+1}=2a_n, a_1=2$

  2) $a_{n+1}=a_n-2,\ a_1=0$

  3) $a_{n+1}=-2a_n,\ a_1=1$

  4) $a_{n+1}=3-2a_n,\ a_1=2$

  5) $a_{n+1}=2a_n+3,\ a_1=2$

4.

1) 2, 4, 8, 16, 32
2) 0, -2, -4, -6, -8
3) 1, -2, 4, -8, 16
4) 2, -1, 5, -7, 17
5) 2, 7, 17, 37, 77

5. 다음 수열에 대해 $a^n$을 반복 정의하여라.

  1) 3, 5, 7, ⋯ 　　　　2) 4, 5, 6.25, ⋯
  3) 8, 5, 2, ⋯ 　　　　4) 5, 7.5, 11.25, ⋯
  5) 4, -2, 1, ⋯

5.

1) $a_{n+1}=a_n+2$, $a_1=3$

2) $a_{n+1}=\frac{5}{4}a_n$, $a_1=4$

3) $a_{n+1}=a_n-3,\ a_1=8$

4) $a_{n+1}=1.5a_n,\ a_1=5$

5) $a_{n+1}=-0.5a_n$, $a_1=4$

6. 다음 합을 나타내어라.

1) $\sum_1^5 2\gamma$　　2) $\sum_2^5(\gamma^2+2)$

3) $\sum_1^4 \frac{2}{\gamma}$　　4) $\sum_1^5(1+\gamma)^2$

5) $\sum_1^5\left(\frac{1}{\gamma}-\frac{1}{\gamma+1}\right)$

6.

1) $2+4+6+8+10$

2) $6+11+18+27$

3) $2+1+\frac{2}{3}+\frac{1}{2}$

4) $4+9+16+25+36$

5)

$1-\frac{1}{2}+\frac{1}{2}-\frac{1}{3}+\frac{1}{3}-\frac{1}{4}+\frac{1}{4}-\frac{1}{5}+\frac{1}{5}-\frac{1}{6}$

7. 다음 수열 2, 5, 8, …에 대해 $a_{100}$, $S_{100}$을 구하여라.

7.

299, 15050

8. 수열 2, 2.2, 2.42, …에 대해 $a_{30}$, $S_{30}$을 구하여라.

8.

31.73, 329

9. $a_{n+1}=1.5a_n+1$, $a_0=2$로 정의된 수열에서 30번째항과 30번째항 까지의 합을 구하여라.

9.

767002, $2.30\times10^6$

## 5.2 수학적 귀납법

등비수열의 합에 대한 공식처럼 수학에서 '사실(fact)'과 중력의 법칙과 같은 과학에서 '사실'을 유도하는 것 사이의 철학적 차이가 있다.

수학은 연역적(deductive)이라고 말한다. 즉 큰 건물을 지을 때 한층 한층 쌓아 올리듯이 새로운 생각은 이전의 결과에 의해 쌓아진다. 기초가 강하면 전체구조가 강해진다. 대표적으로 과학은 귀납적이라고 한다. 과거에 여러번 중력의 법칙은 작용해 왔으므로 미래에도 다시 작용할 것이다. 보통 이와 같은 증명 방법은 수학에서는 적절하다고 생각되지 않을 수 있다.

$\cos^2 x+\sin^2 x=1$을 증명하여라와 같은 질문에 의해 야기된 당혹함을 예전 수학학습에서 기억할 수 있다.

문제에 대한 공통된 반응은 $x=60°$이면 $\cos x=0.5$이고 $\sin x=\frac{\sqrt{3}}{2}$ 따라서 $\cos^2 x+\sin^2 x=0.25+0.75=1$ 분명하다. 그러나 이와 같은 확인을 방정식에 대해 여러번 시도했더라도 여전히 증명을 한 것은 아니다.

수많은 예가 일반적인 결과를 증명할 수 없다. 한편, 단 하나의 반례가 결과가 옳지 않음을 보이는데 충분할 것이다. 특별한 경우에 명제(propostion)를 증명하는데 이용될 수 있는 수학적 귀납법의 원리(principle of mathemetical induction)라 부르는 형식적 절차가 있다.

다음과 같은 명제 $\sum_{n}^{n} \gamma=\frac{n}{2}(n+1)$에 적용된다. 이 방정식을 $P(n)$이라 하자.

즉, 이것은 명제이고 $n$에 달려 있다. 예를 들면 $P(5)$는 $\sum_{1}^{5} \gamma=\frac{5}{2}(5+1)$이다.

$\sum_{1}^{5} \gamma=1+2+3+4+5=15$이고 $\frac{5}{2}(5+1)=\frac{5}{2}\times 6=15$이다.

따라서, 명제는 $n=5$에 대해 참이다. 또는 $P(5)$는 참이다.

수학적 귀납법의 원리는 다음과 같다.

1) $P(1)$이 참이고 2) $P(k)$가 참일 때는 언제나 $P(k+1)$이 참이면 명제

$P(n)$은 모든 자연수에 대해 항상 참이다.

명제는 자연수와 관련됨을 명심하라. 수학적 귀납법의 원리는 사다리를 오르는 것과 비유될 수 있다.

사다리의 $n$번째 단은 명제가 $n$의 값에 대해 참임을 나타낸다.
step 1은 사다리에 오를 수 있음을 말한다.
step 2는 사다리의 단에서 단으로 옮길 수 있음을 말한다.

따라서, 아무리 멀더라도 사다리 위의 임의의 단에 도달하기 위한 절차가 있다.

**[예제 1]** (명제의 표현과 수학적 귀납법)

명제 $P(n)$: $\sum_{1}^{n}\frac{1}{2^{\gamma}}=\frac{2^{n}-1}{2^{n}}$을 알아보자.

1) $P(1)$은 무엇인가?
2) $P(k)$는 무엇인가?
3) $P(k+1)$은 무엇인가?
4) $\sum_{1}^{k}\frac{1}{2^{\gamma}}$이 $\sum_{1}^{k+1}\frac{1}{2^{\gamma}}$이 이떻게 변할 수 있는가?
5) 수학적 귀납법의 원리를 이용하여 $\sum_{1}^{n}\frac{1}{2^{\gamma}}=\frac{2^{n}-1}{2^{n}}$을 증명하여라.

**풀이**

1) $P(n)$: $\sum_{1}^{n}\frac{1}{2^{\gamma}}=\frac{2^{n}-1}{2^{n}}$에서

$P(1)$: $\sum_{1}^{1}\frac{1}{2^{\gamma}}=\frac{2^{1}-1}{2^{1}}$

2) $n=k$를 $P(n)$에 대입하면

$P(k)$: $\sum_{1}^{k}\frac{1}{2^{\gamma}}=\frac{2^{k}-1}{2^{k}}$

3) $n=k+1$를 $P(n)$에 대입하면

$P(k+1)$: $\sum_{1}^{k+1}\frac{1}{2^{\gamma}}=\frac{2^{k+1}-1}{2^{k+1}}$

4) $\gamma=k+1$항을 더하면

$\sum_{1}^{k}\frac{1}{2^{\gamma}}+\frac{1}{2^{k+1}}=\sum_{1}^{k+1}\frac{1}{2^{\gamma}}$이 된다.

5) $P(1)$: $\sum_{1}^{1}\frac{1}{2^{\gamma}}=\frac{2^{1}-1}{2^{1}}$

$\sum_{1}^{1}\frac{1}{2^{\gamma}}=\frac{1}{2}$ 이고 $\frac{2^{1}-1}{2^{1}}=\frac{1}{2}$ 이다. 따라서, $P(1)$은 참이다.

$P(k)$가 참이라고 하면 $\sum_{1}^{k}\frac{1}{2^{\gamma}}=\frac{2^{k}-1}{2^{k}}$ 이다.

$$\sum_{1}^{k}\frac{1}{2^{\gamma}}+\frac{1}{2^{k+1}}=\frac{2^{k}-1}{2^{k}}+\frac{1}{2^{k+1}}=\frac{2(2^{k}-1)+1}{2^{k+1}}=\frac{2\cdot 2^{k}-1}{2^{k+1}}$$

따라서 $\sum_{1}^{k+1}\frac{1}{2^{\gamma}}=\frac{2^{k+1}-1}{2^{k+1}}$ 이 되어

$P(k)$가 참일때는 언제나 $P(k+1)$도 참이다.

수학적 귀납법의 원리에 의해 모든 $n$에 대해 $P(n)$은 참이다.

즉, 모든 $n$에 대해 $\sum_{1}^{n}\frac{1}{2^{\gamma}}=\frac{2^{n}-1}{2^{n}}$ 이다. ▣

## 연습문제 5-2

다음 각 명제 $P(n)$에 대해, 다음 물음에 답하여라.

i) $P(1)$을 써라.

ii) $n=5$일 때 명제가 참임을 보여라.

iii) $P(k)$를 써라.

iv) $P(k+1)$을 써라.

v) $P(k)$를 $P(k+1)$로 바꾸는 필요성은 무엇인가?

vi) 수학적 귀납법의 원리를 이용하여 명제 $P(n)$을 증명하여라.

1. $\sum_{1}^{n} \text{ɤ} = \frac{n}{2}(n+1)$

2. $\sum_{1}^{n} 2\text{ɤ} = n(n+1)$

3. $\sum_{1}^{n}(2\text{ɤ}-1) = n^2$

4. $\sum_{1}^{n} 2^{\text{ɤ}} = 2^{n+1}-2$

5. $\sum_{1}^{n} \text{ɤ}^2 = \frac{1}{3}n^3 + \frac{1}{2}n^2 + \frac{1}{6}n$

6. $\sum_{1}^{n} \text{ɤ}^3 = \frac{1}{4}n^4 + \frac{1}{2}n^3 + \frac{1}{4}n^2$

7. $a+(a+d)+(a+2d)+\cdots+\{a+(n-1)d\} = \frac{n}{2}\{2a+(n-1)d\}$

8. $a+ar+ar^2+\cdots+ar^{n-1} = \frac{a(r^n-1)}{r-1}$

9. $3+6+9+\cdots+3n = \frac{3n(1+n)}{r-1}$

10. $2+4+8+\cdots+2^n = 2^{n+1}-2$

11. $-2+4-8+\cdots+(-2)^n = \frac{2}{3}\{(-2)^n-1\}$

### 해 답

1.

1)~13) 생략

14.

i)

$1 = \frac{1}{5}+\frac{1}{2}+\frac{1}{3}-\frac{1}{30}$

ii)

$1^4+2^4+3^4+4^4+5^4 = \frac{1}{5}\times 5^5 + \frac{1}{2}\times 5^4 + \frac{1}{3}\times 5^3 - \frac{1}{30}\times 5$

iii)

$\sum_{1}^{k} r^4 = \frac{1}{5}k^5 + \frac{1}{2}k^4 + \frac{1}{3}k^3 \frac{-1}{30}k$

iv)

$\sum_{1}^{k+1} r^4 = \frac{1}{5}(k+1)^5 + \frac{1}{2}(k+1)^4 + \frac{1}{3}(k+1)^3 - \frac{1}{30}(k+1)$

v) $(k+1)^4$를 양변에 더한다.

15.

i) 1) $4! > 2$

ii) $8! > 2^5$

iii) $(k+3)! > 2^k$

iv) $(k+4)! > 2^{k+1}$

v) 양변에 $k+4$를 곱한다.

12. $\sum_{1}^{n} \frac{1}{r(r+1)} = 1 - \frac{1}{n+1}$

13. $1^2 + 3^2 + 5^2 + \cdots + (2n-1)^2 = \frac{1}{3} n(2n-1)(2n+1)$

14. $\sum_{1}^{n} r^4 = \frac{1}{5} n^5 + \frac{1}{2} n^4 + \frac{1}{3} n^3 - \frac{1}{30} n$

15. $(n+3)! > 2^n$

16. $3^{4n}-1$은 80으로 나누어진다.

17. $5^n + 2\times 11^n$은 3으로 나누어진다.

18. Fibonacci의 수열은 점화식

$F_{n+1} = F_n + F_{n-1} (F_0 = F_1 = 1)$로 주어진다.

이 수열의 $n$번째항은

$F_n = \frac{1}{\sqrt{5}}\left(\frac{1+\sqrt{5}}{2}\right)^n - \frac{1}{\sqrt{5}}\left(\frac{1-\sqrt{5}}{2}\right)^n$이다.

귀납법의 원리를 이용하여 이 결과를 증명하여라.

Hint: Step 2에서 $P(n)$이 $k$와 $k-1$에 대해 참임을 가정할 필요가 있다. 그리고 그때 $k+1$에 대해 참임을 보이는 것이다.

16.

i) $3^4-1$은 80으로 나누어진다.

ii) $3^{20}-1$은 80으로 나누어진다.

iii) $3^{4k}-1$은 80으로 나누어진다.

iv) $3^{4k+3}-1$은 80으로 나누어진다.

v) 1을 더하고 $3^3$으로 나누고 1을 취한다.

17.

i) $5^1 + 2\times 11^1$은 3으로 나누어진다.

ii) $5^5 + 2\times 11^5$는 3으로 나누어진다.

iii) $5^k + 2\times 11^k$는 3으로 나누어진다.

iv) $5^{k+1} + 2\times 11^{k+1}$은 3으로 나누어진다.

v) $5^{k+1} + 2\times 11^{k+1}$
$= 5\times 5^k + 22\times 11^k$
$= 5(5^k + 2\times 11^k)$
$+ (2\times 11^k)$

18. 생략

## Home Work

1. 수열 20, 32, 44, …에 대해 다음을 구하여라.

   1) $n$ 째항 $a_n$　　　2) $a_{100}$　　　3) $S_{30}$

2. 수열 16, -8, 4, … 에 대해 다음을 구하여라.

   1) $a_n$　　　2) $a_{15}$　　　3) $S_{30}$

3. $\sum_{r=3}^{7} 2r$에 대해 합을 구하여리.

4. $\sum_{r=1}^{100} (2r-1)$을 구하여라.

5. $\sum_{r=1}^{20} 3\times(1.5)^r$을 구하여라.

6. $a_1=100$, $a_{n+1}=4-\frac{1}{2}a_n$으로 정의된 수열에 대해

   1) 수열의 처음 5항을 구하여라.　　　2) $S_{25}$는?

7. $a_1=100$, $a_{n+1}=4+0.1a_n$으로 정의된 수열에 대해

   1) 수열의 처음 5항을 구하여라.　　　2) $S_{25}$는?

8. 수학적 귀납법을 이용하여 다음을 증명하여라.

   1) $\sum_{r=1}^{n}(r+1)=\frac{n}{2}(n+3)$　　　2) $\sum_{i=1}^{n}1.5^{i-1}=2\times1.5^n$

   3) $\sum_{r=1}^{n}(3r-2)=\frac{n}{2}(3n-1)$　　　4) $2+4+6+\cdots+2n=n(n+1)$

9. 귀납법을 이용하여 $F_i$가 Fibonacci 수열의 $i$째항 일 때 $\sum_{i=1}^{n} F_i = F_{n+2} - 1$임을 증명하여라.

10. Fibonacci-type 수열로 정의된 $F_{n+1} = F_n + F_{n-1}$, $F_0 = 3$, $F_1 = 4$에 대해 다음을 구하여라.

1) $F_{21}$ 2) $\sum_{0}^{20} F_n$ 3) $\frac{F_{n+1}}{F_n}$

제 6 장

# 복소수

< 학습내용 >

# 복 소 수

## 6.1. 복소수의 도입

1545년 이탈리아 수학자 Cirolamo Cardano는 놀랄만한 수학적 식
$40=(5+\sqrt{-15})(5-\sqrt{-15})$을 제시했다.

이것은 올바른 식이었다. 그러나 이 식은 그 당시에는 불가능한 것처럼 보였던 음수의 제곱근을 포함하고 있었다.

결국 이 생각은 새로운 연구의 중심(복소수) 개념이 되었다. 복소수는 이제 전자회로와 전자 파동과 같은 영역의 물리학과 공학 분야에서 광범위하게 이용되고 있다.

미적분이론과 복소수의 결합은 복소함수론이라는 수학의 연구의 중요한 부분을 형성한다.

### □ 음수의 제곱근

이차방정식 $x^2+1=0$은 실수 범위에서 근을 갖지 않는다. $x=\pm\sqrt{-1}$은 실수가 아니기 때문이다. 그러나 $i^2=-1$인 허수 $i$를 정의하면,
$x=\pm\sqrt{-1}=\pm\sqrt{i^2}=\pm i$가 된다.

일반적으로 $x^2+a^2=0$($a$는 실수)일 때,
$x=\pm\sqrt{-a^2}=\pm\sqrt{-1\times a^2}=\pm\sqrt{i^2\times a^2}=\pm ai$이다. $i$의 거듭제곱은 $\pm i$ 또는 $\pm 1$이다. $i^2=-1$, $i^3=i^2\times i=-1\times i=-i$, $i^4=i^2\times i^2=(-1)\times(-1)=1$,
$i^6=(i^2)^3=-1$ … 등 $i$의 짝수 거듭제곱은 1 또는 -1이고 $i$의 홀수 거듭제곱은 $i$ 또는 $-i$이다.

### □ 복소수의 정의

복소수 $z=x+yi$ ($x$, $y$는 실수)는 실수부와 허수부의 합의로 정의된다. $i$는

허수 단위라고 한다. $x$는 실수부로 $Re(z)$, $y$는 허수부로 $Im(z)$로 나타낸다.
복소수의 집합 $C=\{z \mid z=x+yi \ x, y$는 실수$\}$로 정의하고 실수의 집합 $R$은 $y=0$일 경우이므로 $R \subset C$ 이다.

**[예제 1]** (허수단위 이용 표현하기)

허수단위 $i$를 이용하여 다음을 표현하여라.

1) $\sqrt{-16}$ 2) $\sqrt{-5}$

**풀이** 1) $\sqrt{-16}=\sqrt{16}\times\sqrt{-1}=\sqrt{16}\times\sqrt{i^2}=4i$

2) $\sqrt{-5}=\sqrt{5}\times\sqrt{-1}=\sqrt{5}\times\sqrt{i^2}=\sqrt{5}\,i$ ▣

**[예제 2]** (실수부와 허수부 구별하기)

다음 복소수의 $z$의 실수부와 허수부를 써라.

1) $z=-3+2i$ 2) $z=-\frac{1}{2}i$

**풀이** 1) $Re(z)=-3,\ Im(z)=2$

2) $Re(z)=0,\ Im(z)=-\frac{1}{2}$ ▣

**[예제 3]** (복소수의 정의 이용하기)

$i^8+i^5$을 $x+yi$꼴로 고쳐라.

**풀이** $i^8 + (i^2)^4 = (-1)^4 = 1$

$$i^5 = i^4 \times i = (i^2)^2 \times i = (-1)^2 \times i = 1 \times i = i$$

따라서, $i^8 + i^5 = 1 + i$ ▣

**[예제 4]** (복소수의 정의 이용하기)

$z = i^4 - 2i^2 + 1$이고 $w = i^6 - 3i^4 + 3i^2 - 1$일 때, $z + w$를 $x + yi$꼴로 고쳐라.

**풀이** $z = i^4 - 2i^2 + 1 = (i^2)^2 - 2 \times (-1) + 1 = (-1)^2 + 2 + 1 = 4$

$$w = i^6 - 3i^4 + 3i^2 - 1 = (i^2)^3 - 3(i^2)^2 + 3 \times (-1) - 1$$
$$= (-1)^3 - 3(-1)^2 - 3 - 1 = -1 - 3 - 3 - 1 = -8$$
$$z + w = 4 - 8 = -4$$ ▣

**[예제 5]** (실수부, 허수부 구하기)

다음을 구하여라.

1) $Re(7+6i)$

2) $Im(10)$

3) $Re(2+i-3i^3)$

4) $Im\left(\dfrac{1-3i-i^2-i^3}{2}\right)$

**풀이** 1) $Re(7+6i) = 7$

2) $Im(10) = Im(10 + 0i) = 0$

3) $Re(2+i-3i^3) = Re(2+i+3i) = Re(2+4i) = 2$

4) $Im\left(\dfrac{1-3i-i^2-i^3}{2}\right) = Im\left(\dfrac{1-3i+1+i}{2}\right)$

$$= Im\left(\frac{2-2i}{2}\right) = Im(1-i) = -1$$ ▣

## □ 복소수의 연산

복소수는 더하고, 빼고, 곱하고 나눌 수 있다. 일반으로 이들 연산을 수행할 때 얻어지는 해는 $x+yi$꼴로 표현되어야 한다.

### 아르강도표(Argand Diagram)

실수의 순서쌍$(x,\ y)$가 좌표평면에 표현될 수 있음을 알고 있다. 같은 방법으로 복소수 $x+yi$가 실수의 순서쌍$(x,\ y)$로 나타내면 복소수 $z=x+yi$는 복소수 평면위에 점으로 나타낼 수 있다. 스위스 수학자 Jean-Robert Argand이 이 영역에서 이루어낸 업적을 인정하여 이것을 Argand평면 또는 **아르강도표** (Argand Diagram)라 한다.

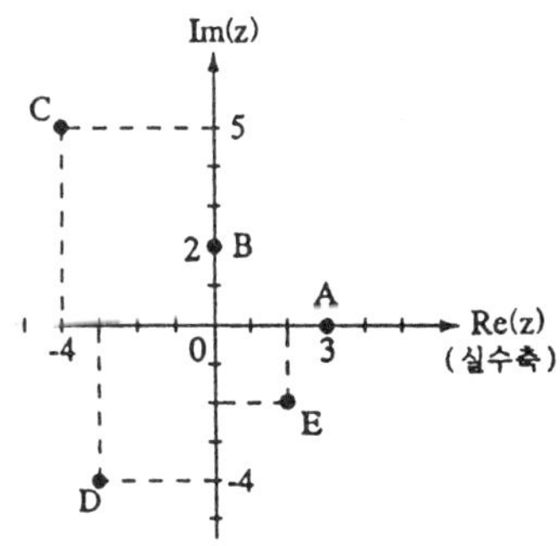


**(그림 6-1)**

수평축은 실수축으로 수직축은 허수축으로 한다.

복소수 $3+0i$, $0+2i$, $-4+5i$, $-3-4i$와 $2-2i$를 각각 점 A, B, C, D와 E로 아르강도표에 나타내면 (그림6-1)과 같다.

이 표현방법은 덧셈, 뺄셈, 곱셈의 연산에서 복소수의 성질을 설명하는 유용한 방법이다.

### 복소수의 덧셈과 뺄셈

덧셈과 뺄셈은 실수부와 허수부를 각각 더하고 뺌으로서 이루어진다.
$z=a+bi$이고 $w=c+di$라면 $z+w=(a+c)+(b+d)i$이다.

**[예제 6]** (복소수의 덧셈, 뺄셈)

$z=8+7i$, $w=-12+5i$, $u=1+2i$일 때 다음을 계산하여라.

1) $z+w$ 2) $w-z$ 3) $u-w+z$

**풀이** 1) $z+w=(8+7i)+(-12+5i)$

$=(8-12)+(7+5)u=-4+12i$

2) $w-z=(-12+5i)-(8+7i)$

$=(-12-8)+(5-7)i=-20-2i$

3) $u-w+z=(1+2i)-(-12+5i)+(8+7i)$

$=(1+12+8)+(2-5+7)i=21+4i$ ▣

**상수의 곱**

$z=x+yi$이고 $k\in R$이면 $kz=k(x+yi)=kx+kyi$이다.

**[예제 7]** (복소수의 상수 곱과 덧셈, 뺄셈)

$z=3+5i$, $w=4-2i$이고 $v=6+10i$일 때 다음을 계산하여라.

1) $3z+w$ 2) $2z-v$ 3) $4z-3w+2v$

**풀이** 1) $3z+w=3(3+5i)+4-2i)$

$=(9+15i)+(4-2i)=(9+4)+(15-2)i=13+13i$

2) $2z-v=2(3+5i)-(6+10i)=6+10i-6-10i=0+0i$

3) $4z-3w+2v=4(3+5i)-3(4-2i)+2(6+10i)$

$=12+20i-12+6i+12+20i$

$=12+46i$ ▣

**두 복수의 곱**

두 복소수의 곱은 복소수가 된다.

$z=a+bi$, $w=c+di$라면

$z\times w=(a+bi)(c+di)=ac+adi+bci+bdi^2$

$= (ac-bd)+(ad+bc)i$가 된다.

$z=a+bi$, $w=c+di$이면 $zw=(ac-bd)+(ad+bc)i$이다.

**[예제 8]** (복소수의 곱)

$z=6-2i$, $w=3+4i$일 때, $zw$를 $x+yi$꼴로 나타내어라.

**풀이**

$$zw=(6-2i)(3+4i)$$
$$=18+24i-6i-8i^2$$
$$=18+24i-6i+8=26+18i$$

▣

**[예제 9]** (복소수의 곱)

$(2-3i)(2+3i)$를 간단히 하여라.

**풀이**

$$(2-3i)(2+3i)=4+6i-6i-9i^2$$
$$=4-9\times(-1)=13$$

▣

**[예제 10]** (복소수의 곱)

$z=4+i$, $w=3-i$일 때, $Re(z^2w)+Im(zw^2)$을 구하여라.

**풀이** $z^2w=(4+i)^2(3-i)=(16+8i+i^2)(3-i)$

$$=(16+8i-1)(3-i)=(15+8i)(3-i)$$

$$=45-15i+24i-8i^2=53+9i$$

$Re(z^2w)=53$

$zw^2=(4+i)(3-i)^2=(4+i)(9-6i+i^2)$

$=(4+i)(8-6i)=32-24i+8i-6i^2$

$=38-16i$

$Im(zw^2)=-16$

$Re(z^2w)+IM(zw^2)=53-16=37$ ▣

**복소수의 상등**

두 복소수 $z=a+bi$, $w=c+di$에 대하여

$z=w$이기 위한 필요충분조건은 $a=c$, $b=d$이다.

**[예제 11]** (복소수의 상등 이용)

$(3+4i)(x+yi)=29+22i$일 때, $x$, $y$를 구하여라.

**풀이** $(3+4i)(x+yi)=(3x-4y)(4x+3y)i=29+22i$

$3x-4y=29$, $4x+3y=22$에서 연립방정식을 풀면

$x=7$, $y=-2$ ▣

**$i$를 곱하기**

$z=x+yi$에 $i$, $i^2$, $i^3$, $i^4$을 곱해 보자.

$z=x+yi$

$iz=i(x+yi)=-y+xi$

$i^2 z = -1z = -x - yi = -z$

$i^3 z = i(i^2 z) = y - xi = -iz$

$i^4 z = i(i^3 z) = x + yi = z$

다섯 개의 점을 복소수 평면위에 나타내면 (그림 6-2)와 같다.

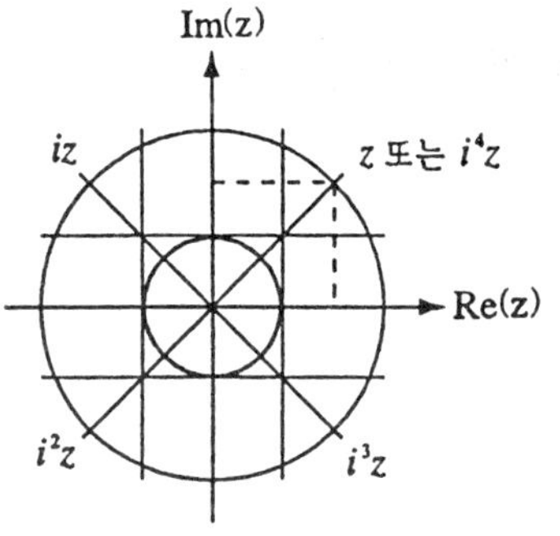


**(그림 6-2)**

$z$에 $i^n$($n$은 정수)을 곱하면 원점을 중심으로 $90n$도 시계바늘이 도는 방향과 반대방향으로 회전한 위치가 된다.

지금까지 배운 복소수의 연산을 정리하면 다음과 같다.

(복소수의 연산 I)

$z = a + bi$, $w = c + di$ ($a$, $b$, $c$, $d$는 실수, $i$는 허수 단위)이면,

1) $z + w = (a + c) + (b + d)i$
2) $z - w = (a - c) + (b - d)i$
3) $kz = ka + kbi (k \in R)$
4) $zw = (ac - bd) + (ad + bc)i$
5) $z = w \Leftrightarrow a = c,\ b = d$

## ◆◆◆ 연습 문제 6-1 ◆◆◆

1. 다음 복소수를 복소수 평면 또는 아르강도표(Argand diagram)에 나타내어라.
   1) $3+i$　　2) $4-5i$
   3) $-2-6i$　　4) $3i+7$
   5) $\sqrt{5}-2i$　　6) $-8+\sqrt{3}i$

2. $z=5+3i$, $w=-1-4i$, $u=6-11i$, $v=2i-3$일 때, 다음을 계산하여라.
   1) $z+w$　　2) $u-z$
   3) $w+v$　　4) $u-v$
   5) $w-z-u$　　6) $v+w-z$

3. $z=-3+2i$, $w=-4+i$, $u=-8-5i$일 때, 다음을 구하여라.
   1) $3w$
   2) $2u+z$
   3) $4z-3u$
   4) $3z+u+2w$
   5) $2z-7w+9u$
   6) $3(z+2u)-4w$

4. 다음을 간단히 하여라.
   1) $(10+7i)(9-3i)$
   2) $(3-4i)(5+4i)$
   3) $(8-2i)(4-5i)$
   4) $(5+6i)(5-6i)$
   5) $(2i-7)(2i+7)$

### 해 답

1. 생략

2.
1) $-12+3i$
2) $-19-8i$
3) $12+23i$
4) $-25+3i$
5) $-50-48i$
6) $-41-28i$

3.
1) $-12+3i$
2) $-19-8i$
3) $12+23i$
4) $-25+3i$
5) $-50-48i$
6) $-41-28i$

4.
1) $111+33i$
2) $31-8i$
3) $22-48i$
4) $61$
5) $-53$

6) $(9-7i)^2$

5. $z=3+5i$, $w=2-3i$, $u=1-4i$일 때, 다음을 구하여라.

1) $Im(u^2)$

2) $Re(w^2)$

3) $Re(uw)+Im(zw)$

4) $Re(zu)-Im(w^2)$

5) $Re(z^2)-Re(zw)-Im(uz)$

6) $Re(u^2w)+Im(zw^2)$

6. 다음 등식이 성립할 때 $x$, $y$를 구하여라.

1) $(2+3i)(x+yi)=16+11i$

2) $(5-4i)(x+y)=1-4i$

3) $(3i-8)(x+yi)=-23-37i$

4) $(7+6i)(x+yi)=4-33i$

7. $z=2+i$, $w=4-3i$일 때, 다음을 복소수 평면에 나타내어라.

1) $z^2$ 2) $zw$

3) $z+w$ 4) $w-z$

5) $3z+w$ 6) $2w-4z$

7) $(z+w)^2$ 8) $(w-z)^3$

8. 다음을 간단히 하여라.

$$\frac{-3-i}{1+i}+\frac{1+3i}{1-i}$$

9. $z=3+2i$일 때, 다음을 복소수 평면에 나타내어라.

$z$, $iz$, $i^2z$, $i^3z$, $i^4z$, $i^5z$, $-iz$, $-i^2z$

6) $32-126i$

5.
1) -8
2) -2
3) -9
4) 35
5) -30
6) -115

6.
1) $x=5$, $y=-2$
2) $x=\frac{21}{41}$, $y=-\frac{16}{41}$
3) $x=1$, $y=5$
4) $x=-2$, $y=-3$

7. 생략

8. $-3+3i$

9. 생략

## 6.2 켤레복소수와 나눗셈

### □ 켤레복소수

복소수의 켤레는 허수부의 부호를 바꾸어 간단하게 얻는다.

$z=x+yi$이면, $z$의 켤레복소수는 $\bar{z}$는 $\bar{z}=x-yi$이다.

복소수와 그 켤레복소수의 곱(또는 합)은 실수이므로 켤레복소수는 유용하게 이용된다.

$$z\bar{z}=(x+yi)(x-yi)=x^2+y^2,\quad (\ x,\ y\in R\ )$$

$x+yi$, $x-yi$는 서로 켤레복소수이다.

$$z+\bar{z}=x+yi+x-yi=2x$$

**[예제 1]** (켤레복소수 구하기)

다음 복소수의 켤레복소수를 구하여라.

1) $8+5i$　　2) $-2-3i$　　3) $4+\sqrt{5}i$

**풀이** 허수부의 부호를 바꾸면 된다.

1) $8-5i$　　2) $-2+3i$　　3) $4-\sqrt{5}i$ ▣

**[예제 2]** (켤레복소수의 성질 알아보기)

$z=5-2i$, $2=7-i$일 때, $\overline{z+w}=\bar{z}+\bar{w}$ 임을 보여라.

**풀이** $\bar{z}+\bar{w}=(5+2i)+(7+i)=12+3i$

$z+w=(5-2i)+(7-i)=12-3i$에서

$\overline{z+w}=12+3i$이다.

따라서, $\overline{z+w}=\bar{z}+\bar{w}$ ▣

## □ 복소수의 나눗셈

복소수의 나눗셈에 켤레복소수의 적용을 알아보자

복소수 $z=a+bi$와 $w=c+di$에서 $\dfrac{z}{w}$를 $x+yi$꼴로 구하는데 분모를 실수로 만들기 위해 $w$의 켤레복소수를 분모, 분자에 곱해야 한다.

$$\frac{z}{w}=\frac{1+bi}{c+di}=\frac{a+bi}{c+di}\times\frac{c-di}{c-di}$$

$$=\frac{(ac+bd)+(bc-ad)i}{c^2+d^2}=\frac{ac+bd}{c^2+d^2}+\frac{(bc-ad)i}{c^2+d^2}$$

다시 말하면, $z$와 $w$가 $x+yi$ 꼴의 복소수이면 $\dfrac{z}{w}$는 $\dfrac{z\times\overline{w}}{w\times\overline{w}}$를 계산하여 $x+yi$ 꼴로 나타낼 수 있다.

**[예제 3]** (복소수의 나눗셈)

$\dfrac{2+i}{2-i}$를 $x+yi$ 꼴로 나타내어라.

**풀이**

$$\frac{2+i}{2-i}=\frac{2+i}{2-i}\times\frac{2+i}{2+i}=\frac{4+4i+i^2}{4-i^2}=\frac{3+4i}{5}$$

$$=\frac{3}{5}+\frac{4}{5}i$$

▣

## □ 복소수의 역수

0이 아닌 복소수 $z$가 주어지면 $zw=1$인 복소수 $w$가 존재한다. $w$는 $z$의 역수이고 $w=z^{-1}=\dfrac{1}{z}$로 나타낸다.

**[예제 4]** (복소수의 역수 구하기)

$z=3+4i$일 때, $z^{-1}$을 구하여라.

**풀이**

$$z^{-1}=\frac{1}{z}=\frac{1}{3+4i}=\frac{1}{3+4i}\times\frac{3-4i}{3-4i}=\frac{3-4i}{25}$$
$$=\frac{3}{25}-\frac{4}{25}i$$

▣

**[예제 5]** (복소수의 연산과 허수부 구하기)

$z=3+i,\ w=\dfrac{2}{4-i}$일 때, $Im(4z-w)$를 구하여라.

**풀이**

$$4z-w=4(3+i)-\frac{2}{4-i}=\frac{4(3+i)(4-i)-2}{4-i}$$
$$=\frac{4(13+i)-2}{4-i}=\frac{50+4i}{4-i}=\frac{50+4i}{4-i}\times\frac{4+i}{4+i}$$
$$=\frac{196+66i}{17}=\frac{196}{17}+\frac{66}{17}i$$

따라서, $Im(4z-w)=\dfrac{66}{17}$

▣

## ◈◈◈ 연습 문제 6-2 ◈◈◈

1. 다음 복소수의 켤레복소수를 구하여라.
   1) $7+10i$　　2) $5-9i$
   3) $3+12i$　　4) $\sqrt{7}-3i$
   5) $2i+5$　　6) $-6-\sqrt{11}i$

2. $z=6+3i$, $w=3-4i$일 때, $\overline{z-w}=\bar{z}-\bar{w}$임을 보여라.

3. $\dfrac{2+i}{3-i}$를 $x+yi$꼴로 고쳐라.

4. 다음 복소수를 $x+yi$꼴로 고쳐라.
   1) $\dfrac{1-i}{1+i}$　　2) $\dfrac{3-2i}{2+3i}$
   3) $\dfrac{2+5i}{4-3i}$　　4) $\dfrac{4-3i}{5+2i}$
   5) $\dfrac{4-5i}{2-7i}$　　6) $\dfrac{2+\sqrt{3}i}{\sqrt{5}-\sqrt{2}i}$

5. $z$가 다음과 같을 때 $z^{-1}$를 $x+yi$꼴로 나타내어라.
   1) $2-i$　　2) $3+i$
   3) $4-3i$　　4) $5+4i$
   5) $2i-3$　　6) $\sqrt{3}-\sqrt{2}i$

6. $z=2-i$, $w=\dfrac{1}{3+i}$일 때 다음을 구하여라.
   1) $Re(z+w)$　　2) $Im(w-z)$

**해 답**

1.
1) $7-10i$
3) $3-12i$
5) $5-2i$

2. 생략

3. $\dfrac{1}{2}+\dfrac{1}{2}i$

4.
1) $-i$　2) $-i$
3) $\dfrac{4+3i}{25}$
5) $\dfrac{-3-2i}{13}$

5.
1) $\dfrac{2+i}{5}$
3) $\dfrac{4+3i}{25}$
5) $\dfrac{-3-2i}{13}$

6.
1) $\dfrac{23}{10}$

## 6.3 복소수의 극형식

### □ 복소수의 $z$의 크기(절댓값)

복소수 $z=x+yi$의 크기(또는 절댓값)는 원점에서 점 $z$까지 이은 선분의 길이이고 $|z|$, $|x+yi|$ 또는 mod $z$로 나타낸다. $|z|$는 피타고라스의 정리를 이용하여 구하면

$|z|=\sqrt{x^2+y^2}$ 이다.(그림6-3)

또, $z\bar{z}=|z|^2$임을 알 수 있다.

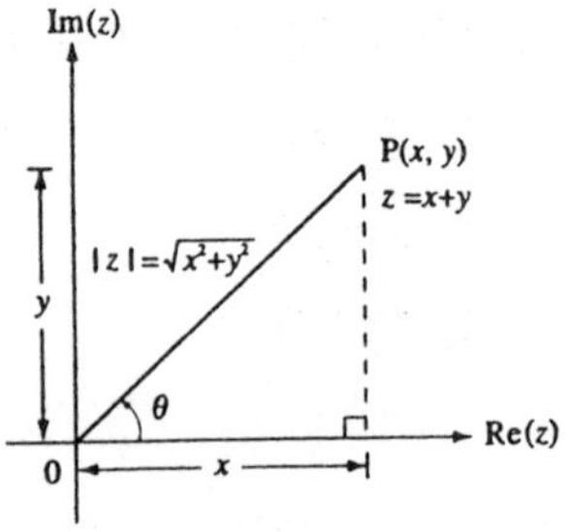


(그림 6-3)

**[예제 1]** —— (복소수의 크기 구하기)

복소수 $z=8-6i$의 크기를 구하여라.

**풀이** $|z|=\sqrt{8^2+(-6)^2}=\sqrt{100}=10$ ▣

**[예제 2]** —— (복소수의 크기 구하기)

$z=4+2i$, $w=7+6i$일 때, $|w-z|$를 구하여라.

**풀이** $w-z=7+6i-(4+2i)=3+4i$

$|w-z|=\sqrt{3^2+4^2}=5$ ▣

**[예제 3]** (복소수의 크기 이용하기)

$z_1 = 2+3i,\ z_2 = 5-2i,\ z_3 = 4-2i$를 복소수 평면위에 나타내고 세 점으로 만들어지는 삼각형의 넓이를 구하여라.

**풀이** 세 복소수를 평면위에 나타내면 (그림6-4)와 같다.
삼각형의 넓이는

$$\frac{1}{2}\times|z_2 - z_3|\times|z_1 - (2-2i)|$$

$$= \frac{1}{2}\times 9\times 5 = 22.5$$

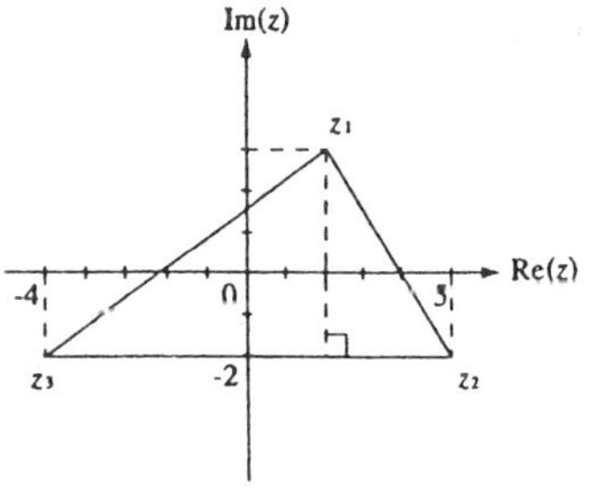

(그림 6-4)

▣

## □ $z$의 편각

$z$의 편각, arg $z$는 양의 실수축과 $z$가 이루는 각이다.

(그림6-3)에서 arg $z=\theta$이다. $\sin\theta = \frac{y}{|z|}$, $\cos\theta = \frac{x}{|z|}$ 또는 $\tan\theta = \frac{y}{x}$이다. 주어진 $z$에 대해 arg $z=\theta\pm 2n\pi$($n$은 정수)로 무한가지 방법으로 나타내어지므로 $Arg\ z$는 $-\pi < Arg\ z \le \pi$의 범위에서 나타낸다.

**[예제 4]** (복소수의 편각 구하기)

구간 $[0,2\pi]$에서 다음 $z$의 편각을 구하여라.

1) $z=4+4i$　　　　2) $z=1-\sqrt{3}i$

**풀이** 1) arg $z=\theta$라면, $\tan\theta=\frac{4}{4}=1$, $\theta=\frac{\pi}{4}$

2) arg $z=\theta$라면,

$\tan\theta=-\frac{\sqrt{3}}{1}=-\sqrt{3}$에서 $\theta$는 제4분면의 각이므로

$\arg z=\theta=2\pi-\tan^{-1}(\sqrt{3})=2\pi-\frac{\pi}{3}=\frac{5}{3}\pi$ ▣

**[예제 5]** (*Arg* $z$ 구하기)

다음 편각을 *Arg* $z$로 바꿔라.

1) $\frac{7}{4}\pi$ 2) $-\frac{5}{2}\pi$

**풀이** 1) *Arg* $z=\frac{7}{4}\pi-2\pi=-\frac{\pi}{4}$

2) *Arg* $z=\frac{5}{2}\pi+2\pi=-\frac{\pi}{2}$ ▣

**[예제 6]** (복소수의 편각과 크기 구하기)

다음 복소수에 대해 $|z|$, *Arg* $z$를 구하여라.

1) $\sqrt{3}+i$ 2) $-1-\sqrt{2}i$

**풀이** 1) $|z|=\sqrt{(\sqrt{3})^2+1^2}=\sqrt{4}=2$

$\tan\theta=\frac{1}{\sqrt{3}}$, $\theta=\frac{\pi}{6}$, *Arg* $z=\frac{\pi}{6}$

2) $|z|=\sqrt{(\sqrt{-1})^2+(\sqrt{2})^2}=\sqrt{3}$ , $\tan\theta=\frac{-\sqrt{2}}{1}=\sqrt{2}$

$\theta=\pi+\tan^{-1}(\sqrt{2})\approx\pi+0.955\approx4.097$

$$Arg\ z = 4.097 - 2\pi \approx -2.187$$ ▣

## □ 복소수의 극형식 표현

$z = x + yi$는 직교좌표를 이용하여 복소수 평면에 점 $P(x,\ y)$로 나타내어진다. 직각삼각형에서 삼각함수를 이용하여 $z$를 다음과 같이 극좌표로 나타낼 수 있다.

$x = r\cos\theta$

$y = r\sin\theta$

$|z| = r = \sqrt{x^2 + y^2}$ 이고, $\theta = Arg\ z$

점 $P(x,\ y)$를 극형식으로 나타내면 (그림6-5)와 같다.

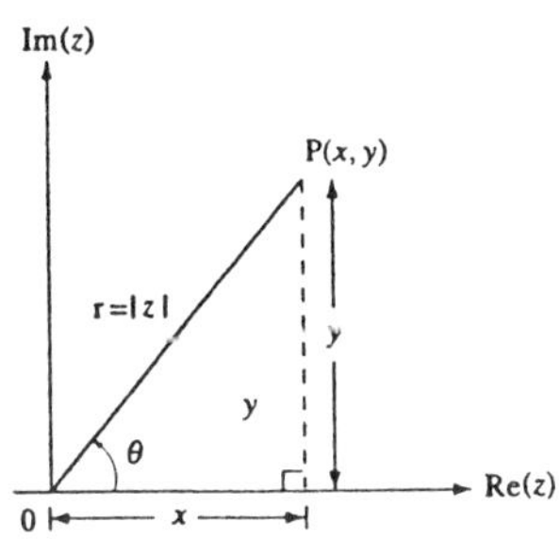


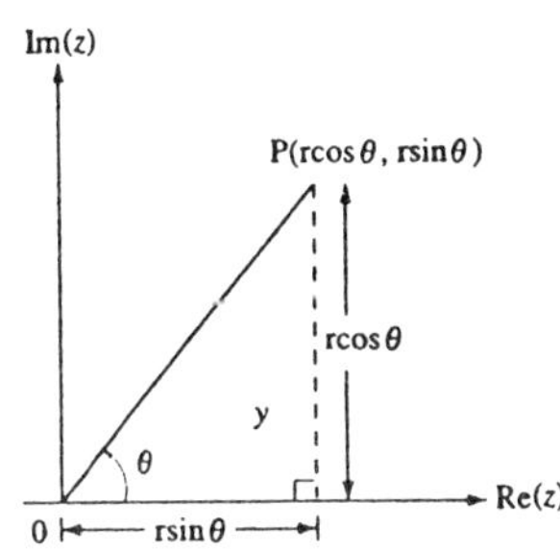


**(그림 6-5)**

복소수(직교좌표형) $z = x + yi$를 극형식으로 나타내면

$$z = (r\cos\theta) + (r\sin\theta)i \quad (x = r\cos\theta,\ y = r\sin\theta)$$

$$= r(\cos\theta + \sin\theta)$$

$$= r cis\theta$$ ▣

**[예제 7]** —— (복소수의 극형식 표현)

다음 복소수를 극형식으로 나타내어라.

1) $z = 1 + i$ 2) $z = 1 - \sqrt{3}i$

**풀이** 1) $r=|z|=\sqrt{x^2+y^2}=\sqrt{1^2+1^2}=\sqrt{2}$

$$\tan\theta=\frac{1}{1}=1,\ \theta=\frac{\pi}{4}$$

$$z=\sqrt{2}\left(\cos\frac{\pi}{4}+i\sin\frac{\pi}{4}\right)$$

2) $r=\sqrt{1+(\sqrt{3})^2}=\sqrt{4}=2$

$$\tan\theta=-\frac{\sqrt{3}}{1}=-\sqrt{3},\ \theta=0-\tan^{-1}(\sqrt{3})=-\frac{\pi}{3}$$

$$z=2\left[\cos\left(-\frac{\pi}{3}\right)+i\sin\left(-\frac{\pi}{3}\right)\right]$$ ▣

**[예제 8]** — (극형식을 직교좌표형으로 고치기)

$3\left(\cos\frac{\pi}{4}+i\sin\frac{\pi}{4}\right)$ 를 직교좌표형으로 고쳐라.

**풀이** $3\left(\cos\frac{\pi}{4}+i\sin\frac{\pi}{4}\right)=3\left(\frac{1}{\sqrt{2}}+\frac{i}{\sqrt{2}}\right)=\frac{3}{\sqrt{2}}(1+i)$ ▣

## ◈◈◈ 연습 문제 6-3 ◈◈◈

1. $|z|$를 구하여라.

1) $z=5+12i$　2) $z=\sqrt{5}-2i$
3) $z=-4+7i$　4) $z=-3-6i$
5) $z=\sqrt{3}+\sqrt{2}i$　6) $z=(2+i)^2$

2. $z=6+3i$, $w=4-3i$, $u=-2+5i$일 때, 다음을 복소수 평면에 나타내고 크기를 구하여라.

1) $z-w$　2) $u+z$
3) $w-u$　4) $w+z$
5) $z+w-u$　6) $z^2$

3. $z_1=-3$, $z_2=2+5i$, $z_3=7+5i$, $z_4=9$를 복소수 평면에 나타내고 네 점으로 싸인 사각형의 넓이를 구하여라.

4. $z=-1+3i$, $u=3$, $w=3+12i$를 복소수 평면에 나타내고 세 점으로 둘러싸인 삼각형의 넓이를 구하여라.

5. 다음 복소수에 대해 $Arg\ z$를 구하여라.

1) $z=3+2i$　2) $z=\sqrt{3}+i$
3) $z=5-5i$　4) $z=-4+8i$
5) $z=-2-2\sqrt{3}i$　6) $z=6-10i$
7) $z=3i$　8) $z=-\sqrt{7}$
9) $z=-6i$　10) $z=55$

**해 답**

1.
1) 13
3) $\sqrt{65}$
5) $\sqrt{5}$

2.
1) $\sqrt{17}$
3) 10
5) $\sqrt{130}$

3. 42.5

4. 24

5.
2) $\frac{\pi}{6}$
7) $\frac{\pi}{2}$
8) $\pi$

6. 다음 복소수를 극형식으로 고쳐라($\theta = Arg\ z$)

1) $z = -1+i$　　2) $z = \sqrt{6}+\sqrt{2}i$

3) $z = -\sqrt{5}-\sqrt{5}i$　　4) $z = \sqrt{5}-\sqrt{15}i$

5) $z = -\frac{1}{2}-\frac{\sqrt{3}}{2}i$　　6) $-\frac{1}{4}+\frac{1}{4}i$

7. 다음 극형식을 직교좌표형으로 고쳐라.

1) $2cis\frac{2}{3}\pi$　　2) $3cis\frac{\pi}{4}$

3) $\sqrt{5}\,cis\frac{5}{6}\pi$　　4) $4cis\left(-\frac{\pi}{3}\right)$

5) $\sqrt{7}\,cis\left(-\frac{7}{4}\pi\right)$　　6) $8cis\frac{\pi}{2}$

8. $z = 3-50i$, $w = 5+65i$일 때, $|z+w|$를 구하여라.

6.

1) $\sqrt{2}\,cis\frac{3}{4}\pi$

2) $\sqrt{10}\,cis\left(-\frac{3}{4}\pi\right)$

3) $cis\left(-\frac{2}{3}\pi\right)$

7.

1) $-1+\sqrt{3}i$

4) $2-2\sqrt{3}i$

6) $-8i$

8. 17

## 6.4 극형식으로 표현된 복소수의 연산

### □ 덧셈과 뺄셈

극형식 $rcis\theta$로 주어진 복소수의 덧셈과 뺄셈에 대한 간단한 방법은 없다. 덧셈, 뺄셈에 대해서는 복소수를 우선 직교좌표형으로 고쳐 계산해야 한다. 그러나 곱셈, 나눗셈에 대해서는 간단한 방법이 있다.

### □ 극형식에서 곱셈

복소수가 우선 극형식으로 두 복소수의 곱과 몫을 구하는 것은 쉽다.

$r_1 = r_1 cis\theta_1$, $r_2 = r_2 cis\theta_3$이면, $r_1 r_2 = r_1 r_2 cis(\theta_1 + \theta_2)$이다.

**증명** $z_1 = r_1(\cos\theta_1 + i\sin\theta_1)$, $z_2 = r_2(\cos\theta_2 + i\sin\theta_2)$

$$
\begin{aligned}
z_1 z_2 &= r_1(\cos\theta_1 + i\sin\theta_1) \times r_2(\cos\theta_2 + i\sin\theta_2) \\
&= r_1 r_2(\cos\theta_1\cos\theta_2 + \cos\theta_1\sin\theta_2 i + \sin\theta_1\cos\theta_2 i + \sin\theta_1\sin\theta_2 i^2) \\
&= r_1 r_2[(\cos\theta_1\cos\theta_2 - \sin\theta_1\sin\theta_2) + (\cos\theta\sin\theta_2 + \sin\theta_1\cos\theta_2)i] \\
&= r_1 r_2[\cos(\theta_1 + \theta_2) + i\sin(\theta_1 + \theta_2)] \\
&= r_1 r_2 cis(\theta_1 + \theta_2)
\end{aligned}
$$

$z_n = r_n cis\theta_n$ ($n$은 자연수)이면,

$z_1 z_2 \cdots z_n = r_1 r_2 \cdots r_n cis(\theta_1 + \theta_2 + \cdots + \theta_n)$이다.

**증명**

$$
\begin{aligned}
z_1 z_2 \cdots z_n &= r_1 cis\theta_1 \times r_2 cis\theta_2 \times r_n cis\theta_n \\
&= (r_1 cis\theta_1 \times r_2 cis\theta_2) \times r_3 cis\theta_3 \times \cdots r_n cis\theta_n \\
&= r_1 r_2 cis(\theta_1 + \theta_2) \times r_3 cis\theta_3 \times \cdots r_n cis\theta_n \\
&= r_1 r_2 r_3 cis(\theta_1 + \theta_2 + \theta_3) \times r_4 cis\theta_4 \times \cdots r_n cis\theta_n \\
&\cdots\cdots\cdots \\
&= r_1 r_2 r_3 \cdots r_n cis(\theta_1 + \theta_2 + \cdots + \theta_n)
\end{aligned}
$$

■

**[예제 11]** (극형식의 곱 구하기)

$5cis\frac{\pi}{4}\times 2cis\frac{5}{6}\pi$ 를 $rcis\theta$꼴로 고쳐라. (단, $-\pi\leqq\theta\leqq\pi$)

**풀이** $5cis\frac{\pi}{4}\times 2cis\frac{5}{6}\pi=(5\times 2)cis\left(\frac{\pi}{4}+\frac{5}{6}\pi\right)$

$$=10cis\left(\frac{13}{12}\pi\right)$$

$$=10cis\left(-\frac{11}{12}\pi\right)$$ ▣

**[예제 12]** (극형식의 곱을 직교좌표형으로 나타내기)

$z_1=\sqrt{2}\,cis\frac{5}{6}\pi,\ z_2=\sqrt{6}\,cis\left(-\frac{\pi}{3}\right)$일 때, $z_1z_2$를 직교좌표형으로 고쳐라.

**풀이** $z_1z_2=\sqrt{2}\,cis\frac{5}{6}\pi\times\sqrt{6}\,cis\left(-\frac{\pi}{3}\right)$

$$=(\sqrt{2}\times\sqrt{6})cis\left(\frac{5}{6}\pi-\frac{\pi}{3}\right)=2\sqrt{3}\,cis\frac{\pi}{2}$$

$$=2\sqrt{3}\,cos\frac{\pi}{2}+2\sqrt{3}\,i\sin\frac{\pi}{2}$$

$$=2\sqrt{3}\times 0+2\sqrt{3}\,i\times 1=2\sqrt{3}\,i$$ ▣

**[예제 13]** (직교좌표형을 극형식으로 고쳐 곱 구하기)

$z=5\sqrt{3}+5i,\ w=3+3\sqrt{3}\,i$일 때, $zw$를 극형식으로 나타내어라.

$z=r_1cis\theta_1$이라면 $r_1=\sqrt{(5\sqrt{3})^2+5^2}=10$

**풀이** $\tan\theta_1 = \dfrac{5}{5\sqrt{3}} = \dfrac{1}{\sqrt{3}}$, $\theta_1 = \dfrac{\pi}{6}$, $z = 10cis\dfrac{\pi}{6}$

$w = r_2 cis\theta_2$이라면 $r_2 = \sqrt{3^2 + (3\sqrt{3})^2} = 6$

$$\tan\theta_2 = \frac{3\sqrt{3}}{3} = \sqrt{3},\ \theta_2 = \frac{\pi}{3},\ w = 6cis\frac{\pi}{3}$$

$$zw = 10cis\frac{\pi}{6} \times 6cis\frac{\pi}{3} = 60cis\left(\frac{\pi}{6} + \frac{\pi}{3}\right) = 60cis\frac{\pi}{2}$$ ▣

## □ 극형식에서 나눗셈

$z_1 = r_1 cis\theta_1$, $z_2 = r_2 cis\theta_2$라면, $\dfrac{z_1}{z_2} = \dfrac{r_1}{r_2}cis(\theta_1 - \theta_2)$이다.

**증명**

$$\frac{z_1}{z_2} = \frac{r_1(\cos\theta_1 + i\sin\theta_1)}{r_2(\cos\theta_2 + i\sin\theta_2)}$$

$$= \frac{r_1(\cos\theta_1 + i\sin\theta_1)}{r_2(\cos\theta_2 + i\sin\theta_2)} \times \frac{\cos\theta_2 - i\sin\theta_2}{\cos\theta_2 - i\sin\theta_2}$$

$$= \frac{r_1}{r_2} \times \frac{(\cos\theta_1\cos\theta_2 + \sin\theta_1\sin\theta_2) + (\sin\theta_1\cos\theta_2 - \cos\theta_1\sin\theta_2)i}{\cos^2\theta_2 + \sin^2\theta_2}$$

$$= \frac{r_1}{r_2} \times [\cos(\theta_1 - \theta_2) + i\sin(\theta_1 - \theta_2)]$$

$$= \frac{r_1}{r_2} \times cis(\theta_1 - \theta_2)$$

$z = rcis\theta$ 라면 $z^{-1} = \dfrac{1}{z} = \dfrac{cis0}{rcis\theta} = \dfrac{1}{r}cis(0 - \theta) = \dfrac{1}{r}cis(-\theta)$ 이다.

**[예제 14]** (극형식의 나눗셈)

$\dfrac{10cis\left(-\dfrac{\pi}{3}\right)}{5cis\dfrac{5}{6}\pi}$를 $rcis\theta$꼴로 나타내어라. (단, $-\pi<\theta\leq\pi$)

**풀이** 
$$\frac{10cis\left(-\frac{\pi}{3}\right)}{5cis\frac{5}{6}\pi}=2cis\left(-\frac{\pi}{3}-\frac{5}{6}\pi\right)$$
$$=2cis\left(-\frac{7}{6}\pi\right)$$
$$=2cis\left(-\frac{7}{6}\pi+2\pi\right)=2cis\frac{5\pi}{6}$$ ▣

## □ 극형식으로 표현된 복소수의 켤레복소수

$\sin(-\theta)=-\sin\theta$이고 $\cos(-\theta)=\cos\theta$이므로 $z=rcis\theta$이면,

$$rcis(-\theta)=r[\cos(-\theta)+i\sin(-\theta)]$$
$$=r(\cos\theta-i\sin\theta)=\bar{z}$$

따라서, $z=rcis\theta$일 때, $\bar{z}=rcis(-\theta)$이다.

## □ De Moivre의 정리

$z$가 극형식으로 표현되면$z^n$은 쉽게 계산할 수 있다.

$z_n=r_ncis\theta_n$이면 $z_1z_2\cdots z_n=r_1r_2\cdots r_ncis(\theta_1+\theta_2+\cdots+\theta_n)$ ($n$은 자연수)이다.

이제 $r_1=r_2=\cdots r_n(=r)$이고 $\theta_1=\theta_2=\cdots=\theta_n=\theta$라면,

$z_1=z_2=\cdots=z_n=z$이고,

$z^n=r^ncisn\theta$($n$은 자연수)이 된다.

$n$ 〈0에 대해서도 성립함을 보일 수 있다.

$n=-m$($m$은 자연수)

$z^n = r^n\left[(\cos\theta + i\sin\theta)^m\right]^{-1}$

$\quad = r^n(\cos m\theta + i\sin m\theta)^{-1} = r^n(cis m\theta)^{-1}$

$\quad = r^n cis(-m\theta) = r^n cin(n\theta)$

De Moivre의 정리는 다음과 같이 쓸 수 있다.

$z=rcis\theta$이면, $z^n = r^n cis(n\theta)$($n$은 정수)이다.

**[예제 15]** —— (De Moivre의 정리 이용하기)

$z=2cis\left(-\frac{5}{6}\pi\right)$일 때, $z^3$을 구하여라.

1) 극형식　　　　2) 직교좌표형식

**풀이** 1) $z^3 = 2^3\left(3\times\left(-\frac{5}{6}\pi\right)\right) = 8cis\left(-\frac{5}{2}\pi\right) = 8cis\left(-\frac{\pi}{2}\right)$

2) $z^3 = 8\cos\left(-\frac{\pi}{2}\right) + 8\sin\left(-\frac{\pi}{2}\right)i$

$\quad = 8(0) + 8(-1)i$

$\quad = -8i$

▣

**[예제 16]** —— (De Moivre의 정리 이용하기)

$z=1+i$일 때, $z^{-4}$를 직교좌표형으로 구하여라.

**풀이** $z=1+i$에서 $r=\sqrt{1^2+1^2}=\sqrt{2}$, $\tan\theta = \frac{1}{1} = 1$, $\theta = \frac{\pi}{4}$

$$z=\sqrt{2}\,cis\frac{\pi}{4}$$

$$z^{-4}=\left(\sqrt{2}\,cis\frac{\pi}{4}\right)^{-4}=(\sqrt{2})^{-4}cis\left(-4\times\frac{\pi}{4}\right)$$

$$=\frac{1}{4}cis(-\pi)=\frac{1}{4}cis\pi$$

$$=\frac{1}{4}cos\pi+\frac{1}{4}sin\pi i=-\frac{1}{4}$$

▣

**[예제 17]** — (De Moivre의 정리 이용 곱셈하기)

$(1-i)^4(\sqrt{3}+i)^5$를 De Moivre의 정리 이용 직교좌표형으로 구하여라.

**풀이** $1-i$를 극형식으로 고치면, $r=\sqrt{1+(-1)^2}=\sqrt{2}$,

$\tan\theta=\frac{-1}{1}=-1$, $\theta=-\frac{\pi}{4}$에서 $1-i=\sqrt{2}\,cis\left(-\frac{\pi}{4}\right)$이고,

$(\sqrt{3}+i)$를 극형식으로 고치면, $r=\sqrt{\sqrt{3}+1^2}=2$, $\tan\theta=\frac{1}{\sqrt{3}}$,

$\theta=\frac{\pi}{6}$, $\sqrt{3}+i=2cis\frac{\pi}{6}$이다.

$$(1-4)^4=\sqrt{2^4}\,cis\left(4\times\left(-\frac{\pi}{4}\right)\right)=4cis(-\pi)=4cis\pi$$

$$(\sqrt{3}+i)^5=2^5cis\left(5\times\frac{\pi}{6}\right)=32cis\frac{5}{6}\pi$$

$$(1-i)^4(\sqrt{3}+i)^5=(4cis\pi)\times(32cis\frac{5}{6}\pi)$$

$$=128cis\left(\pi+\frac{5}{6}\pi\right)=128cis\frac{11}{6}\pi$$

$$=128\left(\cos\frac{11}{6}\pi+\sin\frac{11}{6}\pi\right)$$

$$=128\left(\frac{\sqrt{3}}{2}-\frac{1}{2}i\right)=64\sqrt{3}-64i$$

▣

**[예제 18]** — (De Moivre의 정리 이용 크기와 편각 구하기)

$z=4\sqrt{3}\,cis\left(-\frac{\pi}{3}\right)$, $w=2cis\frac{\pi}{4}$일 때, $\frac{z^2}{w^3}$의 크기와 편각을 구하여라.

**풀이** De Moivre의 정리를 이용하면,

$$z^2=(4\sqrt{3})^2cis\left(-\frac{2}{3}\pi\right)=48cis\left(-\frac{2}{3}\pi\right),$$

$w^3=z^3cis\frac{3}{4}\pi=8cis\frac{3}{4}\pi$이고,

$$\frac{z^2}{w^3}=\frac{48cis\left(-\frac{2}{3}\pi\right)}{8cis\frac{3}{4}\pi}=6cis\left(-\frac{17}{12}\pi\right)=6cis\frac{7}{12}\pi$$

따라서, 크기는 6, 편각은 $\frac{7}{12}\pi$이다. ▣

**[예제 19]** — (De Moivre의 정리 이용 3배각의 공식 유도하기)

$z=cis\theta$일 때, $z^3$을 구하여 $\cos 3\theta=\cos 3\theta=\cos^3\theta-3\cos\theta\sin^2\theta$이고 $\sin 3\theta=3\cos^2\theta\sin\theta-\sin^3\theta$임을 보여라.

**풀이** $z=cis\theta$에서 $z^3=cis3\theta=\cos 3\theta+i\sin\theta 3\theta$

또, $z^3=(cis\theta)^3=(\cos\theta+i\sin\theta)^3$

$$(\cos\theta+i\sin\theta)^3=\cos^3\theta+3i\cos^2\theta\sin\theta+3i^2\cos\theta\sin^2\theta+i^3\sin^3\theta$$
$$=(\cos^3\theta-3\cos\theta\sin^2\theta)+)3\cos^2\theta\sin\theta-\sin^3\theta)i$$

따라서, 실수부와 허수부를 비교하면,

$\cos 3\theta=\cos^3\theta-3\cos\theta\sin^2\theta$, $\sin 3\theta=3\cos^2\theta\cdot\sin\theta-\sin^3\theta$이다. ▣

**[요 약]**

1) $z_1 = r_1 cis\theta_1$, $z_2 = r_2 cis\theta_2$이면

$$z_1 z_2 = r_1 r_2 cis(\theta_1 + \theta_2), \quad \frac{z_1}{z_2} = \frac{r_1}{r_2} cis(\theta_1 - \theta_2)$$

2) $z = rcis\theta$이면, $z^n = r^n cisn\theta$ ($n$은 정수) : De Moivre의 정리

3) $z = rcis\theta$이면, $\overline{z} = rcis(-\theta)$

## ◈◈◈ 연습 문제 6-4 ◈◈◈

1. 다음을 $rcis\theta$꼴로 고쳐라. (단, $-\pi < \theta \leqq \pi$)
   1) $2cis\dfrac{\pi}{4} \times 3cis\dfrac{\pi}{2}$
   2) $5cis\dfrac{2}{3}\pi \times 4cis\left(-\dfrac{\pi}{3}\right)$
   3) $\sqrt{3}\,cis\left(-\dfrac{5}{6}\pi\right) \times \sqrt{2}\,cis\left(-\dfrac{\pi}{2}\right)$
   4) $6cis\dfrac{3}{4}\pi \times \sqrt{5}\,cis\pi$
   5) $\sqrt{7}\,cis\left(-\dfrac{7}{12}\pi\right) \times 2cis\left(\dfrac{5\pi}{12}\right)$

2. 다음을 극형식으로 고쳐라.
   1) $(2+2i)(\sqrt{3}+i)$
   2) $(\sqrt{3}-3i)(2\sqrt{3}-2i)$
   3) $(-4+4\sqrt{3}i)(-1-i)$

3. 다음을 $rcis\theta$꼴로 나타내어라. (단, $-\pi < \theta \leqq \pi$)
   1) $\dfrac{12cis\dfrac{5\pi}{6}}{4\,cis\dfrac{\pi}{3}}$
   2) $\dfrac{36cis\dfrac{3}{4}\pi}{9\,cis\left(-\dfrac{\pi}{6}\right)}$
   3) $\dfrac{\sqrt{20}\,cis\left(-\dfrac{\pi}{2}\right)}{\sqrt{5}\,cis\left(-\dfrac{\pi}{5}\right)}$
   4) $\dfrac{4\sqrt{3}\,cis\dfrac{4}{7}\pi}{\sqrt{6}\,cis\dfrac{11}{14}\pi}$

### 해 답

1.
1) $6cis\dfrac{3}{4}\pi$
3) $\sqrt{6}\,cis\dfrac{2\pi}{3}$
5) $2\sqrt{7}\,cis\left(-\dfrac{\pi}{6}\right)$

2.
1) $4\sqrt{2}\,cis\dfrac{5}{12}\pi$
3) $8\sqrt{2}\,cis\left(-\dfrac{\pi}{12}\right)$

3.
1) $3cis\dfrac{\pi}{2}$
3) $2cis\left(-\dfrac{3}{10}\pi\right)$
5) $\dfrac{3\sqrt{2}}{4}cis\dfrac{7\pi}{12}$

5) $\dfrac{3\sqrt{5}\,cis\left(-\dfrac{7}{12}\pi\right)}{2\sqrt{10}\,cis\dfrac{5}{6}}$

4. $z=\sqrt{3}\,cis\dfrac{3\pi}{4}$, $w=2cis\left(-\dfrac{\pi}{4}\right)$일 때,
다음을 극형식과 직교좌표형으로 고쳐라.
1) $z^3$ 2) $w^4$
3) $z^4$ 4) $w^5$

5. $z=1-i$, $w=-\sqrt{3}+i$일 때,
다음을 직교좌표형으로 고쳐라.
1) $z^{-4}$ 2) $w^{-3}$
3) $z^{-3}$ 4) $w^{-5}$
5) $\dfrac{z^3}{w^4}$ 6) $z^2w^3$

6. $(2+\sqrt{2}i)^2(1-\sqrt{3}i)^4$를 $x+yi$꼴로 고쳐라.

7. $\dfrac{(\sqrt{3}-i)^6}{(2-2\sqrt{3}i)^3}$을 $x+yi$꼴로 고쳐라.

8. $z=cis\theta$일 때, $z^4$를 계산하여 다음을 보여라.
$\cos4\theta=\cos^4\theta-6\cos^2\theta\sin^2\theta+\sin^4\theta$
$\sin4\theta=4\cos^3\theta\sin\theta-4\cos\theta\sin^3\theta$

4.
1) $3\sqrt{3}\,cis\dfrac{\pi}{4}$,
$\dfrac{3\sqrt{6}}{2}+\dfrac{3\sqrt{6}}{2}i$
3) $9cis\pi$, $-9$

5.
1) $-\dfrac{1}{4}$
3) $-\dfrac{1}{4}+\dfrac{1}{4}i$
6) 16

6. $-64\sqrt{3}-64i$

7. 1
8. 생략

# 6.5 복소수 범위에서 다항식의 인수분해

## □ $z$에 관한 다항식

$P(z)=a_nz^n+a_{n-1}z^{n-1}+a_{n-2}z^{n-2}+\cdots+a_1z+a_0$ ($n$은 자연수)로 나타내고 $n$은 다항식 $P(z)$의 차수이고 $a_n$은 계수이다.

$a_n \in R$이면 즉, 모든 계수가 실수이면 $P(z)$는 실수의 집합 $R$위에서 다항식이라고 한다. 같은 방법으로 $a_n$ 가운데 적어도 하나가 복소수이면 $P(z)$는 복소수의 집합 $C$ 위에서 다항식이라고 한다.

예를 들면, $P(z)=3z^4-5z^2+6$은 $R$위에서 4항 다항식이고 $P(z)=2iz^3+3z^2-8i$는 $C$ 위에서 3차 다항식이다.

## □ 대수학의 기본정리

$R \subset C$ 이고 인수정리 : $x-a$가 다항식 $P(x)$의 인수이면 $P(a)=0$임을 우선 생각하자. 1799년에 독일 수학자 Carl Friedrich Gauss는 $C$ 위에서 모든 다항식은 복소수인 해를 갖는다는 것을 증명했다. 즉, $P_n(z)$가 $C$ 위에서 $n$차 다항식이면 $P_n(z_1)=0$인 $z_1 \in C$ 가 존재한다. 이 중요한 결과는 $n$차($n$은 자연수) 다항식이 $n$개의 해를 갖는다는 것을 보이는데 이용될 수 있다. 대수학의 기본정리와 인수정리를 반복 적용하여 증명한다.

우선 대수학의 기본정리는 $P_n(z_1)=0$인 $z_1 \in C$ 가 존재한다는 것을 보장하고, 인수정리는 어떤 $z_1$에 대해 $P_n(z_1)=0$이면 $(z-z_1)$가 $P_n(z)$의 인수임을 보인다. 따라서 $P_n(z)=(z-z_1)P_{n-1}(z)$, ($P_{n-1}(z)$는 $n-1$차 다항식)이다.

$P_{n-1}(z)$에 대수학의 기본정리를 적용하면 $P_{n-1}(z_2)=0$인 $z_2 \in C$ 이 존재하고 $P_{n-1}(z)=(z-z_2)P_{n-2}(z)$임을 인수정리가 확인해 준다.

따라서, $P_n(z)=(z-z_1)(z-z_2)P_{n-2}(z)$

이 방법을 다항식에 연속적으로 적용하여 다음을 얻을 수 있다.

$C$ 의 모든 $P_n(z)$에 대해 $n$개의 1차 인수가 존재하고 따라서 $P_n(z)=0$에 대

해 $n$개의 해가 존재한다.

$P_n(z) = (z - z_n)(z - z_{n-1})(z - z_{n-2}) \cdots (z - z_2)(z - z_1)P_0(z)$ ($P_0(z)$는 상수)

**참고** $n$개의 해가 얻어지더라도 대수학의 기본정리는 그들이 반드시 다르다는 것을 보장하지 않는다.

**[예제 1]** — (다항식의 $C$ 위에서 인수분해)

$z^2 + 4z + 13$을 $C$ (복소수의 집합)위에서 인수분해 하여라.

**풀이**

$$\begin{aligned} z^2 + 4z + 13 &= (z^2 + 4z + 4) - 4 + 13 \\ &= (z+2)^2 + 9 = (z+2)^2 - 9i^2 \\ &= (z + 2 + 3i)(z + 2 - 3i) \end{aligned}$$

▣

**[예제 2]** — (다항식의 $C$ 위에서 인수분해)

$6z^4 + z^2 - 1$을 $C$ 위에서 인수분해 하여라.

**풀이** $w = z^2$이라 하면, $6z^4 + z^2 - 1 = 6w^2 + w - 1$이고

$$\begin{aligned} 6w^2 + w - 1 &= (3w - 1)(2w + 1) \\ &= (3z^2 - 1)(2z^2 + 1) \\ &= (3z^2 - 1)(2z^2 - i^2) \\ &= (\sqrt{3}z + 1)(\sqrt{3}z - 1)(\sqrt{2}z - i)(\sqrt{2}z + i) \end{aligned}$$

▣

**[예제 3]** — (복소수 범위에서 다항식의 인수 구하기)

$f(x)=z^3+7z^2+16z+10$일 때, $C$ 위에서 $f(z)$의 모든 인수를 구하여라.

**풀이** $f(-1)=(-1)^3+7(-1)^2+16(-1)+10=0$

따라서 $f(z)$는 $z+1$의 인수를 갖는다.

$$f(z)=(z+1)(z^2+6z+10)=(z+1)\{(z+3)^2+1\}$$
$$=(z+1)(z+3-i)(z+3+i)$$

$f(z)$의 세 인수는 $z+1$, $z+3-i$, $z+3+i$이다. ▣

## □ 켤레근정리(conjugate root theorem)

앞의 세 예제에서 다항식은 실계수만을 갖고 복소인수는 켤레 복소수로 나타내었다. 켤레근정리란 "다항식의 계수가 실수이면, 그 근은 실수이거나 켤레 복소수인 근을 갖는다."이다.

이 정리를 증명하기 위해 어떤 $z$에 대해 $P(z)=0$이면 $P(\overline{z})=0$이 성립함을 보이면 된다. 우선 대수학의 기본정리에 의해 어떤 $z$에 대해 $P(z)=0$이면 $\overline{P(z)}=0$이다.

이제 $P(z)=a_nz^n+a_{n-1}z^{n-1}+a_{n-2}z^{n-2}+\cdots+a_1z+a_0$에서

$\overline{z+w}=\overline{z}+\overline{w}$, $\overline{zw}=\overline{z}\,\overline{w}$임을 이용하면,

$$\overline{P(z)}=\overline{a_nz^n}+\overline{a_{n-1}z^{n-1}}+\overline{a_{n-2}z^{n-2}}+\cdots+\overline{a_1z}+\overline{a_0}$$
$$=\overline{a_n}\,\overline{z^n}+\overline{a_{n-1}}\,\overline{z^{n-1}}+\cdots+\overline{a_1}\,\overline{z}+\overline{a_0}$$
$$=a_n\overline{z^n}+a_{n-1}\overline{z^{n-1}}+\cdots+a_1\overline{z}+a_0$$
$$=a_n\overline{z}^{\mathrm{n}}+a_{n-1}\overline{z}^{\mathrm{n-1}}+\cdots+a_1\overline{z}+a_0$$
$$=P(\overline{z})$$

$P(z)=0$이므로 $P(\bar{z})=0$이다. 따라서 $\bar{z}$는 근이다. 적어도 한 개의 근을 알면 켤레근 정리는 다항식의 다른 한 근을 결정하는 방법을 알려준다.

**[예제 4]** ── (켤레근 정리 이용하기)

$5+5\sqrt{2}i$가 $P(z)=z^3-8z^2+55z+150$의 근일 때, $C$ 위에서 나머지 두 근을 구하여라.

**풀이** $z_1=5+5\sqrt{2}i$가 근이면 $z_2=5-5\sqrt{2}i$도 근이다.

$P(z)=(z-z_1)(z-z_2)(z-z_3)$라면,

$P(z)=(z-5+5\sqrt{2}i)(z-5-5\sqrt{2}i)(z-z_3)$라면,

$=(z^2-10z+75)(z+2)=0$

따라서, 나머지 두 근은 $-2$, $5-5\sqrt{2}i$이다. ▣

**[예제 5]** ── (켤레근 정리 이용하기)

$-3$, $-4$가 $P(z)=az^4+27z^3+49z^2+7+b$의 근일 때, $a$, $b$(실수)의 값을 구하여라.

**풀이** $P(-3)=a(-3)^4+27(-3)^3+49(-3)^2+7+b$

$=81a+b-308=0 \quad \cdots ①$

$P(-4)=256a+b-1001=0 \quad \cdots ②$

①, ②에서, $a=3.96$, $b=-12.76$ ▣

**[예제 6]** ── (켤레근 정리와 복소수의 상등 이용하기)

$z-2$가 $P(z)=iz^3+a(1-i)z^2-(4+i)z+bi$의 인수일 때, $a$, $b$(실수)의 값을 구하여라.

**풀이** $P(2)=8i+4a-4ai-8-2i+bi$

$$=(4a-8)+(6-4a+b)i=0$$ 에서

$4a-8=0,\ 6-4a+b=0$

따라서, $a=2,\ b=2$ ▣

**[요 약]**

1) $C$ 위에서 모든 다항식은 복소수인 해를 갖는다.(대수학의 기본정리)
2) $n$차 다항식은 $n$개의 근을 갖는다.
3) 실수인 계수를 갖는 다항식은 실수인 근 또는 복소수 켤레근을 갖는다.(켤레근 정리)

# ◈◈◈ 연습 문제 6-5 ◈◈◈

1. $C$ (복소수의 집합) 위에서 다음 식을 인수분해 하여라.

1) $z^2+4$　　2) $z^2+7$

3) $z^2+8z+25$　　4) $z^2-3z+4$

5) $4z^2-4z+17$　　6) $-9z^2+24z-32$

7) $z^4-81$　　8) $z^4-2z-3$

9) $z^4+20z^2+64$　　10) $z^4+3z^2-10$

2. $f(z)$의 모든 인수를 $C$ 위에서 구하여라.

1) $f(z)=z^3-4z^2+2z+28$

2) $f(z)=z^3+z^2+2z-4$

3) $f(z)=z^3-z^2-z+10$

4) $f(z)=2z^3+3z^2-14z-15$

5) $f(z)=z^4-2z^2-16z-15$

6) $f(z)=z^6-1$

3. 다음 다항식에 대해 $P(z)=0$인 $z$가 한 개 주어졌을 때, 나머지 $z$를 구하여라.

1) $P(z)=z^3+4z^2-10z+12,\ 1+i$

2) $P(z)=2z^2+9z^2+14z+5,\ 2+i$

3) $P(z)=z^3-10z^2+33z-34,\ 4-i$

4) $P(z)=2z^4-4z^3+21z^2-36z+27,\ 3i$

**해 답**

1.

1) $(z+2i)(z-2i)$

3) $(z+4+3i)(z+4-3i)$

5) $(2z-1+4i)(2z-1-4i)$

7) $(z-3)(z+3)(z-3i)(z+3i)$

9) $(z+4i)(z-4i)(z+2i)(z-2i)$

2.

1) $z+2,\ z-3\pm\sqrt{5}i$

3) $z+2,\ z-\frac{3}{2}+\frac{\sqrt{11}}{2}i$

5) $z-3,\ z+1,\ z+1\pm2i$

3.

1) $1-i,\ -6$

4. $P(z)=z^2+(3+2i)z+6i$를 $C$ 위에서 인수분해 하여라.

5. $P(z)=z^3-(1+2i)z^2+2(1+i)z-2$이고
   $P(z)=(z-1)Q(z)$일 때, $Q(i)$를 구하여라.

6. $P(z)=z^3+2z^2-6z+a$이고 $p(1-i)=0$일 때, $a$를 구하여라.

7. 다음에서 $a$를 구하여라.
   1) $z+2$가 $z^3+3z^2+az+8$의 인수
   2) $z+i$가 $z^3+az^2+z-4$의 인수
   3) $z+1-2i$가 $1z^3+3z^2+8z+a$의 인수
   4) $zi$가 $z^3-2z^2i+az-32i=0$의 인수

8. 다음에서 $a$, $b$(실수)를 구하여라.
   1) $-3$과 $2$는 $z^3+az^2+8z+b=0$의 근
   2) $4$와 $1$은 $z^4+az^3+bz^2-7z-12=0$의 근
   3) $2i$와 $3i$는 $z^3+aiz^2+bz-12i=0$의 근

9. $P(ai)=0$일 때, $a$(실수)를 구하여라.
   1) $P(z)=z^3+3z^2+36z+108$
   2) $P(z)=z^3+6iz^2-11z=6i$

3) $4+i$, $2$

4. $(z+3)(z+2i)$

5. 3

6. 8

7.
1) 6
3) -5

8.
1) $a=15$, $b=-84$
3) $a=33$, $b=4$

9.
1) $\pm 6$
2) $-1$, $-2$, $-3$

## 6.6 방정식 풀이

### □ 인수분해를 이용한 다항방정식 풀이

다항방정식 $P(z)=0$은 우선 $P(z)$를 인수분해하여 풀 수 있다.
$P(z)=(z-z_1)(z-z_2)\cdots(z-z_n)=0$이면, $z=z_1,\ z_2,\ \cdots,\ z_n$이다.

### □ 이차방정식 풀이

$az^2+bz+c=0$ ($a,\ b,\ c$는 실수)꼴의 이차방정식은 근의 공식
$z=\dfrac{-b\pm\sqrt{b^2-4ac}}{2a}$를 이용하여 풀 수 있다.

**[예제 1]** — (복소수 범위에서 이차방정식의 근 구하기)

$C$ 위에서 이차방정식 $x^2-2x+2=0$을 풀어라.

**풀이** $x^2-2x+2=0$

$(x-1)^2-1+2=0 \quad (x-1)^2+1=0$

$(x-1)^2=-1 \quad x-1=\pm i \quad \therefore\ x=1\pm i$

또는 근의 공식에서,

$$x=\frac{-(-2)\pm\sqrt{(-2)^2-4\times1\times2}}{2\times1}=\frac{2\pm\sqrt{-4}}{2}=\frac{2\pm2i}{2}=1\pm i$$ ▣

## □ 삼차방정식 풀이

**[예제 2]** — (복소수 범위에서 삼차방정식의 근 구하기)

$C$ 위에서 방정식 $z^3+3z^2+8z-12=0$을 풀어라.

**풀이** $P(z)=z^3+3z^2+8z-12$라면,

$P(1)=1^3+3 \cdot 1^2+8 \cdot 1-12=0$, $z=1$은 근이다.

따라서, $P(z)=(z-1)(z^2+4z+12)$

$z^2+4z+12=0$에서 $z=-2\pm 2\sqrt{2}i$

따라서, 근은 1, $-2\pm 2\sqrt{2}i$이다. ▣

**[예제 3]** — (복소수 범위에서 사차방정식의 근 구하기)

$C$ 위에서 방정식 $x^4+13x^2+36=0$을 풀어라.

**풀이** $x^4+13x^2+36=(x^2+4)(x^2+9)=0$

$x^2+4=0$, $x^2+9=0$

$x^2=-4$, $x^2=-9$

$x^2=\pm 2i$, $x^2=\pm 3i$

따라서 근은 $2i$, $-2i$, $3i$, $-3i$이다. ▣

## □ $z$의 제곱근

$a$, $b$, $x$, $y$는 실수이고 $z=x+yi$일 때, $z^2=a+bi$를 만족하는 $x$와 $y$를 구하기 위해

$x+yi=\sqrt{a+bi}$를 푼다.

$(x+yi)^2=a+bi$에서 정리하면

$x^2-y^2+2xyi=a+bi$이다.

실수부와 허수부를 비교하면

$x^2-y^2=a,\quad 2xy=a+b$가 된다.

연립방정식을 풀면, $x^2=\dfrac{a+\sqrt{a^2+b^2}}{2},\quad y^2=\dfrac{-a+\sqrt{a^2+b^2}}{2}$이다.

**[예제 4]** — (복소수의 제곱근 구하기)

$\sqrt{3+4i}$를 $x+yi$꼴로 고쳐라.

**풀이** $x+yi=\sqrt{3+4i}$에서 양변을 제곱하면,

$$x^2-y^2+2xyi=3+4i$$

$$x^2-y^2=3,\quad 2xyi=4$$

연립방정식을 풀면, $x^2=4,\quad y^2=1$에서,

$$x=\pm 2,\quad y=\pm 1(\text{복호동순})$$

따라서, $2+i,\quad -2-i$이다. ▣

## □ $z^n=w$ ( $w\in C$ )의 방정식 풀이

$z^n=w$ ($z,\ w\in C$ , $n\in N$)를 만족하는 $z$의 값은 De Moivre의 정리를 이용하여 구할 수 있다. $n=2$, 3과 $w=a$(실수)인 경우에 대해 $z^n=w$의 해를 구해 보자.

풀이 과정은 다음과 같다.

$z^n=w$이면

1) $w$를 극형식 $rcis\theta$꼴로 고친다.
2) $rcis\theta=rcis(\theta+2k\pi)$ ($k$는 음이 아닌 정수)
3) De Moivre의 정리를 이용하여 $z=[rcis(\theta+2k\pi]^{\frac{1}{n}}$
4) $z=r^{\frac{1}{n}}cis\left(\dfrac{\theta+2k\pi}{n}\right)$, $n$개의 해를 얻을 때까지 $k$에 0, 1, 2, ⋯, n-1을 대입한다.

**[예제 5]** — (복소수의 거듭제곱근 구하기)

De Moivre의 정리를 이용하여 $z^3=-2-2i$의 근을 극형식으로 나타내어라.

**풀이** $-2-2i$를 극형식으로 고치면,

$r=\sqrt{(-2)^2+(-2)^2}=\sqrt{8}$, $\tan\theta=\dfrac{-2}{-2}=1$, $\theta$는 제삼사분면의 각이므로 $\theta=\dfrac{5}{4}\pi$

따라서, $-2-2i=\sqrt{8}\,cis\left(\dfrac{5}{4}\pi+2k\pi\right)$

$$z^3=\sqrt{8}\,cis\left(\frac{5}{4}\pi+2k\pi\right)$$

$$z=\left[\sqrt{8}\,cis\left(\frac{5}{4}\pi+2k\pi\right)\right]^{\frac{1}{3}}=\sqrt{2}\,cis\left(\frac{5}{12}\pi+\frac{2k}{3}\pi\right)$$

$$k=0,\quad z=\sqrt{2}\,cis\frac{5\pi}{12}$$

$$k=1,\quad z=\sqrt{2}\,cis\left(\frac{5}{12}\pi+\frac{2}{3}\pi\right)$$

$$=\sqrt{2}\,cis\frac{13}{12}\pi=\sqrt{2}\,cis\left(-\frac{11}{12}\pi\right)$$

$$k=2,\quad z=\sqrt{2}\,cis\left(\frac{5}{12}\pi+\frac{4}{3}\pi\right)$$

$$=\sqrt{2}\,cis\frac{21}{12}\pi=\sqrt{2}\,cis\left(-\frac{3}{12}\pi\right)$$

$$=\sqrt{2}\,cis\left(-\frac{\pi}{4}\right)$$

▣

### □ $z^n = a$ ( $a$는 실수 )의 풀이

$1 = 1 + 0i = cis0$이므로

$a = a \times 1 = acis0$

$\quad = acis(0 + 2k\pi)$, ($k$는 음이 아닌 정수)

따라서 $z^n = a$를 푸는 것은 $z^n = acis2k\pi$에서 De Moivre의 정리를 이용하여 $z = a^{\frac{1}{n}} cis \frac{2k\pi}{n} (k=0,\ 1,\ 2,\ \cdots,\ n-1)$이다.

**[예제 6]** — (복소수의 범위에서 실수의 거듭제곱근 구하기)

> $z^4 = 9$의 근을 $x + yi$꼴로 나타내어라.

**풀이** $z^4 = 9 = 9cis2k\pi$

$$z = 9^{\frac{1}{4}} cis \frac{2k\pi}{4} = \sqrt{3}\, cis \frac{k\pi}{2}$$

$$k=0,\ z = \sqrt{3}\, cis0 = \sqrt{3}$$

$$k=1,\ z = \sqrt{3}\, cis \frac{\pi}{2} = \sqrt{3}\, i$$

$$k=2,\ z = \sqrt{3}\, cis\pi = -\sqrt{3}$$

$$k=3,\ z = \sqrt{3}\, cis \frac{3}{2}\pi = -\sqrt{3}\, i$$

▣

지금까지 배운 것을 정리하면 다음과 같다.

**[요약]**

1) 다항식 $P(z)=(z-z_1)(z-z_2)\cdots(z-z_n)$은 $z=z_1,\ z_2,\ \cdots,\ z_n$인 해를 갖는다.

2) $z$에 관한 이차방정식은 근의 공식 $z=\dfrac{-b\pm\sqrt{b^2-4ac}}{2a}$을 이용하거나 완전제곱식을 이용하여 푼다.

3) $a^2+b^2=(a+bi)(a-bi)$와 같이 $C$ 위에서 인수분해한다.

4) $z^n=rcis\theta$의 근은

$z=r^{\frac{1}{n}}cis\left(\dfrac{\theta+2k\pi}{n}\right)$, $k=$ 0, 1, 2, ⋯, n-1이다.

5) $z^n=a$ ($a$는 실수)의 근은

$z=a^{\frac{1}{n}}cis\left(\dfrac{\theta+2k\pi}{n}\right)$, $k=$ 0, 1, 2, ⋯, n-1이다.

## ◈◈◈ 연습 문제 6-6 ◈◈◈

1. 다음 이차방정식을 $C$ 위에서 풀어라.
   1) $x^2+2x+5=0$ 2) $x^2-8x+25=0$
   3) $x^2-14x+149=0$ 4) $4x^2-12x+13=0$
   5) $4x^2-\sqrt{32}\,x+5=0$

2. 다음 삼차방정식을 $C$ 위에서 풀어라.
   1) $z^3-z^2-z+10=0$
   2) $z^3-2z^2+3z-2=0$
   3) $2z^3-7z^2+10z-8=0$
   4) $3z^3-13z^2+5z-4=0$
   5) $4z^3-20z^2+34z-20=0$
   6) $z^3-5z^2+5z-4=0$

3. 다음 사차방정식을 $C$ 위에서 풀어라.
   1) $x^4+25x^2+144=0$
   2) $z^4-3z^2-4=0$
   3) $9z^4+35z^2-4=0$
   4) $4x^4+12x^2+9=0$

4. 다음 식의 제곱근을 $x+yi$꼴로 나타내어라.
   1) $1+\sqrt{3}\,i$ 2) $11+60i$
   3) $16+63i$ 4) $i$

**해 답**

1.
1) $-1\pm 2i$
3) $7\pm 10i$
5) $\dfrac{\sqrt{2}}{2}\pm\dfrac{\sqrt{2}}{2}i$

2.
1) $-2,\ \dfrac{3}{2}\pm\dfrac{\sqrt{11}}{2}i$
3) $2,\ \dfrac{3}{4}\pm\dfrac{\sqrt{23}}{4}i$
5) $2,\ \dfrac{3}{2}\pm\dfrac{1}{2}i$

3.
1) $\pm 4i,\ \pm 3i$
3) $\pm\dfrac{1}{3},\ \pm 2i$

4.
1) $\pm\dfrac{1}{2}(\sqrt{6}+\sqrt{2}\,i)$
3) $\pm\dfrac{1}{\sqrt{2}}(9+7i)$

5. De Moivre의 정리를 이용하여 다음 방정식의 근을 극형식으로 나타내어라.

1) $z^2 = \sqrt{3} - i$

2) $z^2 = 4 + 4i$

3) $z^3 = -4 + 4\sqrt{3}i$

4) $z^3 = -1 - i$

5) $z^3 = i$

6) $z^5 = 1$

6. 다음 식의 제곱근을 $x + yi$꼴로 나타내어라.

1) $z^4 = 16$ 2) $z^4 = 25$

3) $z^6 = 64$ 4) $z^6 = 27$

**해 답**

5.

1) $\sqrt{2}\,cis\left(-\frac{\pi}{12}\right)$,

$\sqrt{2}\,cis\frac{11}{12}\pi$

3) $2cis\frac{2}{9}\pi$, $2cis\frac{8}{9}\pi$,

$2cis\left(-\frac{4}{9}\pi\right)$

5) $cis\frac{\pi}{6}$, $cis\frac{5}{6}\pi$,

$cis\left(-\frac{\pi}{2}\right)$

6.

1) $\pm 2$, $\pm 2i$

3) $\pm 2$, $-1 \pm \sqrt{3}i$,

$1 \pm \sqrt{3}i$

## Home Work

1. $i^6 - i^3(i^2 - 1)$을 간단히 하여라.

2. $z = 3 - 8i$일 때, 다음을 구하여라.

   1) $Im(z^2)$　　　　　2) $z^3 = a + bi$이면 $a$, $b$

3. $z = 2 - 5i$, $u = -3 + i$, $w = 1 + 2i$일 때, 다음을 구하여라.

   1) $z - 2u + 3w$　　　2) $|z|$　　　3) $|u|\ |z + w|$

4. $z = 6 - 2i$, $w = 5 + 3i$일 때, $\dfrac{z}{w}$를 $a + bi$($a$, $b$는 실수)꼴로 나타내어라.

5. $z = -7 - 7i$를 극형식 $rcis\theta$꼴로 고쳐라.

6. $z_1 = 5i$, $z_2 = -4$, $z_3 = 3$을 복소수 평면 위에 나타내고 세 점을 이어 만들어지는 삼각형의 넓이를 구하여라.

7. 다음을 구하여라.

   1) $Arg\dfrac{cis\dfrac{2}{3}\pi cis\dfrac{\pi}{4}}{cis\left(-\dfrac{\pi}{6}\right)cis\dfrac{3}{4}\pi}$　　　2) $(3 - 3i)^{12}$

   3) $z = -1 + \sqrt{3}i$, $w = 1 + i$에 대해 $\dfrac{z^6}{w^4}$

4) $Arg\left[2\sqrt{2}\,cis\frac{\pi}{3}\,cis\left(-\frac{3}{4}\pi\right)\right]$

8. $C$ 위에서 다음 다항식을 인수분해 하여라.
   1) $P(z)=z^2-16z+89$　　2) $P(z)=2z^3+6z^2-7z+4$

9. $P(z)=z^4+z^3+az^2+9z-9$에서 $P(3i)=0$을 만족하는 실수 $a$를 구하여라.
   1) $x^2-2\sqrt{5}x+13=0$　　2) $z^2=8+15i$
   3) $z^3+8=0$

10. $z=2cis\frac{\pi}{3}$, $w=2cis\frac{\pi}{4}$일 때,
   1) $\frac{z}{w}$를 극형식으로 나타내어라.
   2) $z$와 $w$를 $x+yi$꼴로 나타내어라.
   3) $\frac{z}{w}$를 $x+yi$꼴로 나타내어라.
   4) $\cos\frac{\pi}{12}$, $\sin\frac{\pi}{12}$, $\tan\frac{\pi}{12}$의 참값을 구하여라.
   5) $zw$를 구하고, $\tan\frac{5}{12}\pi$의 참값을 구하여라.

11. 다음 물음에 답하여라.
   1) $z^2+64$를 $C$ 위에서 인수분해하여라.
   2) $z^2+64$를 $C$ 위에서 이차인수의 쌍으로 나타내어라.
   3) $(2+2i)^2=8i$, $(2-2i)^2=-8i$임을 보여라.
   4) $z^2+64$를 $C$ 위에서 일차인수로 분해하여라.
   5) $z^2+64$를 $R$ (실수의 집합) 위에서 인수분해 하여라.

제 7 장

# 행렬과 행렬식

〈 학습내용 〉

7.1. 행렬

7.2. 2×2 행렬의 역행렬

7.3. 3차 정사각행렬과 행렬식

7.4. 역행렬(수반행렬 이용)

7.5. 연립방정식

7.6. 역행렬(소거법)

# 행렬과 행렬식

## 7.1 행렬

**행렬**(matrix)은 수를 직사각형 모양, ( )으로 배열한 것이다. 수를 성분 또는 원소라고 한다.

이를 테면, $\begin{pmatrix} 4 & 2 & 0 \\ 1 & -3 & 4 \end{pmatrix}$는 2행과 3열을 갖기 때문에 2×3 행렬이다. 같은 방법으로 $\begin{pmatrix} 5 & -2 \\ 3 & -4 \end{pmatrix}$는 2×2행렬이다. 행과 열의 수가 같은 행렬을 정사각행렬이라고 한다. 이 행렬은 2차 정사각행렬(a square matrix of order 2)이다.

두 행렬 $A$, $B$가 같다는 것은 $A$와 $B$가 같은 모양이고 대응하는 성분끼리 모두 같을 때이다.

이를 테면, $A=\begin{pmatrix} a_{11} & a_{12} & a_{13} \\ a_{21} & a_{22} & a_{23} \end{pmatrix}$ $B=\begin{pmatrix} b_{11} & b_{12} & b_{13} \\ b_{21} & b_{22} & b_{23} \end{pmatrix}$에서,

$A=B$이면, $a_{11}=b_{11}$, $a_{12}=b_{12}$, $a_{13}=b_{13}$, $a_{21}=b_{21}$, $a_{22}=b_{22}$, $a_{23}=b_{23}$이다.

행렬의 가장 기본적인 모양은 표(table form) 모양으로 단지 수 자료를 모아 놓은 것이다.

예를 들면, 아래 표는 생산자가 매주 소매상에게 Ⅰ, Ⅱ, Ⅲ, Ⅳ에게 공급하는 버터, 치즈 계란의 수를 나타낸 것이다.

이 정보를 갖고 행렬의 형태로 나타낼 수 있다.

| | Ⅰ | Ⅱ | Ⅲ | Ⅳ |
|---|---|---|---|---|
| 버터 | 3 | 1 | 0 | 1 |
| 치즈 | 1 | 1 | 1 | 0 |
| 계란 | 0 | 1 | 2 | 2 |

$$\begin{pmatrix} 3&1&0&1 \\ 1&1&1&0 \\ 0&1&2&2 \end{pmatrix}$$

두 번째 행렬이 주말이나 휴일에 이들 소매상이 요구하는 추가 주문량이라면 전체 주문량의 계산은 다음과 같이 쓸 수 있다.

$$\begin{pmatrix} 3&1&0&1 \\ 1&1&1&0 \\ 0&1&2&2 \end{pmatrix}+\begin{pmatrix} 2&0&0&0 \\ 1&1&0&2 \\ 1&0&1&1 \end{pmatrix}=\begin{pmatrix} 5&1&0&1 \\ 2&2&1&2 \\ 1&1&3&3 \end{pmatrix}$$

이것은 행렬의 덧셈의 예이다. 일반으로 행렬 $A, B$가 같은 모양으로 덧셈이 가능하면, 그들의 합 $A+B$는 대응하는 성분을 더하여 얻는다.

실수의 덧셈은 교환법칙, 결합법칙이 성립하므로 행렬의 덧셈도 교환법칙 결합법칙이 성립한다.

즉, $A+B=B+A$이고 $(A+B)+C=A+(B+C)$이다.

행렬에 대한 뺄셈의 연산을 정의하는 것도 가능하다.

$A-B$는 $A$의 원소에서 $B$의 대응하는 원소를 빼어 얻는다. 성분이 모두 0인 행렬을 **영행렬**(zero matrix)이라고 하고, $O$로 나타낸다.

분명히 $\begin{pmatrix} a&b \\ c&d \end{pmatrix}+\begin{pmatrix} 0&0 \\ 0&0 \end{pmatrix}=\begin{pmatrix} 0&0 \\ 0&0 \end{pmatrix}+\begin{pmatrix} a&b \\ c&d \end{pmatrix}=\begin{pmatrix} a&b \\ c&d \end{pmatrix}$이다.

임의의 행렬 $A$와 같은 모양의 영행렬에 대해,

$A+O=O+A=A$이고 $A-A=O$이다.

스칼라 $\kappa$와 행렬 $A$의 곱은 $A$의 각 원소에 $\kappa$를 곱한다.

$A=\begin{pmatrix} a&b \\ c&d \end{pmatrix}$이면 $\kappa A=\kappa\begin{pmatrix} a&b \\ c&d \end{pmatrix}=\begin{pmatrix} \kappa a&\kappa b \\ \kappa c&\kappa d \end{pmatrix}$이다.

처음 행렬로 돌아가서 다음 행렬은 4주간 생산자가 소매상에게 공급하는 것을 나타낸다.

$$4\begin{pmatrix} 3 & 1 & 0 & 1 \\ 1 & 1 & 1 & 0 \\ 0 & 1 & 2 & 2 \end{pmatrix} = \begin{pmatrix} 12 & 4 & 0 & 4 \\ 4 & 4 & 4 & 0 \\ 0 & 4 & 8 & 8 \end{pmatrix}$$

공급된 각 품목의 가격이 아래 표와 같이 주어진다.

| | 버터 | 치즈 | 계란 |
|---|---|---|---|
| 가격 | 15 | 20 | 6 |

네 소매상이 주문한 가격이 지금 계산 될 수 있다. 예를 들면, 소매상 I 에게 공급된 주문량의 가격은 $15\times3+20\times1+6\times0=65$이다. 이것을 행렬의 곱으로 나타내보자.

$$(15 \;\; 20 \;\; 6)\begin{pmatrix} 3 \\ 1 \\ 0 \end{pmatrix} = (15\times3+20\times1+6\times0) = (65)$$

다른 소매상의 주문 가격을 계산하는데 같은 방법을 이용하면 다음과 같이 된다.

$$(15 \;\; 20 \;\; 6)\begin{pmatrix} 3 & 1 & 0 & 1 \\ 1 & 1 & 1 & 0 \\ 0 & 1 & 1 & 2 \end{pmatrix} = (65 \;\; 41 \;\; 32 \;\; 27)$$

가격이 오르면 새로운 계산이 요구된다.

$$(18 \;\; 21 \;\; 8)\begin{pmatrix} 3 & 1 & 0 & 1 \\ 1 & 1 & 1 & 0 \\ 0 & 1 & 1 & 2 \end{pmatrix} = (75 \;\; 47 \;\; 37 \;\; 34)$$

이들은 다음과 같이 계산될 수 있다.

$$\begin{pmatrix} 15 & 20 & 6 \\ 18 & 21 & 8 \end{pmatrix}\begin{pmatrix} 3 & 1 & 0 & 1 \\ 1 & 1 & 1 & 0 \\ 0 & 1 & 1 & 2 \end{pmatrix} = \begin{pmatrix} 65 & 41 & 32 & 27 \\ 75 & 47 & 37 & 34 \end{pmatrix}$$

두 번째 행의 가격과 세 번째 열의 공급량의 가격은

$18\times0+21\times1+8\times2=37$이 되어 곱한 행렬의 2행 3열에 나타남을 알 수 있다.

일반적으로 두 행렬 $A$와 $B$의 곱 $AB$가 존재하면 다음과 같이 계산한다.

$$\begin{pmatrix} a & b \\ c & d \end{pmatrix}\begin{pmatrix} r & s \\ t & u \end{pmatrix} = \begin{pmatrix} ar+bt & as+bu \\ as+dt & cs+du \end{pmatrix}$$

**[예제 1]** — (행렬의 곱 구하기)

행렬 $P=\begin{pmatrix}2 & -1\\0 & 1\end{pmatrix}$, $Q=\begin{pmatrix}4 & -2 & 0\\0 & 1 & 3\end{pmatrix}$에 대해 $PQ$와 $QP$를 계산하여라.

**풀이**

$$\begin{aligned}PQ&=\begin{pmatrix}2 & -1\\0 & 1\end{pmatrix}, \begin{pmatrix}4 & -2 & 0\\0 & 1 & 3\end{pmatrix}\\&=\begin{pmatrix}2\times4+(-1)\times0 & 2\times(-2)+(-1)\times1 & 2\times0+(-1)\times(-3)\\0\times4+1\times0 & 0\times(-2)+1\times1 & 0\times0+1\times(-3)\end{pmatrix}\\&=\begin{pmatrix}8 & -5 & 3\\0 & 1 & -3\end{pmatrix}\end{aligned}$$

$QP$는 계산 할 수 없다. ▣

일반적으로 $A$가 $m\times n$행렬이고 $B$가 $n\times l$행렬일 때, 곱 $AB$가 정의되고 $AB$는 $m\times l$행렬이 된다.

**[예제 2]** — (행렬의 곱 구하기)

행렬 $S=\begin{pmatrix}5 & -3\\2 & 1\end{pmatrix}$, $T=\begin{pmatrix}3\\-2\end{pmatrix}$에 대해 $ST$와 $TS$를 구하여라.

**풀이**

$$S=\begin{pmatrix}5 & -3\\2 & 1\end{pmatrix}\begin{pmatrix}3\\-2\end{pmatrix}=\begin{pmatrix}5\times3+(-3)\times(-2)\\2\times3+1\times(-2)\end{pmatrix}=\begin{pmatrix}21\\4\end{pmatrix}$$

$TS$는 존재하지 않는다. ▣

**[예제 3]** — (행렬의 곱 구하기)

행렬 $A=(1\ -3)$와 $B=\begin{pmatrix}-2\\5\end{pmatrix}$에 대해 $AB$와 $BA$를 구하여라.

**풀이** $AB=(1\ -3)\begin{pmatrix}-2\\5\end{pmatrix}=(-17)$

$BA=\begin{pmatrix}-2\\5\end{pmatrix}(1\ -3)=\begin{pmatrix}-2 & 6\\5 & -15\end{pmatrix}$

일반으로 $AB\neq BA$이다. ▣

**[예제 4]** — (행렬의 곱 구하기)

행렬 $A=\begin{pmatrix}1 & -2\\0 & 1\end{pmatrix}$, $B=\begin{pmatrix}2 & 0\\3 & -1\end{pmatrix}$에 대해 $AB$와 $BA$를 구하여라.

**풀이** $AB=\begin{pmatrix}1 & -2\\0 & 1\end{pmatrix}\begin{pmatrix}2 & 0\\3 & -1\end{pmatrix}=\begin{pmatrix}-4 & 2\\3 & -1\end{pmatrix}$

$BA=\begin{pmatrix}2 & 0\\3 & -1\end{pmatrix}\begin{pmatrix}1 & -2\\0 & 1\end{pmatrix}=\begin{pmatrix}2 & -4\\3 & -7\end{pmatrix}$ ▣

예제3과 예제4에서 일반으로 행렬의 곱에 대해 교환법칙이 성립하지 않음을 알 수 있다. 그러나 정사각행렬에서 교환법칙이 성립하는 예를 찾을 수 있다.

**[예제 5]** — (행렬의 곱과 교환법칙)

행렬 $P=\begin{pmatrix}1 & 2\\-3 & 0\end{pmatrix}$와 $Q=\begin{pmatrix}x & -2\\y & 5\end{pmatrix}$에 대해 $PQ=QP$가 성립할 때, $x$와 $y$를 구하여라.

**풀이** $PQ=\begin{pmatrix}1 & 2\\ -3 & 0\end{pmatrix}\begin{pmatrix}x & -2\\ y & 5\end{pmatrix}=\begin{pmatrix}x+2y & 8\\ -3x & 6\end{pmatrix}$

$QP=\begin{pmatrix}x & -2\\ y & 5\end{pmatrix}\begin{pmatrix}1 & 2\\ -3 & 0\end{pmatrix}=\begin{pmatrix}x+6 & 2x\\ y-15 & 2y\end{pmatrix}$에서,

$PQ=QP$이므로 대응 하는 성분끼리 같다.

$$x+2y=x+6, \quad 2x=8$$

$$-3x=y-15, \quad 2y=6$$

따라서, $x=4, \quad y=3$

또, $x=4, \quad y=3$일 때, $PQ=QP=\begin{pmatrix}10 & 8\\ -12 & 6\end{pmatrix}$이다. ▣

이제 행렬 $I=\begin{pmatrix}1 & 0\\ 0 & 1\end{pmatrix}$의 성질에 대해 알아보자.

$A=\begin{pmatrix}a & b\\ c & d\end{pmatrix}$이면 $AI=\begin{pmatrix}a & b\\ c & d\end{pmatrix}\begin{pmatrix}1 & 0\\ 0 & 1\end{pmatrix}=\begin{pmatrix}a & b\\ c & d\end{pmatrix}=A$이고, 마찬가지로 $IA=A$이다.

$I$는 행렬의 곱에 대해 항등원 역할을 하므로 $I$를 **항등행렬**(identity matrix) 또는 **단위행렬**(unit matrix)이라고 한다.

**[예제 6]** — (행렬의 계산)

행렬 $A=\begin{pmatrix}3 & 5\\ 1 & 2\end{pmatrix}$에 대해 $A^2-A=I$ ($I$는 2차 단위행렬)임을 보여라.

**풀이** $A^2-A=\begin{pmatrix}3 & -5\\ 1 & -2\end{pmatrix}\begin{pmatrix}3 & -5\\ 1 & -2\end{pmatrix}-\begin{pmatrix}3 & -5\\ 1 & -2\end{pmatrix}$

$=\begin{pmatrix}4 & -5\\ 1 & -1\end{pmatrix}-\begin{pmatrix}3 & -5\\ 1 & -2\end{pmatrix}=\begin{pmatrix}1 & 0\\ 0 & 1\end{pmatrix}=I$ ▣

앞에서 일반으로 행렬의 곱에 대해 교환법칙이 성립하지 않음을 보였다. 그러나 행렬의 결합법칙이 성립하고 행렬의 덧셈 위에서 분배법칙이 성립한다.

곱셈이 정의되는 행렬 $A, B, C$에 대하여 다음이 성립한다.

$(AB)C = A(BC)$ : 결합법칙
$A(B+C) = AB+AC,\quad (A+B)C = AC+BC$ : 분배법칙

**[예제 7]** — (행렬의 연산)

행렬 $M$은 $M^2 = M - I$ 를 만족하는 2차 정사각행렬이다.
$M^4 = -M$ 임을 보여라.

**풀이** $M^4 = (M^2)^2 = (M-I)(M-I) = M^2 - MI - IM + I^2$
$= (M-I) - M - M + I = -M$ ▣

행렬 $A$의 전치행렬을 ${}^tA$라 쓰고 ${}^tA$는 $A$의 행과 열을 서로 바꾼 행렬이다.

$A = \begin{pmatrix} 3 & -1 \\ 2 & 4 \end{pmatrix}$이면, ${}^tA = \begin{pmatrix} 3 & 2 \\ -1 & 4 \end{pmatrix}$이다.

$M = \begin{pmatrix} 1 & -3 \\ -5 & 2 \\ 0 & 1 \end{pmatrix}$이면 ${}^tM = \begin{pmatrix} 1 & -5 & 0 \\ -3 & 2 & 1 \end{pmatrix}$이다.

행렬 $A$와 $B$ 에 대해 ${}^t(AB) = {}^tB\ {}^tA$임을 보일 수 있다.

# ◈◈◈ 연습 문제 7-1 ◈◈◈

1. 행렬 $A=\begin{pmatrix} 1 & 4 & 0 & 3 \\ -2 & 0 & 2 & -1 \end{pmatrix}$와

$B=\begin{pmatrix} 0 & -1 & -3 & 1 \\ 3 & 5 & 1 & -2 \end{pmatrix}$에 대해 $3A$, $-B$,

$A+B$, $2A-3B$ 를 구하여라.

2. 행렬 $A=\begin{pmatrix} 2 & 1 \\ -1 & 3 \end{pmatrix}$, $B=\begin{pmatrix} 1 & -1 & 3 \\ 0 & 4 & 2 \end{pmatrix}$,

$C=\begin{pmatrix} -3 & 1 & -2 \\ 0 & 4 & -1 \\ 2 & 0 & 1 \end{pmatrix}$, $D=\begin{pmatrix} 1 & -4 \\ 2 & 0 \\ -3 & 1 \end{pmatrix}$에 대해

$A^2, AB, AC, AD, BA, B^2, BC, BD, CA,$
$CB, C^2, CD, DA, DB, DC, D^2$을 가능한 것만 구하고, $(AB)C=A(BC)$와 $(BC)D=B(CD)$임을 보여라.

3. 다음 행렬에서 두 개씩 이용하여 가능한 덧셈과 곱셈을 계산하고 $(AB)C=A(BC)$와 $(BC)D=B(CD)$를 보여라.

$A=(1 \quad -2 \quad 3)$, $B=\begin{pmatrix} 5 \\ 1 \\ -1 \end{pmatrix}$,

$C=(0 \quad 4 \quad -3)$, $D=\begin{pmatrix} 3 \\ -1 \\ 4 \end{pmatrix}$

4. 행렬 $A=\begin{pmatrix} -2 & 0 \\ 3 & 4 \end{pmatrix}$, $B=\begin{pmatrix} 2 & -1 \\ 1 & 3 \end{pmatrix}$, $C=\begin{pmatrix} 4 & 1 \\ -1 & 3 \end{pmatrix}$에 대해 $AB, BC, CB, AC, CA$를 계산하고,
$(A+B)C=AC+BC$와 $A(B+C)=AB+AC$임을 보

**해 답**

1

$\begin{pmatrix} 3 & 12 & 0 & 7 \\ -6 & 0 & 6 & -3 \end{pmatrix}$

$\begin{pmatrix} 0 & 1 & 3 & -1 \\ -3 & -5 & -1 & 2 \end{pmatrix}$

$\begin{pmatrix} 1 & 3 & -3 & 4 \\ 1 & 5 & 3 & -3 \end{pmatrix}$

$\begin{pmatrix} 2 & 11 & 9 & 3 \\ -13 & -15 & 1 & 4 \end{pmatrix}$

2. 생략

3. $A+C=C+A$
$=(1\ 2\ 0)$

$B+D=D+B=\begin{pmatrix} 8 \\ 0 \\ 3 \end{pmatrix}$

$AB=(0)$ $AD=(17)$

$CB=(7)$

$CD=(-16)$

$DC=\begin{pmatrix} 0 & 12 & -9 \\ 0 & -4 & 3 \\ 0 & 16 & -12 \end{pmatrix}$

4. 생략

여라.

5. 행렬 $X=\begin{pmatrix} 2 & -1 \\ 3 & 2 \end{pmatrix}$와 $Y=\begin{pmatrix} a & 1 \\ b & 1 \end{pmatrix}$에 대해 $XY=YX$가 성립할 때, $a,b$ 를 구하여라.

6. $M$은 $M^2=M+I$ 를 만족하는 2차 정사각행렬일 때, $M^4-3M=2I$ 임을 보여라.

7. $A=\begin{pmatrix} a & b \\ c & d \end{pmatrix}$, $B=\begin{pmatrix} p & q \\ r & s \end{pmatrix}$, $C=\begin{pmatrix} w & x \\ y & z \end{pmatrix}$에 대해 다음이 성립함을 보여라.

1) $(AB)C=A(BC)$

2) $A(B+C)=AB+AC$

3) $(A+B)C=AC+BC$

4) ${}^t(AB)={}^tB\,{}^tA$

5. $a=1,\quad b=-3$

6. 생략

7. 생략

## 7.2 2×2 행렬의 역행렬

2차 정사각행렬 $A$의 역행렬을 $A^{-1}$로 나타내고 다음 성질을 갖는다.

$AA^{-1}=A^{-1}A=I$ ($I$ 는 2차 단위행렬)

$A=\begin{pmatrix} a & b \\ c & d \end{pmatrix}$, $A^{-1}=\begin{pmatrix} p & q \\ r & s \end{pmatrix}$라면,

$$AA^{-1}=\begin{pmatrix} a & b \\ c & d \end{pmatrix}\begin{pmatrix} p & q \\ r & s \end{pmatrix}=\begin{pmatrix} ap+br & aq+bs \\ cp+dr & cq+ds \end{pmatrix}=\begin{pmatrix} 1 & 0 \\ 0 & 1 \end{pmatrix}$$

따라서, $ap+br=1$ … ① $aq+bs=0$ … ③

$cp+dr=0$ … ② $eq+ds=1$ … ④

①×$d$−②×$b$ ; $(ad-bc)p=d$

$ad-bc\neq 0$이면 $p=\dfrac{d}{ad-bc}$

$ad-bc=\Delta$라면, 같은 방법으로 $q=\dfrac{-b}{\Delta}$, $r=\dfrac{-c}{\Delta}$, $s=\dfrac{a}{\Delta}$

따라서, $A^{-1}$가 존재하면 $\begin{pmatrix} \dfrac{d}{\Delta} & -\dfrac{b}{\Delta} \\ -\dfrac{c}{\Delta} & \dfrac{a}{\Delta} \end{pmatrix}$

즉, $A^{-1}=\dfrac{1}{ad-bc}\begin{pmatrix} d & -b \\ -c & a \end{pmatrix}$이다.

$\begin{pmatrix} a & b \\ c & d \end{pmatrix}\times\dfrac{1}{\Delta}\begin{pmatrix} d & -b \\ -c & a \end{pmatrix}=\dfrac{1}{\Delta}\begin{pmatrix} d & -b \\ -c & a \end{pmatrix}\begin{pmatrix} a & b \\ c & d \end{pmatrix}=\begin{pmatrix} 1 & 0 \\ 0 & 1 \end{pmatrix}$이 됨을 알 수 있다.

정리하면, $A=\begin{pmatrix} a & b \\ c & d \end{pmatrix}$이고, $ad-bc\neq 0$이면,

$A^{-1}=\dfrac{1}{ad-bc}\begin{pmatrix} d & -b \\ -c & d \end{pmatrix}$이다.

**[예제 1]** — (역행렬 구하기)

행렬 $\begin{pmatrix} 5 & -2 \\ 3 & -1 \end{pmatrix}$의 역행렬을 구하여라. 또, 연립방정식 $5x-2y=2,\quad 3x-y=3$을 풀어라.

**풀이** $\Delta=5(-1)-(-2)3=1$ 따라서, 역행렬은 $\begin{pmatrix} -1 & 2 \\ -3 & 5 \end{pmatrix}$이다.

연립방정식을 행렬로 나타내면,

$\begin{pmatrix} 5 & -2 \\ 3 & -1 \end{pmatrix}\begin{pmatrix} x \\ y \end{pmatrix}=\begin{pmatrix} 2 \\ 3 \end{pmatrix}$에서,

$$\therefore \begin{pmatrix} -1 & 2 \\ -3 & 5 \end{pmatrix}\begin{pmatrix} 5 & -2 \\ 3 & -1 \end{pmatrix}\begin{pmatrix} x \\ y \end{pmatrix}=\begin{pmatrix} -1 & 2 \\ -3 & 5 \end{pmatrix}\begin{pmatrix} 2 \\ 3 \end{pmatrix}$$

$$\begin{pmatrix} 1 & 0 \\ 0 & 1 \end{pmatrix}\begin{pmatrix} x \\ y \end{pmatrix}=\begin{pmatrix} 4 \\ 9 \end{pmatrix},\quad \begin{pmatrix} x \\ y \end{pmatrix}=\begin{pmatrix} 4 \\ 9 \end{pmatrix}$$

$x=4,\quad y=9$ ▣

**[예제 2]** — (역행렬 구하기)

행렬 $\begin{pmatrix} 3 & -2 \\ 4 & -3 \end{pmatrix}$은 자신의 역행렬임을 보여라.

**풀이** $A^2=\begin{pmatrix} 3 & -2 \\ 4 & -3 \end{pmatrix}\begin{pmatrix} 3 & -2 \\ 4 & -3 \end{pmatrix}=\begin{pmatrix} 1 & 0 \\ 0 & 1 \end{pmatrix}=I$

따라서, $A=A^{-1}$이다. ▣

행렬 $A=\begin{pmatrix} a & b \\ c & d \end{pmatrix}$에서 $\Delta=ad-bc$를 $A$의 **행렬식**(determinent)이라 하고 $\det A$ 또는 $|A|$ 또는 $\begin{vmatrix} a & b \\ c & d \end{vmatrix}$로 나타낸다.

$A$의 행렬식이 0이면 ($\Delta = 0$) $A$는 역행렬을 갖지 않는다. $A$를 singular라고 한다. $A$의 행렬식이 0이 아니면 ($\Delta \neq 0$) $A^{-1}$가 존재하고 $A$를 non-singular라고 한다.

다음 예제에서 $|A| = 0$인 경우를 만나게 된다.

**[예제 3]** — (역행렬 이용하기)

다음 직선의 쌍에 대해 교점을 구하여라.

| 1) $x+y=1$ | 2) $2x-3y=4$ | 3) $3x-6y=9$ |
|---|---|---|
| $3x+5y=7$ | $4x-6y=1$ | $2x-4y=6$ |

**풀이**

1) $\begin{pmatrix} 1 & 1 \\ 3 & 5 \end{pmatrix}\begin{pmatrix} x \\ y \end{pmatrix} = \begin{pmatrix} 1 \\ 7 \end{pmatrix}$

$\begin{vmatrix} 1 & 1 \\ 3 & 5 \end{vmatrix} = 1 \cdot 5 - 1 \cdot 3 = 5 - 3 = 2$

따라서, $\begin{pmatrix} 1 & 1 \\ 3 & 5 \end{pmatrix}$의 역행렬은 $\dfrac{1}{2}\begin{pmatrix} 5 & -1 \\ -3 & 1 \end{pmatrix}$

$\begin{pmatrix} x \\ y \end{pmatrix} = \dfrac{1}{2}\begin{pmatrix} 5 & -1 \\ -3 & 1 \end{pmatrix}\begin{pmatrix} 1 \\ 7 \end{pmatrix} = \dfrac{1}{2}\begin{pmatrix} -2 \\ 4 \end{pmatrix} = \begin{pmatrix} -1 \\ 2 \end{pmatrix}$

교점은 $(-1,\ 2)$이다.

2) $\begin{pmatrix} 2 & -3 \\ 4 & -6 \end{pmatrix}\begin{pmatrix} x \\ y \end{pmatrix} = \begin{pmatrix} 4 \\ 1 \end{pmatrix}$

$\begin{vmatrix} 2 & -3 \\ 4 & -6 \end{vmatrix} = 2(-6) - (-3)4 = -12 + 12 = 0$

$\therefore \begin{pmatrix} 2 & -3 \\ 4 & -6 \end{pmatrix}$은 역행렬을 갖지 않는다.

두 직선은 평행하므로 교점도 없다.

3) $\begin{pmatrix} 3 & -6 \\ 2 & -4 \end{pmatrix}\begin{pmatrix} x \\ y \end{pmatrix} = \begin{pmatrix} 9 \\ 6 \end{pmatrix}$

$\begin{vmatrix} 3 & -6 \\ 2 & -4 \end{vmatrix} = 3(-4) - (-6)2 = -12 + 12 = 0$

$$\therefore \begin{pmatrix} 3 & -6 \\ 2 & -4 \end{pmatrix}$$는 역행렬을 갖지 않는다.

두 직선은 일치하므로 교점은 직선위의 모든 점이 된다. ▣

일반으로 $\begin{vmatrix} a & b \\ c & d \end{vmatrix}=0$이면 방정식 $\begin{pmatrix} a & b \\ c & d \end{pmatrix}\begin{pmatrix} x \\ y \end{pmatrix}=\begin{pmatrix} p \\ q \end{pmatrix}$은 해가 없거나 무수히 많다. 실수 $a, b$에 대해 $ab=0$이면, $a=0$ 또는 $b=0$이다.

그러나 행렬 $A, B$ 에서 $AB=0$일 때, $A, B$ 는 영행렬이 아닌 경우가 있다.

이를 테면 $\begin{pmatrix} 2 & -3 \\ 4 & -6 \end{pmatrix}\begin{pmatrix} 3 & -6 \\ 2 & -4 \end{pmatrix}=\begin{pmatrix} 0 & 0 \\ 0 & 0 \end{pmatrix}$이다.

$A$가 역행렬 $A^{-1}$를 가지면

$AB=O \Rightarrow A^{-1}(AB)=A^{-1}O \Rightarrow (A^{-1}A)B=O \Rightarrow IB=O \Rightarrow B=O$ 이다.

## ◈◈◈ 연습 문제 7-2 ◈◈◈

1. 다음 행렬의 역행렬이 존재하면 구하여라.

1) $\begin{pmatrix} 3 & 4 \\ 2 & 3 \end{pmatrix}$　2) $\begin{pmatrix} 5 & -2 \\ 7 & -3 \end{pmatrix}$

3) $\begin{pmatrix} 3 & -6 \\ -2 & 4 \end{pmatrix}$　4) $\begin{pmatrix} 2 & 1 \\ -1 & 1 \end{pmatrix}$

5) $\begin{pmatrix} -2 & -1 \\ 3 & 2 \end{pmatrix}$　6) $\begin{pmatrix} 4 & -2 \\ -2 & 1 \end{pmatrix}$

7) $\begin{pmatrix} 3 & 0 \\ 0 & -2 \end{pmatrix}$　8) $\begin{pmatrix} 1 & 5 \\ 2 & 3 \end{pmatrix}$

2. 행렬을 이용하여 다음 연립방정식을 풀어라.

1) $2x-y=1$
$5x-2y=2$

2) $3p-5q=7$
$2p-4q=6$

3) $a+b=11$
$4a-b=9$

3. 행렬을 이용하여 다음 두 직선의 쌍에 대해 교점을 구하여라.

1) $3x+y=1=0$
$4x+3y-2=0$

2) $4x-10y=7$
$5y-2x=3$

3) $y=2x+3$
$x-2y+3=0$

4. $A, B, X$ 는 2차 정사각행렬이고 $A^{-1}$가 존재할 때, 다음식에서 $X$를 $A, B, A^{-1}$의 식으로 나타내어라.

1) $AX=B$　2) $XA=B$

3) $AX=AB$　4) $AX=BA$

**해 답**

1.

3) 없다

6) 없다.

2.

1) $x=0, \quad y=-1$

2) $p=-1, \quad q=-2.$

3) $a=4, \quad b=7$

3.

1) $(-1, 2)$

2) 없다

3) $(-1, 1)$

4.

1) $A^{-1}B$

2) $BA^{-1}$

3) $B$

4) $A^{-1}BA$

5. $A=\begin{pmatrix}5 & 1\\ 4 & 2\end{pmatrix}$ $B=\begin{pmatrix}1 & -1\\ 2 & 4\end{pmatrix}$일 때, 다음식에서 $X$ 를 구하여라.

1) $AX=B$ 2) $A=XB$

3) $A^{-1}A=B$

6. 행렬을 이용하여 $\kappa$값에 따라 직선의 교점의 수를 구하여라.

1) $(2\kappa+1)x-y=1$
$(\kappa-1)x+y=2$

2) $x-\kappa y=1$
$\kappa x-4y=2$

5.

1) $\begin{pmatrix}0 & -1\\ 1 & 4\end{pmatrix}$

6.

1) $\kappa=0$ : 평행

$\kappa\neq 0, (\frac{1}{\kappa}, \frac{\kappa+1}{\kappa})$

## 7.3 3차 정사각행렬과 행렬식

앞 절에서 행렬의 덧셈과 곱셈에 대한 기본성질을 배웠다. 이것을 3차 정사각행렬에 적용해보자.

**[예제 1]** — (3차 정사각행렬의 연산)

행렬 $A=\begin{pmatrix}1 & 0 & -2\\ 3 & 1 & -1\\ 0 & 2 & 4\end{pmatrix}$, $B=\begin{pmatrix}2 & -1 & 3\\ 0 & 0 & 1\\ 4 & -2 & 1\end{pmatrix}$에 대해 $3A-2B$, $A^2B$ 를 구하여라.

**풀이**

$$3A-2B=3\begin{pmatrix}1 & 0 & -2\\ 3 & 1 & -1\\ 4 & -2 & 4\end{pmatrix}-2\begin{pmatrix}2 & 1 & 3\\ 0 & 0 & 1\\ 4 & -2 & 4\end{pmatrix}=\begin{pmatrix}-1 & 2 & -12\\ 9 & 3 & -5\\ -8 & 10 & 10\end{pmatrix}$$

$$A^2B=\begin{pmatrix}1 & 0 & -2\\ 3 & 1 & -1\\ 4 & -2 & 4\end{pmatrix}\begin{pmatrix}1 & 0 & -2\\ 3 & 1 & -1\\ 4 & -2 & 4\end{pmatrix}\begin{pmatrix}2 & -1 & 3\\ 0 & 0 & 1\\ 4 & -2 & 1\end{pmatrix}$$

$$=\begin{pmatrix}1 & -4 & -10\\ 6 & -1 & 11\\ 6 & 10 & 14\end{pmatrix}\begin{pmatrix}2 & -1 & 3\\ 0 & 0 & 1\\ 4 & -2 & 1\end{pmatrix}=\begin{pmatrix}-38 & 19 & -11\\ -32 & 16 & 6\\ 68 & -34 & 42\end{pmatrix}$$ ▣

**[예제 2]** — (3차 정사각행렬의 역행렬 구하기)

행렬 $P=\begin{pmatrix}4 & 4 & -2\\ -1 & 0 & 1\\ 3 & 6 & -1\end{pmatrix}$에 대해 $P^2=P+\kappa I$인 $\kappa$를 구하고, $P^{-1}$를 구하여라.($I$ 는 3차 단위행렬)

**풀이**

$$P^2=\begin{pmatrix}4 & 4 & -2\\ -1 & 0 & 1\\ 3 & 6 & -1\end{pmatrix}\begin{pmatrix}4 & 4 & -2\\ -1 & 0 & 1\\ 3 & 6 & -1\end{pmatrix}=\begin{pmatrix}6 & 4 & -2\\ -1 & 2 & 1\\ 3 & 6 & -1\end{pmatrix}$$

$$=\begin{pmatrix}4 & 4 & -2\\ -1 & 0 & 1\\ 3 & 6 & -1\end{pmatrix}+\begin{pmatrix}2 & 0 & 0\\ 0 & 2 & 0\\ 0 & 0 & 2\end{pmatrix}=P+2I$$

다시 정리하면, $P^2-P=2I$

$$(P-I)P=2I$$

$$\frac{1}{2}(P-I)P=I$$

따라서, $P^{-1}=\frac{1}{2}(P-I)=\frac{1}{2}\left\{\begin{pmatrix}4&4&-2\\-1&0&1\\3&6&-1\end{pmatrix}-\begin{pmatrix}1&0&0\\0&1&0\\0&0&1\end{pmatrix}\right\}$

$$=\frac{1}{2}\begin{pmatrix}3&4&-2\\-1&-1&1\\3&6&-2\end{pmatrix}=\begin{pmatrix}\frac{3}{2}&2&-1\\-\frac{1}{2}&-\frac{1}{2}&\frac{1}{2}\\\frac{3}{2}&3&-1\end{pmatrix}$$

▣

3차 정사각행렬 $A, B$ 가 각각 역행렬 $A^{-1}$, $B^{-1}$를 가질 때

$(AB)(B^{-1}A^{1})=[A(BB^{-1})]A^{-1}=(AI)A^{-1}=AA^{-1}=I$

또, 같은 방법으로, $(B^{-1}A^{-1})(AB)=I$이다. 따라서, $(AB)^{-1}=B^{-1}A^{-1}$이다.

$A, B$ 의 전치행렬이 각각 ${}^tA, {}^tB$ 라면, ${}^t(AB)={}^tB\,{}^tA$이다.

3차 정사각행렬 $A=\begin{pmatrix}a_1&b_1&c_1\\a_2&b_2&c_2\\a_3&b_3&c_3\end{pmatrix}$의 행렬식을 다음과 같이 정의한다.

$$\triangle=detA=|A|=\begin{vmatrix}a_1&b_1&c_1\\a_2&b_2&c_2\\a_3&b_3&c_3\end{vmatrix}=a_1\begin{vmatrix}b_2&c_2\\b_3&c_3\end{vmatrix}-b_1\begin{vmatrix}a_2&c_2\\a_3&c_3\end{vmatrix}+c_1\begin{vmatrix}a_2&b_2\\a_3&b_3\end{vmatrix}$$

$det(AB)=(det\,A)(det\,B)$임을 알 수 있다.

**[예제 3]** — (행렬식 구하기)

$\begin{vmatrix}1&2&-1\\-1&3&0\\2&1&2\end{vmatrix}$를 구하여라.

**풀이** $\begin{vmatrix} 1 & 2 & -1 \\ -1 & 3 & 0 \\ 2 & 1 & 2 \end{vmatrix} = 1\begin{vmatrix} 3 & 0 \\ 1 & 2 \end{vmatrix} - 2\begin{vmatrix} -1 & 0 \\ 2 & 2 \end{vmatrix} + (-1)\begin{vmatrix} -1 & 3 \\ 2 & 1 \end{vmatrix}$

$= 1 \times 6 - 2(-2) + (-1)(-17) = 17$ ▣

일반으로 행렬식의 행이나 열에 $\kappa$배하면 행렬식의 값을 $\kappa$배하면 됨을 다음에서 확인할 수 있다.

$$\begin{vmatrix} \kappa a & \kappa b \\ c & d \end{vmatrix} = \kappa ad - \kappa bc = \kappa(ad - bc) = \kappa\begin{vmatrix} a & b \\ c & d \end{vmatrix}$$

$$\begin{vmatrix} a_1 & \kappa b_1 & c_1 \\ a_2 & \kappa b_2 & c_2 \\ a_3 & \kappa b_3 & c_3 \end{vmatrix} = a_1\begin{vmatrix} \kappa b_2 & c_2 \\ \kappa b_3 & c_3 \end{vmatrix} - \kappa b_1\begin{vmatrix} a_2 & c_2 \\ a_3 & c_3 \end{vmatrix} + c_1\begin{vmatrix} a_2 & \kappa b_2 \\ a_3 & \kappa b_3 \end{vmatrix}$$

$$= \kappa a_1\begin{vmatrix} b_2 & c_2 \\ b_3 & c_3 \end{vmatrix} - \kappa b_1\begin{vmatrix} a_2 & c_2 \\ a_3 & c_3 \end{vmatrix} + \kappa c_1\begin{vmatrix} a_2 & b_2 \\ a_3 & b_3 \end{vmatrix}$$

$$= \kappa\begin{vmatrix} a_1 & b_1 & c_1 \\ a_2 & b_2 & c_2 \\ a_3 & b_3 & c_3 \end{vmatrix}$$

**[예제 4]** — (행렬식 계산)

$\begin{vmatrix} 12 & 6 & 10 \\ 2 & 3 & 15 \\ 6 & 0 & 5 \end{vmatrix}$를 구하여라.

**풀이** $\begin{vmatrix} 12 & 6 & 10 \\ 2 & 3 & 15 \\ 6 & 0 & 5 \end{vmatrix} = 2\begin{vmatrix} 6 & 3 & 5 \\ 2 & 3 & 15 \\ 6 & 0 & 5 \end{vmatrix} = 2 \cdot 2 \cdot 3 \cdot 5\begin{vmatrix} 3 & 1 & 1 \\ 1 & 1 & 3 \\ 3 & 0 & 1 \end{vmatrix}$

$= 60\left\{3\begin{vmatrix} 1 & 3 \\ 0 & 1 \end{vmatrix} - 1\begin{vmatrix} 1 & 3 \\ 3 & 1 \end{vmatrix} + 3\begin{vmatrix} 1 & 1 \\ 3 & 1 \end{vmatrix}\right\}$

$= 60(3 + 8 - 3) = 480$ ▣

행렬식 $\Delta = \begin{vmatrix} a_1 & b_1 & c_1 \\ a_2 & b_2 & c_2 \\ a_3 & b_3 & c_3 \end{vmatrix} = a_1 \begin{vmatrix} b_2 & c_2 \\ b_3 & c_3 \end{vmatrix} - b_1 \begin{vmatrix} a_2 & c_2 \\ a_3 & c_3 \end{vmatrix} + c_1 \begin{vmatrix} a_2 & b_2 \\ a_3 & b_3 \end{vmatrix}$에서, 행렬식

$\begin{vmatrix} b_2 & c_2 \\ b_3 & c_3 \end{vmatrix}, \begin{vmatrix} a_2 & c_2 \\ a_3 & c_3 \end{vmatrix}, \begin{vmatrix} a_2 & b_2 \\ a_3 & b_3 \end{vmatrix}$를 각각 $a_1, b_1, c_1$의 소행렬식이라고 한다.

일반으로 행렬식의 원소의 소행렬식은 원소가 속해있는 행이나 열을 제거하여 얻는다. 예를 들면, $c_2$의 소행렬식은 두 번째 행과 세 번째 열을 제거하여 $\begin{vmatrix} a_1 & b_1 \\ a_3 & b_3 \end{vmatrix}$를 얻는다.

소행렬식의 부호는 아래와 같이 정해진다. 행렬식의 원소에 대응하는 부호를 포함한 소행렬식을 여인수(cofactor)라고 한다. $c_2$의 여인수는 $-\begin{vmatrix} a_1 & b_1 \\ a_3 & b_3 \end{vmatrix}$이다.

$$\begin{vmatrix} a_1 & b_1 & c_1 \\ a_2 & b_2 & c_2 \\ a_3 & b_3 & c_3 \end{vmatrix} \qquad \begin{vmatrix} + & - & + \\ - & + & - \\ + & - & + \end{vmatrix}$$

$a_1,\ b_1, \cdots, b_3, c_3$의 여인수를 각각 $A_1, B_1, \cdots, B_3, C_3$라고 나타낸다.

$\Delta$의 정의를 다시쓰면

$$\Delta = \begin{vmatrix} a_1 & b_1 & c_1 \\ a_2 & b_2 & c_2 \\ a_3 & b_3 & c_3 \end{vmatrix} = a_1A_1 + b_1B_1 + c_1C_1$$

그러나 $\Delta = a_1(b_2c_3 - c_2b_3) - b_1(a_2c_3 - c_2a_3) + c_1(a_2b_3 - b_2a_3)$

$$= a_1b_2c_3 - a_1b_3c_2 + a_3b_1c_2 + a_2b_3c_1 - a_3b_3c_1$$

$$= -a_2b_1c_3 + a_3b_1c_2 + a_1b_2c_3 - a_3b_2c_1 - a_1b_3c_2 + a_2b_3c_1$$

$$= -b_1\begin{vmatrix} a_2 & c_2 \\ a_3 & c_3 \end{vmatrix} + b_1\begin{vmatrix} a_1 & c_1 \\ a_3 & c_3 \end{vmatrix} - b_3\begin{vmatrix} a_1 & c_1 \\ a_2 & c_2 \end{vmatrix}$$

$$= b_1B_1 + b_2B_2 + b_3B_3$$

$\Delta$를 임의의 행과 열의 원소를 이용하여 대응하는 여인수와 함께 나타내면 다음과 같다.

$\Delta = a_1A_1 + b_1B_1 + c_1C_1 \qquad\qquad \Delta = a_1A_1 + a_2A_2 + a_3A_3$

$\Delta = a_2A_2 + b_2B_2 + c_2C_2$ $\qquad$ $\Delta = b_1B_1 + b_2B_2 + b_3B_3$

$\Delta = a_3A_3 + b_3B_3 + c_3C_3$ $\qquad$ $\Delta = c_1C_1 + c_2C_2 + c_3C_3$

$\Delta$에 대한 여러 가지 식은 행렬식의 원소가 0인 경우 특히 유용하다.

**[예제 5]** — (행렬식 계산에 소행렬식 이용하기)

다음 행렬식을 계산하여라.

1) $\begin{vmatrix} 2 & 4 & 3 \\ 0 & 5 & 4 \\ 0 & 2 & 3 \end{vmatrix}$ $\qquad$ 2) $\begin{vmatrix} 2 & 4 & 5 \\ 0 & 1 & 0 \\ 3 & 9 & 7 \end{vmatrix}$

**풀이** 1) $\begin{vmatrix} 2 & 4 & 3 \\ 0 & 5 & 4 \\ 0 & 2 & 3 \end{vmatrix} = 2\begin{vmatrix} 5 & 4 \\ 2 & 3 \end{vmatrix} - 0 + 0 = 2(15-8) = 14$

2) $\begin{vmatrix} 2 & 4 & 5 \\ 0 & 1 & 0 \\ 3 & 9 & 7 \end{vmatrix} = -0 + 1\begin{vmatrix} 2 & 5 \\ 3 & 7 \end{vmatrix} - 0 = 14 - 15 = -1$ ▣

행렬식의 두 행 또는 열이 같으면 나머지 행 또는 열의 여인수가 모두 0이다. 이를테면, 두 번째 열을 이용하면,

$$\begin{vmatrix} p & x & p \\ q & y & q \\ r & z & r \end{vmatrix} = -x\begin{vmatrix} q & q \\ r & r \end{vmatrix} + y\begin{vmatrix} p & p \\ r & r \end{vmatrix} - z\begin{vmatrix} p & p \\ q & q \end{vmatrix} = 0$$

따라서, 행렬식의 두 행 또는 열이 같으면 행렬식의 값은 0이다.

**[예제 6]** — (같은 행과 열이 있는 행렬식 계산)

$\begin{vmatrix} -1 & 3 & 4 \\ 2 & -6 & -8 \\ 3 & 4 & 1 \end{vmatrix}$을 구하여라.

**풀이** $\begin{vmatrix} -1 & 3 & 4 \\ 2 & -6 & -8 \\ 3 & 4 & 1 \end{vmatrix} = -2\begin{vmatrix} -1 & 3 & 4 \\ -1 & 3 & 4 \\ 3 & 4 & 1 \end{vmatrix} = 0$ ▣

## ◆◆◆ 연습 문제 7-3 ◆◆◆

1. 행렬 $P=\begin{pmatrix} 2 & 1 & -4 \\ 0 & -3 & 1 \\ 5 & 0 & -1 \end{pmatrix}$, $Q=\begin{pmatrix} -1 & 0 & -1 \\ 2 & 0 & 3 \\ 0 & 1 & -2 \end{pmatrix}$에 대해 다음을 계산하여라.
   1) $P-Q$ 2) $2P+3Q$ 3) $PQ$ 4) $QP$ 5) $Q^2$

2. 행렬 $A=\begin{pmatrix} 1 & 3 & -9 \\ 5 & -1 & 3 \\ 1 & 3 & 7 \end{pmatrix}$, $B=\begin{pmatrix} 1 & 3 & 0 \\ 2 & -1 & 3 \\ -1 & 0 & 1 \end{pmatrix}$에 대해 $AB$ 를 구하고, $A^{-1}$, $B^{-1}$를 써라.

3. 행렬 $M=\begin{pmatrix} 0 & -1 & 0 \\ 0 & 0 & -1 \\ 1 & 0 & 0 \end{pmatrix}$에 대해 $M^2$, $M^3$을 계산하고 $M^{-1}$을 구하여라.

4. 행렬 $A=\begin{pmatrix} 0 & 2 & -1 \\ -1 & -3 & 1 \\ 1 & 2 & -2 \end{pmatrix}$에 대해 $A^2+4A$를 계산하고 $A^{-1}$를 구하여라.

5. 행렬 $A=\begin{pmatrix} 1 & -2 & 0 \\ -3 & 0 & 2 \\ 2 & 1 & 3 \end{pmatrix}$, $B=\begin{pmatrix} 3 & -1 & 2 \\ 0 & 4 & -1 \\ -2 & 1 & 0 \end{pmatrix}$에 대해 ${}^tA, {}^tB$를 쓰고
   ${}^t(AB)={}^tB\,{}^tA$, ${}^t(BA)={}^tA\,{}^tB$ 임을 보여라.

6. 행렬 $P=\begin{pmatrix} 1 & 2 & 2 \\ 2.8 & -1 & 0.4 \\ 0.4 & 2 & 2.2 \end{pmatrix}$에 대해 $P\,{}^tP$를 구하고 $P^{-1}$를 ${}^tP$의 식으로 나타내어라.

**해 답**

1. $\begin{pmatrix} 3 & 1 & -3 \\ -2 & -3 & -2 \\ 5 & -1 & 1 \end{pmatrix}$

2. $\begin{pmatrix} 16 & 0 & 0 \\ 0 & 16 & 0 \\ 0 & 0 & 16 \end{pmatrix}$

3. $M^3=I=M\cdot M^2$

4. $\begin{pmatrix} -3 & 0 & 0 \\ 0 & -3 & 0 \\ 0 & 0 & -3 \end{pmatrix}$

5. 생략

6. $\dfrac{1}{9}{}^tP$

7. 다음 행렬을 계산하여라.

1) $\begin{vmatrix} 2 & -1 & 1 \\ 0 & 3 & -2 \\ 1 & -1 & 0 \end{vmatrix}$ 2) $\begin{vmatrix} 0 & 2 & -1 \\ 1 & 0 & -3 \\ -2 & 1 & 0 \end{vmatrix}$

3) $\begin{vmatrix} 1 & 2 & 0 \\ 4 & 0 & 1 \\ 3 & 1 & 2 \end{vmatrix}$ 4) $\begin{vmatrix} 4 & 10 & 7 \\ 7 & 9 & 8 \\ 5 & 9 & 7 \end{vmatrix}$

5) $\begin{vmatrix} 8 & -2 & 7 \\ -2 & 2 & 7 \\ 5 & -3 & 6 \end{vmatrix}$ 6) $\begin{vmatrix} 6 & -8 & 11 \\ 2 & 1 & -2 \\ 3 & -6 & 7 \end{vmatrix}$

8. 다음 행렬식을 계산하여라.

1) $\begin{vmatrix} 2 & 3 & -1 \\ 5 & -4 & 3 \\ 2 & 3 & -1 \end{vmatrix}$ 2) $\begin{vmatrix} 12 & -8 & 10 \\ -9 & 0 & 2 \\ 15 & 1 & 0 \end{vmatrix}$

3) $\begin{vmatrix} 2 & 1 & -4 \\ -1 & 0 & 2 \\ 1 & 3 & -2 \end{vmatrix}$ 4) $\begin{vmatrix} 6 & -2 & 0 \\ -3 & 2 & -7 \\ 30 & 5 & 35 \end{vmatrix}$

5) $\begin{vmatrix} -21 & 0 & 14 \\ 24 & 40 & 0 \\ 0 & -15 & 18 \end{vmatrix}$ 6) $\begin{vmatrix} 9 & -3 & 6 \\ 15 & 7 & 20 \\ -6 & 2 & -4 \end{vmatrix}$

9. 원소 $a$, $b$, $c$와 대응하는 여인수를 이용하여 다음 행렬식을 계산하여라.

1) $\begin{vmatrix} a & 2 & 1 \\ b & 4 & 3 \\ c & 3 & 2 \end{vmatrix}$ 2) $\begin{vmatrix} -1 & 2 & -3 \\ a & b & c \\ 2 & -5 & 1 \end{vmatrix}$ 3) $\begin{vmatrix} 1 & 6 & a \\ 2 & 7 & b \\ 1 & 4 & c \end{vmatrix}$

10. 다음 행렬식을 계산하여라.

1) $\begin{vmatrix} 0 & 4 & 1 \\ -1 & 2 & -3 \\ 0 & 3 & 2 \end{vmatrix}$ 2) $\begin{vmatrix} 2 & -4 & 6 \\ 5 & -3 & -7 \\ 0 & 0 & 2 \end{vmatrix}$

3) $\begin{vmatrix} 4 & 0 & -1 \\ -5 & 0 & 2 \\ 1 & 3 & 5 \end{vmatrix}$

7.

1) $-5$ 2) 11

3) $-11$ 4) 0

5) 142 6) $-35$

8.

1) 0 2) $-354$

3) 0 4) 840

5) $-20160$ 6) 0

9.

1) $-a-b+2c$

2) $13a+5b-c$

3) $a+2b-5c$

10.

1) 5 2) 28

3) $-9$

11. 행렬 $A=\begin{pmatrix} 2 & -1 & 0 \\ 0 & 3 & -2 \\ 6 & -3 & 1 \end{pmatrix}$, $B=\begin{pmatrix} 0 & 4 & -2 \\ 0 & -1 & 1 \\ 3 & 2 & -1 \end{pmatrix}$

$C=\begin{pmatrix} -1 & 0 & 5 \\ 0 & 2 & 0 \\ 2 & 4 & -5 \end{pmatrix}$에 대하여

$detA$, $detB$, $\det C$를 구하고,

$det(AB)=(detA)(detB)=det(BA)$,

$det(ABC)=(detA)(detB)(detC)$ 를 보여라

11. 6, 6, −2

## 7.4 역행렬(수반행렬 이용)

행렬식 $\triangle = \begin{vmatrix} a_1 & b_1 & c_1 \\ a_2 & b_2 & c_2 \\ a_3 & b_3 & c_3 \end{vmatrix}$에 대해 다시 알아보자.

앞 절에서 임의의 행이나 열의 원소들이 대응하는 여인수와 결합될 때, △의 값을 얻었다. 예를 들면,

$$a_3A_3 + b_3B_3 + c_3C_3 = \triangle,\ \ c_1C_1 + c_2C_2 + c_3C_3 = \triangle$$

그러나 임의의 행(또는 열)의 원소들이 이질적인 여인수와 결합될 때, 즉, 같지 않은 다른 행(또는 열)의 여인수와 결합되면 결과는 0이다.

예를 들면 $a_2A_1 + b_2B_1 + c_2C_1 = \begin{vmatrix} a_2 & b_2 & c_2 \\ a_2 & b_2 & c_2 \\ a_3 & b_3 & c_3 \end{vmatrix}$

그러나 이 행렬식은 두 개의 행이 같으므로 $a_2A_1 + b_2B_1 + c_2C_1 = 0$이다.

이들 결과를 이용하면 다음을 얻는다.

$$\begin{pmatrix} a_1 & b_1 & c_1 \\ a_2 & b_2 & c_2 \\ a_3 & b_3 & c_3 \end{pmatrix}\begin{pmatrix} A_1 & A_2 & A_3 \\ B_1 & B_2 & B_3 \\ C_1 & C_2 & C_3 \end{pmatrix} = \begin{pmatrix} A_1 & A_2 & A_3 \\ B_1 & B_2 & B_3 \\ C_1 & C_2 & C_3 \end{pmatrix}\begin{pmatrix} a_1 & b_1 & c_1 \\ a_2 & b_2 & c_2 \\ a_3 & b_3 & c_3 \end{pmatrix} = \begin{pmatrix} \triangle & 0 & 0 \\ 0 & \triangle & 0 \\ 0 & 0 & \triangle \end{pmatrix}$$

행렬 $A = \begin{pmatrix} a_1 & b_1 & c_1 \\ a_2 & b_2 & c_2 \\ a_3 & b_3 & c_3 \end{pmatrix}$에 대해 $A$의 각 원소를 대응하는 여인수로 바꾸고 전치시켜 얻은 행렬 $\begin{pmatrix} A_1 & A_2 & A_3 \\ B_1 & B_2 & B_3 \\ C_1 & C_2 & C_3 \end{pmatrix}$를 $A$의 **수반행렬**(adjoint)이라 하고, $adjA$로 나타낸다.

다시 쓰면 $A(adjA) = (adjA)A = \triangle I\ (\triangle = detA)$이다.

**[예제 1]** — (수반행렬 구하기)

행렬 $A=\begin{pmatrix} 1 & 2 & -1 \\ 2 & 1 & 1 \\ -2 & 0 & 2 \end{pmatrix}$일 때, $adjA$를 구하고,

$A(adjA)=(adjA)A=(detA)I$ 임을 보여라.

**풀이** $A$의 여인수를 구하면,

1행 : $+\begin{vmatrix} 1 & 1 \\ 0 & 2 \end{vmatrix}=2,\ -\begin{vmatrix} 2 & 1 \\ -1 & 2 \end{vmatrix}=-5,\ +\begin{vmatrix} 2 & 1 \\ -1 & 0 \end{vmatrix}=1$

2행 : $-\begin{vmatrix} 2 & -1 \\ 0 & 2 \end{vmatrix}=-4,\ +\begin{vmatrix} 1 & -1 \\ -1 & 2 \end{vmatrix}=1,\ -\begin{vmatrix} 1 & 2 \\ -1 & 0 \end{vmatrix}=-2$

3행 : $+\begin{vmatrix} 2 & -1 \\ 0 & 2 \end{vmatrix}=3,\ -\begin{vmatrix} 1 & -1 \\ 2 & 1 \end{vmatrix}=-3,\ +\begin{vmatrix} 1 & 2 \\ 2 & 1 \end{vmatrix}=-3$

따라서, $adjA=\begin{pmatrix} 2 & -4 & 3 \\ -5 & 1 & -3 \\ 1 & -2 & -3 \end{pmatrix}$

$$A(adjA)=\begin{pmatrix} 1 & 2 & -1 \\ 2 & 1 & 1 \\ -1 & 0 & 2 \end{pmatrix}\begin{pmatrix} 2 & -4 & 3 \\ -5 & 1 & -3 \\ 1 & -2 & -3 \end{pmatrix}$$

$$=\begin{pmatrix} -9 & 0 & 0 \\ 0 & -9 & 0 \\ 0 & 0 & -9 \end{pmatrix}=-9I$$

$$(adjA)A=\begin{pmatrix} 2 & -4 & 3 \\ -5 & 1 & -3 \\ 1 & -2 & -3 \end{pmatrix}\begin{pmatrix} 1 & 2 & -1 \\ 2 & 1 & 1 \\ -1 & 0 & 2 \end{pmatrix}$$

$$=\begin{pmatrix} -9 & 0 & 0 \\ 0 & -9 & 0 \\ 0 & 0 & -9 \end{pmatrix}=-9I$$

따라서, $detA=-9$이고 $A(adjA)=(adjA)A=(detA)I$ ▣

이제 행렬 $A$ 에 대해 $|A|=0$이면 임의의 행렬 $B$ 에 대해

$det(AB)=(detA)(detB)=0$이다.

이것은 $AB=I$ 인 행렬 $B$ 를 구하는 것이 불가능하다는 의미이다.

$detA=0$이면 $A$는 역행렬을 갖지 않고 $A(adjA)=(adjA)A=0$이다. 따라서, $detA=|A|\neq 0$이면 $A(adjA)=(adjA)A=\triangle I$

$$A(\frac{1}{\triangle}adjA)=(\frac{1}{\triangle}adjA)A=I$$

$\triangle\neq 0$이면 $A$의 역행렬은 $\frac{1}{\triangle}adjA$이다.

즉, $detA\neq 0$이면 $A^{-1}=\frac{adjA}{detA}$이다.

**[예제 2]** — (수반행렬을 이용하여 역행렬 구하기)

행렬 $A=\begin{pmatrix}-1 & 3 & 2\\ 2 & -6 & 0\\ 1 & -2 & 4\end{pmatrix}$의 역행렬을 구하여라.

**풀이** $adjA={}^t\begin{pmatrix}+24 & -(-8) & +2\\ -(-8) & +2 & -(-1)\\ +12 & -(-4) & +0\end{pmatrix}=\begin{pmatrix}24 & 8 & 12\\ 8 & 2 & 4\\ 2 & 1 & 0\end{pmatrix}$

$detA=(-1)24+3\times 8+2\times 2=4$

따라서, $A^{-1}=\frac{adjA}{detA}=\frac{1}{4}\begin{pmatrix}24 & 8 & 12\\ 8 & 2 & 4\\ 2 & 1 & 0\end{pmatrix}=\begin{pmatrix}6 & 2 & 3\\ 2 & \frac{1}{2} & 1\\ \frac{1}{2} & \frac{1}{4} & 0\end{pmatrix}$ ▣

## ◆◆◆ 연습 문제 7-4 ◆◆◆

1. 다음 행렬의 수반행렬(adjoint)과 가능한 경우 역행렬을 구하여라.

1) $\begin{pmatrix} 2 & -1 & -2 \\ 0 & 2 & 3 \\ -3 & 0 & 1 \end{pmatrix}$　2) $\begin{pmatrix} 0 & -1 & 2 \\ 3 & 1 & 0 \\ -4 & 1 & -5 \end{pmatrix}$

3) $\begin{pmatrix} 3 & 0 & -2 \\ 1 & -2 & 4 \\ 5 & -4 & 6 \end{pmatrix}$　4) $\begin{pmatrix} 1 & 2 & 1 \\ 3 & 0 & 4 \\ 2 & 1 & 1 \end{pmatrix}$

5) $\begin{pmatrix} -2 & -3 & 1 \\ 4 & 1 & -2 \\ 1 & -3 & -2 \end{pmatrix}$　6) $\begin{pmatrix} 2 & -1 & 3 \\ 0 & -3 & 2 \\ -1 & 0 & -2 \end{pmatrix}$

7) $\begin{pmatrix} -6 & 9 & 3 \\ 10 & -15 & -5 \\ -8 & 12 & 4 \end{pmatrix}$　8) $\begin{pmatrix} 2 & 1 & 2 \\ 3 & 1 & 2 \\ 1 & 6 & 3 \end{pmatrix}$

9) $\begin{pmatrix} 2 & -1 & 0 \\ -1 & 3 & 1 \\ 2 & 2 & -3 \end{pmatrix}$　10) $\begin{pmatrix} 1 & -2 & 3 \\ 1 & 0 & 1 \\ 1 & 2 & 3 \end{pmatrix}$

11) $\begin{pmatrix} 5 & -2 & 3 \\ 1 & 1 & -5 \\ -10 & 4 & -6 \end{pmatrix}$　12) $\begin{pmatrix} 1 & -6 & 2 \\ -2 & 5 & 0 \\ 4 & -1 & -5 \end{pmatrix}$

2. 행렬 $A=\begin{pmatrix} 0 & -1 & 1 \\ -1 & 0 & 1 \\ 0 & 0 & 1 \end{pmatrix}$, $B=\begin{pmatrix} 1 & 0 & 3 \\ 7 & 5 & 0 \\ 3 & 2 & 1 \end{pmatrix}$에 대해

$A^{-1}$, $B^{-1}$를 구하고,

1) $({}^tA)^{-1}={}^t(A^{-1})$, $({}^tB)^{-1}={}^t(B^{-1})$

2) $det(AB)=(detA)(detB)$

3) $(AB)^{-1}=B^{-1}A^{-1}$

4) $(BA)^{-1}=A^{-1}B^{-1}$임을 보여라.

### 해 답

1.

3) $\begin{pmatrix} 4 & 8 & -4 \\ 14 & 28 & -14 \\ 6 & 12 & -6 \end{pmatrix}$, 역행렬 없다.

7) $\begin{pmatrix} 0 & 0 & 0 \\ 0 & 0 & 0 \\ 0 & 0 & 0 \end{pmatrix}$, 역행렬 없다.

11) $\begin{pmatrix} 14 & 0 & 7 \\ 56 & 0 & 28 \\ 14 & 0 & 7 \end{pmatrix}$, 역행렬 없다.

2.

$\begin{pmatrix} 0 & -1 & 1 \\ -1 & 0 & 1 \\ 0 & 0 & 1 \end{pmatrix}$

$\frac{1}{2}\begin{pmatrix} 5 & 6 & -15 \\ -7 & -8 & 21 \\ -1 & -2 & 5 \end{pmatrix}$

## 7.5 연립방정식

연립방정식 $a_1x+b_1y+c_1z=d_1$

$a_2x+b_2y+c_2z=d_2$

$a_3x+b_3y+c_3z=d_3$에 대해 알아보자.

$A=\begin{pmatrix} a_1 & b_1 & c_1 \\ a_2 & b_2 & c_2 \\ a_3 & b_3 & c_3 \end{pmatrix}$, $r=\begin{pmatrix} x \\ y \\ z \end{pmatrix}$, $d=\begin{pmatrix} d_1 \\ d_2 \\ d_3 \end{pmatrix}$라 놓으면,

$Ar=d$ 인 방정식을 얻는다.

$detA\neq 0$이면 $A$는 역행렬 $A^{-1}$를 갖고

$A^{-1}(Ar)=A^{-1}d$

$(A^{-1}A)r=A^{-1}d$

$Ir=A^{-1}d$

$r=A^{-1}d$

따라서, 이 결과는 연립방정식의 해를 구하는 방법을 제시한다.

**[예제 1]** — (역행렬 이용 연립방정식 풀기)

연립방정식 $\begin{aligned} x+3y-2z&=1 \\ 2x+z&=5 \\ -y+2z&=4 \end{aligned}$ 를 풀어라.

**풀이** 행렬을 이용하여 연립방정식을 나타내면,

$$A\begin{pmatrix} x \\ y \\ z \end{pmatrix}=\begin{pmatrix} 1 \\ 5 \\ 4 \end{pmatrix},\quad A=\begin{pmatrix} 1 & 2 & -2 \\ 2 & 0 & 1 \\ 0 & -1 & 2 \end{pmatrix}$$

$$adjA = {}^{t}\begin{pmatrix} +1 & -4 & +(-2) \\ -4 & +2 & -(-1) \\ +3 & -5 & +(-6) \end{pmatrix} = \begin{pmatrix} 1 & -4 & 3 \\ -4 & 2 & 5 \\ -2 & 1 & -6 \end{pmatrix}$$

$$detA = 1\times1+3(-4)+(-2)(-2) = -7$$

$$A^{-1} = \frac{adjA}{detA} = \frac{1}{7}\begin{pmatrix} -1 & 4 & -3 \\ 4 & -2 & 5 \\ 2 & -1 & 6 \end{pmatrix}$$

$$\therefore \begin{pmatrix} x \\ y \\ z \end{pmatrix} = A^{-1}\begin{pmatrix} 1 \\ 5 \\ 4 \end{pmatrix} = \frac{1}{7}\begin{pmatrix} -1 & 4 & 3 \\ 4 & -2 & 5 \\ 2 & -1 & 6 \end{pmatrix} = \frac{1}{7}\begin{pmatrix} 7 \\ 14 \\ 21 \end{pmatrix} = \begin{pmatrix} 1 \\ 2 \\ 3 \end{pmatrix}$$

따라서, 방정식의 근은 $x=1$, $y=2$, $z=3$이다. ▣

예제1의 방법은 많은 계산 과정을 포함하고 있으므로 연립방정식을 푸는 효과적인 방법이라고 할 수 없다. 변수를 제거하는 기본적인 방법이 더 낫다.

$x+3y-2z=1$ ……… ①

$2x \quad +z=5$ ……… ②

$-y+2z=4$ ……… ③

①+3×③ ; $x+4z=13$ … ④

2×④-② ; $7z=21$

$z=3$

$z=3$을 ②와 ③에 대입하면, $x=1$, $y=2$

이 접근법은 세 개 또는 그 이상의 변수를 포함하는 연립방정식의 풀이에 체계적인 제거과정으로 개발될 수 있다.

$2x+y-3z=3$ … ①

$x+3y-5z=1$ … ②

$6x-2y=z=9$ … ③이라 하면,

$x$를 소거하기 위해 ②, ③에서 ①을 이용하면

① ; $2x+y-3z=3$ … ④

2×②-① ; $5y-7z=-1$ … ⑤

③-3×① ; $-5y+10z=0$ … ⑥

$y$를 소거하기 위해 ⑥에서 ⑤를 이용하면, 다음 방정식을 얻는다.

④ : $2x+y-3z=3$

⑤ : $5y-7z=-1$

⑤+⑥ : $3z=-1$

이들 새로운 연립방정식을 **기본형**(echelon form)이라 한다. 이 맥락에서 기본형은 정리한 단계를 의미한다. 방정식을 풀기 위해 정리하여 $z=-\frac{1}{3}$을 얻으면 $y=-\frac{2}{3}$, $x=\frac{4}{3}$가 따라 나온다.

이들 방정식을 기본형으로 고치는데 계수의 행렬은 다음과 같이 바뀌었다.

$$\begin{pmatrix} 2 & 1 & -3 \\ 1 & 3 & -5 \\ 6 & -2 & 1 \end{pmatrix} \text{에서} \begin{pmatrix} 2 & 1 & -3 \\ 0 & 5 & -7 \\ 0 & 0 & 3 \end{pmatrix}$$

새로운 행렬은 내각선과 그 위쪽에 0이 아닌 원소를 갖고 있고, 그 아래쪽은 원소가 모두 0이다. 대각선의 위 또는 아래 원소가 모두 0인 행렬을 삼각행렬(triangular matrix)이라고 한다.

일반으로 연립방정식에 대응하는 행렬이 삼각행렬이 되면 **기본행렬**(echolon)이라고 한다. 체계저인 소기 빙법을 표로 나타낼 수 있다.

과정의 각 단계는 새로운 행 $r_1'$, $r_2'$, $r_3'$을 이전의행 $r_1$, $r_2$, $r_3$의 식으로 나타낸다.

| | 계 | 수 | | 상수항 |
|---|---|---|---|---|
| | $x$ | $y$ | $z$ | |
| | 2 | 1 | −3 | 3 |
| | 1 | 3 | −5 | 1 |
| | 6 | −2 | 1 | 9 |
| | 2 | 1 | −3 | 3 |
| $r_2'=2r^2-r_1$ | 0 | 5 | −7 | −1 |
| $r_3'=r_3-3r_1$ | 0 | −5 | 10 | 0 |
| | 2 | 1 | −3 | 3 |
| | 0 | 5 | −7 | −1 |
| $r_3'=r_2+r_3$ | 0 | 0 | 3 | −1 |

따라서, $z=-\frac{1}{3}$, $y=-\frac{2}{3}$, $x=\frac{4}{e}$

다음 연립방정식의 기하학적 의미를 알아보자.

$$a_1x+b_1y+c_1z=d_1$$
$$a_2x+b_2y+c_2z=d_2$$
$$a_3x+b_3y+c_3z=d_3$$

이들은 3차원 공간에서 세 평면의 방정식으로 생각할 수 있다. $detA\neq 0$이면 방정식은 유일한 해를 갖고 따라서 세 평면은 한 점에서 만난다. 교점의 좌표는 역행렬 $A^{-1}$를 이용하여 구할 수 있거나 소거법을 이용하여 기본형으로 고쳐 구할 수 있다.

$detA=0$이면 세 가지 경우가 있다.

1) 세 평면은 공유점을 갖지 않는다.
적어도 수평면이 평행하거나 한 평면이 나머지 두 평면의 교선에 평행하다. 방정식은 해를 갖지 않는다.
2) 세 평면이 공통인 교선을 갖는다.
교선위의 모든 점이 방정식의 해로 무수히 많다.
3) 세 평면이 일치한다.
평면위의 모든 점이 방정식의 해로 무수히 많다.

**[예제 2]** — (연립방정식의 기하학적 의미의 이해)

연립방정식 $2x-3y+z=1$ … ①
$x+2y-z=3$ … ②
$2x+4y-2z=\kappa$ … ③
의 해를 1) $\kappa=5$ 2) $\kappa=6$인 경우에 알아보아라.

**풀이** 1) $\kappa=5$일 때, ②, ③은 평행한 평면이다. 따라서 해는 없다.
2) $\kappa=6$일 때, ②, ③은 같은 평면을 나타낸다.
따라서 ①, ②의 방정식의 해는 ③을 만족한다.
$x=\lambda$를 ①, ②에 대입하면,

$2\lambda - 3y + z = 1$ ⋯ ④
$\lambda + 2y - z = 3$ ⋯ ⑤
④+⑤ ; $3\lambda - y = 4$ $\therefore\ y = 3\lambda - 4$
⑤에서 $\lambda + 6\lambda - 8 - z = 3$ $\therefore\ z = 7\lambda - 11$
따라서, 해는 $x = \lambda,\ y = 3\lambda - 4,\ z = 7\lambda - 11$ ($\lambda$는 임의의 실수) ▣

**[예제 3]** — (기본형으로 고쳐 연립방정식의 해 알아보기)

연립방정식 $2x - y + z = 1$ ⋯ ①
$2x - 3y - z = 3$ ⋯ ②
$4x - 3y + z = \kappa$ ⋯ ③
의 해를 1) $\kappa = 0$ 2) $\kappa = 3$인 경우에 알아보아라.

| | $x$ | $y$ | $z$ | 상수항 |
|---|---|---|---|---|
| | 2 | −1 | 0 | 1 |
| | 2 | −3 | −1 | 3 |
| | 4 | −3 | 1 | $k$ |
| | 2 | −1 | 1 | 1 |
| $r_2' = r_1 - r_2$ | 0 | 2 | 2 | −2 |
| $r_3' = 2r_1 - r_3$ | 0 | 1 | 1 | $2-k$ |
| | 2 | −1 | 1 | 1 |
| | 0 | 1 | 1 | −1 |
| $r_3' = r_3 - \frac{1}{2}r_2$ | 0 | 0 | 0 | $3-k$ |

**풀이** 1) $k = 0$일 때, 새로운 3행이 $0 = 3$이 되어 모순이므로 방정식의 해는 없다

2) $k = 3$이면 $2x - y + z = 1$
$y + z = -1$에서 $x = \lambda$라면 $y = \lambda - 1,\ z = -\lambda$
해의 집합은 세 평면의 교선을 나타낸다. ▣

**[예제 4]** — (연립방정식의 기하학적 의미 알아보기)

연립방정식 $4x-2y+6z=2$

$$-2x+y-3z=-1$$

$$6x-3y+9z=3$$

의 해를 알아보아라.

**풀이** 세 방정식은 같은 평면을 나타내므로 해 집합은 평면위의 모든 점을 나타낸다. 해를 매개변수형으로 고치면

$x=\lambda,\ y=\mu,\ z=\dfrac{1}{3}(1-2\lambda+\mu)$이다. ▣

# ◈◈◈ 연습 문제 7-5 ◈◈◈

1. 행렬 $\begin{pmatrix} 1 & -1 & -2 \\ 0 & 1 & 1 \\ 2 & 0 & -1 \end{pmatrix}$의 역행렬을 구하고 다음 연립방정식을 풀어라.

   1) $x-y-2y=1$, $y+z=1$, $2x \quad -z=1$
   2) $p-q-2r=2$, $g+r=-1$, $2p \quad -r=3$
   3) $a-b-2c=0$, $b+c=0$, $2a \quad -c=0$

2. 행렬 $\begin{pmatrix} 2 & -1 & 1 \\ 1 & 2 & -1 \\ 3 & 1 & 2 \end{pmatrix}$의 역행렬을 구하고 다음 연립방정식을 풀어라.

   1) $2x-y+z=1$, $x+2y-z=1$, $3x+y+2z=-2$
   2) $2p-q+r=0$, $p+2q-r=3$, $3p+q+2r=-1$
   3) $2a-b+c=-1$, $a+2b-c=3$, $3a+b-2c=2$

3. 연립방정식 $3x+3y+z=10$

   $x-y-z=-4$

   $-2x+2y+2z=\kappa$

   의 해를 1) $\kappa=4$ 2) $\kappa=8$에 대해 알아보아라.

4. 연립방정식 $-4x+12y+8z=-16$

   $\kappa x-3y-(\kappa+1)z=4$

   $2x-6y-4z=8$

   의 해를 1) $\kappa=-1$ 2) $\kappa=1$에 대해 알아보아라.

## 해 답

1.
1) 1, 4, −3
2) 2, −2, 1
3) 0, 0, 0

2.
1) 1, −1, −2
2) 2, −2, 1
3) $\frac{1}{5}$, $\frac{7}{5}$, 0

3.
1) 해 없음
2) $\lambda,\ 3-2\lambda,\ 1+3\lambda$

4.
1) $\lambda,\ -\frac{1}{3}(4+\lambda),\ \lambda$
2) $\lambda,\mu,\ \frac{1}{2}(\lambda-3\mu-4)$

5. 연립방정식 $\begin{aligned} 2x+y+2z&=1 \\ 3x \quad\quad -z&=3 \\ 4x-y+az&=b \end{aligned}$

의 해를 1) $a \neq -4$일 때 1개 2)$a=-4$, $b=2$일 때, 없다. 3) $a=-4$, $b=5$일 때, 무수히 많음을 보이고 기하학적으로 설명하여라.

5. 생략

# 7.6 역행렬(소거법)

연립방정식을 소거법으로 푸는 과정에서 제시된 행렬의 해에 대한 연산을 이용하여 역행렬을 구하려고 한다. 행렬 $A$의 역행렬을 구하는 방법을 알아보자.

$$A=\begin{pmatrix} 1 & -1 & 0 \\ -1 & 2 & 1 \\ 2 & -1 & 2 \end{pmatrix}$$

$$\begin{pmatrix} 1 & -1 & 0 \\ -1 & 2 & 1 \\ 2 & -1 & 2 \end{pmatrix}\begin{pmatrix} x \\ y \\ z \end{pmatrix}=\begin{pmatrix} p \\ q \\ r \end{pmatrix}$$ 이라 하면,

$x-y=p \quad \cdots$ ①

$-x+2y+z=q \quad \cdots$ ②

$2x-y+2z=r \quad \cdots$ ③

$x$를 소거하기 위해 ②, ③으로부터 ①을 이용하면,

① : $x-y=p \quad \cdots$ ④

②+① : $y+z=p+q \quad \cdots$ ⑤

③-②×① : $y+2z=-2p+r \quad \cdots$ ⑥

$y$를 소거하기 위해 ④, ⑥으로부터 ⑤를 이용하면,

④+⑤ : $x+z=2p+q \quad \cdots$ ⑦

⑤ : $y+z=p+q \quad \cdots$ ⑧

⑥-⑤ : $z=-3p-q+r \quad \cdots$ ⑨

$z$를 소거하기 위해 ⑦과 ⑧로부터 ⑨를 이용하면,

⑦-⑨ : $x=5p+2q-r$

⑧-⑨ : $y=4p+2q-r$

⑨ : $z=-3p-q+r$

따라서, $\begin{pmatrix} x \\ y \\ z \end{pmatrix}=\begin{pmatrix} 5 & 2 & -1 \\ 4 & 2 & -1 \\ -3 & -1 & 1 \end{pmatrix}\begin{pmatrix} p \\ q \\ r \end{pmatrix}$

$$A^{-1}=\begin{pmatrix} 5 & 2 & -1 \\ 4 & 2 & -1 \\ -3 & -1 & 1 \end{pmatrix}$$

앞절의 기호를 이용하여 다음과 같이 빠르게 작업을 할 수 있다.

$$A=\begin{pmatrix} 1 & -1 & 0 \\ -1 & 2 & 1 \\ 2 & -1 & 2 \end{pmatrix} \qquad I=\begin{pmatrix} 1 & 0 & 0 \\ 0 & 1 & 0 \\ 0 & 0 & 1 \end{pmatrix}$$

$$\begin{matrix} r_2'=r_2+r_1 \\ r_3'=r_3-2r_1 \end{matrix} \quad \begin{pmatrix} 1 & -1 & 0 \\ 0 & 1 & 1 \\ 0 & 1 & 2 \end{pmatrix} \qquad \begin{pmatrix} 1 & 0 & 0 \\ 1 & 1 & 0 \\ -2 & 0 & 1 \end{pmatrix}$$

$$\begin{matrix} r_1'=r_1+r_2 \\ r_3'=r_3-r_2 \end{matrix} \quad \begin{pmatrix} 1 & 0 & 1 \\ 0 & 1 & 1 \\ 0 & 0 & 1 \end{pmatrix} \qquad \begin{pmatrix} 2 & 1 & 0 \\ 1 & 1 & 0 \\ -3 & -1 & 1 \end{pmatrix}$$

$$\begin{matrix} r_1'=r_1-r_3 \\ r_2'=r_2-r_3 \end{matrix} \quad \begin{pmatrix} 1 & 0 & 0 \\ 0 & 1 & 0 \\ 0 & 0 & 1 \end{pmatrix}=I \qquad \begin{pmatrix} 5 & 2 & -1 \\ 4 & 2 & -1 \\ -3 & -1 & 1 \end{pmatrix}=A^{-1}$$

다음 예제를 통해 확실하게 역행렬을 구하는 방법을 익힌다.

**[예제 1]** — (소거법 이용 역행렬 구하기)

행렬 $A=\begin{pmatrix} 1 & 2 & -1 \\ 2 & 1 & 1 \\ -1 & 0 & 2 \end{pmatrix}$의 역행렬을 구하여라.

**풀이**

$$\begin{pmatrix} 1 & 2 & -1 \\ 2 & 1 & 1 \\ -1 & 0 & 2 \end{pmatrix} \qquad \begin{pmatrix} 1 & 0 & 0 \\ 0 & 1 & 0 \\ 0 & 0 & 1 \end{pmatrix}$$

$$
\begin{array}{l|l|l}
r_2' = r_2 - 2r_1 & \begin{pmatrix} 1 & 2 & -1 \\ 0 & -3 & 3 \\ 0 & 2 & 1 \end{pmatrix} & \begin{pmatrix} 1 & 0 & 0 \\ -2 & 1 & 0 \\ 1 & 0 & 1 \end{pmatrix} \\
r_3' = r_3 + r_1 & & \\
r_1' = 3r_1 + 2r_2 & \begin{pmatrix} 3 & 0 & 3 \\ 0 & -3 & 3 \\ 0 & 0 & 9 \end{pmatrix} & \begin{pmatrix} -1 & 2 & 0 \\ -2 & 1 & 0 \\ -1 & 2 & 3 \end{pmatrix} \\
r_3' = 3r_3 + 2r_2 & & \\
r_1' = 3r_1 - r_3 & \begin{pmatrix} 9 & 0 & 0 \\ 0 & -9 & 0 \\ 0 & 0 & 9 \end{pmatrix} & \begin{pmatrix} -2 & 4 & 3 \\ -5 & 1 & 3 \\ -1 & 2 & 3 \end{pmatrix} \\
r_2' = 3r_2 - r_3 & & \\
r_1' = \frac{1}{9}r_1 & & \\
r_2' = -\frac{1}{9}r_2 & \begin{pmatrix} 1 & 0 & 0 \\ 0 & 1 & 0 \\ 0 & 0 & 1 \end{pmatrix} & \begin{pmatrix} -\frac{2}{9} & \frac{4}{9} & -\frac{3}{9} \\ -\frac{5}{9} & \frac{1}{9} & \frac{3}{9} \\ -\frac{1}{9} & \frac{2}{9} & \frac{3}{9} \end{pmatrix} \\
r_3' = \frac{1}{9}r_3 & &
\end{array}
$$

따라서, $A^{-1} = \frac{1}{9}\begin{pmatrix} -2 & 4 & -3 \\ 5 & -1 & 3 \\ -1 & 2 & 3 \end{pmatrix}$ 또는 $\begin{pmatrix} -\frac{2}{9} & \frac{4}{9} & -\frac{3}{9} \\ -\frac{5}{9} & \frac{1}{9} & \frac{3}{9} \\ -\frac{1}{9} & \frac{2}{9} & \frac{3}{9} \end{pmatrix}$

■

주 대각선에 0을 없애기 위해 행을 바꿀 필요가 있는 경우가 있다.

**[예제 2]** (역행렬 구하기)

행렬 $A = \begin{pmatrix} -1 & 3 & 2 \\ 2 & -6 & 0 \\ 1 & -2 & -4 \end{pmatrix}$의 역행렬을 구하여라.

**풀이**

$$\left(\begin{array}{ccc|ccc} -1 & 3 & 2 & 1 & 0 & 0 \\ 2 & -6 & 0 & 0 & 1 & 0 \\ 1 & -2 & -4 & 0 & 0 & 1 \end{array}\right)$$

$r_2{}'=r_2+2r_1$, $r_3{}'=r_3+r_1$

$$\left(\begin{array}{ccc|ccc} -1 & 3 & 2 & 1 & 0 & 0 \\ 0 & 0 & 4 & 2 & 1 & 0 \\ 0 & 1 & -2 & 1 & 0 & 1 \end{array}\right)$$

$r_2{}'=r_3$, $r_3{}'=r_2$

$$\left(\begin{array}{ccc|ccc} -1 & 3 & 2 & 1 & 0 & 0 \\ 0 & 1 & -2 & 1 & 0 & 1 \\ 0 & 0 & 4 & 2 & 1 & 0 \end{array}\right)$$

$r_1{}'=r_1-3r_2$

$$\left(\begin{array}{ccc|ccc} -1 & 0 & 8 & -2 & 0 & -3 \\ 0 & 1 & -2 & 1 & 0 & 1 \\ 0 & 0 & 4 & 2 & 1 & 0 \end{array}\right)$$

$r_1{}'=r_1-2r_3$, $r_2{}'=2r_1+r_3$

$$\left(\begin{array}{ccc|ccc} -1 & 0 & 0 & -6 & -2 & -3 \\ 0 & 2 & 0 & 4 & 1 & 2 \\ 0 & 0 & 4 & 2 & 1 & 0 \end{array}\right)$$

$r_1{}'=-r_1$, $r_2{}'=\frac{1}{2}r_2$, $r_3{}'=\frac{1}{4}r_3$

$$\left(\begin{array}{ccc|ccc} 1 & 0 & 0 & 6 & 2 & 3 \\ 0 & 1 & 0 & 2 & \frac{1}{2} & 1 \\ 0 & 0 & 1 & \frac{1}{2} & \frac{1}{4} & 0 \end{array}\right)$$

$$A^{-1}=\begin{pmatrix} 6 & 2 & 3 \\ 2 & \frac{1}{2} & 1 \\ \frac{1}{2} & \frac{1}{4} & 0 \end{pmatrix} \text{ 또는 } \frac{1}{4}\begin{pmatrix} 24 & 8 & 12 \\ 8 & 2 & 4 \\ 2 & 1 & 0 \end{pmatrix}$$ ▣

**[예제 3]** — (역행렬이 없는 경우의 계산)

행렬 $A=\begin{pmatrix} 2 & -1 & 3 \\ -1 & 3 & 1 \\ 1 & 2 & 4 \end{pmatrix}$의 역행렬을 구하여라.

**풀이**

$$\left(\begin{array}{ccc|ccc} 2 & -1 & 3 & 1 & 0 & 0 \\ -1 & 3 & 1 & 0 & 1 & 0 \\ 1 & 2 & 4 & 0 & 0 & 1 \end{array}\right)$$

$$\begin{array}{l} r_2' = 2r_2 + r_1 \\ r_3' = 2r_3 - r_1 \end{array} \quad \left(\begin{array}{ccc|ccc} 2 & -1 & 3 & 1 & 0 & 0 \\ 0 & 5 & 5 & 1 & 2 & 0 \\ 0 & 5 & 5 & -1 & 0 & 2 \end{array}\right)$$

$$\begin{array}{l} r_1' = 5r_1 + r_2 \\ \\ r_3' = r_3 - r_2 \end{array} \quad \left(\begin{array}{ccc|ccc} 10 & 0 & 20 & 6 & 2 & 0 \\ 0 & 5 & 5 & 1 & 2 & 0 \\ 0 & 0 & 0 & -2 & -2 & 2 \end{array}\right)$$

한행의 원소가 모두 0이므로 행렬 $A$의 역행렬은 구할 수 없다. ▣

**참고** 기본형 연산법은 역행렬을 구하는데 모든 차수의 정사각행렬에 대해 이용할 수 있다. 앞에서 소개된 수반행렬을 이용하는 방법보다 더 효과적이다.

# ◆◆◆ 연습 문제 7-6 ◆◆◆

1. 다음 행렬의 역행렬을 구하여라.

1) $\begin{pmatrix} 1 & 0 & 0 \\ 0 & 1 & 1 \\ 1 & 1 & 2 \end{pmatrix}$ 2) $\begin{pmatrix} 1 & 1 & 1 \\ -1 & 2 & -2 \\ 0 & 0 & 1 \end{pmatrix}$

3) $\begin{pmatrix} 1 & -2 & 1 \\ 0 & 1 & -2 \\ 0 & 0 & 1 \end{pmatrix}$ 4) $\begin{pmatrix} 1 & 0 & 0 \\ -3 & 1 & 0 \\ 5 & -2 & 1 \end{pmatrix}$

5) $\begin{pmatrix} 1 & -1 & 1 \\ -3 & 4 & -2 \\ 2 & 0 & 5 \end{pmatrix}$ 6) $\begin{pmatrix} 1 & -3 & 1 \\ -1 & 4 & -2 \\ 2 & -1 & -2 \end{pmatrix}$

7) $\begin{pmatrix} 1 & 1 & -1 \\ 1 & 0 & 0 \\ -1 & 0 & 1 \end{pmatrix}$ 8) $\begin{pmatrix} 1 & -2 & 0 \\ -2 & 3 & -1 \\ 1 & 1 & 2 \end{pmatrix}$

9) $\begin{pmatrix} 1 & 1 & 1 \\ 1 & 2 & 3 \\ 2 & -1 & -3 \end{pmatrix}$ 10) $\begin{pmatrix} 1 & -2 & 0 \\ 3 & 1 & 1 \\ 0 & 1 & 0 \end{pmatrix}$

11) $\begin{pmatrix} 1 & -5 & -3 \\ -3 & 2 & -4 \\ 4 & 1 & 9 \end{pmatrix}$ 12) $\begin{pmatrix} -3 & 0 & 1 \\ 2 & 1 & 2 \\ 1 & 0 & 0 \end{pmatrix}$

13) $\begin{pmatrix} -1 & 0 & 1 \\ -2 & 1 & 2 \\ 0 & 0 & 2 \end{pmatrix}$ 14) $\begin{pmatrix} 3 & -2 & -1 \\ -1 & 0 & -3 \\ 4 & -3 & 0 \end{pmatrix}$

15) $\begin{pmatrix} 3 & 2 & 1 \\ 0 & 1 & 4 \\ 0 & 0 & 2 \end{pmatrix}$ 16) $\begin{pmatrix} 4 & 2 & 3 \\ 0 & -1 & -2 \\ 2 & 4 & 7 \end{pmatrix}$

17) $\begin{pmatrix} 1 & 2 & 3 \\ 1 & 2 & 2 \\ 1 & 1 & 1 \end{pmatrix}$ 18) $\begin{pmatrix} 2 & 0 & -3 \\ 0 & 0 & -1 \\ 2 & 2 & 0 \end{pmatrix}$

19) $\begin{pmatrix} 0 & 1 & 0 \\ 5 & 2 & 1 \\ 3 & 4 & 0 \end{pmatrix}$ 20) $\begin{pmatrix} 0 & 2 & -10 \\ 4 & 2 & 2 \\ 7 & 3 & 6 \end{pmatrix}$

**해 답**

1.

11) 없다

14) 없다

20) 없다

2. 행렬 $A=\begin{pmatrix} 1 & 0 & 0 \\ 4 & 1 & 0 \\ -3 & -2 & 1 \end{pmatrix}$, $B=\begin{pmatrix} 1 & 2 & 0 \\ 1 & 3 & 5 \\ 0 & -1 & -1 \end{pmatrix}$에 대해 $A^{-1}$, $B^{-1}$을 구하고,

1) $(AB)^{-1}=B^{-1}$
2) $({}^tA)^{-1}={}^t(A^{-1})$
3) $(B^2)^{-1}=(B^{-1})^2$임을 보여라.

3. 행렬 $A=\begin{pmatrix} 1 & -1 & 3 \\ 1 & 0 & 4 \\ 2 & -4 & 3 \end{pmatrix}$, $B=\begin{pmatrix} 1 & 1 & 1 \\ 0 & 1 & 1 \\ 0 & 0 & 1 \end{pmatrix}$의 역행렬을 구하고 $P=AB$, $Q=B^2A$일 $P^{-2}$, $Q^{-1}$를 구하여라.

2.

$$A^{-1}=\begin{pmatrix} 1 & 0 & 0 \\ -4 & 1 & 0 \\ -5 & 2 & 1 \end{pmatrix}$$

$$B^{-1}=\frac{1}{4}\begin{pmatrix} 2 & 2 & 10 \\ 1 & -1 & -5 \\ -1 & 1 & 1 \end{pmatrix}$$

3. $\begin{pmatrix} -16 & 9 & 4 \\ -5 & 3 & 1 \\ 4 & -2 & -1 \end{pmatrix}$

$$\begin{pmatrix} 1 & -1 & 0 \\ 0 & 1 & -1 \\ 0 & 0 & 1 \end{pmatrix}$$

$$\begin{pmatrix} -11 & 6 & 3 \\ 9 & 5 & 2 \\ 4 & -2 & -1 \end{pmatrix}$$

$$\begin{pmatrix} -16 & 41 & -30 \\ -5 & 13 & -10 \\ 4 & -10 & 7 \end{pmatrix}$$

## Home Work

1. 행렬 $A=\begin{pmatrix} 2 & 2 & 1 \\ 1 & 0 & 1 \\ 0 & -1 & 0 \end{pmatrix}$, $B=\begin{pmatrix} 1 & -1 & 1 \\ 0 & 0 & -1 \\ -1 & 2 & -1 \end{pmatrix}$에 대해 다음을 구하여라.

   1) $AB$ 2) $AX+B=A$인 $X$

2. $P$는 $P^2=P-I$ 인 3차 정사각행렬이다.

   1) $P^{-1}$를 $P$ 와 $I$ 의 식으로 나타내어라.

   2) $P^3+I=0$임을 보여라.

   3) $PQ=2I-P$ 일 때, $Q=\lambda I+\mu P$ 꼴로 나타내어라.

3. 행렬 $C=\begin{pmatrix} 1 & -1 & 1 \\ 4 & -7 & 5 \\ 2 & -4 & 3 \end{pmatrix}$일 때, $CX=\begin{pmatrix} 0 & 1 & 0 \\ 0 & 0 & -1 \\ 1 & 0 & 0 \end{pmatrix}$인 $X$를 구하여라.

4. 다음 행렬의 역행렬이 있으면 구하고 없으면 그 이유를 설명하여라.

   1) $\begin{pmatrix} 1 & 2 \\ -3 & -4 \end{pmatrix}$ 2) $\begin{pmatrix} 1 & -2 \\ -3 & 6 \end{pmatrix}$ 3) $\begin{pmatrix} 1 & 2 \\ 2 & 1 \\ 3 & 4 \end{pmatrix}$

   4) $\begin{pmatrix} 2 & 1 & 2 \\ 1 & 0 & 2 \\ 1 & 2 & 0 \end{pmatrix}$ 5) $\begin{pmatrix} 1 & 1 & 0 \\ 0 & 1 & 1 \\ 0 & 0 & 1 \end{pmatrix}$

5. 행렬 $\begin{pmatrix} 1 & -3 & 0 \\ 2 & 0 & 1 \\ 4 & 1 & 3 \end{pmatrix}$의 역행렬을 구하고 $x, y, z$ 에 대한 연립방정식

   $x-3y-a=0$
   $2x+z-b=0$
   $4x+y+3z-c=0$ 을 풀어라.

6. 연립방정식 $x+2y+3z=1$
   $5x+y+3z=\kappa$
   $3x+9y+13z=\kappa^2$의 해를 $\kappa$의 값에 따라 구하여라.

제 8 장

# 벡터와 공간기하

〈 학습내용 〉

8.1 평면 벡터

8.2 공간에서 직교좌표와 벡터

8.3 공간에서 직선과 평면

8.4 공간에서 곡면

# 벡터와 공간기하

벡터(평면 벡터, 공간 벡터)와 공간좌표를 알아보려고 한다. 일변수함수의 연구에 평면좌표가 자연스러운 것처럼 이변수함수의 연구에 공간좌표가 요구된다. 공간좌표는 $xy$-평면의 위 아래로 제3의 좌표축을 더하여 만든다. 이변수의 방정식이 평면에서 곡선의 방정식을 정의하듯 삼변수의 방정식은 공간에서 곡면을 정의한다. 이변수함수의 그래프를 그리는데, 영역을 정의하는데, 입체의 경계를 구하는데, 용기의 면을 기술하는데 이들 곡면을 이용한다. 간단히 말하면 평면에서 하는 모든 것에 단지 일차원만 더하여 이용한다. 공간에서 벡터를 갖고, 삼차원의 모델을 만들고 움직이는 물체의 위치를 추적할 수 있다. 또 속도와 가속도의 크기와 방향을 계산할 수 있다.

## 8.1 평면 벡터

### □ 벡터의 뜻

길이, 넓이, 부피, 질량 등과 같이 크기만을 가지는 양을 **스칼라**(scalar)라 하고, 속도, 가속도, 힘 등과 같이 크기와 방향을 가지는 양을 **벡터**(vector)라고 한다.

(그림 8-1)과 같이 선분 $AB$에 대하여 점 $A$에서 점 $B$까지 옮긴 거리이외에 방향을 생각할 때, 이 선분을 유향선분 $AB$라 하고, 또 유향성분 $AB$에서 점 $A$를 유향선분의 **시점**(initial point), 점 $B$를 **종점**(terminal point)이라고 한다.

벡터는 크기와 방향을 가지는 양이므로 **유향선분(directed segment)**으로 나타낼 수 있다. 유향선분 $AB$에서 시점 $A$의 위치를 무시하고 그 크기와 방향을 생각할 때 유향선분 $AB$를 벡터 $\overrightarrow{AB}$라 하고, 기호 $\overrightarrow{AB}$ 또는 $\vec{a}$로 나타낸다.

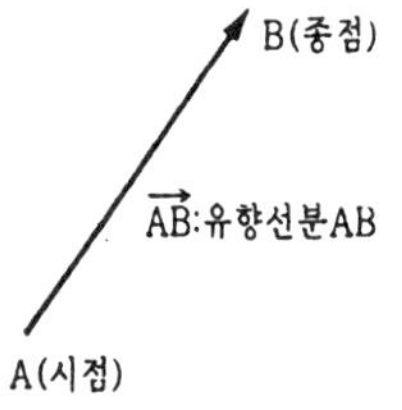


**(그림 8-1)**

## □ 벡터의 크기와 단위 벡터

벡터 $\overrightarrow{AB}$, $\vec{a}$의 **크기(magnitude)** 또는 **노름(norm)**이라 하고, 각각 $|\overrightarrow{AB}|$의, $|\vec{a}|$와 같이 절대값 기호를 써서 나타낸다. 특히, 크기가 1인 벡터를 **단위벡터 (unit vector)**라고 한다.

벡터 $\overrightarrow{AB}$의 방향은 유향선분 $AB$의 방향이고 그 크기는 선분 $AB$의 길이이다. (그림8-2)와 같이 임의의 벡터 $\vec{a}$를 유향선분 $AB$로 나타낼 때 $\vec{a}=\overrightarrow{AB}$로 나타내고 $\vec{a}$ 또는 $\overrightarrow{AB}$의 크기를 $|\vec{a}|$ 또는 $|\overrightarrow{AB}|$로 나타낸다. 특히, $|\overrightarrow{AB}|=|\vec{a}|=1$인 벡터를 단위벡터라고 한다.

예 (그림8-3)의 좌표평면 위에서 원점 $O$에서 점 $A(4, 3)$까지의 거리가 5이므로 평면 벡터 $\overrightarrow{OA}$의 크기는 $|\overrightarrow{OA}|=5$이다.

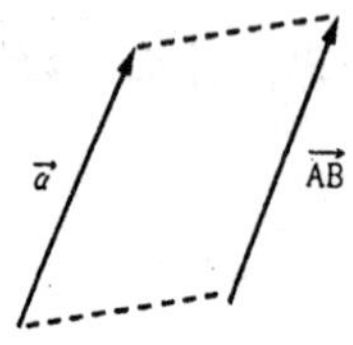


(그림 8-2)

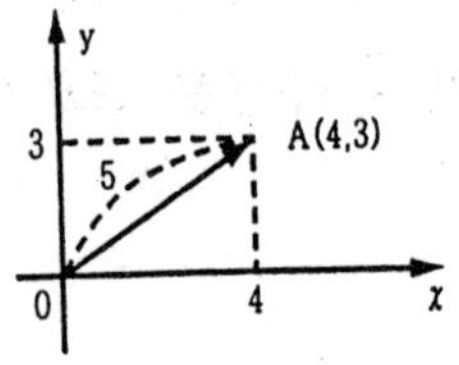


(그림 8-3)

## □ 서로 같은 벡터(상등)

두 벡터 $\vec{a}$, $\vec{b}$의 크기와 방향이 같을 때, 두 벡터 $\vec{a}$, $\vec{b}$는 **서로 같다**(또는 **상등**이다)고 하고 기호 $\vec{a}=\vec{b}$로 나타낸다.

(그림 8-4)와 같이, 시점의 위치에 관계없이 두 벡터 $\overrightarrow{AB}(=\vec{a})$, $\overrightarrow{CD}(=\vec{b})$사이에서 크기와 방향이 같을 때 두 벡터는 같다고 하고 $|\overrightarrow{AB}|=|\overrightarrow{CD}|$ 또는 $\vec{a}=\vec{b}$와 같이 나타낸다. $\overrightarrow{AB}=\overrightarrow{CD}$이면 평행이동에 의하여 선분 $AB$를 선분 $CD$에(곧, $A$를 $C$에, $B$를 $D$에) 포개어 놓을 수 있다. 따라서 한 벡터를 평행이동한 것은 모두 같으며, 벡터를 유향선분으로 나타낼 때에는 그 시점을 임의로 잡을 수 있다. 즉, 벡터 $\vec{a}$를 나타내는 유향선분은 무수히 많다.

예 두 벡터 $\overrightarrow{AB}$, $\overrightarrow{AC}$에 대하여 $\overrightarrow{AB}=\overrightarrow{AC}$이면 두 점 $B$, $C$는 일치한다.
또 $\overrightarrow{AB}=\overrightarrow{CD}$, $\overrightarrow{CD}=\overrightarrow{EF}$이면 $\overrightarrow{AB}=\overrightarrow{EF}$임을 알 수 있다.

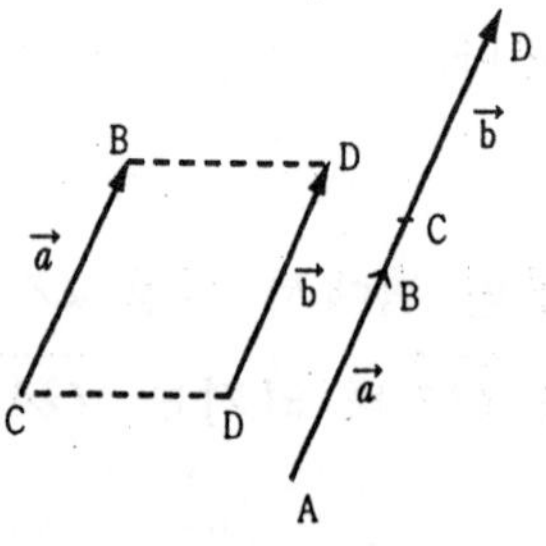


(그림 8-4)

**[예제 1]** —— (벡터의 상등과 크기 구하기)

(그림 8-5)와 같이 한 변의 길이가 1인 정육각형의 중심을 $O$라 하자.
$\overrightarrow{OA}=\vec{a}$, $\overrightarrow{OB}=\vec{b}$, $\overrightarrow{OC}=\vec{c}$일 때,
다음 물음에 답하여라

1) 다음 벡터를 $\vec{a}$, $\vec{b}$, $\vec{c}$로 나타내어라.
 ㄱ) $\overrightarrow{AB}$  ㄴ) $\overrightarrow{EF}$  ㄷ) $\overrightarrow{DC}$

2) $\overrightarrow{DF}$의 크기를 구하여라.

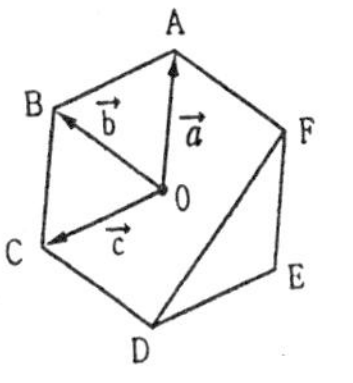

**(그림 8-5)**

**풀이** 1) ㄱ) $\overrightarrow{AB}=\overrightarrow{OC}=\vec{c}$
 ㄴ) $\overrightarrow{EF}=\overrightarrow{CB}=\overrightarrow{OA}=\vec{a}$
 ㄷ) $\overrightarrow{DC}=\overrightarrow{OB}=\vec{b}$

2) $|\overrightarrow{DF}|$는 선분 $DF$의 길이이므로 $\triangle DEF$에서 $|\overrightarrow{DF}|=\sqrt{3}$ ▣

## □ 역벡터와 영벡터

벡터 $\vec{a}$와 크기가 같고 방향이 반대인 벡터를 $\vec{a}$의 **역벡터(inverse vector)** 라 하고, $-\vec{a}$로 나타낸다. 또, 시점과 종점이 일치하는 벡터를 **영벡터(zero vector)** 라 하고 $\vec{O}$로 나타낸다.

점 $A$를 시점으로 하고 점 $B$를 종점으로 하는 벡터 $\overrightarrow{AB}$에 대하여 점 $B$를 시점으로 하고 점 $A$를 종점으로 하는 벡터 $\overrightarrow{BA}$를 $\overrightarrow{AB}$의 역벡터라 하고, 기호 $-\overrightarrow{AB}$로 나타낸다. 즉, $\overrightarrow{AB}=-\overrightarrow{BA}$, $\overrightarrow{BA}=-\overrightarrow{AB}$ 따라서, 두 벡터 $\overrightarrow{AB}$와 $\overrightarrow{BA}$는 그 크기는 같지만 방향은 반대이다.

또, $\overrightarrow{AA}$, $\overrightarrow{BB}$ 등은 시점과 종점이 일치하는 벡터로서 한 점을 나타내므로 그 크기는 0이 된다. 이러한 벡터를 영벡터라 하고 그 방향은 임의로 생각한다.

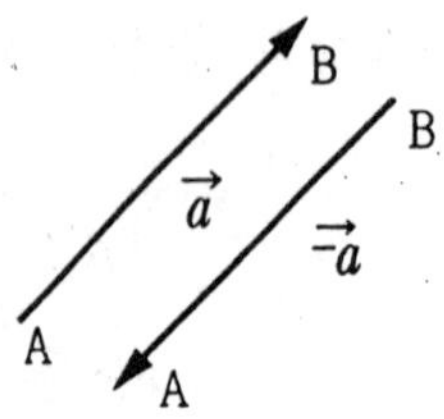


(그림 8-6)

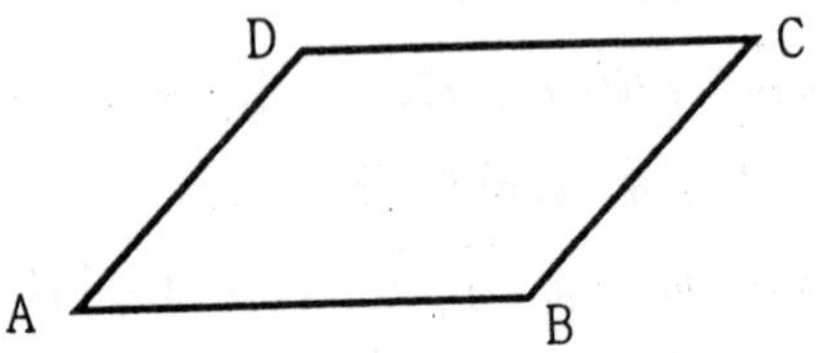


(그림 8-7)

**예** (그림 8-7)의 평행사변형 $ABCD$에서
$\overrightarrow{AB}=\vec{a}$, $\overrightarrow{AD}=\vec{b}$라 할 때,
$\overrightarrow{CD}$, $\overrightarrow{CB}$를 $\vec{a}$, $\vec{b}$로 나타내면
$\overrightarrow{CD}=-\vec{a}$, $\overrightarrow{CB}=-\vec{b}$이다.

## □ 벡터의 덧셈·뺄셈

임의의 두 벡터 $\vec{a}$, $\vec{b}$에 대하여 $\overrightarrow{AB}=\vec{a}$, $\overrightarrow{BC}=\vec{b}$라 할 때, $\overrightarrow{AC}$로 나타내어지는 벡터 $\vec{c}$를 두 벡터 $\vec{a}$, $\vec{b}$의 합(sum)이라고 하고, 기호 $\vec{c}=\vec{a}+\vec{b}$로 나타낸다. 즉, $\overrightarrow{AC}=\overrightarrow{AB}+\overrightarrow{BC}$ (그림 8-8)

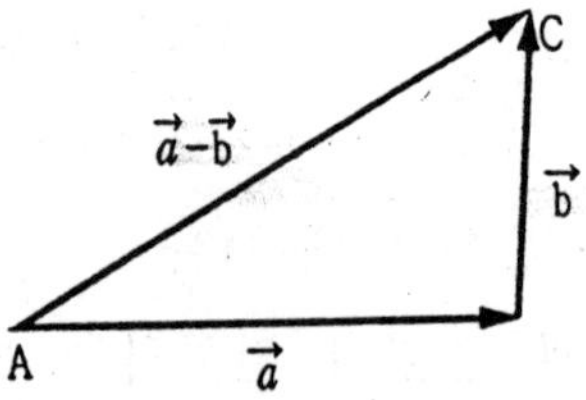


(그림 8-8)

(삼각형의 법칙(triangle law)

두 벡터 $\vec{a}$, $\vec{b}$가 주어졌다고 하자.
먼저 점 $A$를 정하고 $\overrightarrow{AB}=\vec{a}$, $\overrightarrow{BC}=\vec{b}$, 인 점$B$, 점$C$를 차례로 잡으면, 벡터 $\overrightarrow{AC}$가 정해진다. 이 때 $\overrightarrow{AC}$를 $\vec{c}$ 라 하면, $\vec{c}$가 $\vec{a}$가 $\vec{b}$의 합이다.(그림 8-9) 또 이것을 기호로 나타내면, $\vec{c}=\vec{a}+\vec{b}$ 또는 $\overrightarrow{AC}=\overrightarrow{AB}+\overrightarrow{BC}$

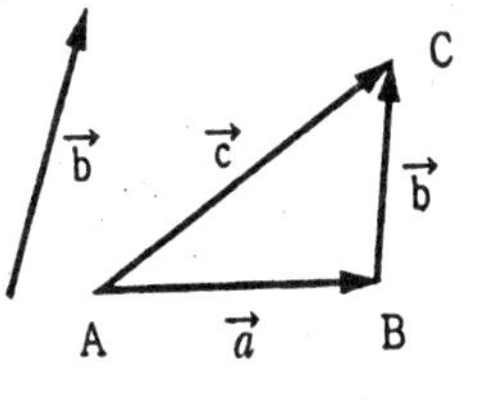

(그림 8-9)

(평행사변형의 법칙(parallelogram)

(그림 8 10)과 같은 평행사변형에서
$\overrightarrow{OA}=\vec{a}$, $\overrightarrow{OB}=\vec{b}$라 하면,
$\overrightarrow{OA}=\overrightarrow{BC}=\vec{a}$ 이므로
$\overrightarrow{OC}=\overrightarrow{OB}+\overrightarrow{BC}=\vec{b}+\vec{a}=\vec{a}+\vec{b}$
따라서, $\overrightarrow{OC}$는 두 벡터의 합 $\vec{a}+\vec{b}$를 나타낸다.(그림8-10)

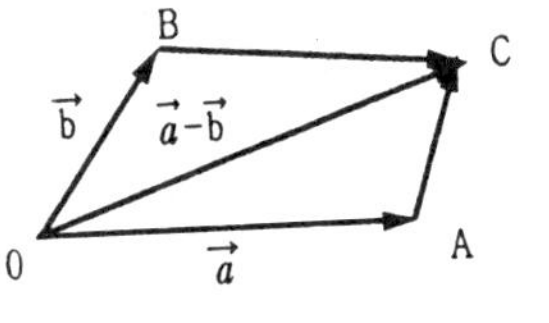

(그림 8-10)

(벡터의 덧셈에 관한 연산법칙)

1) $\vec{a}+\vec{b}=\vec{b}+\vec{a}$ 2) $(\vec{a}+\vec{b})+\vec{c}=\vec{a}+(\vec{b}+\vec{c})$
3) $\vec{a}+\vec{o}=\vec{o}+\vec{a}$ 4) $\vec{a}+(-\vec{a})=(-\vec{a})+\vec{a}=\vec{o}$

두 벡터 $\vec{a}$, $\vec{b}$에 대하여 $\vec{b}+\vec{x}=\vec{a}$를 만족하는 $\vec{x}$를 $\vec{a}$에서 $\vec{b}$를 뺀 차라하고 기호 $\vec{a}-\vec{b}\,(=\vec{x})$로 나타낸다.

두 벡터 $a$, $b$에 대하여 $\vec{a}=\overrightarrow{OA}$, $\vec{b}=\overrightarrow{OB}$로 놓으면 삼각형의 법칙에 의하여 $\overrightarrow{OB}+\overrightarrow{BA}=\overrightarrow{OA}$ 따라서, $\vec{b}+\overrightarrow{BA}=\vec{a}$에서 $\overrightarrow{BA}=\vec{a}-\vec{b}$로 나타낼 수 있다.

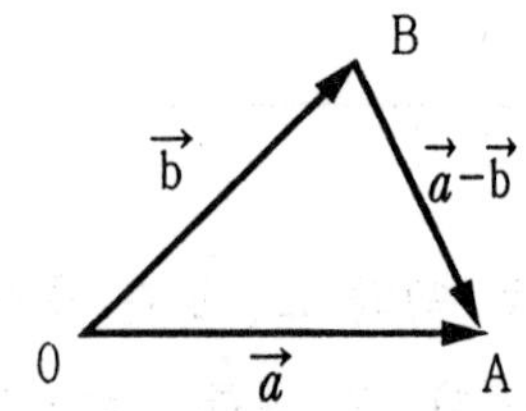


**(그림 8-11)**

## □ 벡터의 스칼라배

$\vec{o}$가 아닌 임의의 벡터 $\vec{a}$에 대하여 $\vec{a}+\vec{a}$, $\vec{a}+\vec{a}+\vec{a}$는 $\vec{a}$와 방향이 같고 크기는 각각 $|\vec{a}|$의 2배, 3배가 되는 벡터이다. 이것은 $\overrightarrow{2a}$, $\overrightarrow{3a}$와 같이 나타내고 각각 $a$의 2배, 3배인 벡터라고 한다. 또, $(-\vec{a})+(-\vec{a})$는 $a$와 반대방향이고 크기가 $|\vec{a}|$의 2배인 벡터이다. 이것을 $-\overrightarrow{2a}$로 나타내고 $\vec{a}$의 -2배인 벡터라고 한다.

벡터의 스칼라배에 대한 여러 가지 성질은 벡터의 덧셈, 뺄셈에서 $0\vec{a}=\vec{o}$, $m\vec{o}=\vec{o}$인 것에 주의하면 $\vec{a}$, $\vec{b}$를 보통의 문자로 생각하여 계산하여도 좋다.

일반으로 실수 $m$과 벡터 $\vec{a}$와의 곱을 **스칼라배(scalar multiple)**라 하고 $m\vec{a}$로 나타낸다.

① $m>0$이면 $\vec{a}$와 같은 방향이고 크기가 $m|\vec{a}|$인 벡터이다.

② $m<0$이면 $\vec{a}$와 반대 방향이고 크기가 $|m||\vec{a}|$인 벡터이다.

③ $m=0$이면 영벡터이다.

(벡터의 스칼라배에 대한 성질)

$m$, $n$을 임의의 실수라 할 때,

1) $(mn)\vec{a}=m(n\vec{a})=n(m\vec{a})=mn\vec{a}$ (결합 법칙)

2) $(m+n)\vec{a}=m\vec{a}+n\vec{a}$, $m(\vec{a}+\vec{b})=m\vec{a}+m\vec{b}$ (배분 법칙)

3) $0\vec{a}=\vec{o}$, $1\vec{a}=\vec{a}$, $m\vec{o}=\vec{o}$

## □ 벡터의 평행조건

$\vec{a}//\vec{b}$ 이면 $\vec{a}$ 와 $\vec{b}$ 는 방향이 같거나 반대이므로 스칼라배의 정의에서 $\vec{a}=k\vec{b}$ 인 실수 $k$가 존재함을 알 수 있고, 역으로 $\vec{a}=k\vec{b}$ 인 실수 $k$가 존재하면 $\vec{a}$ 와 $\vec{b}$ 는 방향이 같거나 반대이므로 $\vec{a}$ 와 $\vec{b}$ 는 서로 **평행(parallel)**이다. 즉, $\vec{a}//\vec{b}$ 이다.

특히, 서로 다른 세 점 $A$, $B$, $C$ 에 대하여 $\overrightarrow{AC}=k\overrightarrow{AB}$ 인 0이 아닌 실수 $k$가 존재하면 세 점 $A$, $B$, $C$ 는 일직선 위에 있음을 알 수 있다.

즉 $\overrightarrow{AC}=k\overrightarrow{AB} \Leftrightarrow \overrightarrow{AC}//\overrightarrow{AB} \Leftrightarrow$ 세 점 $A$, $B$, $C$ 는 일직선 위에 존재한다.

**[예제 2]** — (벡터의 연산)

$\vec{p}=3\vec{a}+2\vec{b}$, $\vec{q}=-2\vec{a}+\vec{b}$라 할 때, 다음 벡터를 $\vec{a}$, $\vec{b}$ 로 나타내어라.

1) $2\vec{p}+3\vec{q}$

2) $3(\vec{x}-\vec{q})=2\vec{p}+\vec{x}$를 만족하는 $\vec{x}$

3) $\begin{cases} 2\vec{x}-3\vec{y}=\vec{p} \\ \vec{x}+\vec{y}=\vec{q} \end{cases}$ 의 크기를 구하여라.

**풀이** 1) $2\vec{p}+3\vec{q}=2(3\vec{a}+2\vec{b})+3(-2\vec{a}+\vec{b})$

$=(\vec{6a}+\vec{4b})+(-6\vec{a}+3\vec{b})$

$=(6-6)\vec{a}+(4+3)\vec{b}=7\vec{b}$

2) $3\vec{x}-3\vec{q}=2\vec{p}+\vec{x}$에서

$2\vec{x}=2\vec{p}+3\vec{q} \quad \therefore\ \vec{x}=\vec{p}+\frac{3}{2}\vec{q}$ 따라서,

$$\begin{aligned}\vec{x}&=(3\vec{a}+2\vec{b})+\frac{3}{2}(-2\vec{a}+\vec{b})\\&=(3\vec{a}+2\vec{b})+(-3\vec{a}+\frac{3}{2}\vec{b})\\&=(3-3)\vec{a}+\left(2+\frac{3}{2}\right)\vec{b}=\frac{7}{2}\vec{b}\end{aligned}$$

3) $2\vec{x}-3\vec{y}=\vec{p}$ …㉠, $\vec{x}+\vec{y}=\vec{q}$ …㉡

㉠+3×㉡에서 $5\vec{x}=\vec{p}+3\vec{q}$

$$\begin{aligned}\therefore\ \vec{x}&=\frac{1}{5}\vec{p}+\frac{3}{5}\vec{q}=\frac{1}{5}(3\vec{a}+2\vec{b})+\frac{3}{5}(-2\vec{a}+\vec{b})\\&=-\frac{3}{5}\vec{a}+\vec{b}\end{aligned}$$

㉠-2×㉡에서 $-5\vec{y}=\vec{p}-2\vec{q}$

$$\begin{aligned}\therefore\ \vec{y}&=-\frac{1}{5}\vec{p}+\frac{2}{5}\vec{q}=-\frac{1}{5}(3\vec{a}+2\vec{b})+\frac{2}{5}(-2\vec{a}+\vec{b})\\&=-\frac{7}{5}\vec{a}\end{aligned}$$

▣

## □ 위치벡터

평면(또는 공간)에 한 점 $O$를 고정시키고, 임의의 점 $A$에 대하여 유향선분 $OA$를 생각하면 $\overrightarrow{OA}=\vec{a}$인 벡터 $\vec{a}$가 단 하나 정하여 진다. 역으로 임의의 벡터 $\vec{a}$에 대하여 $\vec{a}=\overrightarrow{OA}$인 점 $A$가 단 하나 정하여 진다. 즉, 시점을 한 점 $O$로 고정시키면 벡터 $\overrightarrow{OA}$와 평면(또는 공간)의 한 점 $A$는 일대일대응이 된다. 이 때, 벡터 $\vec{a}$를 점 $O$를 시점으로 하는 점 $A$의 **위치벡터(position vector)**라 하고 점 $A$를 $A(\vec{a})$로 나타낸다.

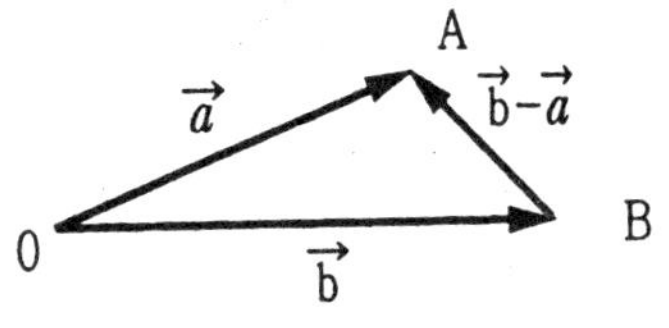


**(그림 8-12)**

(그림 8-12)와 같이 두 점 $A$, $B$의 위치벡터를 각각 $\vec{a}$, $\vec{b}$라 하면 $\overrightarrow{OA}=\vec{a}$, $\overrightarrow{OB}=\vec{b}$ 이므로 $\overrightarrow{AB}=\overrightarrow{OB}-\overrightarrow{OA}=\vec{b}-\vec{a}$ 이다.

예 두 점 $A$, $B$의 위치벡터가 $\overrightarrow{OA}=\vec{a}-2\vec{b}$,

$\overrightarrow{OB}=3\vec{a}-\vec{b}$

$\overrightarrow{AB}=(3\vec{a}-\vec{b})-(\vec{a}-2\vec{b})=2\vec{a}+\vec{b}$

## □ 평면벡터의 성분

좌표평면 위에서 원점 $O$에 대한 두 점 $E_1(1, 0)$, $E_2(0, 1)$의 위치벡터 $\vec{i}=\overrightarrow{OE_1}$, $\vec{j}=\overrightarrow{OE_2}$를 그 좌표축에 대한 **기본벡터(basis vector)**라 한다.

임의의 벡터 $\vec{a}$에 대하여 $\vec{a}=\overrightarrow{OA}$가 되는 점 $A$의 좌표를 $A(a_1, a_2)$라 하고, $\overrightarrow{OA}$의 $x$축, $y$축 위로의 정사영을 각각 $\overrightarrow{OA_1}$, $\overrightarrow{OA_2}$라 하면(그림 8-13) $\vec{a}=\overrightarrow{OA}=\overrightarrow{OA_1}+\overrightarrow{OA_2}=a_1\vec{i}+a_2\vec{j}$로 나타낼 수 있다.

이 때, 실수 $a_1$, $a_2$를 각각 $\vec{a}$의 $x$성분, $y$성분이라 하고 $\vec{a}=(a_1, a_2)$와 같이 나타내며 $(a_1, a_2)$를 $\vec{a}$의 **성분(component)** 표시라 한다.

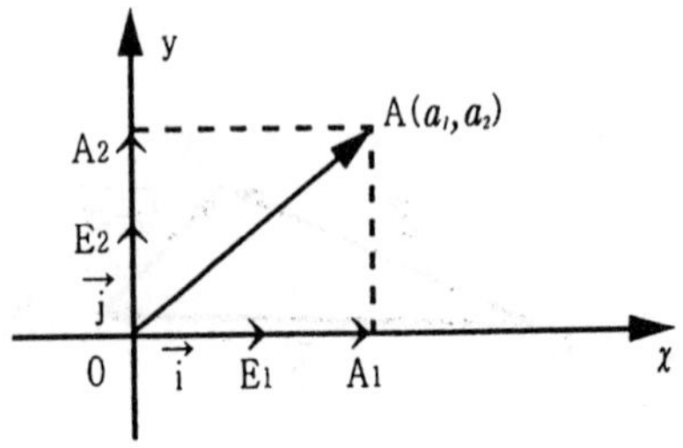


**(그림 8-13)**

(벡터의 성분과 크기 및 성분에 의한 연산)

$\vec{a}=(a_1,\ a_2)$, $\vec{b}=(b_1,\ b_2)$일 때,

1) $|\vec{a}|=\sqrt{a_1^2+a_2^2}$, $|\vec{b}|=\sqrt{b_1^2+b_2^2}$

2) $\vec{a}=\vec{b} \Leftrightarrow a_1=b_1,\quad a_2=b_2$

3) $\vec{a}\pm\vec{b}=(a_1\pm b_1,\ a_2\pm b_2)$ (복호동순)

4) $k\vec{a}=(ka_1,\ ka_2)$ (단, $k$는 실수)

**[예제 3]** — (벡터의 성분에 대한 연산)

$\vec{a}=(5,\ 4)$, $\vec{b}=(-2,\ 3)$, $\vec{c}=(3,\ 7)$에 대하여 다음 물음에 답하여라.

1) $\vec{c}=m\vec{a}+n\vec{b}$를 만족하는 실수 $m$, $n$의 값을 구하여라.

2) $\vec{a}+k\vec{c}$와 $\vec{b}-\vec{a}$가 평행할 때, 실수 $k$의 값을 구하여라.

**풀이** 1) $\vec{a}=(5,\ 4)$, $\vec{b}=(-2,\ 3)$, $\vec{c}=(3,\ 7)$을 $\vec{c}=m\vec{a}+n\vec{b}$에 대입하면

$$(3,\ 7)=m(5,\ 4)+n(-2,\ 3)$$
$$=(5m,\ 4m)+(-2n,\ 3n)$$

$=(5m-2n,\ 4m+3n)$

따라서 $5m-2n=3,\ 4m+3n=7$에서 $m=1,\ n=1$

2) $\vec{a}+k\vec{c}=(5,\ 4)+k(3,\ 7)=(5+3k,\ 4+7k)$

$\vec{b}-\vec{a}=(-2,\ 3)-(5,\ 4)=(-7,\ -1)$

$a+k\vec{c}=m(\vec{b}-\vec{a})$ $(m\neq 0)$인 $m$이 존재한다.

따라서, $(5+3k,\ 4+7k)=m(-7,\ -1)$이므로

$5+3k=-7m,\ 4+7k=-m$

$\therefore\ m=-\frac{1}{2}$이고, $k=-\frac{1}{2}$ ▣

## □ 벡터의 내적과 성분

$\vec{o}$가 아닌 두 벡터 $\vec{a}$, $\vec{b}$가 이루는 각의 크기를 $\theta$라 할 때, $|\vec{a}||\vec{b}|\cos\theta$를 $\vec{a}$, $\vec{b}$의 **내적(inncr product)** 또는 **도트곱(dot product)**이라 하고 기호 $\vec{a}\bullet\vec{b}$로 나타낸다.

즉, $\vec{a}\bullet\vec{b}=|\vec{a}||\vec{b}|\cos\theta$

$\vec{a}=\vec{o}$ 또는 $\vec{b}=\vec{o}$일 때는 $\vec{a}\bullet\vec{b}=0$으로 정한다.

특히 $\vec{a}=\vec{b}$이면 $\theta=0$이므로 $\vec{a}\bullet\vec{a}=|\vec{a}||\vec{a}|\cos\theta=|\vec{a}|^2$

(벡터의 성분과 크기 및 성분에 의한 연산)

$\vec{a}=(a_1,\ a_2)$, $\vec{b}=(b_1,\ b_2)$이고, $\vec{a}$, $\vec{b}$가 이루는 각의 크기를 $\theta$라 할 때,

1) $\vec{a}\bullet\vec{b}=a_1b_1+a_2b_2$

2) $\cos\theta=\dfrac{\vec{a}\bullet\vec{b}}{|a||b|}=\dfrac{a_1b_1+a_2b_2}{\sqrt{a_1^2+a_2^2}\sqrt{b_1^2+b_2^2}}$

내적의 성질에 대하여 알아보자.

1) $\vec{o}$가 아닌 두 벡터 $\vec{a}$, $\vec{b}$에 대하여

$\vec{a}=\overrightarrow{OA}$, $\vec{b}=\overrightarrow{OB}$, $\angle AOB=\theta$라고 하면

$\vec{a}\bullet\vec{b}=|\vec{a}||\vec{b}|\cos\theta=|\overrightarrow{OA}||\overrightarrow{OB}|\cos\theta$

$\triangle OAB$에서 제이코사인 법칙을 적용하면

$|\overrightarrow{AB}|^2=|\overrightarrow{OA}|^2+|\overrightarrow{OB}|^2-2|\overrightarrow{OA}||\overrightarrow{OB}|\cos\theta$

$\overrightarrow{AB}=\overrightarrow{OB}-\overrightarrow{OA}=\vec{b}-\vec{a}$이므로

$|\vec{b}-\vec{a}|^2=|\vec{a}|^2+|\vec{b}|^2-2\vec{a}\bullet\vec{b}\ \cdots(*)$

한편, 평면 위의 두 벡터를 $\vec{a}=(a_1,\ a_2)$, $\vec{b}=(b_1,\ b_2)$라고 하면, (그림 8-14) (*)에서 $(b_1-a_1)^2+(b_2-a_2)^2=(a_1^2+a_2^2)+(b_1^2+b_2^2)-2\vec{a}\bullet\vec{b}$ 이것을 정리하면, $\vec{a}\bullet\vec{b}=a_1b_1+a_2b_2$를 얻는다.

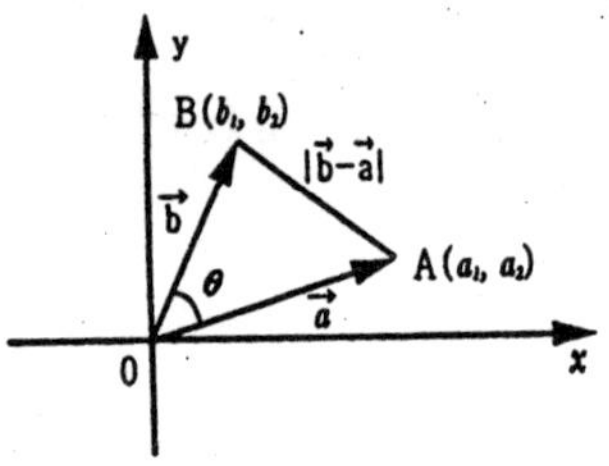


**(그림 8-14)**

2) $\vec{a}\bullet\vec{b}=|\vec{a}||\vec{b}|\cos\theta$에서 $\cos\theta=\dfrac{\vec{a}\bullet\vec{b}}{|\vec{a}||\vec{b}|}$이고,

$\vec{a}=(a_1,\ a_2)$, $\vec{b}=(b_1,\ b_2)$일 때,

$|\vec{a}|=\sqrt{a_1^2+a_2^2}$, $|\vec{b}|=\sqrt{b_1^2+b_2^2}$, $\vec{a}\bullet\vec{b}=a_1b_1+a_2b_2$이므로

$$\cos\theta=\frac{\vec{a}\bullet\vec{b}}{|\vec{a}||\vec{b}|}=\frac{a_1b_1+a_2b_2}{\sqrt{a_1^2+a_2^2}\sqrt{b_1^2+b_2^2}}$$

## □ 벡터의 수직과 평행

$\vec{o}$가 아닌 두 벡터 $\vec{a}$, $\vec{b}$에 대하여,

$\vec{a}$와 $\vec{b}$가 수직이면 즉 $\vec{a}\perp\vec{b}$이면 두 벡터가 이루는 각의 크기가 90°이므로 $\vec{a}\cdot\vec{b}=|\vec{a}||\vec{b}|\cos 90^\circ=0$이다.

역으로 $\vec{a}\cdot\vec{b}=0$이면 $\cos\theta=0$이므로 $\theta=90^\circ$이다.

따라서, $\vec{a}\perp\vec{b}\Leftrightarrow\vec{a}\cdot\vec{b}=0$

$\vec{a}//\vec{b}$ 이고, $\vec{a}\cdot\vec{b}$의 방향이 같으면 $\theta=0^\circ$이므로

$\vec{a}\cdot\vec{b}=|\vec{a}||\vec{b}|\cos 0^\circ=|\vec{a}||\vec{b}|$

또, $\vec{a}//\vec{b}$ 이고, $\vec{a}\cdot\vec{b}$의 방향이 반대이면 $\theta-180^\circ$이므로

$\vec{a}\cdot\vec{b}=|\vec{a}||\vec{b}|\cos 180^\circ=-|\vec{a}||\vec{b}|$

역으로

$\vec{a}\cdot\vec{b}=-|\vec{a}||\vec{b}|$이면 $\cos\theta=-1$이므로 $\theta=180^\circ$, 따라서, $\vec{a}//\vec{b}$

즉, $\vec{a}//\vec{b}\Leftrightarrow\cos\theta=\perp 1\leftrightarrow\vec{a}\cdot\vec{b}=\pm|\vec{a}||\vec{b}|$

(벡터의 내적의 기본 성질)

$\vec{a}$, $\vec{b}$, $\vec{c}$가 평면벡터이고, $k$가 실수일 때,

1) 교환법칙 : $\vec{a}\cdot\vec{b}=\vec{b}\cdot\vec{a}$

2) 결합법칙 : $(k\vec{a})\cdot\vec{b}=\vec{a}\cdot(k\vec{b})=k(\vec{a}\cdot\vec{b})$

3) 분배법칙 : $\vec{a}\cdot(\vec{b}+\vec{c})=\vec{a}\cdot\vec{b}+\vec{a}\cdot\vec{c}$

**참고** 위와 같이 교환법칙, 결합법칙, 분배법칙이 성립하므로 내적의 계산은 다항식의 곱셈과 유사하게 취급해도 좋지만 $\vec{a}\cdot\vec{a}$를 $\vec{a}^2$으로 $\vec{a}\cdot\vec{b}$를 $\vec{a}\vec{b}$로 쓰지 않도록 한다.

**예** $|\vec{a}|=2$, $|\vec{b}|=5$이고 $\vec{a}\cdot\vec{b}=\frac{1}{2}$일 때, $|3\vec{a}+\vec{b}|$의 값을 구하여 보자.

$|3\vec{a}+\vec{b}|^2=(3\vec{a}+\vec{b})\cdot(3\vec{a}+\vec{b})=9|\vec{a}^2|+6\vec{a}\cdot\vec{b}+|\vec{b}^2|=64$이므로

$|3\vec{a}+\vec{b}|=8$이다.

**[예제 4]** (벡터의 크기 구하기)

$\vec{a}=(-3,\ 4)$ 일 때, $|\vec{a}|$와 $|-3\vec{a}|$의 값을 구하여라.

**풀이** $|\vec{a}|=\sqrt{(-3)^2+4^2}=\sqrt{25}=5$

$|-3\vec{a}|=|-3||\vec{a}|=3|\vec{a}|=3\cdot 5=15$ ▣

**[예제 5]** (두 벡터가 이루는 각의 크기 구하기)

다음 두 벡터가 이루는 각의 크기를 구하여라.

1) $\vec{a}=(8,\ 6),\ \vec{b}=(3,\ -4)$ 2) $\vec{a}=(8,\ 6),\ \vec{b}=(5,\ 12)$

**풀이** $\cos\theta=\dfrac{\vec{a}\cdot\vec{b}}{|a||b|}$에서,

1) $\cos\theta=\dfrac{8\cdot 3+6\cdot(-4)}{\sqrt{8^2+6^2}\cdot\sqrt{3^2+(-4)^2}}=\dfrac{24-24}{10\cdot 5}=0,\quad \therefore\ \theta=90^\circ$

2) $\cos\theta=\dfrac{8\cdot 5+6\cdot 12}{\sqrt{8^2+6^2}\cdot\sqrt{5^2+12^2}}=\dfrac{40+72}{10\cdot 13}=\dfrac{112}{130}\approx 0.862$

따라서, $\theta=\cos^{-1}(0.862)\approx 0.532$ ▣

**[예제 6]** (위치벡터로 나타내기)

벡터 $\vec{a}$의 시점이 $A(2,\ -1)$, 종점이 $B(-3,\ 7)$일 때, $\vec{a}$를 $a_1\vec{i}+a_2\vec{j}$꼴로 나타내어라.

**풀이** $\vec{a}=\overrightarrow{AB}=\overrightarrow{OB}-\overrightarrow{OA}=(-3,\ 7)-(2,\ -1)=(-5,\ 8)$

$=-5\vec{i}+8\vec{j}$

▣

# ◈◈◈ 연습 문제 8-1 ◈◈◈

6. 다음 물음에 답하여라.
   1) $\vec{a}=(2,\ 1)$에 수직이고 크기가 $2\sqrt{5}$인 벡터를 구하여라.
   2) $\vec{b}=(\sqrt{3},\ 1)$과 30°인 각을 이루는 단위 벡터를 구하여라.

7. $\vec{a}=(-3,\ 4)$, $\vec{b}=(2,\ -3)$, $\vec{c}=(0,\ -5)$라 할 때, 다음을 구하여라.
   1) $2\vec{a}-4\vec{b}$
   2) $\vec{a}\cdot\vec{b}$
   3) $\vec{a}\cdot(\vec{b}+\vec{c})$
   4) $(-2\vec{a}+3\vec{b})\cdot 5\vec{c}$
   5) $|\vec{a}|\vec{c}\cdot\vec{a}$
   6) $\vec{b}\cdot\vec{b}-|\vec{b}|$

**해 답**

6.
1) $(2,\ -4)$, $(-2,\ 4)$
2) $\left(\frac{1}{2},\ \frac{\sqrt{3}}{2}\right)$, $(1,\ 0)$

7.
1) $(14,\ 20)$
2) $-18$
3) $-38$
4) $425$
5) $-100$
6) $13-\sqrt{13}$

## 8.2 공간에서 직교좌표와 벡터

이제 목표는 삼차원 직교좌표를 기술하고 공간에서 다루려는 것이다. 이것은 거리를 정의하고, 벡터의 계산을 다루고 공간에서 점, 방정식, 부등식의 집합 사이의 관계를 짓는 것을 의미한다. 이차원보다 삼차원에서 그리는 것이 훨씬 힘들다. 공간 직교좌표는 좌표축이 서로 직교하기 때문에 붙여진 이름이다.

### □ 공간 직교좌표

공간에서 점들의 위치를 정하기 위해 (그림 8-15)와 같이 서로 수직인 세 개의 좌표축(축 $Ox$, $Oy$, $Oz$)을 이용한다.

공간에서 점 $P(a,\ b,\ c)$의 직교좌표는 점 $P$를 지나고 각 축에 수직인 평면과 만나는 각 축의 좌표이다. $x$축 위의 점들은 $y$, $z$좌표가 모두 0이다.

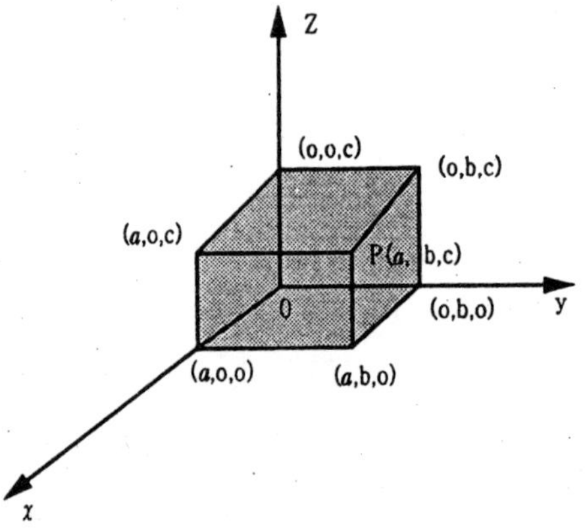


**(그림 8-15)**

즉, 그 점들은 $(a,\ 0,\ 0)$꼴이다. 마찬가지로 $y$축 위의 점들은 $(0,\ b,\ 0)$, $z$축 위의 점들은 $(0,\ 0,\ c)$꼴이다.

$x$축에 수직인 평면 위의 점들은 모두 같은 $x$좌표를 갖고, 이것은 평면이 $x$축을 자르는 점$(x=a)$이 된다. 마찬가지로 $y$축에 수직인 평면위의 점들은 모

두 같은 $y$좌표($y=b$), $z$축에 수직인 평면 위의 점들은 모두 같은 $z$좌표($z=c$)를 갖는다.

이들 평면에 대한 방정식을 쓰기 위해, 공통인 좌표의 값에 이름 붙인다. 방정식 $x=2$는 $x=2$에서 $x$축에 수직인 평면에 대한 방정식이다. 방정식 $y=3$은 $y=3$에서 $y$축에 수직인 평면에 대한 방정식이다. 방정식 $z=5$는 $z=5$에서 $z$축에 수직인 평면에 대한 방정식이다.(그림 8-16)은 평면 $x=2$, $y=3$과 $z=5$를 보여주고 그들의 교점은 (2, 3, 5)이다.

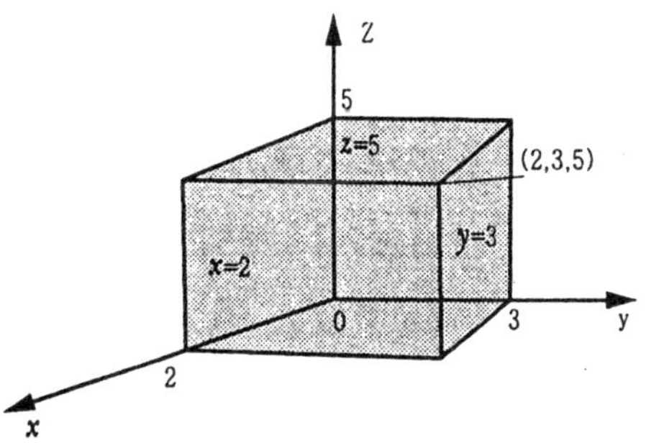


**(그림 8-16)**

(그림 8-16)에서 평면 $x=2$와 $y=3$은 $z$축에 평행한 교선을 갖는다. 이 직선은 방정식 $x=2$, $y=3$의 쌍으로 표현된다.

이 직선 위의 점은 $x=2$, $y=3$이다. 마찬가지로 평면 $y=3$과 $z=5$의 교선은 방정식 $y=3$, $z=5$의 쌍으로 표현된다. 이 직선은 $x$축에 평행이다. 평면 $x=2$와 $z=5$의 교선은 $y$축에 평행이고 방정식 $x=2$, $z=5$의 쌍으로 표현된다.

세 좌표축에 의해 결정되는 평면들은 $xy-$평면($z=0$), $yz-$평면($x=0$), $xz-$평면($y=0$)이다. 이들은 점(0, 0, 0)에서 만나고 이 점을 **원점(origin)**이라고 한다.(그림8-17)

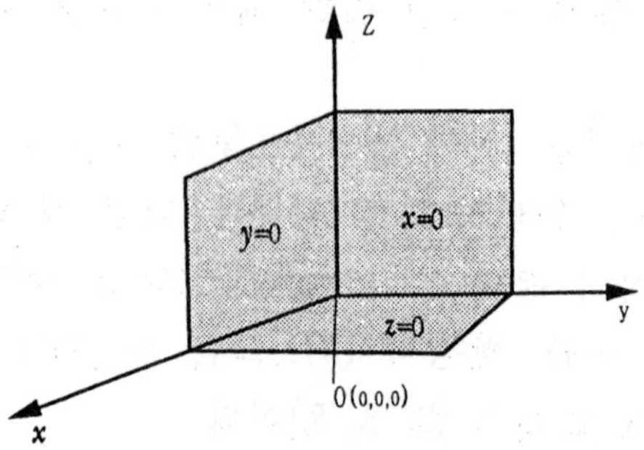


**(그림 8-17)**

세 좌표평면(coordinate plane) $x=0$, $y=0$과 $z=0$은 공간을 octant라고 하는 8개의 부분으로 나눈다. 모든 좌표가 양인 점으로 된 octant를 **제일 옥탄트 (first octant)**라고 하고, 나머지 7개의 옥탄트에 대해서는 특별한 이름이 없다.

다음 예에서 좌표 방정식과 부등식이 공간에서 어떤 점의 집합인지 알아본다.

예

| 정의된 방정식과 부등식 | 말로 표현 |
|---|---|
| $z \geq 0$ | $xy$평면과 그 위의 점(on and above the xy-plane)들로 이루어진 반공간 |
| $x=-3$ | $x=-3$에서 $x$축에 수직인 평면이고, $yz$평면에 평행이고 뒤로 3되는 위치에 있다. |
| $z=0,\ x \leq 0,\ y \geq 0$ | $xy$평면의 제2사분면 |
| $x \geq 0,\ y \geq 0,\ z \geq 0$ | 제일옥탄트 |
| $-1 \leq y \leq 1$ | 평면 $y=-1$과 $y=1$을 포함하고 그 사이의 기둥(slab) |
| $y=-2,\ z=2$ | 평면 $y=-2$와 $z=2$의 교선, 바꾸어 말하면 점 $(0,\ -2,\ 2)$를 지나고 $x$축에 평행인 직선 |

**[예제 1]** —— (정의된 방정식 표현하기)

두 방정식 $x^2+y^2=4$와 $z=3$을 만족하는 점들의 집합을 설명하여라.

**풀이** 점들은 수평면 $z=3$위 원 $x^2+y^2=4$에 있고, 평면 $z=3$에 원 $x^2+y^2=4$ 위의 점이라고 한다. 더 간단히 원 $x^2+y^2=4$, $z=3$이라고 한다.(그림 8-18)

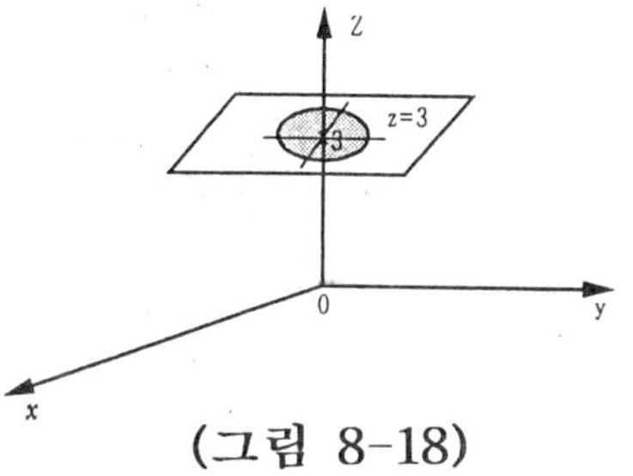


**(그림 8-18)**

▣

## □ 공간벡터

공간에서 힘, 위치(displacement)와 속도를 나타내는데 이용하는 선분을 기술하는 집합을 평면에서와 같이 벡터라고 한다. 덧셈, 뺄셈과 스칼라 곱에 대해 같은 규칙이 적용된다.

원 점에서 점(1, 0, 0), (0, 1, 0)와 (0, 0, 1)까지 유향선분으로 나타내는 벡터를 **기본벡터**(basic vector)라 하고, 이들을 $\vec{i}$, $\vec{j}$와 $\vec{k}$로 나타낸다. 원점 $O$에서 점 $P(x, y, z)$까지 **위치벡터**(position vector), $\vec{r}$은 $\vec{r}=\overrightarrow{OP}=x\vec{i}+y\vec{j}+z\vec{k}=(x, y, z)$이다

(공간 벡터에 대한 덧셈, 뺄셈과 스칼라 곱)

임의의 벡터 $\vec{a}=a_1\vec{i}+a_2\vec{j}+a_3\vec{k}=(a_1, a_2, a_3)$와 $\vec{b}=b_1\vec{i}+b_2\vec{j}+b_3\vec{k}=(b_1, b_2, b_3)$와 임의의 스칼라 $c$에 대해

$\vec{a}+\vec{b}=(a_1+b_1)\vec{i}+(a_2+b_2)\vec{j}+(a_3+b_3)\vec{k}=(a_1+b_1,\ a_2+b_2,\ a_3+b_3)$

$\vec{a}-\vec{b}=(a_1-b_1)\vec{i}+(a_2-b_2)\vec{j}+(a_3-b_3)\vec{k}=(a_1-b_1,\ a_2-b_2,\ a_3-b_3)$

$c\vec{a}=(ca_1)\vec{i}+(ca_2)\vec{j}+(ca_3)\vec{k}=(ca_1,\ ca_2,\ ca_3)$

## □ 두 점과 벡터

점 $P_1(x_1,\ y_1,\ z_1)$에서 점 $P_2(x_2,\ y_2,\ z_2)$까지의 벡터 $\overrightarrow{P_1P_2}$를 $P_1$과 $P_2$의 좌표로 표현하기 위해 (그림 8-19)를 관찰한다.

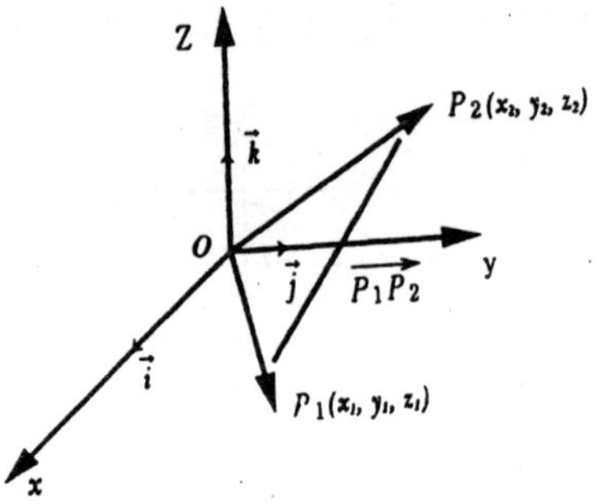


**(그림 8-19)**

$$\begin{aligned}\overrightarrow{P_1P_2} &= \overrightarrow{OP_2} - \overrightarrow{OP_1}\\ &= (x_2\vec{i}+y_2\vec{j}+z_2\vec{k}) - (x_1\vec{i}+y_1\vec{j}+z_1\vec{k})\\ &= (x_2-x_1)\vec{i}+(y_2-y_1)\vec{j}+(z_2-z_1)\vec{k}\end{aligned}$$

따라서, $P_1(x_1,\ y_1,\ z_1)$에서 점 $P_2(x_2,\ y_2,\ z_2)$까지의 벡터는

$$\overrightarrow{P_1P_2} = (x_2-x_1)\vec{i}+(y_2-y_1)\vec{j}+(z_2-z_1)\vec{k} = (x_2-x_1,\ y_2-y_1,\ z_2-z_1)$$

## □ 길이와 방향

벡터의 중요한 특징은 길이와 방향이다. 벡터 $a\vec{i}+b\vec{j}+c\vec{k}$의 길이는 피타고라스의 정리를 두 번 적용하여 계산된다.(그림 8-20)에서 삼각형 $ABC$에서,

$|\overrightarrow{AC}| = |a\vec{i}+b\vec{j}| = \sqrt{a^2+b^2}$ 이고

삼각형 $ACD$에서,

$|a\vec{i}+b\vec{j}+c\vec{k}| = |\overrightarrow{AD}|$

$= \sqrt{|\overrightarrow{AC}|^2 + |\overrightarrow{CD}|^2} = \sqrt{a^2+b^2+c^2}$

$\vec{a} = a\vec{i} + b\vec{j} + c\vec{k} = (a,\ b,\ c)$의 크기 또는 길이는

$|\vec{a}| = |a\vec{i} + b\vec{j} + c\vec{k}| = \sqrt{a^2+b^2+c^2}$ 이다.

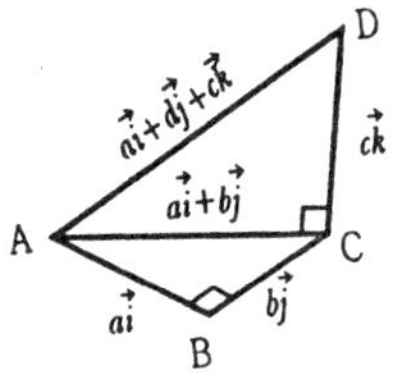


**(그림 8-20)**

**[예제 2]** (벡터의 길이 구하기)

$\vec{a} = \vec{i} - 2\vec{j} + 3\vec{k}$의 길이를 구하여라.

**풀이** $|\vec{a}| = \sqrt{1^2 + (-2)^2 + 3^2} = \sqrt{1+4+9} = \sqrt{14}$ ▣

벡터 $\vec{a} = a_1\vec{i} + a_2\vec{j} + a_3\vec{k}$ 에 스칼라 $c$를 곱하면 $c\vec{a}$의 길이는 평면에서와 같이 $\vec{a}$의 길이에 $|c|$ 배 한 것이다. 그 이유는 다음과 같다.

$c\vec{a} = ca_1\vec{i} + ca_2\vec{j} + ca_3\vec{k}$

$|c\vec{a}| = \sqrt{(ca_1)^2 + (ca_2)^2 + (ca_3)^2} = \sqrt{c^2a_1^2 + c^2a_2^2 + c^2a_3^2}$

$= |c|\sqrt{a_1^2 + a_2^2 + a_3^2} = |c|\,|\vec{a}|$

**[예제 3]** (벡터의 스칼라배 이용하기)

$\vec{a} = \vec{i} - 2\vec{j} + 3\vec{k}$일 때, $2\vec{a}$의 길이를 구하여라.

**풀이** $2\vec{a} = 2(i - 2j + 3k) = 2i - 4j + 6k$

$|2\vec{a}| = \sqrt{2^2 + (-4)^2 + 6^2} = \sqrt{4+16+36} = \sqrt{56}$

$= \sqrt{4 \cdot 14} = 2\sqrt{14} = 2|\vec{a}|$

또, $|\vec{a}| = \sqrt{1^2 + (-2)^2 + 3^2} = \sqrt{1+4+9} = \sqrt{14}$ $\quad |2\vec{a}| = 2|\vec{a}| = 2\sqrt{14}$ ▣

평면에서와 같이 단위 길이의 벡터를 **단위벡터(unit vector)**라고 한다.

벡터 $\vec{i}$, $\vec{j}$와 $\vec{k}$는 단위 벡터이다. 왜냐하면,

$$|\vec{i}|=|1\vec{i}+0\vec{j}+0\vec{k}|=\sqrt{1^2+0^2+0^2}=1$$

$$|\vec{j}|=|0\vec{i}+1\vec{j}+0\vec{k}|=\sqrt{0^2+1^2+0^2}=1$$

$$|\vec{k}|=|0\vec{i}+0\vec{j}+1\vec{k}|=\sqrt{0^2+0^2+1^2}=1$$

$\vec{o}$가 아닌 벡터 $\vec{a}$의 방향은 $\vec{a}$를 길이 $|\vec{a}|$로 나누어 얻은 단위 벡터이다.

즉, $\vec{a}$의 방향은 $\dfrac{\vec{a}}{|\vec{a}|}$

평면에서와 같이 $\vec{o}$가 아닌 임의의 벡터는 그 길이와 방향의 곱으로 $\vec{a}=|\vec{a}|\cdot\dfrac{\vec{a}}{|\vec{a}|}$와 같이 나타낼 수 있다.

**[예제 4]** —— (길이와 방향의 곱으로 나타내기)

벡터 $\vec{a}=\vec{i}-2\vec{j}+3\vec{k}$를 그 길이와 방향의 곱으로 나타내어라.

**풀이**

$$\vec{a}=|\vec{a}|\cdot\frac{\vec{a}}{|\vec{a}|}$$

$$=\sqrt{14}\cdot\frac{\vec{i}-2\vec{j}+3\vec{k}}{\sqrt{14}}=\sqrt{14}\left(\frac{1}{\sqrt{14}}\vec{i}-\frac{2}{\sqrt{14}}\vec{j}+\frac{3}{\sqrt{14}}\vec{k}\right)$$ ▣

**[예제 5]** —— (같은 방향의 단위 벡터 구하기)

점 $P_1(1, 0, 1)$에서 점 $P_2(3, 2, 0)$까지의 벡터와 같은 방향의 단위 벡터 $\vec{u}$를 구하여라.

**풀이**

$$\overrightarrow{P_1P_2}=(3-1)\vec{i}+(2-0)\vec{j}+(0-1)\vec{k}=2\vec{i}+2\vec{j}-\vec{k}$$

$$|\overrightarrow{P_1P_2}|=\sqrt{2^2+2^2+(-1)^2}=\sqrt{4+4+1}=\sqrt{9}=3$$

$$\vec{u}=\frac{\overrightarrow{P_1P_2}}{|\overrightarrow{P_1P_2}|}=\frac{2\vec{i}+2\vec{j}-\vec{k}}{3}=\frac{2}{3}\vec{i}+\frac{2}{3}\vec{j}-\frac{1}{3}\vec{k}$$ ▣

**[예제 6]** —— (같은 방향의 단위 벡터 구하기)

벡터 $\vec{a}=2\vec{i}+2\vec{j}-\vec{k}$의 방향과 같은 단위 벡터의 6배되는 벡터를 구하여라.

**풀이** 구하는 벡터는

$$6\frac{\vec{a}}{|\vec{a}|}=6\frac{2\vec{i}+2\vec{j}-\vec{k}}{\sqrt{2^2+2^2+(-1)^2}}=6\frac{2\vec{i}+2\vec{j}-\vec{k}}{3}=4\vec{i}+4\vec{j}-2\vec{k}$$ ▣

## □ 공간에서의 거리

공간에서 두 점 $P_1$과 $P_2$사이의 거리를 구하기 위해 $\overrightarrow{P_1P_2}$의 길이를 이용한다.

두 점 $P_1(x_1,\ y_1,\ z_1)$과 $P_2(x_2,\ y_2,\ z_2)$사이의 거리는

$$|\overrightarrow{P_1P_2}|=\sqrt{(x_2-x_1)^2+(y_2-y_1)^2+(z_2-z_1)^2}$$

**[예제 7]** —— (벡터의 크기 이용 거리 구하기)

$P_1(2,\ 1,\ 5)$, $P_2(-2,\ 3,\ 0)$ 사이의 거리를 구하여라.

**풀이**
$$|\overrightarrow{P_1P_2}|=\sqrt{(-2-2)^2+(3-1)^2+(0-5)^2}$$
$$=\sqrt{16+4+25}=\sqrt{45}=3\sqrt{5}$$ ▣

## □ 구면(sphere)

구면의 방정식을 구해보자(그림 8-21) 중심 $P_0(x_0,\ y_0,\ z_0)$이고 반지름의 길이

$a$인 구면 위의 점을 $P(x,\ y,\ z)$라고 하면 $|\overrightarrow{P_0P}|=a$,

$(x-x_0)^2+(y-y_0)^2+(z-z_0)^2=a^2$이다.

중심 $(x_0,\ y_0,\ z_0)$, 반지름의 길이 $a$인 **구면의 방정식의 표준형**은

$(x-x_0)^2+(y-y_0)^2+(z-z_0)^2=a^2$이다.

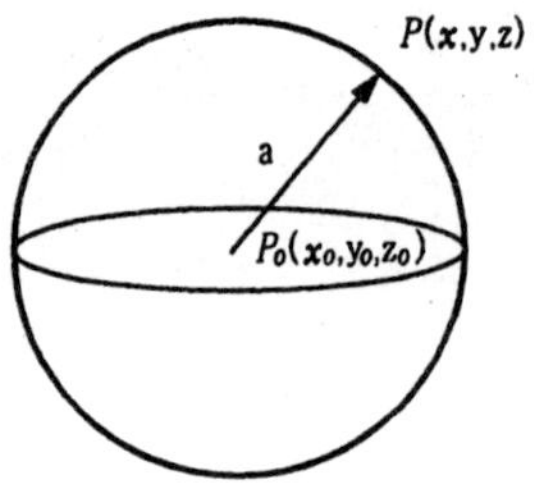


**(그림 8-21)**

**[예제 8]** —— (구면의 중심과 반지름의 길이 구하기)

구면 $x^2+y^2+z^2+2x-4y=0$의 중심과 반지름의 길이를 구하여라.

**풀이** $x^2+2x+1+y^2-4y+4+z^2=0+1+4$

$(x+1)^2+(y-2)^2+z^2=5$

중심 $(-1,\ 2,\ 0)$이고, 반지름의 길이 $a=\sqrt{5}$ ▣

다음 예는 구면의 부분 또는 경계를 나타내는 것이다.

예

| 방정식과 부등식 | 표　　현 |
|---|---|
| $x^2+y^2+z^2<4$ | 구면 $x^2+y^2+z^2=4$의 내부 |
| $x^2+y^2+z^2\le 4$ | 구면 $x^2+y^2+z^2=4$와 그 내부 |
| $x^2+y^2+z^2>4$ | 구면 $x^2+y^2+z^2=4$의 외부 |
| $x^2+y^2+z^2=4,\ z\le 0$ | $xy-$평면$(z=0)$으로 구면 $x^2+y^2+z^2=4$를 잘라낸 아래쪽 반구(lower hemisphere) |

## □ 선분의 중점

두 점 $P_1(x_1,\ y_1,\ z_1)$, $P_2(x_2,\ y_2,\ z_2)$를 지나는 선분의 중점 $M$의 좌표는 $P_1$과 $P_2$의 좌표의 평균을 구한

$$M=\left(\frac{x_1+x_2}{2},\ \frac{y_1+y_2}{2},\ \frac{z_1+z_2}{2}\right)$$ 이 된다.

왜냐하면 (그림 8-22)에서 위치 벡터 $\overrightarrow{OM}$의 스칼라 성분이다.

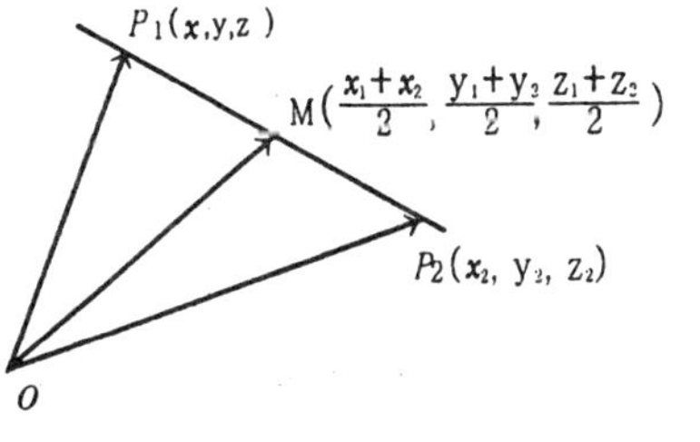


**(그림 8-22)**

$$\overrightarrow{OM}=\overrightarrow{OP_1}+\frac{1}{2}\overrightarrow{P_1P_2}=\overrightarrow{OP_1}+\frac{1}{2}(\overrightarrow{OP_2}-\overrightarrow{OP_1})$$

$$=\frac{1}{2}(\overrightarrow{OP_2}+\overrightarrow{OP_1})$$

$$=\frac{x_1+x_2}{2}\vec{i}+\frac{y_1+y_2}{2}\vec{j}+\frac{z_1+z_2}{2}\vec{k}$$

**[예제 9]** ── (벡터의 크기 이용 거리 구하기)

두 점 $P_1(3,\ -2,\ 0)$과 $P_2(7,\ 4,\ 4)$를 지나는 선분의 중점을 구하여라.

**풀이** $\left(\frac{3+7}{2},\ \frac{-2+4}{2},\ \frac{0+4}{2}\right)=(5,\ 1,\ 2)$ ▣

## □ 내적

공간의 두 벡터의 내적에 대해 알아보자. 우선 두 벡터의 곱 중 하나에 대해 배울 것이다. 동기는 질량(mass)을 옮겨 놓으려고 하는데 일정한 힘으로 일을 계산할 필요 때문이다. 벡터로 힘과 이동거리(displacement)를 나타낼 수 있으면 내적을 구하여 일을 계산할 수 있다. 왜냐하면 계산 결과가 벡터가 아니고 스칼라이므로 내적(dot product)을 **스칼라적(scalar product)**이라고 한다.

다음에 배울 외적(cross product)은 항상 벡터이다.

스칼라적은 공학과 물리학뿐만 아니라 수학에서 응용된다. 많은 응용에 의존하는 기하학적 대수학적 성질을 기술하려고 한다.

두 벡터 $\vec{a}$와 $\vec{b}$의 스칼라적 $\vec{a} \cdot \vec{b}$($\vec{a}$ dot $\vec{b}$) 또는 내적은

$\vec{a} \cdot \vec{b} = |\vec{a}|\,|\vec{b}| \cos\theta$이다.

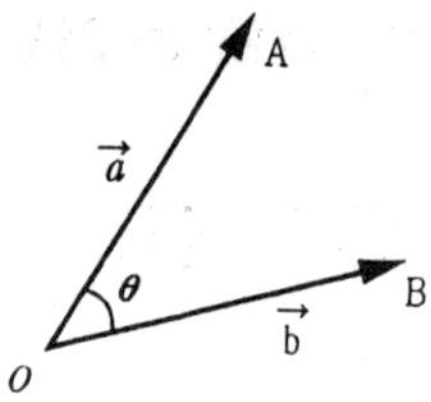


**(그림 8-23)**

(그림 8-23)과 같이 두 벡터 $\vec{a}$와 $\vec{b}$의 출발점으로 일치시켰을 때 이루는 각 중 작은 각을 $\theta$라고 한다.

말로 하면, $\vec{a}$와 $\vec{b}$의 스칼라 적은 $\vec{a}$의 길이와 $\vec{b}$의 길이와 $\vec{a}$와 $\vec{b}$ 사이의 각의 코사인을 곱한 것이다. 결과는 벡터가 아니고 스칼라이다.

$\vec{a} \cdot \vec{b}$의 기호 때문에 dot product(내적)이라고 부른다.

두 벡터가 이루는 각이 예각일 때, 스칼라 곱은 양이고 둔각일 때, 음이다.

벡터 $\vec{a}$자신이 이루는 각은 0이므로 코사인 값은 1이다.

$\vec{a} \cdot \vec{a} = |\vec{a}|\,|\vec{a}| \cos 0 = |\vec{a}|\,|\vec{a}| \cdot 1 = |\vec{a}|^2$ 또는

$|\vec{a}| = \sqrt{\vec{a} \cdot \vec{a}}$

벡터의 길이를 계산하는 간단한 방법을 제공할 것이다.

## □ 내적의 계산

$\vec{a}$와 $\vec{b}$의 성분으로부터 $\vec{a} \cdot \vec{b}$를 계산하기 위해

$\vec{a} = a_1\vec{i} + a_2\vec{j} + a_3\vec{k}$, $\vec{b} = b_1\vec{i} + b_2\vec{j} + b_3\vec{k}$이고

$\vec{c} = \vec{b} - \vec{a} = (b_1 - a_1)\vec{i} + (b_2 - a_2)\vec{j} + (b_3 - a_3)\vec{k}$라 하자.

벡터 $\vec{a}$, $\vec{b}$, $\vec{c}$를 세 변으로 하는 삼각형(그림 8-24)에 코사인 법칙을 적용하면,

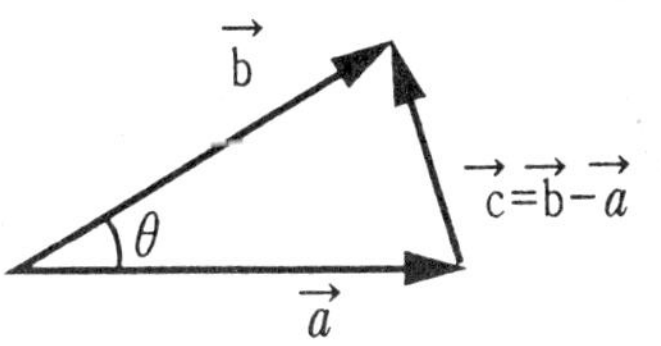


**(그림 8-24)**

$$|\vec{c}|^2 = |\vec{a}|^2 + |\vec{b}|^2 - 2|\vec{a}||\vec{b}|\cos\theta$$

$$|\vec{a}||\vec{b}|\cos\theta = \frac{|\vec{a}|^2 + |\vec{b}|^2 - |\vec{c}|^2}{2}$$

좌변의 식이 $\vec{a} \cdot \vec{b}$이고, 우변에 $\vec{a}$, $\vec{b}$, $\vec{c}$의 길이를 구하여 적용하면, 다음 곱식을 얻는다. $\vec{a} \cdot \vec{b} = a_1b_1 + a_2b_2 + a_3b_3$

이와 같이, 주어진 두 벡터의 스칼라적을 구하기 위해 대응하는 $\vec{i}$, $\vec{j}$와 $\vec{k}$성분을 곱하고 그 결과를 더한다. 특히, $|\vec{a}| = \sqrt{\vec{a} \cdot \vec{a}} = \sqrt{a_1^2 + a_2^2 + a_3^2}$ 이다.

내적을 $\theta$에 대해 풀면,

$$\theta=\cos^{-1}\left(\frac{\vec{a}\cdot\vec{b}}{|\vec{a}||\vec{b}|}\right)$$

arccosine의 값은 $[0, \pi]$에 있으므로 자연스럽게 두 벡터 $\vec{a}$, $\vec{b}$로 만들어진 두 각 중 작은 각을 구하게 된다.

**[예제 10]** (두 벡터가 이루는 각의 크기 구하기)

$\vec{a}=\vec{i}-2\vec{j}-2\vec{k}$와 $\vec{b}=6\vec{i}+3\vec{j}+2\vec{k}$가 이루는 각의 크기를 구하여라.

**풀이**

$$\vec{a}\cdot\vec{b}=(1)(6)+(-2)(3)+(-2)(2)=6-6-4=-4$$

$$|\vec{a}|=\sqrt{\vec{a}\cdot\vec{a}}=\sqrt{1^2+(-2)^2+(-2)^2}=\sqrt{9}=3$$

$$|\vec{b}|=\sqrt{\vec{b}\cdot\vec{b}}=\sqrt{6^2+3^2+2^2}=\sqrt{49}=7$$

$$\theta=\cos^{-1}\left(\frac{\vec{a}\cdot\vec{b}}{|\vec{a}||\vec{b}|}\right)=\cos^{-1}\frac{-4}{3\cdot 7}=\cos^{-1}\left(-\frac{4}{21}\right)\approx 101^\circ$$ ▣

## □ 내적의 법칙

$\vec{a}\cdot\vec{b}=a_1b_1+a_2b_2+a_3b_3$로부터 $\vec{a}\cdot\vec{b}=\vec{b}\cdot\vec{a}$임을 쉽게 알 수 있다. 다른 말로 하면, 벡터의 내적은 교환법칙이 성립한다. 또, $c$가 임의의 실수일 때,

$(c\vec{a})\cdot\vec{b}=\vec{a}\cdot(c\vec{b})=c(\vec{a}\cdot\vec{b})$도 쉽게 알 수 있다.

$\vec{c}=c_1\vec{i}+c_2\vec{j}+c_3\vec{k}$인 제3의 벡터일 때,

$$\begin{aligned}\vec{a}\cdot(\vec{b}+\vec{c})&=a_1(b_1+c_1)+a_2(b_2+c_2)+a_3(b_3+c_3)\\&=(a_1b_1+a_2b_2+a_3b_3)+(a_1c_1+a_2c_2+a_3c_3)\\&=\vec{a}\cdot\vec{b}+\vec{a}\cdot\vec{c}\end{aligned}$$

따라서, 스칼라적에 대해 분배법칙이 성립한다.

$$\vec{a} \cdot (\vec{b}+\vec{c}) = \vec{a} \cdot \vec{b} + \vec{a} \cdot \vec{c}$$

이것과, 교환법칙을 결합하면,

$(\vec{a}+\vec{b}) \cdot \vec{c} = \vec{a} \cdot \vec{c} + \vec{b} \cdot \vec{c}$임을 알 수 있다.

또, $(\vec{a}+\vec{b}) \cdot (\vec{c}+\vec{d}) = \vec{a} \cdot \vec{c} + \vec{a} \cdot \vec{d} + \vec{b} \cdot \vec{c} + \vec{b} \cdot \vec{d}$이다.

## □ 수직인 벡터

내적이 0인 두 벡터를 **수직**(orthogonal)이라고 한다. 방정식 $\vec{a} \cdot \vec{b} = |\vec{a}||\vec{b}|\cos\theta$ 로부터 $|\vec{a}||\vec{b}|$가 0이 아닐 때, $\vec{a} \cdot \vec{b} = 0$이면 $\cos\theta = 0$

즉, $\theta = 90°$ 이다.

$\vec{o}$ 벡터 $\vec{o} = 0\vec{i} + 0\vec{j} + 0\vec{k}$는 $\vec{o} \cdot \vec{a} = 0$이므로 $\vec{a} \cdot \vec{b} = 0$이면,

벡터 $\vec{a}$와 $\vec{b}$는 수직이다.

**[예제 11]** (내적 이용 수직 보이기)

벡터 $\vec{a} = 3\vec{i} - 2\vec{j} + \vec{k}$와 $\vec{b} = 2\vec{j} + 4\vec{k}$는 수직임을 보여라.

**풀이** $\vec{a} \cdot \vec{b} = (3)(0) + (-2)(2) + (1)(4) = 0 - 4 + 4 = 0$

따라서 $\vec{a}$와 $\vec{b}$는 수직이다. ▣

## □ 벡터의 정사영

벡터 $\vec{b}$를 벡터 $\vec{a}$를 지나는 선 위로 정사영하여 얻은 벡터를 $\vec{b}$의 $\vec{a}$위로의 **정사영 벡터**(vector projection of $\vec{b}$ onto $\vec{a}$)라고 하고,

기호로 $proj_{\vec{a}}\vec{b}$라고 나타낸다.

$\vec{b}$가 힘을 나타내면 $proj_{\vec{a}}\vec{b}$는 (그림8-25)와 같이 $\vec{a}$의 방향으로 효과적인 힘을 나타낸다.

$\vec{b}$와 $\vec{a}$ 사이의 각이 예각이면, $proj_{\vec{a}}\vec{b}$의 크기는 $|\vec{b}|\cos\theta$이고, 둔각이면 $proj_{\vec{a}}\vec{b}$의 크기는 cosine이 음수이므로 $-|\vec{b}|\cos\theta$이다.

두 경우에 $|\vec{b}|\cos\theta$를 $\vec{a}$방향으로 $\vec{b}$의 스칼라 성분이라고 부른다.(그림 8-26)

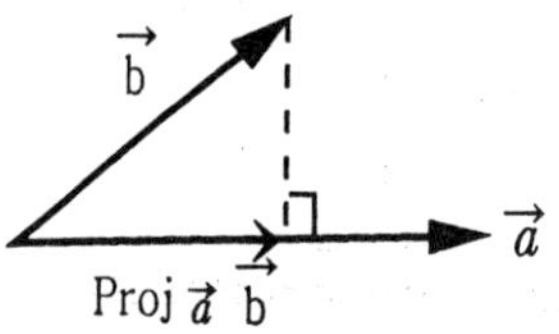


**(그림 8-25)**

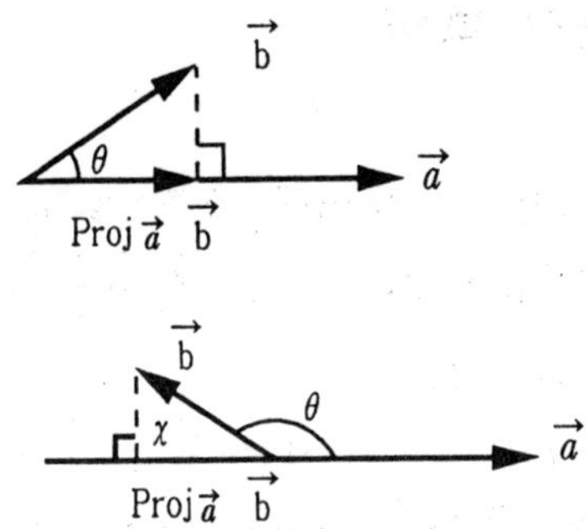


**(그림 8-26)**

$\vec{a}$ 방향으로 $\vec{b}$의 스칼라 성분은 $\vec{a}\cdot\vec{b}=|\vec{a}||\vec{b}|\cos\theta$의 양변을 $|\vec{a}|$로 나누어 얻을 수 있다.

즉, $|\vec{b}|\cos\theta=\dfrac{\vec{a}\cdot\vec{b}}{|\vec{a}|}=\vec{b}\cdot\dfrac{\vec{a}}{|\vec{a}|}$ 이것은 $\vec{b}$와 $\vec{a}$의 방향의 내적이다.

$$proj_{\vec{a}}\vec{b}=(|\vec{b}|\cos\theta)\frac{\vec{a}}{|\vec{a}|}$$

$$=\frac{\vec{a}\cdot\vec{b}}{|\vec{a}|}\ \frac{\vec{a}}{|\vec{a}|}=\frac{\vec{a}\cdot\vec{b}}{\vec{a}\cdot\vec{a}}\vec{a}$$ 이다.

**[예제 12]** —— (정사영 벡터의 크기 구하기)

$\vec{a}=\vec{i}-2\vec{j}-2\vec{k}$, $\vec{b}=6\vec{i}+3\vec{j}+2\vec{k}$일 때, $proj_{\vec{a}}\vec{b}$와 $\vec{a}$ 방향으로 $\vec{b}$의 스칼라 성분을 구하여라.

**풀이** $proj_{\vec{a}}\vec{b}=\dfrac{\vec{a}\cdot\vec{b}}{\vec{a}\cdot\vec{a}}\vec{a}=\dfrac{6-6-4}{1+4+4}(\vec{i}-2\vec{j}-2\vec{k})$

$$=-\frac{4}{9}(\vec{i}-2\vec{j}-2\vec{k})=-\frac{4}{9}\vec{i}+\frac{8}{9}\vec{j}+\frac{8}{9}\vec{k}$$

$\vec{a}$ 방향으로 $\vec{b}$의 스칼라 성분은

$$|\vec{b}|\cos\theta=\vec{b}\cdot\frac{\vec{a}}{|\vec{a}|}=(6\vec{i}+3\vec{j}+2\vec{k})\cdot\left(\frac{1}{3}\vec{i}-\frac{2}{3}\vec{j}-\frac{2}{3}\vec{k}\right)$$

$$=2-3-\frac{4}{3}=-\frac{4}{2}$$ ▣

## □ 벡터를 수직인 벡터의 합으로 표현

수학에서, 흔히 벡터 $\vec{b}$를 벡터 $\vec{a}$에 평행한 벡터 $\vec{b_1}$와 벡터 $\vec{a}$에 수직인 $\vec{b_2}$의 합으로 나타내려고 한다.(그림 8-27)

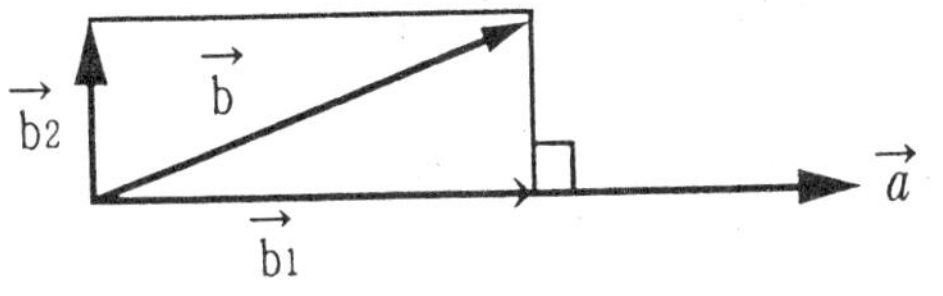


**(그림 8-27)**

$\vec{b}$를 $\vec{b_1}=proj_{\vec{a}}\vec{b}$와 $\vec{b_2}=\vec{b}-proj_{\vec{a}}\vec{b}$의 합으로 나타내면, $\vec{b_1}$은 $\vec{a}$에 평행이고, $\vec{b_2}$는 $\vec{a}$에 수직이 된다.

$$\vec{b}=\vec{b_1}+\vec{b_2}=proj_{\vec{a}}\vec{b}+(\vec{b}-proj_{\vec{a}}\vec{b})$$

$$=\frac{\vec{a}\cdot\vec{b}}{\vec{a}\cdot\vec{a}}\vec{a}+\left(\vec{b}-\frac{\vec{a}\cdot\vec{b}}{\vec{a}\cdot\vec{a}}\vec{a}\right)$$

$\vec{b_1}$은 $\vec{a}$ 위로의 $\vec{b}$의 정사영이므로 $\vec{a}$에 평행이고, $\vec{b_2}$는 $\vec{a}\cdot\vec{b_2}=0$ 이므로 $\vec{a}$에 수직이다.

$$\vec{a} \cdot \vec{b_2} = \vec{a} \cdot \left(\vec{b} - \frac{\vec{a} \cdot \vec{b}}{\vec{a} \cdot \vec{a}}\vec{a}\right)$$

$$= \vec{a} \cdot \vec{b} - \left(\frac{\vec{a} \cdot \vec{b}}{\vec{a} \cdot \vec{a}}\vec{a}\right) \cdot \vec{a} = \vec{a} \cdot \vec{b} - \vec{a} \cdot \vec{b} = 0$$

**[예제 12]** (정사영 벡터의 크기 구하기)

벡터 $\vec{a}=3\vec{i}-\vec{j}$, 벡터 $\vec{b}=2\vec{i}+\vec{j}-3\vec{k}$일 때, 벡터 $\vec{b}$를 $\vec{a}$에 평행인 벡터와 수직인 벡터의 합으로 나타내어라.

**풀이** $\vec{a} \cdot \vec{b} = 6-1=5, \quad \vec{a} \cdot \vec{a} = 9+1=10$

$$\vec{b} = \frac{\vec{a} \cdot \vec{b}}{\vec{a} \cdot \vec{a}}\vec{a} + \left(\vec{b} - \frac{\vec{a} \cdot \vec{b}}{\vec{a} \cdot \vec{a}}\vec{a}\right)$$

$$= \frac{5}{10}(3\vec{i}-\vec{j}) + \left(2\vec{i}+\vec{j}-3\vec{k} - \frac{5}{10}(3\vec{i}-\vec{j})\right)$$

$$= \left(\frac{3}{2}\vec{i} - \frac{1}{2}\vec{j}\right) + \left(\frac{1}{2}\vec{i} + \frac{3}{2}\vec{j} - 3\vec{k}\right)$$

▣

## □ 평면에서 직선의 방정식

내적은 평면에서 직선에 대해 쓰는 방정식에 대한 새로운 이해와 점에서 직선에 이르는 거리를 바르게 계산하는 방법을 제공한다.

(그림 8-28)과 같이 직선 $L$은 점 $P_0(x_0, y_0)$를 지나고 벡터 $\overrightarrow{N} = a\vec{i} + b\vec{j}$에 수직이다.

$L$ 위의 점 $P(x, y)$는 $\overrightarrow{N} \cdot \overrightarrow{P_0P} = 0$ 또는 $a(x-x_0)+b(y-y_0)=0$을 만족한다.

다시 정리하면,

$ax+by=ax_0+by_0$

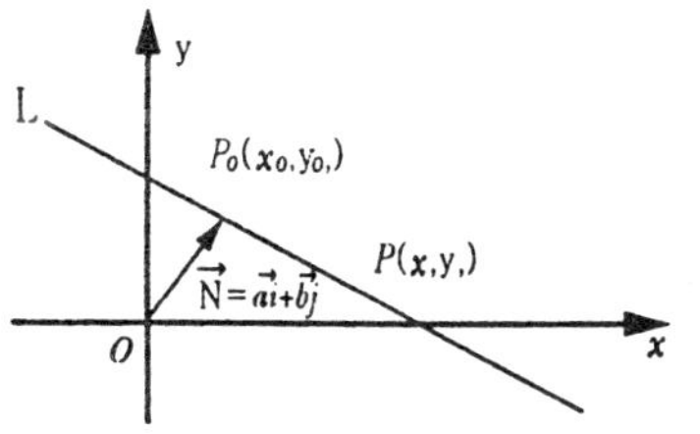


**(그림 8-28)**

즉, 점 $P_0(x_0,\ y_0)$를 지나고 $\overrightarrow{N}=a\vec{i}+b\vec{j}$ 수직인 직선은 $ax+by=c,\ (c=ax_0+by_0)$이다.

**[예제 14]** —— (평면에서 직선의 방정식 구하기)

점 $P_0(3,\ 5)$를 지나고 $\overrightarrow{N}=\vec{i}+2\vec{j}$에 수직인 직선의 방정식을 구하여라.

**풀이** $a=1,\ b=2,\ c=(1)(3)+(2)(5)=13$
따라서, 직선의 방정식은 $x+2y=13$ ▣

**[예제 15]** —— (점에서 직선에 이르는 거리 구하기)

점 $S(4,\ 4)$에서 직선 $L: x+3y=6$에 이르는 거리를 구하여라.

**풀이** (그림 6 29)에서 $\overrightarrow{PS}=(4-0)\vec{i}+(4-2)\vec{j}=4\vec{i}+2\vec{j}$
점 $S$에서 직선 $L$에 이르는 거리는

$$\left|proj_{\vec{n}}\overrightarrow{PS}\right| = \left|\overrightarrow{PS}\cdot\frac{\overrightarrow{N}}{|\overrightarrow{N}|}\right|$$

$$=\left|(4\vec{i}+2\vec{j})\cdot\frac{\vec{i}+3\vec{j}}{\sqrt{1^2+3^2}}\right|$$

$$=\frac{4+6}{\sqrt{10}}=\sqrt{10}$$ ▣

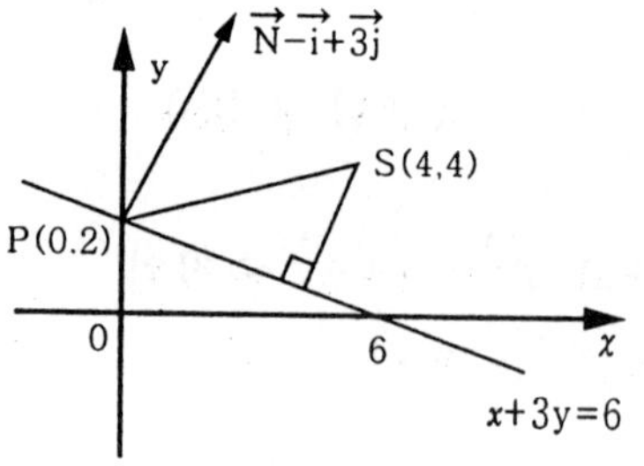


**(그림 8-29)**

## □ 일

앞에서 언급한 것처럼, (그림 6-30)과 같이 $\overrightarrow{PQ}$만큼 움직인 점일 때, 일정한 힘 $\vec{F}$로 주어진 일은 $\vec{F}$와 $\overrightarrow{PQ}$의 내적으로 정의된다.

즉, 일정한 $\vec{F}$와 $\overrightarrow{PQ}$ 방향으로 작용한 일은

$(work)=\vec{f}\cdot\overrightarrow{PQ}=|\vec{F}|\,|\overrightarrow{PQ}|\cos\theta$이다.

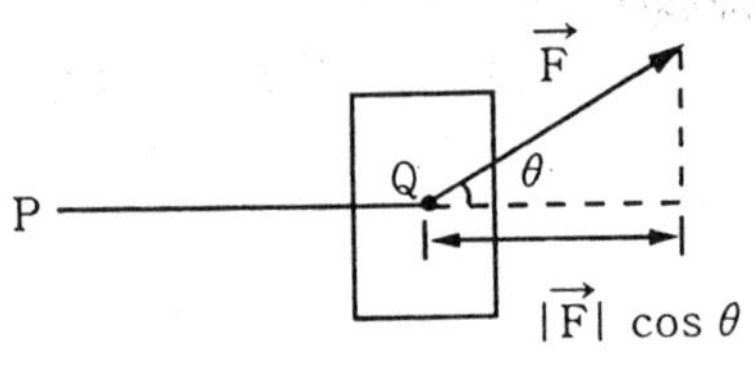


**(그림 8-30)**

**[예제 16]** (작용한 일 구하기)

$|\vec{F}|=40$ newtons(약 9파운드), $|\overrightarrow{PQ}|=3$, $\theta=60^\circ$일 때, $\vec{F}$의 $P$에서 $Q$까지 작용한 일을 구하여라.

**풀이** $|\overrightarrow{F}|=40,\ |\overrightarrow{PQ}|=3,\ \theta=60°$

$$일=|\overrightarrow{F}|\,|\overrightarrow{PQ}|\cos\theta=(40)(3)\cos 60°$$

$$=120\times\frac{1}{2}=60\text{newton-meters}$$ ▣

## □ 외적

렌치(wrench)에 힘을 주어 볼트(bolt)를 (그림 8-31)과 같이 돌릴 때, 발생한 비트는 힘(torque)은 앞으로 전진시키는 볼트의 축을 따라 작용한다. 토크(비트는 힘)의 크기는 렌치에 힘이 일나나 멀리서 적용되고 얼마나 많은 힘이 실제로 그 점에서 적용되는가에 달려있다.

토크의 크기를 재는데 이용하는 수는 $\vec{a}$의 lever arm의 길이와 $\vec{a}$에 수직인 $\vec{b}$의 스칼라 성분으로 이루어진다.

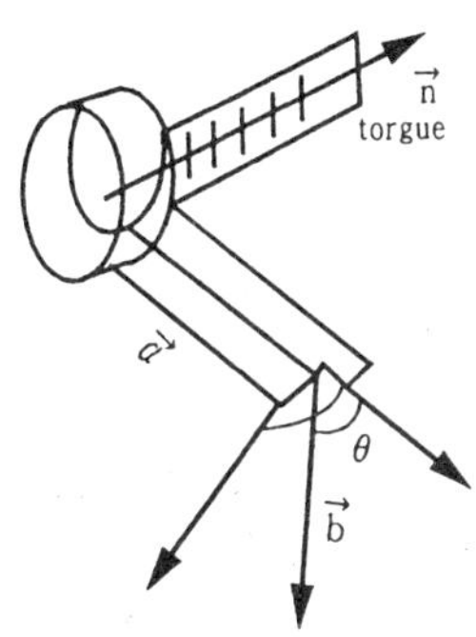


**(그림 8-31)**

(그림 8-31)의 기호에서, 토크벡터의 크기 $=|\vec{a}|\,|\vec{b}|\sin\theta$

$\vec{n}$을 토크 방향으로 볼트의 축을 따르는 단위벡터라면, 토크 벡터의 완전한 표현은 토크벡터 $=\vec{n}\,|\vec{a}|\,|\vec{b}|\sin\theta$이다. 수학에서 벡터 $\vec{n}\,|\vec{a}|\,|\vec{b}|\sin\theta$를 $\vec{a}$와 $\vec{b}$의 **벡터 외적(vector product)**이라고 한다. 벡터 외적은 전기, 자기, 유체역학과 행성의 운동의 연구에서 힘의 효과를 기술하는데 널리 이용된다.

여기서의 목표는 이들 분야에서 사용되는 중요한 벡터 외적의 수학적 성질을 알아보려고 한다. 다음에서는 공간에서 직선과 평면의 방정식을 유도하기 위해 벡터 외적과 스칼라 적을 어떻게 결합하는가를 보게 될 것이다.

## □ 공간에서 두 벡터의 벡터 외적

수학에서 벡터 외적을 정의할 때, 어떤 특별한 물리적 설명 없이 공간에서 두 영이 아닌 벡터 $\vec{a}$와 $\vec{b}$에 대해 생각한다. $\vec{a}$와 $\vec{b}$가 평행이 아니면, 이 둘은 평면을 결정한다. 오른손 규칙(right hand rule)에 의해 평면에 수직인 단위벡터 $\vec{n}$를 고른다. (그림 8-32)와 같이 손가락이 $\vec{a}$로부터 $\vec{b}$로 회전할 때, 오른손 엄지손가락이 지정하는 방향의 단위벡터를 $\vec{n}$라고 한다.

$\vec{a}$와 $\vec{b}$의 벡터 외적 $\vec{a}\times\vec{b}$는 벡터가 됨을 정의한다.

$$\vec{a}\times\vec{b}=\vec{n}\,|\vec{a}|\,|\vec{b}|\sin\theta$$

$\vec{a}\times\vec{b}$는 $\vec{n}$의 스칼라 곱이므로, $\vec{a}$와 $\vec{b}$

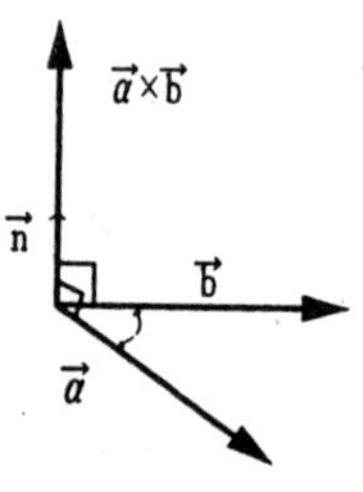


**(그림 8-32)**

모두에 수직이다. $\theta=0^\circ$ 또는 $\theta=180^\circ$ 인 경우 $\vec{a}\times\vec{b}$의 크기는 0이 된다.

따라서 $\vec{a}$와 $\vec{b}$ 가 평행하면 $\vec{a}\times\vec{b}$는 $\vec{o}$(영벡터)가 된다.

$\vec{a}$와 $\vec{b}$ 중 하나 또는 모두 $\vec{o}$이면 $\vec{a}\times\vec{b}=\vec{o}$로 정의한다. 따라서 $\vec{a}$와 $\vec{b}$ 가 평행하거나 둘 중에 하나 또는 모두 $\vec{o}$이면 두 벡터 $\vec{a}$와 $\vec{b}$ 의 벡터 외적은 $\vec{o}$이다.

$\vec{a}\times\vec{b}$의 기호에 따라 cross(×)가 있으므로 $\vec{a}\times\vec{b}$의 벡터 외적을 $\vec{a}\times\vec{b}$의 **외적(cross product)**이라고 한다.

내적 $\vec{a}\cdot\vec{b}$는 스칼라이고 외적 $\vec{a}\times\vec{b}$는 벡터이다.

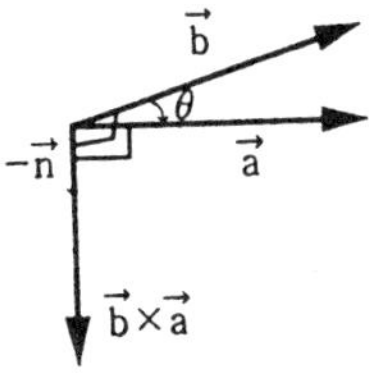


**(그림 8-33)**

## □ $\vec{a}\times\vec{b}$와 $\vec{b}\times\vec{a}$

$\vec{o}$가 아닌 외적에서 벡터의 순서를 반대로 하면 반대 방향의 벡터가 된다. 오른손의 손가락을 $\vec{b}$에서 $\vec{a}$로 $\theta$만큼 돌리면 엄지손가락은 반대 방향을 가리키고 $\vec{b}\times\vec{a}$를 만드는 단위 벡터는 $\vec{a}\times\vec{b}$의 단위 벡터의 반대 방향이다.(그림 8-33)

따라서, 모든 벡터 $\vec{a}$와 $\vec{b}$ 에 대해 $\vec{b}\times\vec{a}=-(\vec{a}\times\vec{b})$ 내적과 다르게 외적은 교환법칙이 성립하지 않는다.

단위벡터 $\vec{i}$, $\vec{j}$와 $\vec{k}$의 서로 외적을 계산하는데 정의를 적용하면, (그림 8-34)

$$\vec{i}\times\vec{j}=-(\vec{j}\times\vec{i})=\vec{k}$$
$$\vec{j}\times\vec{k}=-(\vec{k}\times\vec{j})=\vec{i}$$
$$\vec{k}\times\vec{i}=-(\vec{i}\times\vec{k})=\vec{j}$$

이고, $\vec{i}\times\vec{i}=\vec{j}\times\vec{j}=\vec{k}\times\vec{k}=\vec{o}$ 이다.

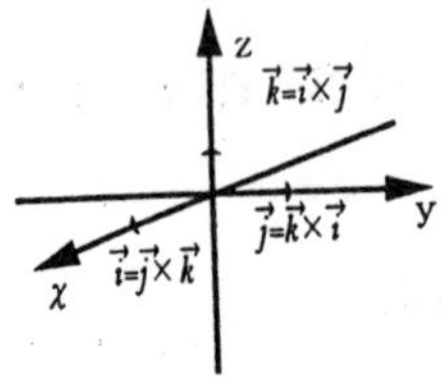


(그림 8-34)

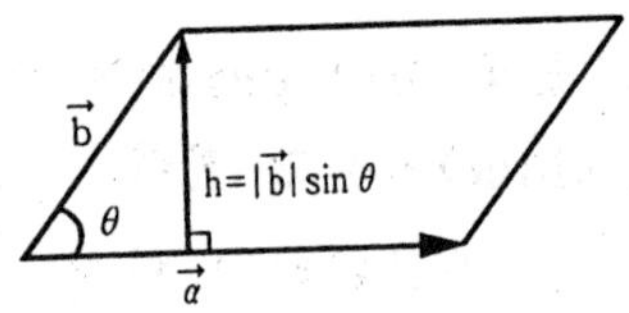


(그림 8-35)

## □ $|\vec{a}\times\vec{b}|$는 평행사변형의 넓이

$\vec{n}$이 단위벡터 이므로, $\vec{a}\times\vec{b}$의 크기는

$$|\vec{a}\times\vec{b}| = |\vec{n}|\,|\vec{a}|\,|\vec{b}|\,|\overrightarrow{\sin\theta}|$$

$$= |\vec{a}|\,|\vec{b}|\,|\overrightarrow{\sin\theta}|$$

이것은 $\vec{a}$와 $\vec{b}$로 만들어진(그림 8-35) $|\vec{a}|$는 평행사변형의 밑변의 길이이고, $|\vec{b}|\,|\sin\theta|$는 높이인 평행사변형의 넓이이다.

## □ 토크(Torque)의 크기

토크의 크기를 계산하는데 $|\vec{a}\times\vec{b}|$ 의 정의를 이용한다.

**[예제 17]** —— (토크의 크기 구하기)

(그림 8-36)에서 추축(pivot)점에 대하여 힘 $\vec{F}$로 움직인 토크의 크기를 구하여라.

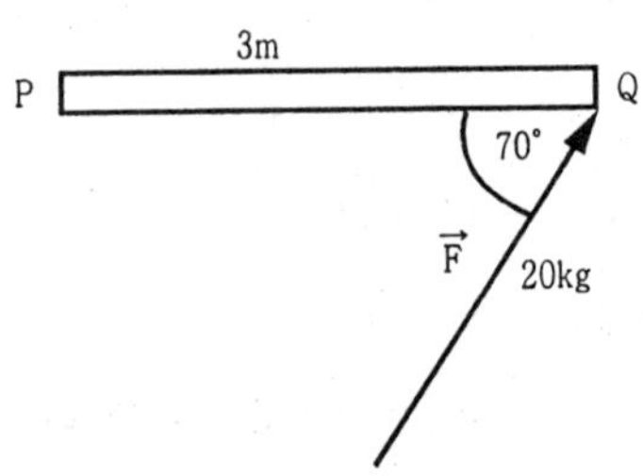


(그림 8-36)

**풀이** $|\overrightarrow{PQ}\times\overrightarrow{F}|=|\overrightarrow{PQ}||\overrightarrow{F}|\sin 70°$
$=(3)(20)(0.94)=56.4m-kg$

■

## □ 결합법칙과 분배법칙

$(\vec{a}\times\vec{b})\times\vec{c}$는 $\vec{a}$와 $\vec{b}$의 평면에 있고, 반면 $\vec{a}\times(\vec{b}\times\vec{c})$는 $\vec{b}$와 $\vec{c}$의 평면에 있으므로 외적은 결합법칙이 성립하지 않는다. 그러나 **스칼라 분배법칙(Scalar Distributive Law)**은 성립힌다.

$(r\vec{a})\times(s\vec{b})=(rs)\vec{a}\times\vec{b}$, 특히

$(-\vec{a})\times\vec{b}=\vec{a}\times(-\vec{b})=-(\vec{a}\times\vec{b})$이다.

또 **벡터 분배법칙(Vector Distributive Law)**도 성립한다. 이들 증명은 쉽지 않다.

$\vec{a}\times(\vec{b}+\vec{c})=\vec{a}\times\vec{b}+\vec{a}\times\vec{c}$

$(\vec{b}+\vec{c})\times\vec{a}=\vec{b}\times\vec{a}+\vec{c}\times\vec{a}$

## □ $\vec{a}\times\vec{b}$에 대한 행렬식 공식

$\vec{a}$와 $\vec{b}$의 성분으로 $\vec{a}\times\vec{b}$의 성분을 어떻게 계산하는가 알아보자.

$\vec{a}=a_1\vec{i}+a_2\vec{j}+a_3\vec{k}$, $\vec{b}=b_1\vec{i}+b_2\vec{j}+b_3\vec{k}$라 하면

분배법칙과 $\vec{i}$, $\vec{j}$와 $\vec{k}$에 대한 곱의 법칙으로부터 다음을 얻는다.

$$\begin{aligned}\vec{a}\times\vec{b}&=(a_1\vec{i}+a_2\vec{j}+a_3\vec{k})\times(b_1\vec{i}+b_2\vec{j}+b_3\vec{k})\\&=a_1b_1\vec{i}\times\vec{i}+a_1b_2\vec{i}\times\vec{j}+a_1b_3\vec{i}\times\vec{k}\\&\quad+a_2b_1\vec{j}\times\vec{i}+a_2b_2\vec{j}\times\vec{j}+a_2b_3\vec{j}\times\vec{k}\\&\quad+a_3b_1\vec{k}\times\vec{j}+a_3b_2\vec{k}\times\vec{j}+a_3b_3\vec{k}\times\vec{k}\\&=(a_2b_3-a_3b_2)\vec{i}+(a_3b_1-a_1b_3)\vec{j}+(a_1b_2-a_2b_1)\vec{k}\end{aligned}$$

결과를 행렬식으로 나타내면, 다음과 같다.

$$\begin{vmatrix} \vec{i} & \vec{j} & \vec{k} \\ a_1 & a_2 & a_3 \\ b_1 & b_2 & b_3 \end{vmatrix}$$

따라서, $\vec{a}=a_1\vec{i}+a_2\vec{j}+a_3\vec{k}$, $\vec{b}=b_1\vec{i}+b_2\vec{j}+b_3\vec{k}$이면

$$\vec{a}\times\vec{b}=\begin{vmatrix} \vec{i} & \vec{j} & \vec{k} \\ a_1 & a_2 & a_3 \\ b_1 & b_2 & b_3 \end{vmatrix} \text{ 이다.}$$

**[예제 18]** —— (벡터의 외적 구하기)

$\vec{a}=2\vec{i}+\vec{j}+\vec{k}$, $\vec{b}=-4\vec{i}+3\vec{j}+\vec{k}$일 때, $\vec{a}\times\vec{b}$와 $\vec{b}\times\vec{a}$를 구하여라.

**풀이**

$$\vec{a}\times\vec{b}=\begin{vmatrix} \vec{i} & \vec{j} & \vec{k} \\ 2 & 1 & 1 \\ -4 & 3 & 1 \end{vmatrix}=\begin{vmatrix} 1 & 1 \\ 3 & 1 \end{vmatrix}\vec{i}-\begin{vmatrix} 2 & 1 \\ -4 & 1 \end{vmatrix}\vec{j}+\begin{vmatrix} 2 & 1 \\ -4 & 3 \end{vmatrix}\vec{k}$$

$$=-2\vec{i}-6\vec{j}+10\vec{k}$$

$$\vec{b}\times\vec{a}=-\vec{a}\times\vec{b}=2\vec{i}+6\vec{j}-10\vec{k}$$

▣

**[예제 19]** —— (외적의 응용)

세 점 $P(1,\ -1,\ 0)$, $Q(2,\ 1,\ -1)$와 $R(-1,\ 1,\ 2)$로 만들어지는 평면에 수직인 벡터를 구하여라.

**풀이**

벡터 $\overrightarrow{PQ}\times\overrightarrow{PR}$이 벡터 $\overrightarrow{PQ}$와 $\overrightarrow{PR}$에 수직이므로 구하는 벡터가 된다.

$$\overrightarrow{PQ}=(2-1)\vec{i}+(1+1)\vec{j}+(-1-0)\vec{k}=\vec{i}+2\vec{j}-\vec{k}$$

$$\overrightarrow{PR}=(-1-1)\vec{i}+(1+1)\vec{j}+(2-0)\vec{k}=-2\vec{i}+2\vec{j}+2\vec{k}$$

$$\overrightarrow{PQ}\times\overrightarrow{PR}=\begin{vmatrix} \vec{i} & \vec{j} & \vec{k} \\ 1 & 2 & -1 \\ -2 & 2 & 1 \end{vmatrix}=\begin{vmatrix} 2 & -1 \\ 2 & 2 \end{vmatrix}\vec{i}-\begin{vmatrix} 1 & -1 \\ -2 & 2 \end{vmatrix}\vec{j}+\begin{vmatrix} 1 & 2 \\ -2 & 2 \end{vmatrix}\vec{k}$$

$$=6\vec{i}+6\vec{k}$$ ▣

**[예제 20]** — (외적을 이용 삼각형의 넓이 구하기)

세 점 $P(1,\ -1,\ 0)$, $Q(2,\ 1,\ -1)$와 $R(-1,\ 1,\ 2)$을 꼭지점으로 하는 $\triangle PQR$의 넓이를 구하여라.(그림 8-37)

**풀이** $P$, $Q$, $R$로 결정되는 평행사변형의 넓이는

$$|\overrightarrow{PQ}\times\overrightarrow{PR}|=|6i+6k|$$
$$=\sqrt{6^2+6^2}=\sqrt{2\cdot 36}=6\sqrt{2}$$

따라서, $\triangle PQR$의 넓이는 $3\sqrt{2}$이다. ▣

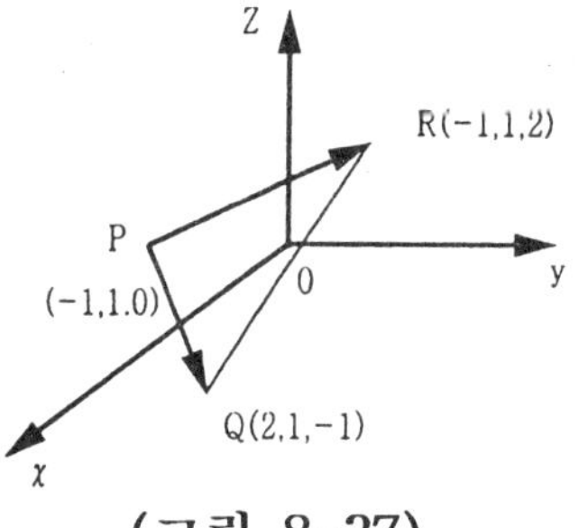


**(그림 8-37)**

**[예제 21]** — (외적을 이용 단위벡터 구하기)

$P(1,\ -1,\ 0)$, $Q(2,\ 1,\ -1)$와 $R(-1,\ 1,\ 2)$로 이루어진 평면에 수직인 단위 벡터를 구하여라.

**풀이** $\overrightarrow{PQ}\times\overrightarrow{PR}$은 평면에 수직이므로 $\vec{n}$은 수직인 단위 벡터이다.

$$\vec{n}=\frac{\overrightarrow{PQ}\times\overrightarrow{PR}}{|\overrightarrow{PQ}\times\overrightarrow{PR}|}=\frac{6i+6k}{6\sqrt{2}}=\frac{1}{\sqrt{2}}\vec{i}+\frac{1}{\sqrt{2}}\vec{k}$$ ▣

**[예제 22]** (두 벡터가 이루는 각의 크기 구하기)

두 벡터 $\vec{a}=\vec{i}-2\vec{j}+2\vec{k}$, $\vec{b}=2\vec{i}-\vec{j}-2\vec{k}$의 외적 $\vec{a}\times\vec{b}$를 구하여라. 또, $\vec{a}$, $\vec{b}$가 이루는 각의 크기 $\theta$를 구하여라.

**풀이**

$$\vec{a}\times\vec{b}=\begin{vmatrix} \vec{i} & \vec{j} & \vec{k} \\ 1 & -2 & 2 \\ 2 & -1 & -2 \end{vmatrix}=\begin{vmatrix} -2 & 2 \\ -1 & -2 \end{vmatrix}\vec{i}-\begin{vmatrix} 1 & 2 \\ 2 & -2 \end{vmatrix}\vec{j}+\begin{vmatrix} 1 & -2 \\ 2 & -1 \end{vmatrix}\vec{k}$$

$$=6\vec{i}+6\vec{j}+3\vec{k}$$

또, $|\vec{a}|=\sqrt{1^2+(-2)^2+2^2}=3$,

$|\vec{b}|=\sqrt{2^2+(-1)^2+(-2)^2}=3$

$|\vec{a}\times\vec{b}|=\sqrt{6^2+6^2+3^2}=9$

$\vec{a}$, $\vec{b}$ 가 이루는 각의 크기 $\theta$에서

$$\sin\theta=\frac{|\vec{a}\times\vec{b}|}{|\vec{a}||\vec{b}|}=\frac{9}{3\times3}=1$$

따라서, $\theta=90^\circ$ ▣

## □ 세 벡터의 적

세 벡터의 적 $(\vec{a}\times\vec{b})\cdot\vec{c}$ 와 $(\vec{a}\times\vec{b})\times\vec{c}$ 는 전기, 자기와 유체역학에 관련된 계산에서 공학과 물리학에 자주 나타난다. 세 개의 스칼라 적 $(\vec{a}\times\vec{b})\cdot\vec{c}$ 은 삼차원 기하를 다루고, 벡터의 성분의 곱으로 나타내어지는 세 벡터의 적을 계산하는데 이용하는 공식을 유도한다. $(\vec{a}\times\vec{b})\cdot\vec{c}$ 를 세 벡터 $\vec{a}$, $\vec{b}$ 와 $\vec{c}$ 의 **스칼라 적**(triple scalar product)이라고 한다.

공식에서 $|(\vec{a}\times\vec{b})\cdot\vec{c}|=|\vec{a}\times\vec{b}||\vec{c}||\cos\theta|$ 임을 알 수 있다. 적의 절대값은 $\vec{a}$, $\vec{b}$, $\vec{c}$ 로 만들어지는 평행육면체 (그림 8-38)의 부피이다.

$|\vec{a}\times\vec{b}|$는 밑면 평행사변형의 넓이이다.

$|\vec{c}||\cos\theta|$는 평행육면체의 높이이다.

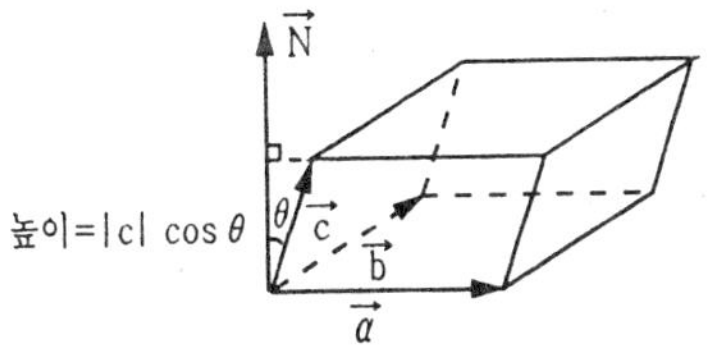


**(그림 8-38)**

$(\vec{a}\times\vec{b})\cdot\vec{c}$를 흔히 세 벡터 $\vec{a}$, $\vec{b}$, $\vec{c}$의 box product라고 부르는 이유는 기하학적인 내용 때문이다.

$\vec{a}$, $\vec{b}$, $\vec{c}$로 결정되는 평행육면체의 밑면으로 $\vec{b}$와 $\vec{c}$의 평면, $\vec{c}$와 $\vec{a}$의 평면을 다루면서 다음을 알 수 있다.

$$(\vec{a}\times\vec{b})\cdot\vec{c}=(\vec{b}\times\vec{c})\cdot\vec{a}=(\vec{c}\times\vec{a})\cdot\vec{b}$$

내적은 교환법칙이 성립하므로 $(\vec{a}\times\vec{b})\cdot\vec{c}=\vec{a}\cdot(\vec{b}\times\vec{c})$ 값의 변화 없이 세 벡터의 스칼라 적에서는 •와 ×가 교환될 수 있다.

또, $\vec{a}\cdot(\vec{b}\times\vec{c})$는 다음과 같이 행렬식으로 계산될 수 있다.

$\vec{a}=(a_1,\ a_2,\ a_3)$, $\vec{b}=(b_1,\ b_2,\ b_3)$, $\vec{c}=(c_1,\ c_2,\ c_3)$라면,

$$\begin{aligned}\vec{a}\cdot(\vec{b}\times\vec{c})&=\vec{a}\cdot\left(\begin{vmatrix} b_2 & b_3 \\ c_2 & c_3 \end{vmatrix}-\begin{vmatrix} b_1 & b_3 \\ c_1 & c_3 \end{vmatrix}+\begin{vmatrix} b_1 & b_2 \\ c_1 & c_2 \end{vmatrix}\right)\\ &=a_1\begin{vmatrix} b_2 & b_3 \\ c_2 & c_3 \end{vmatrix}-a_2\begin{vmatrix} b_1 & b_3 \\ c_1 & c_3 \end{vmatrix}+a_3\begin{vmatrix} b_1 & b_2 \\ c_1 & c_2 \end{vmatrix}\\ &=\begin{vmatrix} a_1 & a_2 & a_3 \\ b_1 & b_2 & b_3 \\ c_1 & c_2 & c_3 \end{vmatrix}\end{aligned}$$

**[예제 23]** (세 벡터의 스칼라 적 이용 부피 구하기)

$\vec{a}=(1,\ 2,\ -1)$, $\vec{a}=(-2,\ 0,\ 3)$, $\vec{c}=(0,\ 7,\ -4)$로 결정되는 상자(평행육면체)의 부피를 구하여라.

**풀이** $|\vec{a}\cdot(\vec{b}\times\vec{c})|$를 구하면 된다.
우선,

$$\vec{a}\cdot(\vec{b}\times\vec{c})=\begin{vmatrix}1&2&-1\\-2&0&3\\0&7&-4\end{vmatrix}=\begin{vmatrix}0&3\\7&-4\end{vmatrix}-\begin{vmatrix}-2&3\\0&-4\end{vmatrix}-\begin{vmatrix}-2&0\\0&7\end{vmatrix}$$

$$=-21-16+14=-23$$

따라서, 구하는 부피는 23이다. ▣

## □ 평행사변형의 평면에 대한 정사영의 넓이

(그림 8-39)와 같이 공간에서 두 벡터 $\vec{u}$와 $\vec{v}$로 결정되는 평행사변형의 법선 단위벡터 $\vec{p}$를 갖는 정사영의 넓이는 다음과 같다.

$$|(\vec{u}\times\vec{v})\cdot\vec{p}|$$

증명은 생략하고 다음 예제를 풀어보자.

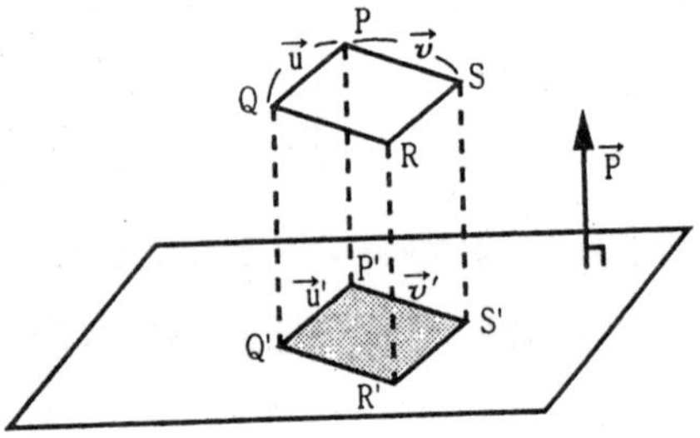

**(그림 8-39)**

**[예제 24]** —— (정사영의 넓이 구하기)

네 점 $P(0,\ 0,\ 3)$, $Q(2,\ -1,\ 2)$, $R(3,\ 2,\ 1)$, $S(1,\ 3,\ 2)$로 결정되는 평행사변형의 $xy$−평면에 대한 정사영의 넓이를 구하여라.(그림 8-40)

**풀이** $\vec{u}=\overrightarrow{PQ}=(2,\ -1,\ -1)$, $\vec{v}=\overrightarrow{PS}=(1,\ 3,\ -1)$이고
$\vec{p}=\vec{k}=(0,\ 0,\ 1)$이다. 따라서 구하는 넓이는

$$(\vec{u}\times\vec{v})\cdot\vec{p}=\begin{vmatrix}2&-1&-1\\1&3&-1\\0&0&1\end{vmatrix}$$

$$=\begin{vmatrix} 2 & -1 \\ 1 & 3 \end{vmatrix}=7$$ ▣

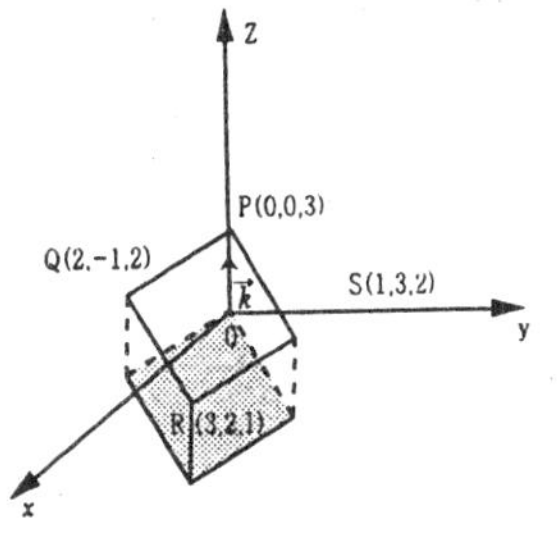


(그림 8-40)

## □ 세 개의 벡터 외적

공식은 성분으로 계산되는 것이 유사하지만 세 개의 벡터 외적(triple vector product)

$(\vec{a}\times\vec{b})\times\vec{c}$ 와 $\vec{a}\times(\vec{b}\times\vec{c})$는 같지 않다.

$(\vec{a}\times\vec{b})\times\vec{c}=(\vec{a}\cdot\vec{c})\vec{b}-(\vec{b}\cdot\vec{c})\vec{a}$

$\vec{a}\times(\vec{b}\times\vec{c})=(\vec{a}\cdot\vec{c})\vec{b}-(\vec{a}\cdot\vec{b})\vec{c}$

이들을 예제를 통해 확인하여 보자.

**[예제 25]** —— (벡터외적 계산하기)

$\vec{a}=(1,\ -1,\ 2)$, $\vec{b}=(2,\ 1,\ 1)$, $\vec{c}=(1,\ 2,\ -1)$일 때,
$(\vec{a}\times\vec{b})\times\vec{c}=(\vec{a}\cdot\vec{c})\vec{b}-(\vec{b}\cdot\vec{c})\vec{a}$임을 확인하여라.

**풀이** $\vec{a}\cdot\vec{c}=-3$, $\vec{b}\cdot\vec{c}=3$이므로

$$(\vec{a}\cdot\vec{c})\vec{b}-(\vec{b}\cdot\vec{c})\vec{a}=-3\vec{b}-3\vec{a}$$
$$=-3(3,\ 0,\ 3)=(-9,\ 0,\ -9)$$

$$(\vec{a}\times\vec{b})=\begin{vmatrix}\vec{i} & \vec{j} & \vec{k}\\ 1 & -1 & 2\\ 2 & 1 & 1\end{vmatrix}$$
$$=-3\vec{i}+3\vec{j}+3\vec{k}=(-3,\ 3,\ 3)$$

따라서, $(\vec{a}\times\vec{b})\times\vec{c}=\begin{vmatrix}\vec{i} & \vec{j} & \vec{k}\\ -3 & 3 & 3\\ 1 & 2 & -1\end{vmatrix}=-9\vec{i}-9\vec{k}=(-9,\ 0,\ -9)$ ▣

**[예제 26]** —— (벡터의 외적이용 계산하기)

$(\vec{a}\times\vec{b})\times(\vec{c}\times\vec{d})$를 내적과 외적을 이용하여 간단히 나타내어라.

**풀이** $(\vec{c}\times\vec{d})=\vec{v}$라 놓으면,

$(\vec{a}\times\vec{b})\times\vec{v}=(\vec{a}\cdot\vec{v})\vec{b}-(\vec{b}\cdot\vec{v})\vec{a}$이고,

$(\vec{a}\times\vec{b})\times(\vec{c}\times\vec{d})=(\vec{a}\cdot\vec{c}\times\vec{d})\vec{b}-(\vec{b}\cdot\vec{c}\times\vec{d})\vec{a}$ ▣

# ◆◆◆ 연습 문제 8-2 ◆◆◆

1. 좌표 공간의 두 벡터 $\overrightarrow{OA}=(1,\ 1,\ 0)$, $\overrightarrow{OB}=(4,\ 1,\ 1)$에 대하여 다음 물음에 답하여라.
   1) 선분 $AB$를 $m:n$으로 내분하는 점을 $P$라 할 때, $\overrightarrow{OP}$의 성분을 구하여라.
   2) $\angle AOB$의 이등분선이 $\overline{AB}$와 만나는 점을 $D$라 할 때, $\overrightarrow{OD}$의 성분을 구하여라.

2. 좌표공간의 두 점 $A=(1,\ 1,\ 0)$, $B=(4,\ 3,\ 2)$에 대하여 $\vec{a}=\overrightarrow{AB}$라 할 때, 다음 물음에 답하여라.
   1) $\vec{a}$와 같은 방향의 단위 벡터를 구하여라.
   2) 벡터 $\vec{a}$가 $x$축, $y$축, $z$축의 방향과 이루는 각을 $\alpha$, $\beta$, $\gamma$라 할 때, $\cos\alpha$, $\cos\beta$, $\cos\gamma$의 값을 구하여라.

3. 다음 두 벡터에 대하여 내적과 두 벡터가 이루는 각을 구하여라.
   1) $\vec{a}=(-4,\ -2,\ 2)$, $\vec{b}=(2,\ -3,\ 1)$
   2) $\vec{a}=(-1,\ 0,\ 1)$, $\vec{b}=(-1,\ 2,\ 2)$

4. 두 벡터 $\vec{a}=(2,\ -2,\ 0)$, $\vec{b}=(0,\ 3,\ -3)$에 대하여 다음 물음에 답하여라.
   1) $\vec{a}+k\vec{b}$와 $\vec{a}-\vec{b}$가 서로 수직일 때, 실수 $k$의 값을 구하여라.
   2) 두 벡터 $\vec{a}$, $\vec{b}$에 모두 수직이고 크기가 $\sqrt{3}$인 벡터를 구하여라.

**해 답**

1.
1) $\left(\frac{4m+n}{m+n},\ 1,\ \frac{m}{m+n}\right)$
2) $\left(\frac{7}{4},\ 1,\ \frac{1}{4}\right)$

2.
1) $\left(\frac{3}{\sqrt{11}}, \frac{1}{\sqrt{11}}, -\frac{1}{\sqrt{11}}\right)$
2) $\left(\frac{3}{\sqrt{11}}, \frac{1}{\sqrt{11}}, -\frac{1}{\sqrt{11}}\right)$

3.
1) 0, 90°
2) 3, 45°

4.
1) $k=\frac{7}{12}$
2) $(1,\ 1,\ 1)$ 또는 $(-1,\ -1,\ -1)$

5. $\triangle ABC$에서 $\overrightarrow{AB}\cdot\overrightarrow{BC}=p$, $\overrightarrow{BC}\cdot\overrightarrow{CA}=q$ $\overrightarrow{CA}\cdot\overrightarrow{AC}=r$이라 할 때, $\triangle ABC$의 넓이를 $p$, $q$, $r$의 식으로 나타내어라.

6. $\vec{a}=(3,\ -2,\ 4)$, $\vec{b}=(2,\ 0,\ -2)$이고 $\vec{u}=\vec{a}+\vec{b}$, $\vec{v}=\vec{a}-\vec{b}$일 때, 다음 물음에 답하여라.
   1) $|\vec{u}|$, $|\vec{v}|$를 구하여라.
   2) $\vec{p}=\vec{a}+t\vec{b}$($t$는 실수)일 때, $\vec{p}$의 크기가 최소가 되는 $t$의 값을 구하여라.
   3) $\vec{u}$, $\vec{v}$와 같은 방향의 단위 벡터를 각각 $\vec{x}$, $\vec{y}$라 할 때, $\vec{x}$, $\vec{y}$를 구하여라.

7. 두 벡터 $\vec{a}=(1,\ 3,\ 2)$, $\vec{b}=(1,\ 4,\ 3)$을 이웃하는 두 변으로 갖는 삼각형의 넓이를 구하여라.

8. 두 벡터 $\vec{a}=(1,\ -2,\ 2)$, $\vec{b}=(-2,\ -1,\ t)$가 이루는 각의 크기가 $\frac{\pi}{3}$가 되도록 $t$의 값을 구하여라.

9. 세 점 $A=(2,\ -1,\ 1)$, $B=(1,\ -3,\ -5)$ $C=(3,\ -4,\ 4)$를 꼭지점으로 갖는 $\triangle ABC$의 $\angle A$의 크기를 구하여라.

10. 두 벡터 $\vec{a}=(2,\ -6,\ -3)$, $\vec{b}=(4,\ 3,\ -1)$로 이루어지는 평면에 수직인 단위벡터를 구하여라.

**해 답**

5. $\frac{1}{2}\sqrt{pq+qr+rp}$

6.
1) $\sqrt{33}$, $\sqrt{41}$
2) $t=\frac{1}{4}$
3) $\vec{x}=\left(\frac{5}{\sqrt{33}},\frac{-2}{\sqrt{33}},\frac{2}{\sqrt{33}}\right)$
   $\vec{y}=\left(\frac{1}{\sqrt{41}},\frac{-2}{\sqrt{41}},\frac{6}{\sqrt{41}}\right)$

7. $\frac{\sqrt{3}}{2}$

8. $\pm\frac{3\sqrt{35}}{7}$

9. $\cos^{-1}\left(-\sqrt{\frac{7}{57}}\right)$

10. $\left(\frac{3}{7},\ -\frac{2}{7},\ \frac{6}{7}\right)$

11. $\vec{a}=(1,\ -1,\ 1)$, $\vec{b}=(-2,\ 3,\ 1)$에 대하여 $\vec{a}\times\vec{b}$, $\vec{b}\times\vec{a}$를 구하여라.

12. 벡터 $\vec{a}=(1, 2, 1)$, $\vec{b}=(2, 1, 0)$, $\vec{c}=(3, -4, -5)$에 대하여 다음을 구하여라.
1) $\vec{a}\bullet(\vec{b}\times\vec{c})$  2) $\vec{a}\times(\vec{b}\times\vec{c})$

13. 다음 세 벡터 $\vec{a}$, $\vec{b}$, $\vec{c}$로 만들어지는 평행육면체의 부피를 구하여라. 또 $(\vec{a}\times\vec{b})\times\vec{c}$와 $\vec{a}\times(\vec{b}\times\vec{c})$를 구하여라.
1) $\vec{a}=(2,\ 0,\ 0)$, $\vec{b}=(0,\ 2,\ 0)$, $\vec{c}=(0,\ 0,\ 2)$
2) $\vec{a}=(2,\ 1,\ 0)$, $\vec{b}=(2,\ -1,\ 1)$, $\vec{c}=(1,\ 0,\ 2)$

## 해 답

11. $\vec{a}\times\vec{b}=(-4,\ -3,\ 1)$
$\vec{b}\times\vec{a}=(4,\ 3,\ -1)$

12.
1) 4
2) (32, 6, 20)

13.
1) 8, $\vec{o}$, $\vec{o}$
2) 7, $(-4,\ -6,\ 2)$, $(1,\ -2,\ -4)$

## 8.3 공간에서 직선과 평면

내적과 외적을 이용하여 공간에서 직선, 선분, 평면의 방정식을 구하려고 한다.

### □ 직선과 선분의 방정식

공간에서 직선 $l$은 점 $P_0(x_0,\ y_0,\ z_0)$를 지나고 벡터 $\vec{v}=a\vec{i}+b\vec{j}+c\vec{k}=(a,\ b,\ c)$에 평행하다고 하자. 직선 $l\left(\overrightarrow{P_0P}\right)$은 $\vec{v}$에 평행한 모든 점 $P(x,\ y,\ z)$의 집합이다.(그림 8-41)

즉, $P$가 $l$ 위에 있으면 $\overrightarrow{P_0P}=t\vec{v}\,(-\infty < t < \infty)$ 이다.

따라서, $(x-x_0)\vec{i}+(y-y_0)\vec{j}+(z-z_0)\vec{k}=t(a\vec{i}+b\vec{j}+c\vec{k})$이고,

$$x-x_0=ta,\ y-y_0=tb,\ z-z_0=tc$$

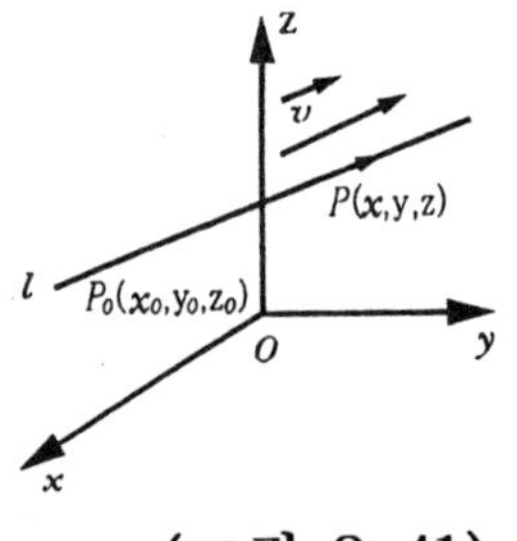


**(그림 8-41)**

매개변수 $t\,(-\infty < t < \infty)$ 에 대해 다시 정리하면,

점 $P_0(x_0,\ y_0,\ z_0)$를 지나고 $\vec{v}=(a,\ b,\ c)$에 평행한 **표준 매개변수방정식 (standard parametric equation)**은 $x-x_0=ta,\ y-y_0=tb,\ z-z_0=tc,\ (-\infty < t < \infty)$ 이다.

**[예제 1]** —— (직선의 매개변수방정식 구하기)

점$(-2,\ 0,\ 4)$를 지나고 $\vec{v}=(2,\ 4,\ -2)$에 평행한 직선의 매개변수방정식을 구하여라.(그림8-42)

**풀이** $x_0=-2,\ y_0=0,\ z_0=4,$
$a=2,\ b=4,\ c=-2$를
공식에 대입하면, 구하는 매개변수방정식은
$x=-2+2t,\ y=4t,\ z=4-2t$이다. ▣

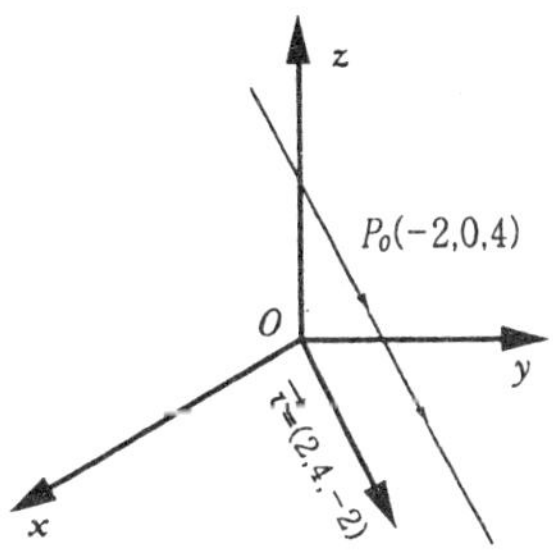


**(그림 8-42)**

**[예제 2]** —— (직선의 매개변수방정식 구하기)

점$(-3,\ 2,\ -3)$와 $Q(1,\ -1,\ 4)$를 지나는 직선의 매개변수방정식을 구하여라.

**풀이** 벡터 $\overrightarrow{PQ}=(4,\ -3,\ 7)$은 직선에 평행하고 $(x_0,\ y_0,\ z_0)=(-3,\ 2,-3)$
따라서, 공식에 대입하면,

$x=-3+4t,\ y=2-3t,\ z=-3+7t$

점 $Q$를 $(x_0,\ y_0,\ z_0)=(1,\ -1,4)$로 놓으면,

$x=1+4t,\ y=-1-3t,\ z=4+7t$로 똑같은 직선에 대한 방정식을 얻는다. ▣

두 점을 이은 선분의 매개변수방정식을 구하기 위해 우선 두 점을 지나는 직선의 매개변수 방정식을 구한다. $t$값을 제한하여 두 점을 이은 선분의 방정식을 구한다.

**[예제 3]** —— (선분의 매개변수방정식 구하기)

두 점(−3, 2, −3)와 $Q(1,\ -1,\ 4)$를 이은 선분의 매개변수방정식을 구하여라.(그림 8-43)

**풀이** 우선 두 점 $P$, $Q$를 지나는 직선의 매개변수방정식은

$$x=-3+4t,\ y=2-3t,\ z=-3+7t$$

$(x,\ y,\ z)=(-3+4t,\ 2-3t,\ -3+7t)$는 $t=0$에서 점 $P(-3,\ 2,\ -3)$를 $t=1$에서 $Q(1,\ -1,\ 4)$를 지난다.

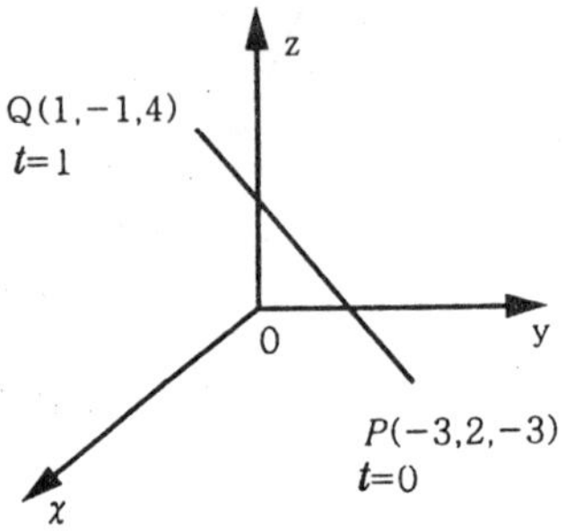


**(그림 8-43)**

따라서, $0 \leq t \leq 1$로 제한하면 선분의 매개변수방정식이 된다.

$\therefore\ x=-3+4t,\ y=2-3t,\ z=-3+7t,\ 0 \leq t \leq 1$ ▣

## □ 공간의 한 점에서 직선까지의 거리

한 점 $S$에서 점 $P$를 지나고 벡터 $\vec{v}$에 평행한 직선 $l$까지의 거리를 구하기 위해(그림 8-44)와 같이 직선에 수직인 $\overrightarrow{PS}$의 성분의 크기를 구하면 길이는,

$$|\overrightarrow{PS}|\sin\theta = |\overrightarrow{PS}|\frac{|\overrightarrow{PS}\times\vec{v}|}{|\overrightarrow{PS}||\vec{v}|} = \frac{|\overrightarrow{PS}\times\vec{v}|}{|\vec{v}|}$$

즉, 한 점 $S$에서 점 $P$를 지나고 $\vec{v}$에 평행한 직선까지의 거리는 $\dfrac{|\overrightarrow{PS}\times\vec{v}|}{|\vec{v}|}$이다.

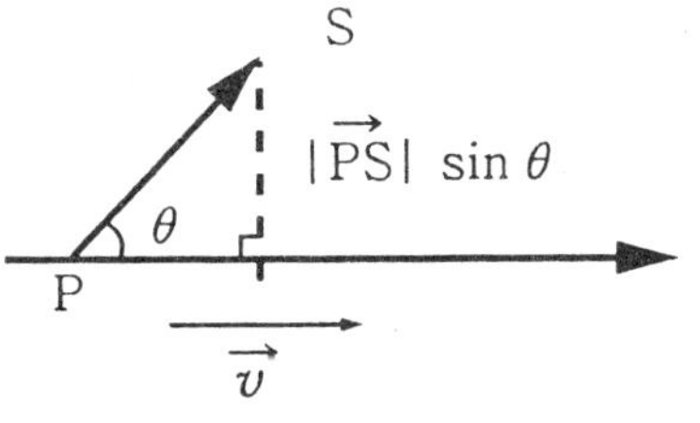


**(그림 8-44)**

**[예제 4]** (한 점에서 직선까지의 기리 구하기)

점 $S(1,\ 1,\ 5)$에서 직선 $l : x=1+t,\ y=3-t,\ z=2t$까지의 거리를 구하여라.

**풀이** $l$의 식으로부터 $l$은 점$(1,\ 3,\ 0)$을 지나고 $\vec{v}=(1,\ -1,\ 2)$에 평행하다는 것을 알 수 있다.

$$\overrightarrow{PS} = (1-1)\vec{i}+(1-3)\vec{j}+(5-0)\vec{k} = -2\vec{j}+5\vec{k} = (0,\ -2,\ 5)$$

이고, $\overrightarrow{PS}\times\vec{v} = \begin{vmatrix} \vec{i} & \vec{j} & \vec{k} \\ 0 & -2 & 5 \\ 1 & -1 & 2 \end{vmatrix} = \vec{i}+5\vec{j}+2\vec{k} = (1,\ 5,\ 2)$

따라서, 점 $S$에서 직선 $l$에 이르는 거리는

$$\frac{|\overrightarrow{PS}\times\vec{v}|}{|\vec{v}|} = \frac{\sqrt{1+25+4}}{\sqrt{1+1+4}} = \frac{\sqrt{30}}{\sqrt{6}} = \sqrt{5}$$

■

## □ 평면의 방정식

$\pi$는 공간에서 $P_0(x_0, y_0, z_0)$를 지나고 $\vec{o}$가 아닌 벡터 $\vec{n}=(a, b, c)$에 수직인 평면이라고 하자.

평면 $\pi$는(그림 8-45)와 같이 벡터 $\overrightarrow{P_0P}$가 $\vec{n}$에 수직인 점 $P(x, y, z)$로 이루어 졌다.

점 $P$가 평면 $\pi$위에 있기 위한 필요충분조건은 $\vec{n} \cdot \overrightarrow{P_0P} = 0$ 또는 $a(x-x_0)+b(y-y_0)+c(z-z_0)=0$이다.

다시 정리하면, $ax+by+cz=ax_0+by_0+cz_0$가 된다.

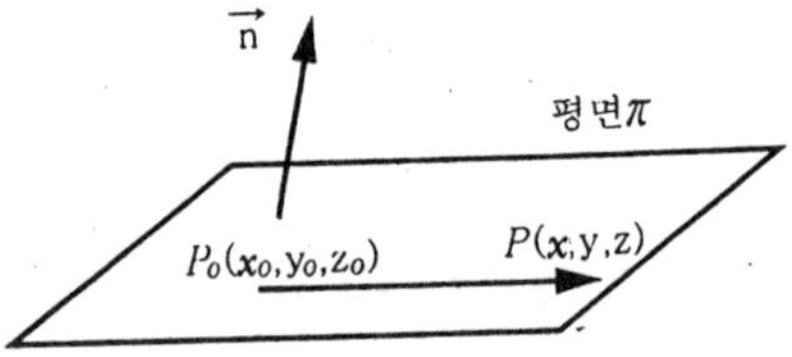


**(그림 8-45)**

$P_0(x_0, y_0, z_0)$를 지나고 $\vec{n}=(a, b, c)$에 수직인 평면의 방정식의 표준형은 $ax+by+cz=d$ $(d=ax_0+by_0+cz_0)$이다.

**[예제 5]** —— (평면의 방정식 구하기)

점 $P_0(-3, 0, 7)$을 지나고 $\vec{n}=(5, 2, -1)$에 수직인 평면의 방정식을 구하여라.

**풀이** $d=5(-3)+2(0)-1(7)=-15-7=-22$

따라서, 평면의 방정식은 $5x+2y-z=-22$ ▣

**[예제 6]** —— (세 점을 지나는 평면의 방정식 구하기)

세 점 $A(0,\ 0,\ 1)$, $B(2,\ 0,\ 0)$, $C(10,\ 3,\ 0)$를 지나는 평면의 방정식을 구하여라.

**풀이** 평면에 수직인 벡터를 구하고 한 점을 택한다.

$$\overrightarrow{AB}\times\overrightarrow{AC}=\begin{vmatrix}\vec{i} & \vec{j} & \vec{k}\\ 2 & 0 & -1\\ 0 & 3 & -1\end{vmatrix}=(3,\ 2,\ 6)\text{은 구하는 평면에 수직이다.}$$

이 벡터의 성분과 점 $(0,\ 0,\ 1)$의 좌표를 공식에 대입하면,

$d=3(0)+2(0)+6(1)=6$이고, 구하는 평면의 방정식은

$3x+2y+6z=6$이 된다. ▣

**[예제 7]** —— (직선과 평면의 교점 구하기)

직선 $x=\dfrac{8}{3}+2t,\ y=-2t,\ z=1+t$와 평면 $3x+2y+6z=6$의 교점을 구하여라.

**풀이** 점 $\left(\dfrac{8}{3}+2t,\ -2t,\ 1+t\right)$가 평면 위에 점이면

$$3\left(\frac{8}{3}+2t\right)+2(-2t)+6(1+t)=6$$

$$8+6t-4t+6+6t=6$$

$$8t=-8$$

$$\therefore\ t=-1$$

교점의 좌표는 $(x,\ y,\ z)_{t=-1}=\left(\dfrac{8}{3}-2,\ 2,\ 1-1\right)=\left(\dfrac{2}{3},\ 2,\ 0\right)$ ▣

**[예제 8]** —— (점에서 평면까지의 거리 구하기)

점 $S(1,\ 1,\ 3)$에서 평면 $3x+2y+6z=6$까지의 거리를 구하여라.

**풀이** (그림 8-46)과 같이, 앞에서 배운 한 점에서 직선에 이르는 거리 구하는 방법을 이용하자. $P$는 평면 위의 점이고 $\overrightarrow{PS}$의 평면에 수직인 벡터 $\vec{n}$에 대한 정사영의 길이를 구한다. 방정식 $3x+2y+6z=6$의 계수에서, $\vec{n}=(3,\ 2,\ 6)$

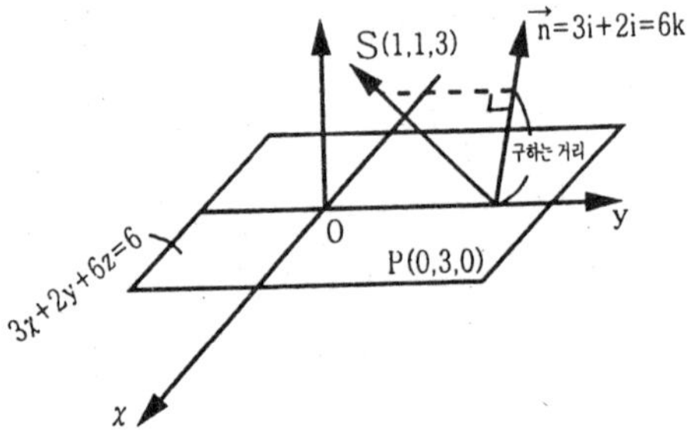


**(그림 8-46)**

평면과 $y$축과의 교점을 $(0,\ 3,\ 0)$

$$\overrightarrow{PS}=(1-0)\vec{i}+(1-3)\vec{j}+(3-0)\vec{k}=\vec{i}-2\vec{j}+3\vec{k}=(1,\ -2,\ 3)$$

$$|\vec{n}|=\sqrt{3^2+2^2+6^2}=\sqrt{49}=7$$

점 $S$에서 평면까지의 거리는

$$\left|\overrightarrow{PS}\cdot\frac{\vec{n}}{|\vec{n}|}\right|=\left|(1,\ -2,\ 3)\cdot\left(\frac{3}{7},\ \frac{2}{7},\ \frac{6}{7}\right)\right|$$

$$\left|\frac{3}{7}-\frac{4}{7}+\frac{18}{7}\right|=\frac{17}{7}$$

▣

## □ 평면이 이루는 각과 교선

두 평면이 이루는 각은 (그림 8-47)과 같이 평면의 두 법선 벡터(평면에 수직인 벡터)가 이루는 각으로 정의한다.

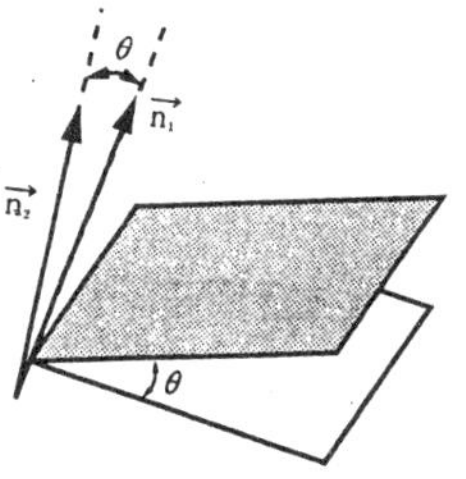

**(그림 8-47)**

**[예제 9]** —— (두 평면이 이루는 각 구하기)

평면 $3x-6y-2z=15$와 평면 $2x+y-2z=5$가 이루는 각을 구하여라.

**풀이** 벡터 $\overrightarrow{n_1}=(3,\ -6,\ -2)$, $\overrightarrow{n_2}=(2,\ 1,\ -2)$는 두 평면에 각각 수직인 벡터이다.

두 벡터가 이루는 각은 $\theta=\cos^{-1}\left(\dfrac{\overrightarrow{n_1}\cdot\overrightarrow{n_2}}{|\overrightarrow{n_1}|\,|\overrightarrow{n_2}|}\right)=\cos^{-1}\dfrac{4}{21}\approx 70^\circ$ ▣

**[예제 10]** —— (평면의 교선 벡터 구하기)

평면 $3x-6y-2z=15$와 평면 $2x+y-2z=5$의 교선에 평행한 벡터를 구하여라.

**풀이** 교선에 평행한 어떤 벡터도 두 평면에 평행하고, 따라서 법선에 수직이다. 역으로 평면의 법선에 수직인 어떤 벡터도 두 평면에 평행하고, 따라서 교선에 평행한다.

구하는 벡터는 $\overrightarrow{n_1}=(3,\ -6,\ -2)$, $\overrightarrow{n_2}=(2,\ 1,\ -2)$에서

$$\overrightarrow{n_1}\times\overrightarrow{n_2}=\begin{vmatrix}\vec{i} & \vec{j} & \vec{k}\\ 3 & -6 & -2\\ 2 & 1 & -2\end{vmatrix}=14\vec{i}+2\vec{j}+15\vec{k}=(14,\ 2,\ 15)$$ ▣

**[예제 11]** —— (평면과 교선의 방정식 구하기)

평면 $3x-6y-2z=15$와 평면 $2x+y-2z=5$의 교선의 매개변수 방정식을 구하여라.

**풀이** 교선에 평행한 벡터 $\vec{v}=14\vec{i}+2\vec{j}+15\vec{k}=(14,\ 2,\ 15)$

$z=0$일 때, $3x-6y=15$, $2x+y=5$ 에서 $x=3$, $y=-1$

따라서, 교선 위의 한 점은 $(3,\ -1,\ 0)$이다.

따라서, 구하는 직선의 매개변수방정식은

$$x=3+14t,\ y=-1+2t,\ z=15t$$ ▣

## ◆◆◆ 연습 문제 8-3 ◆◆◆

| | 해 답 |
|---|---|
| 1. 두 직선 $l: x=t,\ y=2t+1,\ z=3t-2$,<br>$m: n=3s-4,\ y=2s+1,\ z=5s-6$에 대하여<br>다음 물음에 답하여라.<br>1) 두 직선 $l$, $m$의 교점 $P$의 좌표를 구하여라.<br>2) 교점 $P$를 지나고 $\vec{v}=(2,\ 1,\ 3)$에 평행한 직선의 방정식을 구하여라. | 1.<br>1) $P(2,\ 5,\ 4)$<br>2) $x=2t+2$<br>$y=t+5$<br>$z=3t+4$ |
| 2. 좌표공간의 섬 $A(3,\ -1,\ 3)$과 직선 $l: x=2t+1$<br>$y=-t+2,\ z=3t-4$에 대하여 다음 물음에 답하여라.<br>1) $A$에서 직선 $l$에 내린 수선의 발을 $H$라 할 때, 좌표 $H$의 좌표를 구하여라.<br>2) $A$에서 직선 $l$에 내린 수선의 깊이를 구하여라.<br>3) $A$를 지나고 직선 $l$에 수직인 직선의 방정식을 구하여라.<br>4) $A$에서 직선 $l$에 평행한 직선의 방정식을 구하여라. | 2.<br>1) $H(5,\ 0,\ 2)$<br>2) $\sqrt{6}$<br>3) $x=2t+3$<br>$y=t-1$<br>$z=-t+3$<br>4) $x=2t+3$<br>$y=-t-1$<br>$z=3t+3$ |
| 3. 점 $(2,\ -1,\ 3)$을 지나고 직선 $x=t-1$,<br>$y=3t+2,\ z=2t-1$에 수직인 평면의 방정식을 구하여라. | 3. $x+3y+2z-5=0$ |
| 4. 두 평면 $x+2y+3z=4$와 $5x+2y-3z=4$가 이루는 각의 크기를 구하여라. | 4. $90^\circ$ |

5. 다음 물음에 답하여라.
   1) 원점에서 평면 $2x+y-2z+5=0$까지의 거리를 구하여라.
   2) 점 $(3,\ 1,\ -2)$에서 평면 $2x-3y+z-3=0$까지의 거리를 구하여라.

6. 좌표공간의 세 점 $A(3,\ 4,\ -1)$, $B(1,\ -2,\ 2)$, $C(-1,\ 0,\ 1)$에 대하여 두 점 $A$, $B$를 지나는 직선의 방정식과 세 점을 포함하는 평면의 방정식을 구하여라.

7. 두 평면 $x+2y-3z-4=0$, $2x-3y+z+4=0$의 교선을 포함하고 평면 $x-y+z=0$에 수직인 평면의 방정식을 구하여라.

**해 답**

5.
1) $\frac{5}{3}$
2) $\frac{\sqrt{14}}{7}$

6.
$\frac{x-3}{2}=\frac{y-4}{6}=\frac{z+1}{-3}$
$y+2z-2=0$

7. $7x-7z-4=0$

# 8.4 공간에서 곡면

## □ 구면의 방정식

점 $P(x,\ y,\ z)$가 $C(a,\ b,\ c)$를 중심으로 하고 $r$을 반지름으로 하는 구면 위에 있기 위한 필요충분조건은

$$(x-a)^2+(y-b)^2+(z-c)^2=r^2$$

이다. 그러므로 점$(a,\ b,\ c)$를 중심으로 하고 $r$을 반지름으로 하는 구면의 방정식은

$$(x-a)^2+(y-b)^2+(z-c)^2=r^2$$

특히, $z=b=c=0$으로 놓으면 원점을 중심으로 하고 $r$을 반지름으로 하는 구면의 방정식

$$x^2+y^2+z^2=r^2$$

을 얻는다.

**[예제 1]** (구면의 방정식 구하기)

두 점 $A(2,\ -1,\ 3)$, $B(4,\ 5,\ -7)$을 맺는 선분 $AB$를 지름으로 하는 구면의 방정식을 구하여라.

**풀이** $\overline{AB}$의 중점 $(3,\ 2,\ -2)$를 중심으로 하고

$$r=\frac{1}{2}\overline{AB}=\sqrt{35}$$

인 구면이므로 구면의 방정식은

$$(x-3)^2+(y-2)^2+(z+2)^2=35$$ ▣

## □ 주면의 방정식

정곡선 $C$와 만나고 또 정직선 $g$에 평행한 직선으로 만드는 면을 주면이라 하고, 정곡선 $C$를 그 **도선(director curve)**, 주면을 만드는 각 직선을 **모선(generating line)**이라고 한다.(그림 8-48)

주면의 모선에 수직인 단면이 원, 타원, 쌍곡선, 포물선 등일 때는 이들을 각각 **직원주면, 타원주면, 쌍곡선주면, 포물선주면**이라고 한다.

지금 $x$, $y$에 관한 방정식은

$$f(x,\ y)=0 \ \cdots \ ①$$

이 $xy$평면 위에서 나타내는 곡선을 $C$라고 하면, $C$와 만나고 $z$축에 평행한 직선 위의 점은 모두 $C$의 교점과 동일한 $x$좌표 및 $y$좌표를 가지므로 방정식 ①을 만족한다. 그리고 이 직선 위에 있지 않은 점은 ①을 만족하지 않는다. 그러므로 공간에서는 방정식 ①은 ①이 $xy$평면위에 나타내는 곡선 $C$를 도선으로 하고 $z$축에 평행한 모선을 가지는 한 주면을 나타낸다.

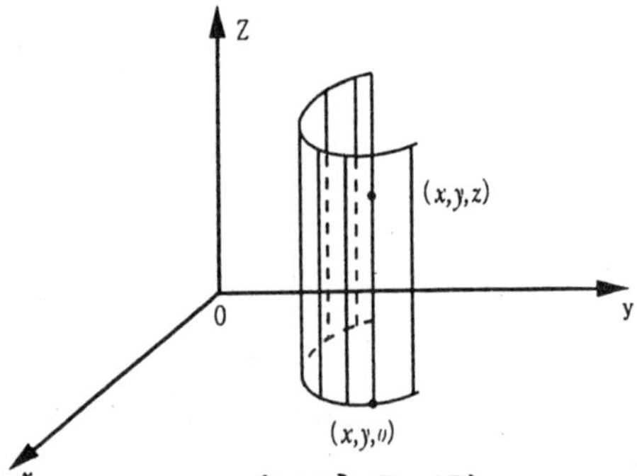


**(그림 8-48)**

이를 테면, 공간에서는 한 직교축에 관해서 방정식

$$x^2+y^2=r^2,\ \frac{x^2}{a^2}+\frac{y^2}{b^2}=1,\ \frac{x^2}{a^2}-\frac{y^2}{b^2}=1,\ y^2=4ax\ \ (a\neq 0)$$

는 각각 직선주면, 타원주면, 쌍곡선주면, 포물선주면을 나타낸다.

**[예제 2]** —— (주면의 방정식 구하기)

원 $x^2+y^2=a^2$, $z=0$을 도선으로 하고 $\frac{1}{\sqrt{2}}$, 0, $\frac{1}{\sqrt{2}}$를 방향여현으로 하는 모선을 갖는 주면의 방정식을 구하여라.

**풀이** 주면의 도선 위의 임의의 점을 $(p,\ q,\ 0)$이라 하면

$p^2+q^2=a^2$, $(p,\ q,\ 0)$을 지나는

모선의 방정식은 $x-p=z$, $y=q$, $x-z=p$, $y=q$를 $p^2+q^2=a^2$에 대입하면

$$p^2+q^2=(x-z)^2+y^2=a^2$$

$\therefore$ 주면의 방정식은 $(x-z)^2+y^2=a^2$ ▣

## □ 여러 가지 곡면

### (1) 타원면

$a$, $b$, $c$가 모두 같이 않을 때,

$$\frac{x^2}{a^2}+\frac{y^2}{b^2}+\frac{z^2}{c^2}=1$$

을 일반적으로 **타원면(ellipsoid)**이라 한다.(그림 8-49) 특히, $a\neq b$, $b=c$인 경우 이것은

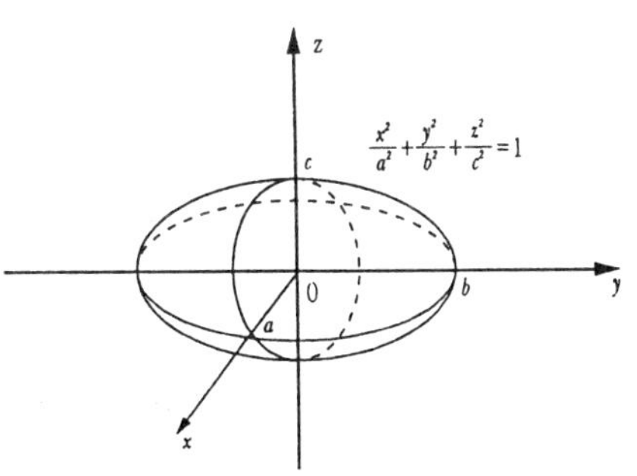


**(그림 8-49)**

회전체로서의 타원면이다. 또 타원면의 중심이 $(h,\ k,\ j)$이고 축이 좌표축과 평행인 것의 방정식은

$$\frac{(x-h)^2}{a^2}+\frac{(y-k)^2}{b^2}+\frac{(z-j)^2}{c^2}=1$$

로 나타내어진다.

결국 중심이 원점인 타원면의 일반형은

$$\frac{x^2}{a^2}+\frac{y^2}{b^2}+\frac{z^2}{c^2}=1$$

이다.

### (2) 일엽쌍곡면

주어진 방정식

$$\frac{x^2}{a^2}+\frac{y^2}{b^2}-\frac{z^2}{c^2}=1$$

과 같이 한 변수에 대하여 부호가 음인 경우 이 곡면은 **일엽쌍곡면(hyperboloid of one sheet)**이라고 한다.(그림 8-50) 이때도 $a=b$인 경우 이것은 회전체로써의 일엽쌍곡면이 된다. 이 곡면을 $xz$평면, $yz$평면에 평행으로 자른 단면은 쌍곡선이고 $xy$평면에 평행으로 자른 단면은 타원이다. 특히 회전체로써의 일엽쌍곡면인 경우에는 그 단면이 원이 됨을 알 수 있다.

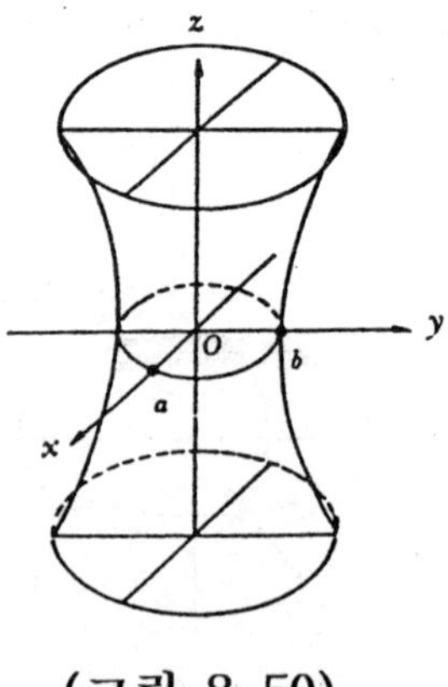


**(그림 8-50)**

**(3) 이엽쌍곡면**

주어진 방정식

$$\frac{x^2}{a^2}-\frac{y^2}{b^2}-\frac{z^2}{c^2}=1$$

과 같이 두 변수에 대한 부호가 음인 경우 이 곡면을 **이엽쌍곡면(hyperboloid of two sheet)**이라고 한다.(그림8-51) 이때도 $b=c$인 경우 이것은 회전체로써의 이엽쌍곡면이 된다. 이 곡면을 $xy$평면, $xz$평면에 평행으로 자른 단면은 쌍곡선이고 $yz$평면에 평행으로 자른 단면은 타원이다. 특히 회전체로써의 이엽쌍곡면인 경우에는 그 단면이 원이 됨을 알 수 있다.

**(4) 타원포물면**

주어진 방정식

$$\frac{x^2}{a^2}+\frac{y^2}{b^2}=2cz$$

의 경우 이 곡면을 **타원포물선(elliptic paraboloid)**이라고 한다.(그림 8-52) 이 곡면은 평면 $z=k$로 자른 단면은 $k$의 값에 따라 크기가 다른 타원이다. 지금 $c>0$인 경우는 곡면이 $xy$평면 위에 있고 $c<0$인 경우는 $xy$평면 밑에 있다. 또한 이 곡면을 $xz$평면, $yz$평면에 평행인 평면으로 자른 단면은 포물선이다. 역시 $a=b$인 경우는 회전면의 됨을 알 수 있다.

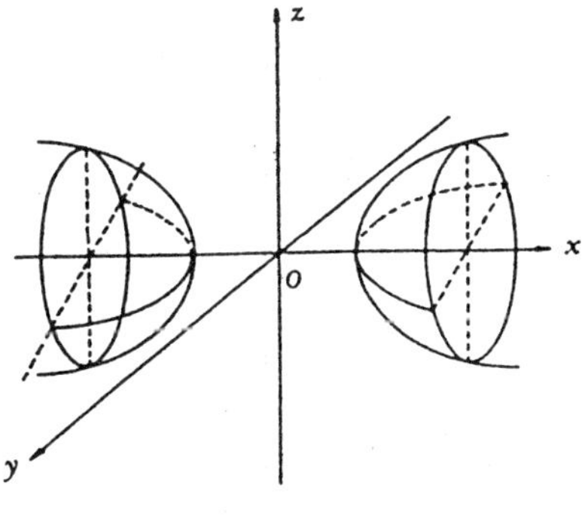


**(그림 8-51)**

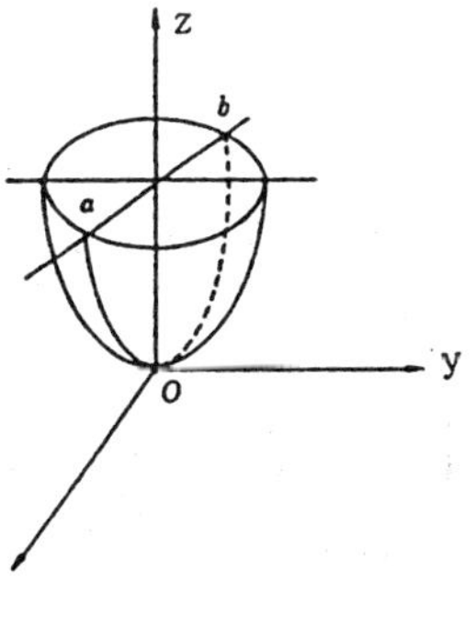


**(그림 8-52)**

**(5) 쌍곡포물면**

주어진 방정식

$$\frac{x^2}{a^2}-\frac{y^2}{b^2}=2cz \quad (c>0)$$

의 경우 이 곡면을 **쌍곡포물면(hyperbolic paraboloid)**이라고 한다.(그림 8-53) 이 곡면을 $k>0$일 때 $z=k$로 자른 단면은 쌍곡선인데 그의 주축과 켤레축은 $x$축, $y$축에 각각 평행이고 $k$의 값에 따라 크기가 달라진다. $k<0$일 때는 그의 주축과 켤레축은 $y$축, $x$축에 각각 평행이다. 특히 $k=0$일 때는 $\frac{x^2}{a^2}-\frac{y^2}{b^2}=0$이고 두 직선이 된다. 또 이 곡면은 평면 $y=k$로 자른 단면은 아래로 볼록한 포물선이고, 평면 $x=k$로 자른 단면은 위로 볼록한 포물선이다.

**(6) 추면**

주어진 방정식

$$\frac{x^2}{a^2}+\frac{y^2}{a^2}=\frac{z^2}{c^2}$$

의 경우 이 곡면을 **직원뿔면(right circular cone)**이라고 한다.(그림 8-54) 이 곡면은 $z$축의 둘레로 직선 $y=kx$를 회전하여 만들어진 회전면과 같다. 이 곡면을 $xy$평면에 평행인 평면으로 자른 단면은 원이고 $yz$평면, $xz$평면에 평행인 평면으로 자른 단면은 쌍곡선이다.

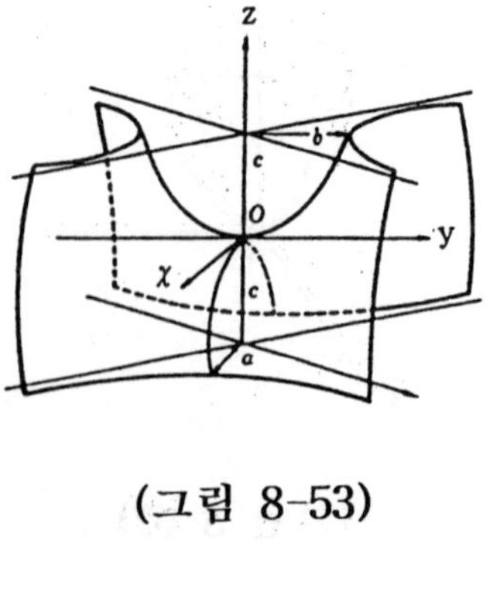

(그림 8-53)

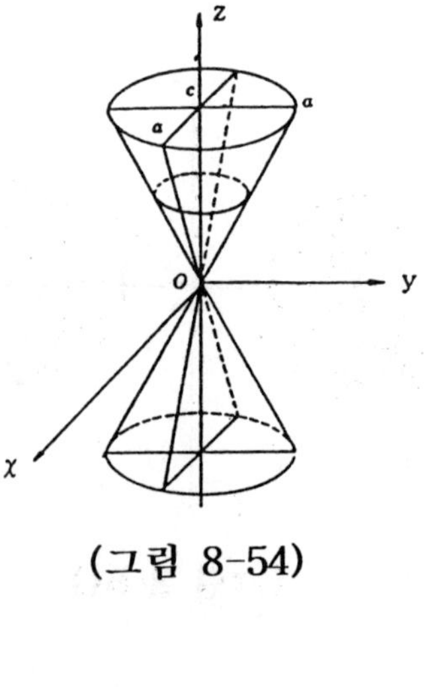

(그림 8-54)

주어진 방정식

$$\frac{x^2}{a^2}+\frac{y^2}{b^2}=\frac{z^2}{c^2}$$

의 경우 이 곡면을 **타원추면(elliptic cone)**이라 한다.(그림 8-55) 이 곡면은 원점을 대칭점으로 갖고, $xy$평면에 평행인 평면으로 자른 단면은 타원이고 $yz$평면, $xz$평면에 평행인 평면으로 자른 단면은 쌍곡선이다.

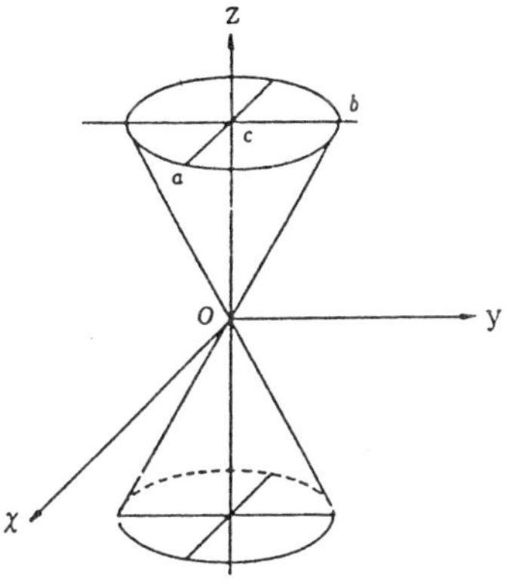


**(그림 8-55)**

**[예제 3]** —— (타원면 그리기)

타원면 $\frac{x^2}{25}+\frac{y^2}{16}+\frac{z^2}{9}=1$을 그려라.

**풀이** 곡면은 각 좌표평면과 원점에 대하여 대칭이다. 또, 곡면은 $x$축과 $\pm5$, $y$축과 $\pm4$, $z$축과 $\pm3$에서 만난다. $xy$평면과의 교선은 타원 $\frac{x^2}{25}+\frac{y^2}{16}=1$이고, 각 좌표평면과 만나는 교선은 모두 타원으로서(그림 8-56)과 같은 타원면이다. ▣

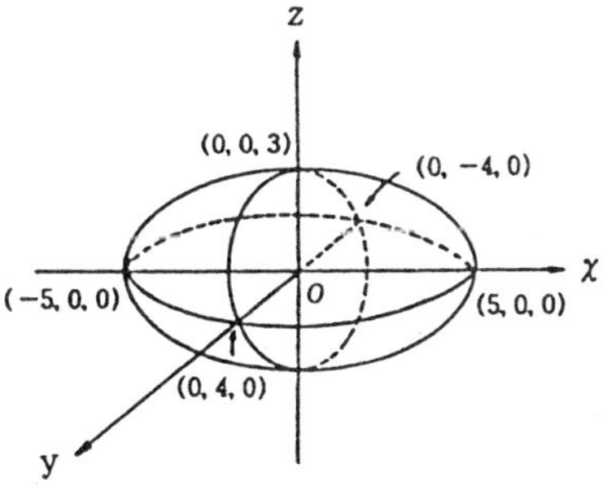


**(그림 8-56)**

**[예제 4]** —— (쌍곡면 그리기)

쌍곡면 $\frac{x^2}{9}+\frac{y^2}{4}-\frac{z^2}{25}=1$을 그려라.

**풀이** 곡면은 각 좌표평면과 원점에 관하여 대칭이다. 또 곡면은 $x$축과 $\pm3$, $y$축과 $\pm2$에서 만나고 $z$축과는 만나지 않는다. 평면 $z=k$로 자른 단면은 중심이 $z$축 위에 있는 타원이고 $x$의 값에 따라 크기가 달라진다. 또 $xz$평면, $yz$평면에 평행한 평면으로 자른 단면은 쌍곡선이다. 곡면은(그림 8-57)과 같은 일엽쌍곡면이다. ▣

**[예제 5]** —— (포물면 그리기)

쌍곡면 $y^2+z^2=4x$의 그래프를 그려라.

**풀이** 이 곡면은 $xz$평면, $xy$평면에 대하여 대칭이고 $x$축에 대하여 대칭이다. 각 축과는 원점에서 만난다. 곡면은 (그림 8-58)과 같은 회전체인 포물면이다. ▣

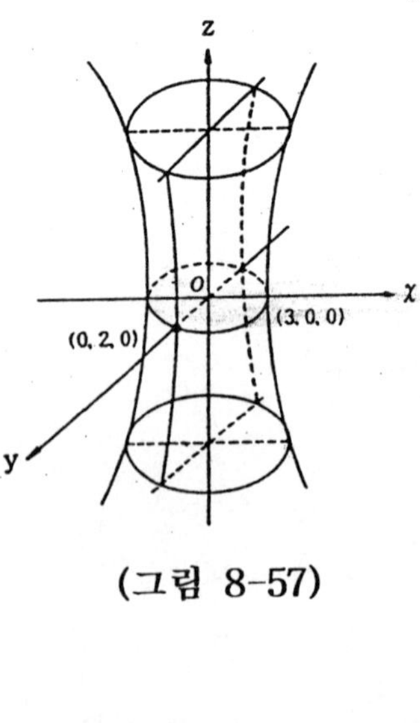


(그림 8-57)

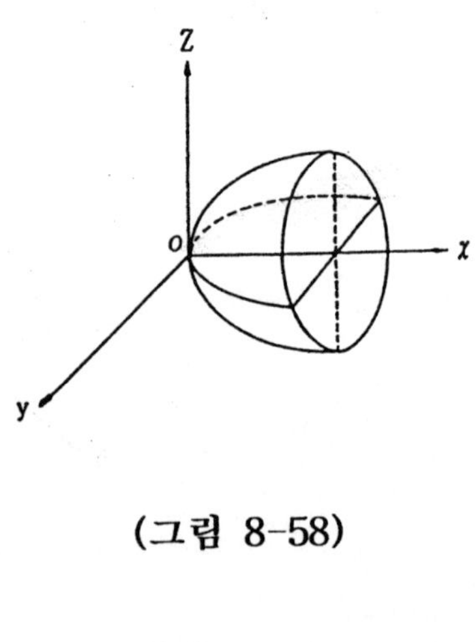


(그림 8-58)

**[예제 6]** (포물면 방정식 구하기)

꼭지점이 (0, 0, 0), 축이 $y$축이고 점 (1, −2, 1), (−3, −3, 2)를 지나는 포물면의 방정식을 구하여라.

**풀이** 구하는 포물면의 방정식을 $Ax^2+Cz^2=By$라고 놓는다. 두 점이 이 식을 만족하므로 $A+C=-2B$, $9A+4C=-3B$, $A=B$, $C=-3B$에서 $x^2-3z^2=y$인 쌍곡포물면의 방정식을 얻는다. ▣

## ◈◈◈ 연습 문제 8-4 ◈◈◈

1. 세 구면이 둘씩 서로 만날 때, 그 교선을 포함하는 세 평면은 일직선에서 만남을 증명하여라.

2. 원 $(x-a)^2+(y-b)^2=r^2$, $z=0$을 포함하고 평면$y=0$에 접하는 구면의 방정식을 구하고, 이 구면과 평면 $x=0$과의 교선으로 둘러싸인 넓이를 구하여라.(단, $b^2 \geq r^2$, $b^2>a^2$)

3. 원 $y^2+z^2=r^2$, $x=a$ 및 $z$축과 만나고 또 $xy$평면에 평행하게 움직이는 직선으로 만다는 면의 방정식을 구하여라.(단, $a \neq 0$)

4. 쌍곡선 $\dfrac{x^2}{a^2}-\dfrac{y^2}{b^2}=1$을 $x$축 및 $y$축의 둘레에 각각 회전시켜 만들어지는 회전면의 방정식을 구하여라.

5. 곡선 $y^2-x^2=1$, $x=mz$를 $z$축의 둘레로 회전시켜 만들어지는 회전면의 방정식을 구하여라.

6. 타원포물면 $\dfrac{x^2}{a^2}+\dfrac{y^2}{b^2}=z$와 평면 $\sqrt{a^2-b^2}\,y \pm bz=0$과의 교선은 원임을 증명하여라.(단, $a>b>0$)

7. 중심이 $(3,\ -2,\ 4)$이고 점$(7,\ 2,\ 1)$을 지나는 구면의 방정식을 구하여라.

**해 답**

1. 생략

2. $(x-a)^2+(y-b)^2+(z \pm \sqrt{b^2-r^2})^2=b^2$
넓이 : $\pi(b^2-a^2)$

3. $a^2y^2+x^2z^2=r^2x^2$

4. $\dfrac{x^2}{a^2}-\dfrac{y^2+z^2}{b^2}=1$
$\dfrac{x^2+z^2}{a^2}-\dfrac{y^2}{b^2}=1$

5. $x^2+y^2-2m^2z^2=1$

6. 생략

7. $(x-3)^2+(y+2)^2+(z-4)^2=41$

8. 다음 방정식의 그래프를 그려라.

1) $\frac{(x-1)^2}{4}+\frac{(y-2)^2}{9}+\frac{(z-4)^2}{16}=1$

2) $z=(x+2)^2+(y-3)^2-9$

3) $4x^2-y^2+16(z-2)^2=100$

4) $z^2=4x^2+y^2+8x-2y+4z$

5) $z=4-x^2-y^2-2y$

6) $9x^2-4y^2=36z$

7) $2x^2-8z+y^2=0$

**해 답**

8. 생략

## Home Work

1. 두 벡터 $A$ , $B$ 의 내적을 구하여라.
   1) $A=(4,1)$, $B=(3,2)$  2) $A=(4,1,2)$, $B=(3,2,-1)$
   3) $A=(5,-1)$, $B=(2,3)$  4) $A=(1,4,2)$, $B=(3,1,-1)$
   5) $A=(u,2u)$, $B=(v,3v)$  6) $A=(u,2v,w)$, $B=(3u,v,-w)$
   7) $|A|=8$, $|B|=10$, 벡터 $A$, $B$ 사이의 각은 120도

2. 다음 표현 중에서 옳은 것과 그릇 것을 찾아라.
   1) $(A\cdot B)\cdot C$  2) $(A\cdot B)C$
   3) $|A|(B\cdot C)$  4) $A\cdot(B+C)$
   5) $A\cdot B+c$  6) $|A|\cdot(B+C)$
   7) 한 직선에 평행한 두 직선은 서로 평행하다.
   8) 한 직선에 수직인 두 직선은 서로 평행하다.
   9) 한 평면에 평행한 두 평면은 서로 평행하다.
   10) 한 평면에 수직인 두 평면은 서로 수직이다.
   11) 한 평면에 수직인 두 직선은 서로 수직이다.
   12) 만나는 두 직선은 서로 평행하다.
   13) 한 평면은 한 직선과 만나거나 평행하다.

3. 다음 두 벡터 사이의 각을 구하여라.
   1) $A=(3,4)$, $B=(5,12)$  2) $A=(1,2,3)$, $B=(4,0,-1)$
   3) $A=E_2+E_3$, $B=E_1+2E_2-3E_3$
   4) $A=E_1-E_2+2E_3$, $B=-E_1+2E_2+3E_3$

4. $E_1+E_2$와 $E_2+E_3$에 수직인 벡터를 구하여라.

5. $A=(4,3)$과 60도를 이루는 벡터를 구하여라.

6. 벡터 $B$의 $A$위에서의 스칼라 사영과 벡터사영을 구하여라.

1) $A=(1,2)$, $B=(-4,1)$ 2) $A=(1,1,1)$, $B=(2,0,4)$

3) $A=E_1+E_2$, $B=E_1-E_3$

4) $A=E_1+2E_2-3E_3$, $B=-2E_1+E_2+6E_3$

7. 점 $P(x_1, y_1)$으로부터 직선 $ax+by+c=0$에 이르는 거리를 구하여라.

8. 정육면체에서 주대각선과 한 면의 대각선이 이루는 각을 구하여라.

9. 한 점 $(1,0,3)$을 지나고 벡터 $2i-4j+5k$ 에 평행한 직선의 방정식을 구하여라.

10. 한 점 $(6,3,2)$을 지나고 벡터 $[2,1,5]$에 수직인 평면의 방정식을 구하여라.

11. 세 점 $(3,-1,2)$, $(8,2,4)$, $(-1,-2,-3)$을 지나는 평면의 방정식을 구하여라.

12. 두 점 $P=(1,-2,0)$, $Q=(-1,4,-3)$이 때, $\overrightarrow{PQ}$를 구하고, $P$, $Q$ 사이의 거리를 구하여라.

13. 다음 두 벡터의 외적을 구하여라.

1) $A=(4,1,2)$, $B=(3,2,-1)$ 2) $A=(1,4,2)$, $B=(3,1,-1)$

3) $A=(1,2,3)$, $B=(4,0,-1)$ 4) $A=(1,1,1)$, $B=(2,0,4)$

14. $\boldsymbol{a}=\boldsymbol{i}-3\boldsymbol{j}+2\boldsymbol{k}$, $\boldsymbol{b}=4\boldsymbol{i}+3\boldsymbol{j}-2\boldsymbol{k}$ 일 때 $\boldsymbol{a}\cdot\boldsymbol{b}$를 구하여라.

15. 벡터 $3\boldsymbol{i}+3\boldsymbol{j}+\boldsymbol{k}$ 와 $n\boldsymbol{i}+\boldsymbol{j}-3\boldsymbol{k}$ 가 수직일 때 $\boldsymbol{n}$ 을 구하여라.

16. 행렬식을 이용하여 다음 벡터외적을 구하여라.

1) $(\boldsymbol{i}+\boldsymbol{j}+2\boldsymbol{k})\times(3\boldsymbol{i}+4\boldsymbol{j}-3\boldsymbol{k})$

2) $(2\boldsymbol{i}+3\boldsymbol{j}+2\boldsymbol{k})\times(3\boldsymbol{i}+2\boldsymbol{j}+4\boldsymbol{k})$

17. 벡터 $\boldsymbol{a}=\boldsymbol{i}+2\boldsymbol{j}-\boldsymbol{k}$ 와 $\boldsymbol{b}=3\boldsymbol{i}+\boldsymbol{j}+\boldsymbol{k}$ 에 수직인 단위 벡터를 구하여라.

18. 다음 벡터에 의해 $\boldsymbol{a}\cdot\boldsymbol{b}\times\boldsymbol{c}$ 를 계산하여라.
   1) $\boldsymbol{a}=2\boldsymbol{i}+\boldsymbol{j}+2\boldsymbol{k}$, $\boldsymbol{b}=\boldsymbol{i}+2\boldsymbol{j}-\boldsymbol{k}$, $\boldsymbol{c}=\boldsymbol{i}+3\boldsymbol{j}+4\boldsymbol{k}$
   2) $\boldsymbol{a}=\boldsymbol{i}+\boldsymbol{j}-2\boldsymbol{k}$, $\boldsymbol{b}=2\boldsymbol{j}-\boldsymbol{k}$, $\boldsymbol{c}=2\boldsymbol{i}+\boldsymbol{j}+3\boldsymbol{k}$

19. $\boldsymbol{a}=2\boldsymbol{i}+\boldsymbol{j}+2\boldsymbol{k}$, $\boldsymbol{b}=3\boldsymbol{i}+2\boldsymbol{j}$, $\boldsymbol{c}=3\boldsymbol{i}+n\boldsymbol{j}+4\boldsymbol{k}$ 이고 $\boldsymbol{a}\cdot\boldsymbol{b}\times\boldsymbol{c}=0$일 때 $\boldsymbol{n}$ 의 값을 구하여라.

20. 세점 (2, 0, 2), (-3, -1, 3), (2, 4, 0)을 포함하는 평면의 방정식을 구하여라.

21. 점 (0, 3, 2)를 포함하고 $\boldsymbol{n}=2\boldsymbol{i}+\boldsymbol{j}+\boldsymbol{k}$에 수직인 평면의 방정식을 구하여라.

22. 평면 $x-y+2z=6$에 수직인 단위벡터를 구하여라.

23. 세 점의 좌표가 $A(2, 1, 0)$, $B(3, 2, 1)$, $C(4, -2, 2)$일 때 $\Delta ABC$의 넓이를 구하여라.

제 9 장

# 도형과 방정식

〈 학습내용 〉

9.1. 직선과 원의 방정식

9.2. 포물선의 방정식

9.3. 타원의 방정식

9.4. 쌍곡선의 방정식

9.5. 복소평면 위의 도형

# 도형과 방정식

## 9.1 직선과 원의 방정식

### □ 직선

직선은 두 점 $A(x_1, y_1)$와 $B(x_2, y_2)$에서 같은 거리에 있는 변수 또는 움직이는 점 $P(x, y)$의 자취로서 정의될 수 있다.

**참고** 직선은 또한 선분의 수직이등분으로서 기술될 수 있다.

> 직교좌표 평면 위의 직선은 $Dx+Ey+F=0$이다.

**[예제 1]** (직선의 식)

점 $A(-2,3)$, $B(3,-1)$에서 항상 같은 거리에 있는 점 $P(x,y)$의 자취의 방정식을 구하여라.

**풀이** (그림 9-1)에서 $PA=PB$

$$\sqrt{(x+2)^2+(y-3)^2}=\sqrt{(x-3)^2+(y+1)^2}$$

양변을 제곱하면,

$$(x+2)^2+(y-3)^2=(x-3)^2+(y+1)^2$$

$$x^2+4x+4+y^2-6y+9$$

$$=x^2-6x+9+y^2+2y+1$$

$$\therefore 10x-8y+3=0$$

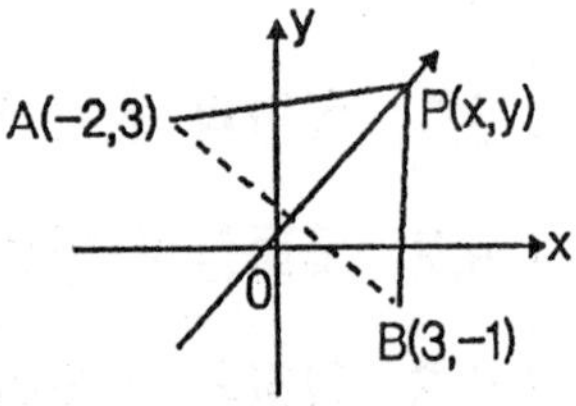

(그림 9-1)

▣

결과가 $Dx+Ey+F=0$이므로 이 방정식은 직선을 나타낸다.

## □ 원의 방정식

원은 주어진 점 $C(h, k)$에서 같은 거리에 있는 점 $P(x, y)$의 자취로서 정의될 수 있다.

원의 방정식은 모두 $x^2+y^2+Dx+Ey+F=0$꼴로 고쳐질 수 있다.

정리하여 완전제곱식으로 나타내면,

$$x^2+Dx+\frac{D^2}{4}+y^2+Ey+\frac{E^2}{4}=\frac{D^2}{4}+\frac{E^2}{4}-F$$

$$\left(x+\frac{D}{2}\right)^2+\left(y+\frac{E}{2}\right)^2=\frac{D^2+E^2-4F}{4}$$

중심이 $\left(-\frac{D}{2}, -\frac{E}{2}\right)$이고 반지름의 길이 $\gamma=\frac{1}{2}\sqrt{D^2+E^2-4F}$이다.

1) $D^2+E^2-4F>0$이면 실원이다.

2) $D^2+E^2-4F<0$이면 허원이다.

3) $D^2+E^2-4F=0$이면 반지름의 길이 0 이고 점 $\left(-\frac{D}{2}, -\frac{E}{2}\right)$를 나타내는 점원이다.

직교좌표 평면에서 원은 $Ax^2+Ay^2+Dx+Ey+F=0$이다.

정의에 의해 (그림 9-2) 원의 반지름의 길이 $\gamma$인 $PC=\gamma$에서

$\sqrt{(x-h)^2+(y-k)^2}=\gamma$

양변을 제곱하면

$(x-h)^2+(y-k)^2=\gamma^2$이다.

중심 $C(h, k)$이고 반지름의 길이 $\gamma$인 원의 방정식이다.

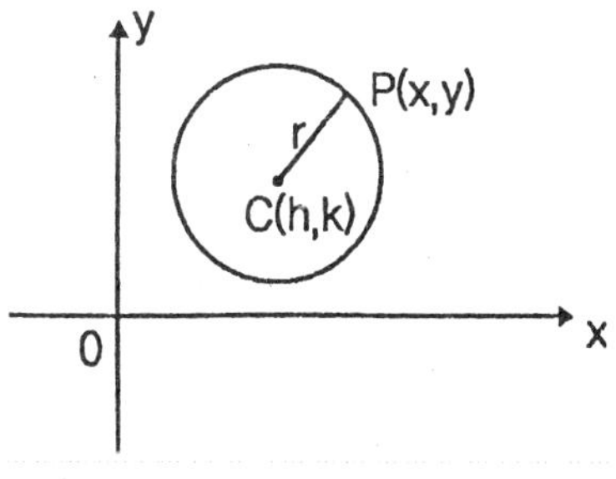


(그림 9-2)

**[예제 2]** (원의 방정식)

중심 $(-1, 5)$, 반지름의 길이 5인 원의 방정식을 구하여라.

**풀이** $(x-h)^2+(y-k)^2=\gamma^2$에서

$\gamma=5$, $(h,k)=(-1,5)$를 대입하면

$(x+1)^2+(y-5)^2=5^2$

$\therefore (x+1)^2+(y-5)^2=25$ ▣

다음 예제에서 보여지는 것처럼 기하학적 조건이 비의식으로 거리를 기술할 수 있다. 이렇게 만들어진 원을 아포로니우스의 원(Circle of Apollonius)이라고 한다. 원뿔곡선에 대한 그의 연구의 기여 때문에 그리스의 위대한 수학자 Apollonius(260-170BC)의 이름을 붙인 것이다.
아포로니우스의 원은 두 고정점에서 거리의 비가 일정한 점의 자취이다.

**[예제 3]** (아포로니우스의 원)

점 $B(-2,3)$에서 거리가 $A(5,-2)$에서 거리의 2배가 되는 평면 위를 움직이는 점 $P(x,y)$의 자취를 구하여라.

**풀이** (그림 9-3)에서 $2PA=PB$

$2\sqrt{(x-5)^2+(y+2)^2}$

$=\sqrt{(x+2)^2+(y-3)^2}$

양변을 제곱하면,

$4\{(x-5)^2+(y+2)^2\}$

$=(x+2)^2+(y-3)^2$

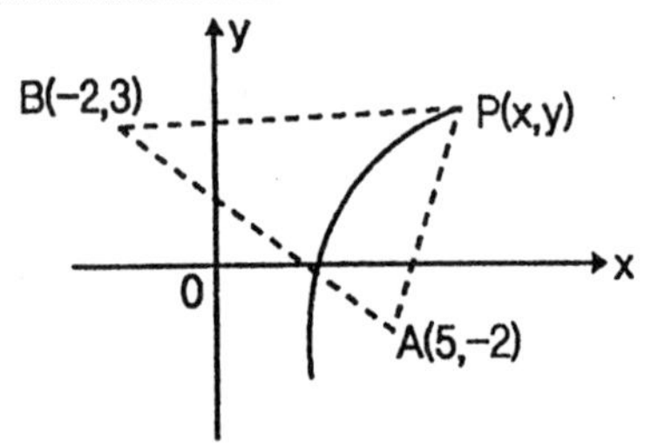

(그림 9-3)

$4(x^2-10x+25+y^2+4y+4)=x^2+4x+4+y^2-6y+9$

$3x^2+3y^2-44x+22y+103=0$ ▣

결과가 $Ax^2+Ay^2+Dx+Ey+F=0$ 꼴이므로 이 방정식은 원을 나타낸다.

**[예제 4]** (세 점을 지나는 원의 방정식)

점 $A(5,3)$, $B(6,2)$와 $C(3, -1)$을 지나는 원의 방정식을 구하여라.

**풀이** 원의 방정식의 일반형 $x^2+y^2+Dx+Ey+F=0$에서

$A(5,3): 25+9+5D+3E+F=0$

$B(6,2): 36+4+6D+2E+F=0$

$C(3, -1): 9+1+3D-E+F=0$

정리하면, $5D+3E+F=-34 \cdots ①$

$6D+2E+F=-40 \cdots ②$

$3D-E+F=-10 \cdots ③$

①-②에서, $-D+E=6 \cdots ④$

①-③에서, $2D+4E=-24 \cdots ⑤$

2×④ + ⑤에서 $6E=-12$, $E=-2$

$E=-2$를 ④에 대입하면 $D=-8$, ③에서 $F=12$

따라서, 세점을 지나는 원의 방정식은 $x^2+y^2-8x-2y+12=0$이다.

▣

## 연습문제 9-1

1. 다음 두 점 $A, B$에서 같은 거리에 있는 점 $P(x, y)$의 자취를 구하여라.
   1) $A(0,3)$, $B(0,7)$ 2) $A(2,4)$, $B(2,-6)$
   3) $A(-2,3)$, $B(4,5)$ 4) $A(1,7)$, $B(4,-2)$
   5) $A(5,7)$, $b(10,7)$ 6) $A(-4,0)$, $B(0,-4)$

2. 다음 조건을 만족시키는 점 $P(x, y)$의 자취의 방정식을 구하여라.
   1) $y$축에서 점의 거리가 $x$축에서 거리의 3배이다.
   2) 직선 $y=-5$에서 거리가 직선 $x=2$에서 거리의 $\frac{3}{4}$이다.

3. $A(1,4)$, $B(-2,-1)$일 때 $PA^2-PB^2=6$을 만족하여 움직이는 점 $P(x, y)$의 자취를 구하여라.

4. 다음 원의 방정식을 구하여라.
   1) 중심 (-1, -4), 반지름의 길이 3
   2) 중심 (3, -3), 반지름의 길이 4
   3) 중심 (3, 3)이고 점 (5, -5)를 지난다.
   4) 중심 (-1, 4) 이고 원점을 지난다.

5. 다음 원의 중심과 반지름의 길이를 구하여라.
   1) $x^2+y^2-5x+3y-1=0$
   2) $(x+3)^2+y^2=3$
   3) $2x^2+2y^2-8x+5y+3=0$
   4) $x^2+y^2+4x+2y-5=0$
   5) $3x^2+3y^2+9x-4y-24=0$

### 해 답

1.
1) $y=5$ 2) $y=-1$
3) $3x+y-7=0$
4) $3y-x-5=0$
5) $2x-15=0$
6) $x-y=0$

2.
1) $x\pm3y=0$
2) $3x-4y-26=0$

3.
$3x+5y-3=0$

4.
1) $x^2+y^2+2x+8y+8=0$
2) $x^2+y^2-6x+6y+2=0$
3) $x^2+y^2-6x-4y-40=0$
4) $x^2+y^2+2x-8y=0$

5.
1) $\left(\frac{5}{2}, -\frac{3}{2}\right)$, $\frac{\sqrt{38}}{2}$
2) $(-3, 0), \sqrt{3}$
3) $\left(2, -\frac{5}{4}\right)$, $\frac{\sqrt{65}}{4}$
4) $(-2, -1)$, $\sqrt{10}$

5) $\left(-\frac{3}{2}, \frac{2}{3}\right)$, $\frac{\sqrt{385}}{6}$

6. $(4,0)$, $(0,4)$, $(0,0)$을 지나는 원의 방정식을 구하여라.

6.
$x^2+y^2-4x-4y=0$

7. 원 $(x+3)^2+(y-1)^2=25$ 위에 점 $(2,1)$이 있음을 보이고 $(2,1)$을 지나는 지름의 반대쪽 끝의 좌표를 구하여라.

7.
(-8, 1)

8. 원의 지름이 (6, -4)와 (-2, 6)에서 원과 만난다. 원의 중심과 반지름의 길이를 구하여라.

8.
$(2, 1), \sqrt{41}$

9. $A(3, -1)$에서 거리가 $B(-1, -1)$에서 거리의 2배가 되는 평면위를 움직이는 점 $P(x, y)$의 자취를 구하여라.

9.
$3x^2+3y^2+14x+6y-2=0$

10. 다음 세 점을 지나는 원의 방정식을 구하여라.
1) (4, 5), (3, -2), (1, -4)
2) (8, -2), (6, 2), (3, -7)
3) (1, 1), (1, 3), (9, 2)
4) (-4, -3), (-1, -7), (0, 0)

10.
1)
$x^2+y^2+7x-5y-44=0$
2)
$x^2+y^2-6x+4y-12=0$
3)
$8x^2+8y^2-79x-32y=-95$
4) $x^2+y^2+x+7y=0$

# 9.2 포물선의 방정식

포물선은 고정된 점 $F$(초점)와 고정된 직선(준선)에서 같은 거리에 있는 점 $P(x, y)$의 자취이다.

방정식 $Ax^2+Dx+Ey+F=0$과

$Cy^2+Dx+Ey+F=0$ 꼴에 대해 다루려고 한다.

초점 $F(0, a)$가 $y$축 위에 있는 경우를 알아보자.

준선 $D$는 방정식 $y=-a$이고

꼭지점 $V(0, 0)$는 원점이다.

정의에 의해 $PF=PQ$이다(그림 9-4).

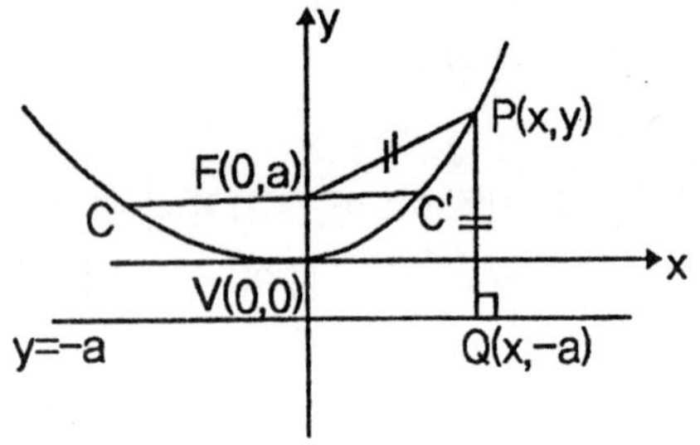


(그림 9-4)

$\sqrt{(x-0)^2+(y-a)^2}=\sqrt{(x-x)^2+(y+a)^2}$

양변을 제곱하면,

$x^2+(y-a)^2=(y+a)^2$

$x^2+y^2-2ay+a^2=y^2+2ay+a^2 \quad x^2=4ay$이다.

초점을 지나는 현 $CC'$와 대칭축은 서로 수직이다.

$CC'=4a$(latus rectum)

초점 $F(a, 0)$이 $x$축 위에 있고 준선이 $y$축에 평행 $(x=-a)$하면 같은 방법으로 $y^2=4ax$가 유도된다.

원점을 옮겨 꼭지점 $V(h, k)$가 되도록 하면 초점은 $F(h, k+a)$이고 준선의 방정식은 $y=k-a$로 바뀐다. 정의에 의해 $PF=PQ$(그림 9-5)

$\sqrt{(x-h)^2+[y-(k+a)]^2}=\sqrt{(x-x)^2+[y-(k-a)]^2}$

양변을 제곱하면,

$(x-h)^2+(y-k-a)^2=(y-k+a)^2$

$(x-h)^2+(y-k)^2-2a(y-k)+a^2$

$\quad =(y-k)^2+2a(y-k)+a^2$

$(x-h)^2=4a(y-k)$이다.

초점 $F(h+a, k)$이고 준선이 $y$축에 평행한 $x=h-a$이면, 방정식은

$(y-k)^2=4a(x-h)$로 유도된다.

지금까지 알아본 포물선을 정리하면 다음과 같다.

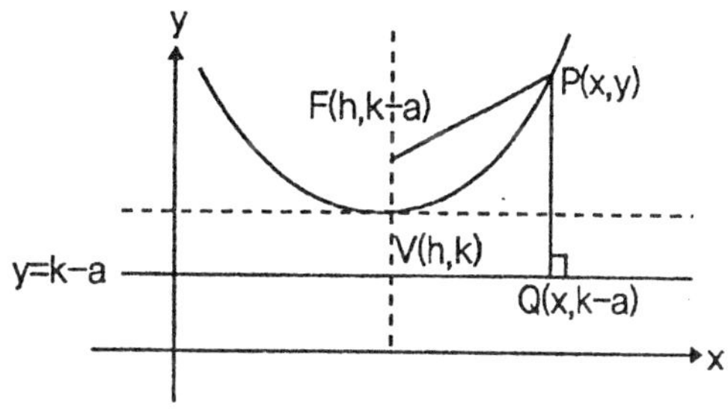


(그림 9-5)

| 포물선 | 꼭지점 | 초점 | 준선 |
|---|---|---|---|
| $(x-h)^2=4a(y-k)$ | $(h,\ k)$ | $(h,\ k+a)$ | $y-k-a$ |
| $(x-h)^2=-4a(y-k)$ | $(h,\ k)$ | $(h,\ k-a)$ | $y=k+a$ |
| $(y-k)^2=4a(x-h)$ | $(h,\ k)$ | $(h+a,\ k)$ | $x=h-a$ |
| $(y-k)^2=-4a(x-h)$ | $(h,\ k)$ | $(h-a,\ k)$ | $x=h+a$ |

**[예제 1]** (포물선의 그래프)

포물선 $y$ 는 $16x$ 에서 꼭짓점, 초점, 준선의 방정식을 구하고 포물선의 그래프를 그려라.

**풀이** $(y-k)^2=4a(x-h)$에서

$h=0,\ k=0,\ a=4$

따라서 꼭짓점 (0, 0), 초점 (4, 0)

준선 $x=-4$

포물선의 그래프는 (그림 9-6)과 같다.

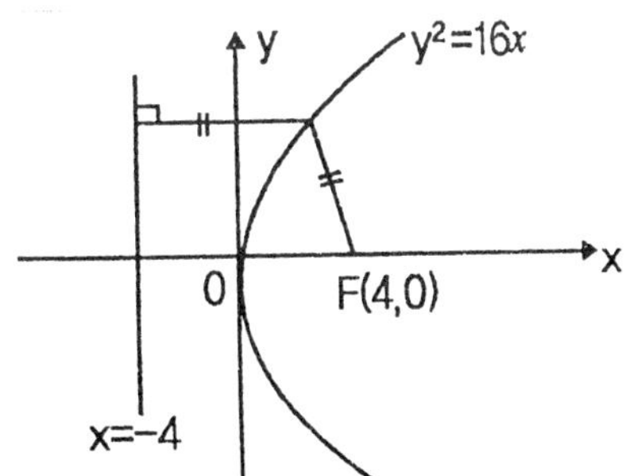


(그림 9-6)

■

**[예제 2]** (포물선의 방정식)

초점이 (6 , − 2)이고 준선이 $x-2=0$인 포물선의 방정식을 구하여라.

**풀이** $(y-k)^2=4a(x-h)$에서

초점은 $(h+a,\ k)=(6,\ -2)$, $k=-2$, $h+a=6$

준선은 $x=h-a=2$, $h=4$, $a=2$

따라서 포물선의 방정식은 $(y+2)^2=8(x-4)$ ▣

**[예제 3]** (포물선의 초점, 꼭짓점, 준선)

포물선 $y^2+8y-6x+4=0$에서 초점, 꼭짓점과 준선의 방정식을 구하여라.

**풀이** $y^2+8y-6x+4=0$에서,

$y^2+8y+16=6x+12$

$(y+4)^2=6(x+2)$이다.

$(y-k)^2=4a(x-h)$에서

$h=-2,\ k=-4,\ a=\frac{3}{2}$,

꼭짓점 $(h,\ k)$, 초점 $(h+a,\ k)$,

꼭짓점 $(-2,\ -4)$, 초점 $\left(-\frac{1}{2},\ -4\right)$, 준선의 방정식은

준선 $x=h-a$에서 $x=-\frac{7}{2}$ 이다. ▣

## 연습문제 9-2

1. 다음 포물선에 대해 꼭짓점, 초점, 준선의 방정식을 구하여라.
   1) $y^2=6x$ 2) $x^2=8y$ 3) $3y^2=-4x$

2. 다음 포물선을 그려라.
   1) $y=2x^2$ 2) $y=-2x^2+2$
   3) $x=3y^2+1$ 4) $8y+x^2=2$
   5) $(x-2)^2=8(y-1)$
   6) $(y-2)^2=6(x+3)$

3. 다음 포물선의 방정식을 구하여라.
   1) 초점 (3, 0)이고 준선의 방정식 $x+3=0$
   2) 초점 (0, 6)이고 준선의 방정식 $y=0$
   3) 꼭짓점 (0, 0), 대칭축 $x$축, 점 $(-3, 6)$을 지난다.

### 해 답

1.
1) $\left(\frac{3}{2},\ 0\right)$, $x+\frac{3}{2}=0$
2) (0, 2), $y+2=0$
3) $\left(-\frac{1}{3},\ 0\right)$, $x-\frac{1}{3}=0$

2.
1) $V(0,\ 0)$, $x=0$, $\left(F10,\ \frac{1}{8}\right)$
2) $V(0,\ 2)$, $x=0$, $F\left(0,\ \frac{15}{8}\right)$
3) $V(1,\ 0)$, $y=0$, $F\left(\frac{13}{12},\ 0\right)$
4) $V\left(0,\ \frac{1}{4}\right)$, $y=0$, $F\left(0,\ -\frac{7}{4}\right)$
5) $V(2,\ 1)$, $x=2$, $F(2,\ 3)$
6) $V(-3,\ 2)$, $y=2$, $F\left(-\frac{3}{2},\ 2\right)$

3.
1) $y^2=12x$
2) $x^2=12(y-3)$
3) $y^2=-12x$

4. $(-2,\ 3)$에서 거리와 직선 $x+6=0$에서 거리가 같은 점의 자취의 방정식을 구하여라.

4.
$y^2-6y-8x-23=0$

5. 꼭짓점 $(-2,\ 3)$이고, 초점 $(1,\ 3)$인 포물선의 방정식을 구하여라.

5.
$y^2-6y-12x-15=0$

6. 다음 포물선에 대해 꼭짓점, 초점, 준선의 방정식을 구하여라.
   1) $y^2-4y+6x-8=0$
   2) $3x^2-9x-5y-2=0$
   3) $y^2-4y-6x+13=0$

6.
1) $V(2,\ 2)$, $F\left(\frac{1}{2},\ 2\right)$
$x-\frac{7}{2}=0$
2) $V\left(\frac{3}{2},\ -\frac{7}{4}\right)$,
$F\left(\frac{3}{2},\ \frac{4}{3}\right)$, $y+\frac{13}{6}=0$
3) $V\left(\frac{3}{2},\ 2\right)$,
$F(3,\ 2)$, $x=0$

7. 대칭축이 $x$축에 평행하고 점 $(3,\ 3)$, $(6,\ 5)$, $(6,\ -3)$을 지나는 포물선의 방정식을 구하여라.

7.
$y^2-2y-4x+9=0$

8. 수직인 대칭축을 갖고 점 $(4,\ 5)$, $(-2,\ 11)$, $(-4,\ 21)$을 지나는 포물선의 방정식을 구하여라.

8.
$x^2-4x-2y+10=0$

9. 꼭짓점이 $2y-3x=0$ 위에 있고 대칭축이 $x$축에 평행하며 두 점 $(3,\ 5)$, $(6,\ -1)$을 지나는 포물선의 방정식을 구하여라.

9.
$y^2-6y-4x+17=0$,
$11y^2-98y-108x$
$+539=0$

# 9.3 타원의 방정식

타원은 주어진 두 점 $F_1$, $F_2$(초점)에서 거리의 합이 일정한 점 $P(x, y)$의 자취로 정의된다.

$Ax^2+Cy^2+Dx+Ey+F=0$ 꼴에 대해 다루려고 한다.

타원의 중심이 원점이고, 두 초점 $F_1(-c, 0)$, $F_2(c, 0)$ 각 초점에서 점 $P(x, y)$까지 거리의 합 $2a$, $a>c$라고 하자(그림 9-7).

꼭짓점은 $(\pm a, 0)$, $(0, \pm b)$로 주어진다.

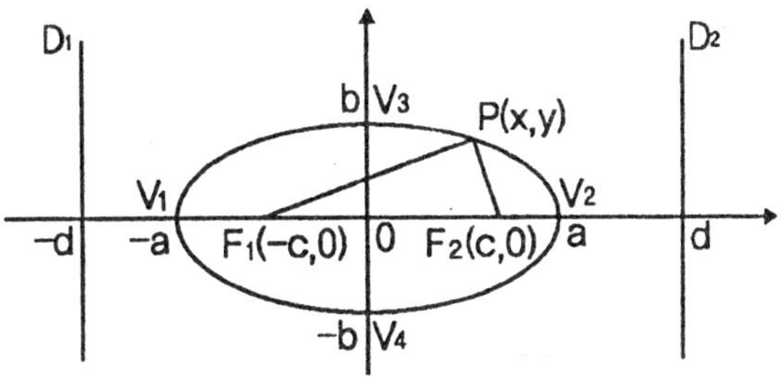

(그림 9-7)

두 초점을 지나는 축은 장축(major axis)이라 하고 그 길이는 $2a$, 중심을 지나고 주축에 수직인 축을 단축(minor axis)이라 하고 그 길이는 2b이다.

정의에서 $PF_1+PF_2=2a$

$\sqrt{(x+c)^2+(y-0)^2}+\sqrt{(x-c)^2+(y-0)^2}=2a$에서

$\sqrt{(x+c)^2+y^2}=2a-\sqrt{(x-c)^2+y^2}$이다.

양변을 제곱하면,

$$x^2+2cx+c^2+y^2=4a^2-4a\sqrt{(x-c)^2+y^2}+x^2-2cx+c^2+y^2,$$

$$4cx=4a^2-4a\sqrt{(x-c)^2+y^2}$$

$cx=a^2-a\sqrt{(x-c)^2+y^2}$이고,

$cx-a^2=-a\sqrt{(x-c)^2+y^2}$의 양변을 다시 제곱하면

$$c^2x^2-2a^2cx+a^4=a^2(x^2-2cx+c^2+y^2),$$

$(a^2-c^2)x^2+a^2y^2=a^2(a^2-c^2)$이다.

양변을 $a^2(a^2-c^2)$으로 나누면, $\dfrac{x^2}{a^2}+\dfrac{y^2}{a^2-c^2}=1$이 된다.

$\triangle F_1V_3F_2$에서 $F_1V_3=F_2V_3$이고 $F_1V_3+F_2V_3=2a$에서 $F_2V_3=a$

$\triangle F_1V_3O$에 피타고라스의 정리를 적용하면 $a^2=b^2+c^2$, $b^2=a^2-c^2$이다.

따라서 $\dfrac{x^2}{a^2}+\dfrac{y^2}{a^2-c^2}=1$은 $\dfrac{x^2}{a^2}+\dfrac{y^2}{b^2}=1$이 된다.

두 꼭짓점 $V_1(-a,\ 0)$, $V_2(a,\ 0)$를 분리하여 이심률(eccentricity) $e$를 조사한다.

이심률은 점 $P$에서 준선에 이르는 거리와 점 $P$에서 초점에 이르는 거리의 비이다.

즉, $e=\dfrac{P\text{에서 } F\text{까지의 거리}}{P\text{에서 } D\text{까지의 거리}}=\dfrac{PF_2}{PD_2}$

$P=V_2$인 경우 $e=\dfrac{V_2F_2}{V_2D_2}=\dfrac{a-c}{d-a}$ 따라서 $ed-ea=a-c$ ………… ①

$P=V_1$인 경우 $e=\dfrac{V_1F_2}{V_1D_2}=\dfrac{a+c}{a+d}$ 따라서 $ea+ed=a+c$ ………… ②

②-①에서, $2ea=2c$, $c=ae$

①에 이 결과를 대입하면, $ed-ea=a-ea$

$ed=a$ 또는 $d=\dfrac{a}{e}$

$c=ae$이므로 초점의 좌표는 $(\pm ae,\ 0)$라고 쓸 수 있다.

또한, $a^2=b^2+c^2$ 또는 $c=\sqrt{a^2-b^2}$이므로 $ae=\sqrt{a^2-b^2}$ 또는 $e=\dfrac{\sqrt{a^2-b^2}}{a}$

$d=\dfrac{a}{e}$를 이용하면, 준선 $D_2$의 방정식은 $x=\dfrac{a}{e}$, 준선 $D_1$의 방정식은 $x=-\dfrac{a}{e}$ 이다.

타원의 네 가지 모양을 요약하면 다음과 같이 둘은 장축이 $x$축에 평행하고, 나머지 둘은 장축이 $y$축에 평행하다.

| $a>b$ | 중점 | 꼭짓점 | 주축의 길이 | 단축의 길이 |
|---|---|---|---|---|
| $\dfrac{x^2}{a^2}+\dfrac{y^2}{b^2}=1$ | (0, 0) | $(\pm a,\ 0)$, $(0,\ \pm b)$ | 2a | 2b |
| $\dfrac{(x-h)^2}{a^2}+\dfrac{(y-k)^2}{b^2}=1$ | (h, k) | $(h\pm a,\ k)$, $(h,\ k\pm b)$ | 2a | 2b |
| $\dfrac{x^2}{b^2}+\dfrac{y^2}{a^2}=1$ | (0, 0) | $(\pm b,\ 0)$, $(0,\ \pm a)$ | 2a | 2b |
| $\dfrac{(x-h)^2}{b^2}+\dfrac{(y-k)^2}{a^2}=1$ | (h, k) | $(h,\ k\pm a)$, $(h\pm b,\ k)$ | 2a | 2b |

| 이심률( $e$) | 초점 | 준선의 방정식 |
|---|---|---|
| $\frac{\sqrt{a^2-b^2}}{a}$ | $(\pm ae,\ 0)$ | $x=\pm\frac{a}{e}$ |
| $\frac{\sqrt{a^2-b^2}}{a}$ | $(h\pm ae,\ 0)$ | $x=h\pm\frac{a}{e}$ |
| $\frac{\sqrt{a^2-b^2}}{a}$ | $(0,\ \pm ae)$ | $y=\pm\frac{a}{e}$ |
| $\frac{\sqrt{a^2-b^2}}{a}$ | $(h,\ k\pm ae)$ | $y=k\pm\frac{a}{e}$ |

**[예제 1]** (타원의 그래프)

타원 $\frac{(x-1)^2}{25}+\frac{(y-2)^2}{9}=1$에서 이심률, 중심, 꼭짓점, 초점의 좌표와 준선의 방정식, 장축, 단축의 길이를 구하고 타원을 그려라.

**풀이** $\frac{(x-h)^2}{a^2}+\frac{(y-k)^2}{b^2}=1$, $a>b$에서 $\frac{(x-1)^2}{25}+\frac{(y-2)^2}{9}=1$,

$h=1$, $k=2$, $a=5$, $b=3$이다.

이심률 $e=\frac{\sqrt{a^2-b^2}}{a}=\frac{\sqrt{29-9}}{5}=\frac{4}{5}$, 중심 $(h,\ k)$에서 $(1,\ 2)$

꼭짓점 $(h\pm a,\ k)$와 $(h,\ k\pm b)$에서 $(-4,\ 2)$, $(6,\ 2)$, $(1,\ -1)$, $(1,\ 5)$ 이다.

초점 $(h\pm ae,\ k)$에서 $(-3,\ 2)$, $(5,\ 2)$이다.

준선의 방정식 $x=h\pm\frac{a}{e}$ 에서

$x=-5\frac{1}{4}$, $x=7\frac{1}{4}$ 이다.

장축의 길이 $2a=10$,

단축의 길이 $2b=6$

타원의 그래프는 (그림 9-8)과 같다. ▣

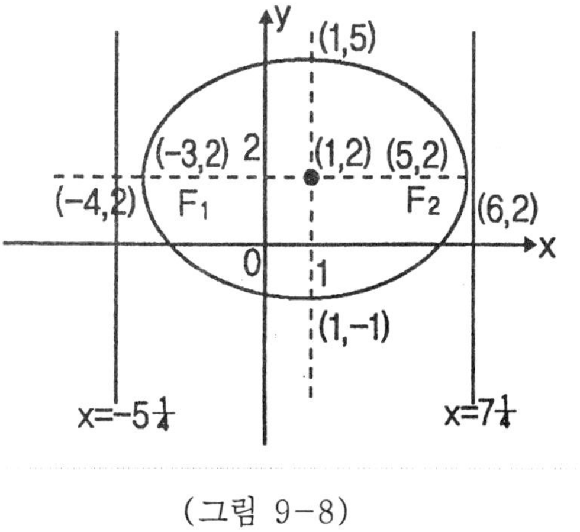


(그림 9-8)

**[예제 2]** (타원의 주요위치와 타원 그리기)

타원 $9x^2+5(y-2)^2=45$를 그리고 중요한 위치를 나타내어라.

**풀이** $9x^2+5(y-2)^2=45$에서

$$\frac{x^2}{5}+\frac{(y-2)^2}{9}=1$$

$$\frac{(x-h)^2}{b^2}+\frac{(y-k)^2}{a^2}=1, \ a>b$$

꼴이므로

$h=0, \ k=2, \ a=3, \ b=\sqrt{5}$

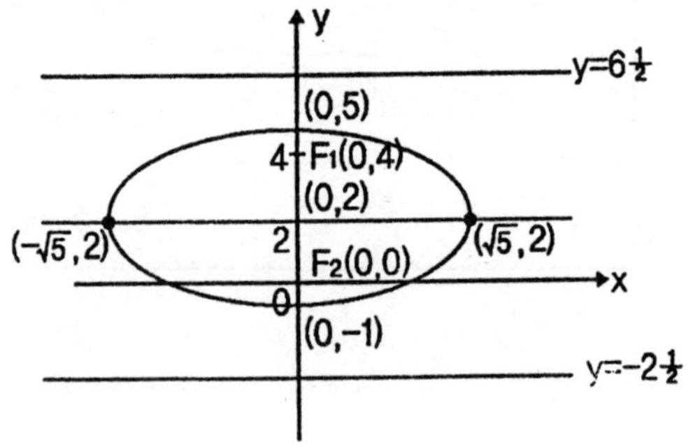

(그림 9-9)

이심률 $e=\frac{\sqrt{a^2-b^2}}{a}=\frac{\sqrt{9-5}}{3}=\frac{2}{3}$, 중심 $(h, \ k)$에서 $(0, \ 2)$

꼭짓점 $(h, \ k\pm a)$, $(h\pm b, \ k)$에서 $(0, \ -1)$, $(0, \ 5)$, $(-\sqrt{5}, \ 2)$, $(\sqrt{5}, \ 2)$

초점 $(h, \ k\pm ae)$에서 $(0, \ 0)$, $(0, \ 4)$

준선 $y=k\pm\frac{a}{e}$에서 $y=-2\frac{1}{2}$, $y=6\frac{1}{2}$이다.

그래프를 그리면 (그림 9-9)와 같다. ▣

**[예제 3]** (타원의 주요 위치 구하기)

타원 $4x^2+9y^2-48x+72y+144=0$에서 이심률, 중심, 꼭지점, 초점의 좌표와 준선의 방정식을 구하여라.

**풀이** $4x^2+9y^2-48x+72y+144=0$에서,

$$4(x^2-12x)+9(y^2+8y)=-144$$

$$4(x^2-12x+36)+9(y^2+8y+16)=-144+288$$

$$4(x-6)^2+9(y+4)^2=144$$

$$\frac{(x-6)^2}{36}+\frac{(y+4)^2}{16}=1$$

$\dfrac{(x-h)^2}{a^2}+\dfrac{(y-k)^2}{b^2}=1$, $a>b$ 꼴이므로 $h=6$, $k=-4$, $a=6$, $b=4$

이심률 $e=\dfrac{\sqrt{a^2-b^2}}{a}=\dfrac{\sqrt{36-16}}{6}=\dfrac{2\sqrt{5}}{6}=\dfrac{\sqrt{5}}{3}$,

중심 $(h, k)$에서 $(6, -4)$

꼭짓점 $(h\pm a, k)$, $(h, k\pm b)$에서

$(0, -4)$, $(12, -4)$, $(6, -8)$, $(6, 0)$

초점 $(h\pm ae, k)$에서 $(6-2\sqrt{5}, -4)$, $(6+2\sqrt{5}, -4)$

준선의 방정식 $x=h\pm\dfrac{a}{e}$에서 $x=\dfrac{30-18\sqrt{5}}{5}$, $x=\dfrac{30+18\sqrt{5}}{5}$이다. ▣

**[예제 5]** (타원의 방정식)

중심(1, 2), 초점(6, 2)이고 점 (4, 6)을 지나는 타원의 방정식을 구하여라.

**풀이** 초점과 중심이 장축 위에 있으므로 장축은 수평이다.

따라서 타원의 방정식은 $\dfrac{(x-h)^2}{a^2}+\dfrac{(y-k)^2}{b^2}=1$, $a>b$ 꼴이다.

중심(1, 2)에서 $h=1$, $k=2$

따라서, $\dfrac{(x-1)^2}{a^2}+\dfrac{(y-2)^2}{b^2}=1$

(4, 6)을 지나므로 $\dfrac{9}{a^2}+\dfrac{16}{b^2}=1$ ························ ①

초점의 하나가 (6, 2)이므로 $h+ae=6$, $1+ae=6$, $ae=5$, $e=\dfrac{5}{a}$

또, $e=\dfrac{\sqrt{a^2-b^2}}{a}$에서 $\dfrac{5}{a}=\dfrac{\sqrt{a^2-b^2}}{a}$, $5=\sqrt{a^2-b^2}$

$a^2=25+b^2$ ·························· ②

①, ②에서 $\dfrac{9}{25+b^2}+\dfrac{16}{b^2}=1$

$9b^2+16(25+b^2)=b^2(25+b^2)$

$b^4=400$, $b^2=20$, $a^2=45$

따라서 구하는 타원의 방정식은 $\dfrac{(x-1)^2}{45}+\dfrac{(y-2)^2}{20}=1$이다. ▣

참고로 태양을 한 초점으로 타원 궤도를 태양의 둘레로 도는 태양계의 위성의 이심률은 다음과 같다.

| 위성 | 지구 | Jupita | Mars | Mercury | Neptune | Pluto | Saturn | Uranus | Venus |
|---|---|---|---|---|---|---|---|---|---|
| 이심률 | 0.02 | 0.05 | 0.09 | 0.21 | 0.01 | 0.25 | 0.06 | 0.05 | 0.01 |

이심률에 의하면 거의 원 궤도를 돈다.

## 연습문제 9-3

1. 다음 타원에 대해 그래프를 그리고 이심률, 중심, 꼭짓점과 초점의 좌표, 준선의 방정식, 장축, 단축의 길이를 구하여라.

1) $\dfrac{x^2}{25}+\dfrac{y^2}{16}=1$ 2) $\dfrac{x^2}{169}+\dfrac{y^2}{144}=1$

3) $\dfrac{x^2}{64}+\dfrac{y^2}{81}=1$ 4) $x^2+\dfrac{y^2}{25}=1$

5) $\dfrac{(x-4)^2}{25}+\dfrac{(y-3)^2}{16}=1$

6) $\dfrac{(x-1)^2}{169}+\dfrac{(y+2)^2}{144}=1$

7) $\dfrac{(x+3)^2}{9}+\dfrac{(y-2)^2}{25}=1$

8) $\dfrac{(x+5)^2}{4}+\dfrac{(y+1)^2}{9}=1$

9) $225x^2+289y^2=65025$

10) $9x^2+4y^2=36$

11) $49(x-2)^2+64y^2=3136$

12) $36(x+3)^2+25(y-6)^2=900$

13) $9x^2+16y^2-36x+96y+36=0$

2. 타원의 중심이 원점이고 다음과 같은 타원의 방정식을 구하여라.

1) 초점 (±4. 0), 꼭짓점 (±5, 0)

2) 초점 (0, ±8), 꼭짓점 (0, ±17)

3) latus rectum의 길이 5, 꼭짓점 (±10, 0)

4) 초점 (0, ±6), 단축의 길이 16

5) 초점( ±5, 0), 이심률 $\dfrac{5}{8}$

### 해 답

1. 생략

2.

1) $\dfrac{x^2}{25}+\dfrac{y^2}{9}=1$

2) $\dfrac{x^2}{225}+\dfrac{y^2}{289}=1$

3) $\dfrac{x^2}{100}+\dfrac{y^2}{25}=1$

4) $\dfrac{x^2}{64}+\dfrac{y^2}{100}=1$

5) $\dfrac{x^2}{64}+\dfrac{y^2}{39}=1$

3. 다음 타원의 방정식을 구하여라.
   1) 중심(4, -1), 초점(1, -1), 점(8, 0)을 지난다.
   2) 중심(3, 1), 꼭짓점(3, -2), 이심률 $=\frac{1}{3}$
   3) 초점(-1, -1), 준선의 $y$축이고, 이심률 $=\frac{\sqrt{2}}{2}$
   4) 초점 $(\pm 8,\ 0)$이고 점 $\left(8,\ \frac{18}{5}\right)$을 지난다.

4. 중심이 원점이고, 초점이 $x$축 위에 있고, 점 $(-3,\ 2\sqrt{3})$, $\left(4,\ \frac{4\sqrt{5}}{3}\right)$를 지나는 타원의 방정식을 구하여라.

5. 두 점 (3, 1)과 (-5, 1)에서 거리의 합이 10인 점 $P(x,\ y)$의 자취를 구하여라.

6. 점 (3, 2)에서 거리가 직선 $x=-2$에서 거리의 $\frac{1}{2}$인 점 $P(x,\ y)$의 자취를 구하여라.

3.

1)

$$\frac{(x-4)^2}{18}+\frac{(y-1)^2}{9}=$$

2)

$$\frac{(x-3)^2}{8}+\frac{(y-1)^2}{9}=$$

3)

$$\frac{(x+2)^2}{2}+\frac{(y+1)^2}{1}=$$

4) $\frac{x^2}{100}+\frac{y^2}{36}=1$

4.

$4x^2+9y^2=144$

5.

$9x^2+25y^2+18x$
$-50y-191=0$

6.

$3x^2+4y^2-28x$
$-16y+48=0$

# 9.4 쌍곡선의 방정식

쌍곡선은 주어진 두 점 $F_1$과 $F_2$(초점)에서 거리의 차이가 일정한 점 $P(x, y)$의 자취로 정의된다.

$Ax^2 - Cy^2 + Dx + Ey + F = 0$ 꼴의 방정식을 알아보려고 한다.

## □ 주축을 수평축으로 갖는 쌍곡선

(그림 9-10)에서 쌍곡선의 중심이 원점, 꼭짓점 $(\pm a,\ 0)$, 초점 $(\pm c,\ 0)$으로 주어진다.

꼭짓점을 포함하는 축은 주축이라 하고 주축의 길이는 $2a$이다. 중심을 지나고 주축에 수직인 축을 **켤레축**(conjugate axis)이라고 한다. 그 길이는 $2b$이다. 정의에서,

$PF_1 - PF_2 = 2a$

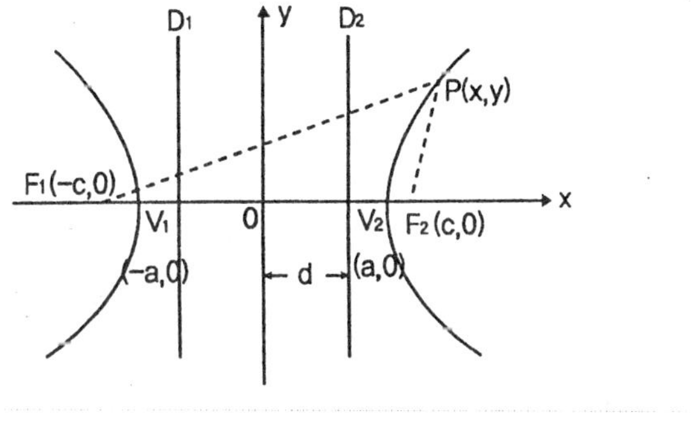


(그림 9-10)

$$\sqrt{(x+c)^2+(y-0)^2}-\sqrt{(x-c)^2+(y-0)^2}=2a$$

$$\sqrt{(x+c)^2+y^2}=2a+\sqrt{(x-c)^2+y^2}$$

양변을 제곱하여 정리하면

$cx - a^2 = a\sqrt{(x-c)^2+y^2}$

다시 양변을 제곱하여 정리하면,

$(c^2-a^2)x^2 - a^2y^2 = a^2(c^2-a^2)$이다.

$a^2(c^2-a^2)$으로 양변을 나누면,

$$\frac{x^2}{a^2}-\frac{y^2}{c^2-a^2}=1$$

$\triangle OV_2B$에서 피타고라스의 정리를 이용하면,

$c^2 = a^2 + b^2,\ b^2 = c^2 - a^2$이다(그림 9-11).

$\dfrac{x^2}{a^2} - \dfrac{y^2}{c^2 - a^2} = 1$은

$\dfrac{x^2}{a^2} - \dfrac{y^2}{b^2} = 1$로 고쳐진다.

두 꼭짓점

$V_1(-a,\ 0)$, $V_2(a,\ 0)$를 분리하여 이심률 $e$를 알아보자.

$$e = \frac{P\text{에서 } F\text{까지의 거리}}{P\text{에서 } D\text{까지의 거리}}$$

$F_2$와 $D_2$를 이용하면,

$$e = \frac{PF_2}{PD_2}$$

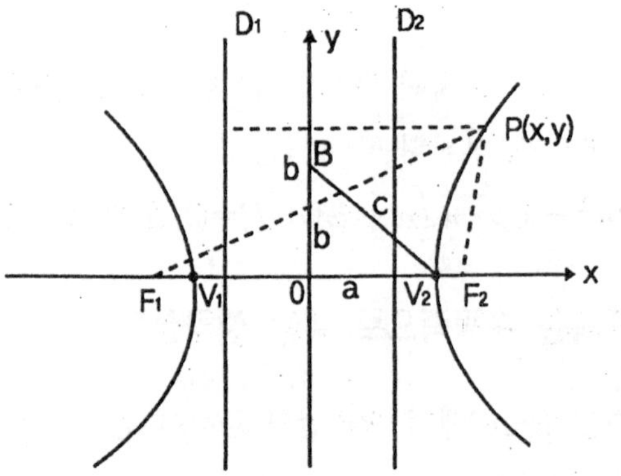


(그림 9-11)

$$P = V_2\text{인 경우}\quad e = \frac{V_2F_2}{V_2D_2} = \frac{c-a}{a-d},\quad ea - ed = c - a \quad \cdots ①$$

$$P = V_1\text{인 경우}\quad e = \frac{V_1F_2}{V_1D_2} = \frac{c+a}{a+d},\quad ea + ed = a + c \quad \cdots ②$$

①, ②에서 $2ea = 2c$, $c = ae$

①에 이 결과를 대입하면 $ea - ed = ea - a$

즉 $ed = a$ 또는 $d = \dfrac{a}{e}$

$c = ae$이므로 초점의 좌표는 $(\pm ae,\ 0)$이므로 쓸수 있다.

또한, $c^2 = a^2 + b^2$ 또는 $c = \sqrt{a^2 + b^2}$이므로 $ae = \sqrt{a^2 + b^2}$ 또는 $e = \dfrac{\sqrt{a^2 + b^2}}{a}$

점근선은 $y = \pm\dfrac{b}{a}x$이다.

타원과 마찬가지로 중심을 $(h,\ k)$로 옮기면 다음과 같이 정리할 수 있다.

| 쌍곡선 | 중심 | 꼭짓점 | 이심률 | 초점 |
|---|---|---|---|---|
| $\frac{x^2}{a^2}-\frac{y^2}{b^2}=1$ | (0, 0) | $(\pm a,\ 0)$ | $e=\frac{\sqrt{a^2+b^2}}{a}$ | $(\pm ae,\ 0)$ |
| $\frac{(x-h)^2}{a^2}-\frac{(y-k)^2}{b^2}=1$ | (h, k) | $(h\pm a,\ k)$ | $e=\frac{\sqrt{a^2+b^2}}{a}$ | $(h\pm ae,\ k)$ |

| 준선의 방정식 | 점근선 |
|---|---|
| $x=\pm\frac{a}{e}$ | $y=\pm\frac{b}{a}x$ |
| $x=h\pm\frac{a}{e}$ | $y-k=\pm\frac{b}{a}(x-h)$ |

**[예제 1]** (쌍곡선의 주요 위치)

쌍곡선 $\frac{(x-3)^2}{16}-\frac{(y-2)^2}{9}=1$에 대해 그래프를 그리고 이심률, 중심, 꼭짓점과 초점의 좌표, 준선과 점근선의 방정식을 구하여라.

**풀이** $\frac{(x-3)^2}{16}-\frac{(y-2)^2}{9}=1$, $\frac{(x-h)^2}{a^2}-\frac{(y-k)^2}{b^2}=1$에서

$h=3,\ k=2,\ a=4,\ b=3$이다.

이심률

$$e=\frac{\sqrt{a^2+b^2}}{a}=\frac{\sqrt{16+9}}{4}=\frac{5}{4}$$

중심 $(h,\ k)$에서 (3, 2),

꼭짓점 $(h\pm a,\ k)$에서 $(-1,\ 2)$와 (7, 2)이다.

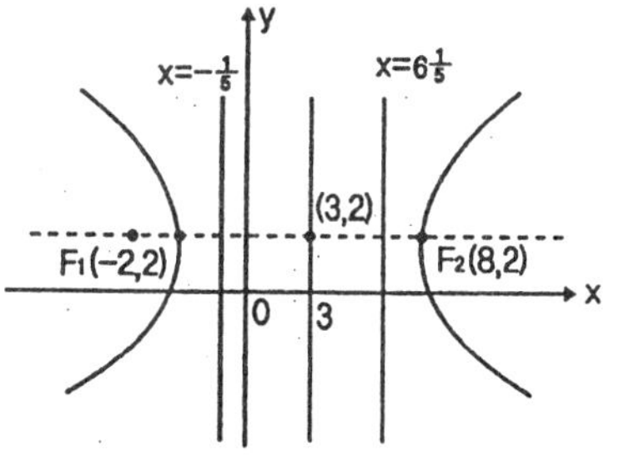


(그림 9-12)

초점 $(h\pm ae,\ k)$에서 $(-2,\ 2)$, $(8,\ 2)$이다.

준선의 방정식 $x=h\pm\frac{a}{e}$에서 $x=-\frac{1}{5}$, $x=6\frac{1}{5}$이다.

점근선의 방정식 $y-k=\pm\frac{b}{a}(x-h)$에서 $y=-\frac{3}{4}x+\frac{13}{4}$, $y=\frac{3}{4}x-\frac{5}{4}$이다. 그래프를 그리면 (그림 9-12)와 같다. ▣

쌍곡선을 그리는 또 다른 방법은 $\frac{(x-h)^2}{a^2}-\frac{(y-k)^2}{b^2}=1$의 그래프는

$\frac{x^2}{a^2}-\frac{y^2}{b^2}=1$의 그래프를 $x$축으로 $h$, $y$축으로 $k$ 만큼 평행이동하여 그릴 수 있다.

## □ 주축을 수직축으로 갖는 쌍곡선

중심에 대하여 90°회전한 쌍곡선을 알아보자(그림 9-13). 이 쌍곡선은 주축이 수직축이다.

즉, 초점, 꼭짓점, 중심이 수직축 위에 있다.

이 쌍곡선은 $\frac{y^2}{a^2}-\frac{x^2}{b^2}=1$꼴이 될 것이다.

앞에서와 같이 중심을 $(h, k)$로 옮기면 다음과 같이 정리할 수 있다.

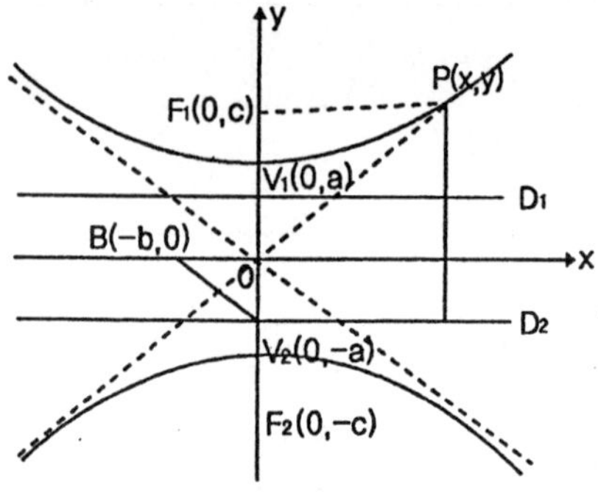


(그림 9-13)

| 쌍곡선 | 중심 | 꼭짓점 | 이심률 | 초점 |
|---|---|---|---|---|
| $\frac{y^2}{a^2}-\frac{x^2}{b^2}=1$ | (0, 0) | $(0,\ \pm a)$ | $e=\frac{\sqrt{a^2+b^2}}{a}$ | $(0,\ \pm ae)$ |
| $\frac{(y-k)^2}{a^2}-\frac{(x-h)^2}{b^2}=1$ | (h, k) | $(h,\ k\pm a)$ | $e=\frac{\sqrt{a^2+b^2}}{a}$ | $(h,\ k\pm ae)$ |

| 준선의 방정식 | 점근선 |
|---|---|
| $y=\pm\frac{a}{e}$ | $y=\pm\frac{a}{b}x$ |
| $y=k\pm\frac{a}{e}$ | $y-k=\pm\frac{a}{b}(x-h)$ |

## □ 직각 쌍곡선: $xy=c^2$

쌍곡선 $x^2-y^2=a^2$은 점근선이 $y=\pm x$이다. 점근선이 서로 수직인 쌍곡선은 **직각 쌍곡선**(rectangular hyperbola)라고 한다(그림 9-14).

이 쌍곡선은 중심(0, 0), 꼭짓점

$(\pm a,\ 0)$, $e=\dfrac{\sqrt{a^2+a^2}}{a}=\sqrt{2}$,

초점 $(\pm\sqrt{2}a,\ 0)$, 점근선 $y=\pm x$,

준선 $x=\pm\dfrac{a}{\sqrt{2}}$ 이다.

이 쌍곡선은 원점을 중심으로 시계바늘이 도는 방향과 반대방향(anti clockwise)으로 45°

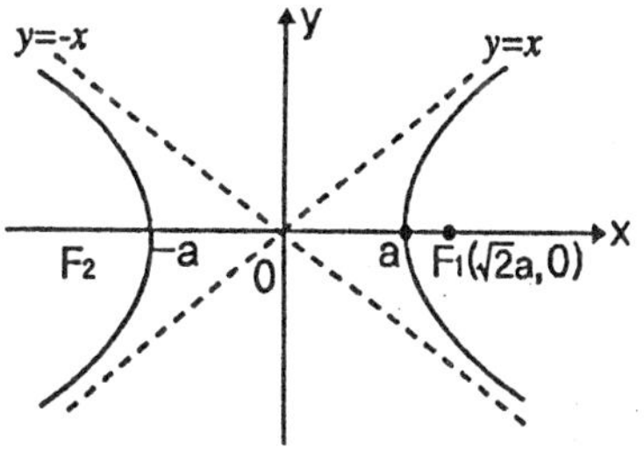


(그림 9-14)

회전 이동하면 $xy=\dfrac{a^2}{2}$ 인 쌍곡선이 된다.

이 쌍곡선은 꼭짓점 $\left(\dfrac{\pm a}{\sqrt{2}},\ \dfrac{\pm a}{\sqrt{2}}\right)$,

초점 $(\pm a,\ \pm a)$, 점근선 $x$축, $y$축, 이심률 $e=\sqrt{2}$이고 준선은 $x+y=\pm a$이다.

## □ 켤레 쌍곡선

두 쌍곡선이 주축과 켤레축이 서로 바뀌면 **켤레 쌍곡선**(conjugate hyperbola)이라고 한다.

쌍곡선의 방정식이 $\dfrac{x^2}{a^2}-\dfrac{y^2}{b^2}=1$이면, 켤레 쌍곡선은 $-\dfrac{x^2}{a^2}+\dfrac{y^2}{b^2}=1$이다.

**[예제 2]** (켤레 쌍곡선)

쌍곡선 $\dfrac{x^2}{9}-\dfrac{y^2}{16}=1$의 켤레 쌍곡선의 방정식을 쓰고 각 쌍곡선의 초점과 점근선의 방정식을 구하여라.

**풀이** $\dfrac{x^2}{9}-\dfrac{y^2}{16}=1$의 켤레 쌍곡선은 $-\dfrac{x^2}{9}+\dfrac{y^2}{16}=1$이다.

$e=\dfrac{\sqrt{a^2+b^2}}{a}$에서 $ae=\sqrt{a^2+b^2}=\sqrt{9+16}=5$

원래 쌍곡선의 초점은 $(\pm 5,\ 0)$, 켤레 쌍곡선의 초점은 $(0,\ \pm 5)$이다.

두 쌍곡선은 같은 점근선 $y=\pm\frac{4}{3}x$를 갖는다. ▣

**[예제 3]** (쌍곡선의 방정식)

점 $A(-2,\ -2)$와 $B(2,\ 2)$에서 거리의 차이가 4인 점 $P(x,\ y)$의 자취를 구하여라.

**풀이** $PA-PB=4$에서

$\sqrt{(x+2)^2+(y+2)^2}-\sqrt{(x-2)^2+(y-2)^2}=4$

$\sqrt{(x+2)^2+(y+2)^2}=4+\sqrt{(x-2)^2+(y-2)^2}$

양변을 제곱하여 정리하면,

$$x+y-2=\sqrt{(x-2)^2+(y-2)^2}$$

다시 양변을 제곱하여 정리하면,

$$(x+y-2)^2=(x-2)^2+(y-2)^2\text{에서, } 2xy=4,\ xy=2$$

따라서 구하는 자취의 방정식은 $xy=2$이다. ▣

## 연습문제 9-4

해 답

1. 다음 쌍곡선에 대해 이심률, 중심, 꼭짓점과 초점의 좌표, 준선과 점근선의 방정식을 구하고 그래프를 그려라.

   1) $\frac{x^2}{9}-\frac{y^2}{4}=1$ 2) $\frac{(x+2)^2}{16}-\frac{(y-1)^2}{4}=1$

   3) $4x^2-45y^2=180$ 4) $\frac{y^2}{9}-\frac{x^2}{16}=1$

   5) $\frac{(y+1)^2}{16}-\frac{(x-3)^2}{25}=1$

   6) $49y^2-16x^2=784$

   7) $\frac{x^2}{9}-\frac{y^2}{9}=1$ 8) $x^2-y^2=25$

1. 생략

2. 다음 조건에 대한 쌍곡선의 방정식을 구하여라.

   1) 주축의 길이는 8이고 초점 (±5, 0)
   2) 중심은 원점, 초점(8, 0), 꼭짓점(6, 0)
   3) 켤레축의 길이는 24, 초점은 (0, ±13)

2.

   1) $9x^2-16y^2=144$
   2) $7x^2-9y^2=252$
   3) $144y^2-25x^2=3600$

3. 중심이 원점이고 축이 좌표축이고 점(3, 1), (9, 5)를 지나는 쌍곡선의 방정식을 구하여라.

3. $x^2-3y^2=6$

4. 꼭짓점이 (±6, 0), 점근선이 $y=\pm\frac{7}{6}x$인 쌍곡선의 방정식을 구하여라.

4. $49x^2-36y^2=1764$

5. 쌍곡선 $9x^2-16y^2-36x-32y=124$에서 중심 초점과 꼭짓점의 좌표, 점근선의 방정식을 구하여라.

5. 생략

6. 쌍곡선 $\frac{x^2}{25}-\frac{y^2}{9}=1$의 켤레 쌍곡선을 구하고 각

6. 생략

쌍곡선에 대해 초점의 좌표와 점근선의 방정식을 구하여라.

7. 중심이 원점, 꼭짓점이(3, 0), 점근선의 하나가 $y=\frac{2}{3}x$인 쌍곡선의 방정식을 구하고, 그 켤레 쌍곡선을 써라.

8. 점 $A(4,\ 4)$와 $B(-4,\ -4)$에서 거리의 차가 8인 점 $P(x,\ y)$의 자취의 방정식을 구하여라.

9. 점 (0, 3)과 (0, -3)에서 거리의 차이가 5인 점의 자취의 방정식을 구하여라.

10. 점 (-6, -4)와 (2, -4)에서 거리의 차이가 6인 점의 자취의 방정식을 구하여라.

7.

$4x^2-9y^2=36$,
$9y^2-4x^2=36$

8.

$xy=8$

9.

$44y^2-100x^2=275$

10.

$$\frac{(x+2)^2}{9}-\frac{(y+4)^2}{7}=1$$

# 9.5 복소평면 위의 도형

복소평면 위에서 직선, 원과 영역에 대해 알아보려고 한다.

## □ 복소평면 위의 직선

복소평면(complex plane) 위의 두 점 $z_1$, $z_2$에서 같은 거리에 있는 점 $z$의 자취는 직선이다. 직선의 방정식은 $|z-z_1| = |z-z_2|$와 같이 나타낼 수 있다(그림 9-15). 복소평면은 Argand 평면으로 알려신나.

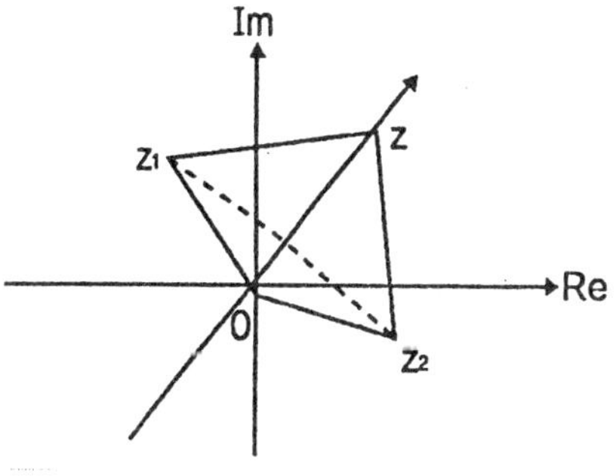


(그림 9-15)

**[예제 1]** (복소평면 위의 직선)

점 $z_1=-2+3i$와 $z_2=3-i$에서 항상 같은 거리에 있는 복소평면 위의 점 $z=x+iy$의 자취를 직교좌표 방정식으로 구하여라.

**풀이** $|z-z_1| = |z-z_2|$에서

$|z-(-2+3i)| = |z-(3-i)|$

$z=x+yi$라 놓으면

$|(x+2)+i(y-3)| = |(x-3)+i(y+1)|$에서

$\sqrt{(x+2)^2+(y-3)^2}=\sqrt{(x-3)^2+(y+1)^2}$이다.

양변을 제곱하여 정리하면,

$10x-8y+3=0$이다.

따라서, 구하는 자취의 직교자표 방정식은 $10x-8y+3=0$이다. ▣

## □ 복소평면 위의 원

복소평면 위의 다른 점 $z_1$에서 같은 거리에 있는 점 $z$의 자취는 원이다(그림 9-16). 중심 $z_1$이고 반지름의 길이 $r$인 복소평면 위의 원은 방정식 $|z-z_1|=r$로 나타내어진다.

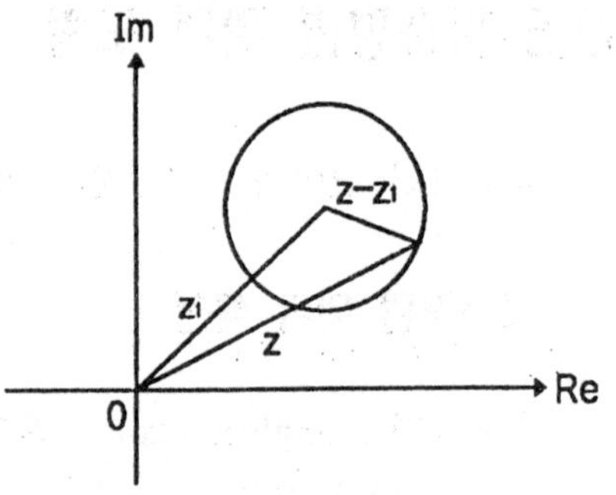


(그림 9-16)

> **[예제 2]** (복소평면 위의 원)
>
> 다음 방정식을 직교좌표 방정식으로 나타내고 복소평면 위에 그려라.
>
> 1) $|z+1|=3$ 2) $|z-2+3i|=4$

**풀이** 1) $|z+1|=3$에서 $|z-z_1|=r$ 꼴이므로 $z_1=-1$, $r=3$

즉, 중심 $-1+0i$이고 반지름의 길이 3이다.

$\therefore (x+1)^2+y^2=9$(그림 9-17).

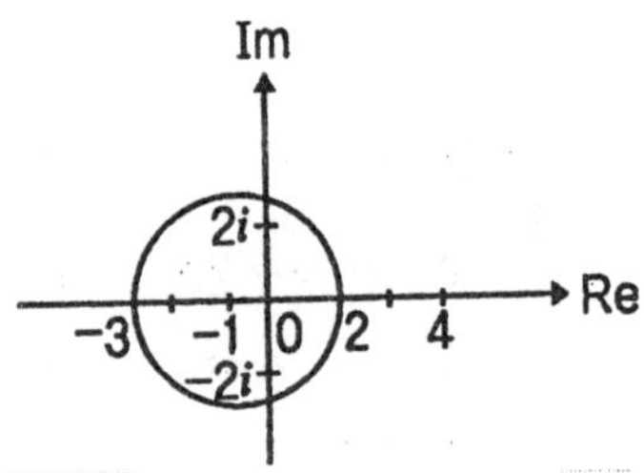


(그림 9-17)

2) $|z-2+3i|=4$에서 $z_1=2-3i$, $r=4$ 즉, 중심이 $2-3i$이고 반지름의 길이 4이다.

$\therefore (x-2)^2+(y+3)^2=16$(그림 9-18)

■

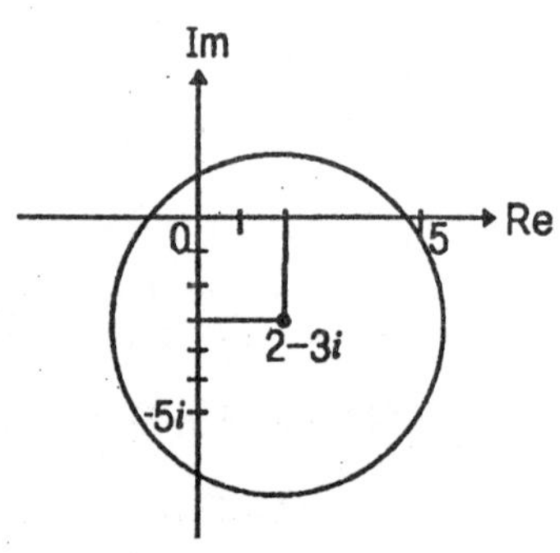


(그림 9-18)

## □ 복소평면 위의 영역

원뿔곡선의 정의와 좌표축 위의 부등식의 표현의 개념을 이용하여 복소평면 위에 영역을 나타내는 것은 쉬운 일이다. 이들 생각을 잘 결합하여 복소평면위에 영역으로 하나 또는 결합된 관계를 나타낼 수 있다.

1) $|z-(1+5i)| \leq 5$ 또는 $-\frac{\pi}{2} < \arg(z-1) \leq 0$과 같은 복소 부등식으로 영역이 기술된다.
2) 경계에 대해 실선은 ≦ 과 ≧을 나타내는데, 점선은 < 과 >을 나타내는데 이용된다.
3) 영역은 어두운 부분으로 나타낸다.

영역을 더 결합하고 공통부분을 조사한다. 이것은 보통 영역의 교집합으로 나타낸다. 이를테면, $\{|z-(1+i)| \leq 5\} \cap \{|z-2| < 10\}$에 대해 각 관계를 분리하여 나타내고 공통부분을 영역으로 그린다. 다른 말로하면 같은 복소평면 위에 각 관계의 그래프를 그리고 겹치는 영역을 어두운 부분으로 나타낸다.

**[예제 3]** (복소평면 위의 영역 나타내기)

Argand 평면 위에 다음을 나타내어라.

1) $|z| < 1$ 2) $|z-(2+i)| < 4$ 3) $0 < \arg(z) \leq \frac{\pi}{4}$

**풀이** 1) 경계는 $|z| = 1$이다. 이것은 원점 $0+0i$가 중심이고 반지름의 길이가1이다. 경계는 포함하지 않으므로 점선으로 나타내고 (그림 9-19)와 같이 원의 내부는 어둡게 나타낸다.

2) 경계는 $|z-(2+i)| = 4$이다.

이것은 중심 $2+i$이고 반지름의 길이 4인 원이다.

(그림 9-20)과 같이 포함하므로 실선으로 나타내고 내부는 어둡게 나타낸다.

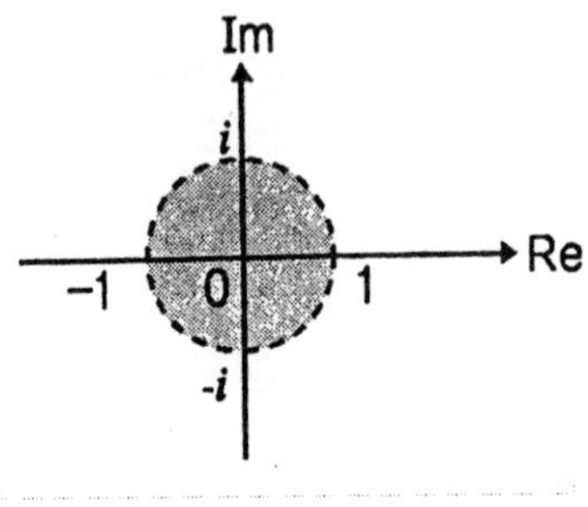


(그림 9−19)

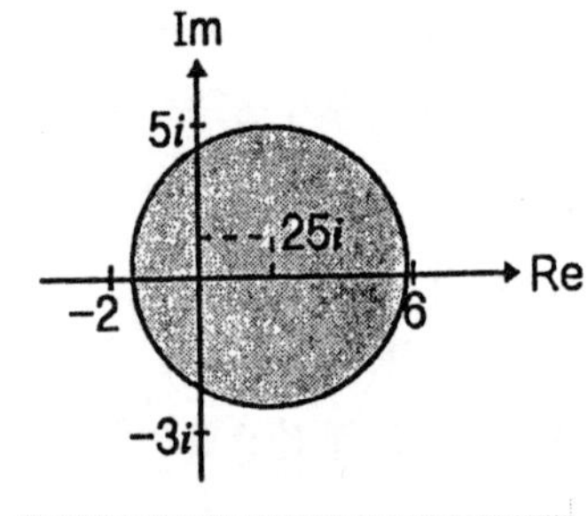


(그림 9−20)

3) $0 < \arg(z) \leq \frac{\pi}{4}$ 에서 (그림 9-21)과

같이 $\arg(z) > 0$과 $\arg(z) \leq \frac{\pi}{4}$의

공통부분을 나타낸다.

$\arg(z) = 0$은 $Re$축을 나타내고

$\arg(z) = \frac{\pi}{4}$은 $Re$축과 $\frac{\pi}{4}$각을 이룬다.

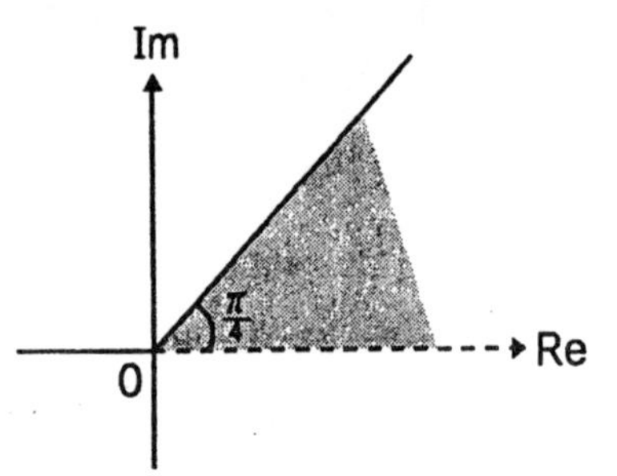


(그림 9−21)

두 경우 출발점은 모두 $0 + 0i$이다. ▣

## □ 복소평면 위의 타원

(그림 9-22)와 같이 복소평면 위의 두 점 $z_1$과 $z_2$를 알아보자.
두 주어진 점에서 거리의 합이 일정한 점의 자취의 정의를 이용하여
$|z - z_1| + |z - z_2| = k$ 를 얻는다.
$k$ 는 장축의 길이이다. 즉, $k = 2a$
따라서 방정식은

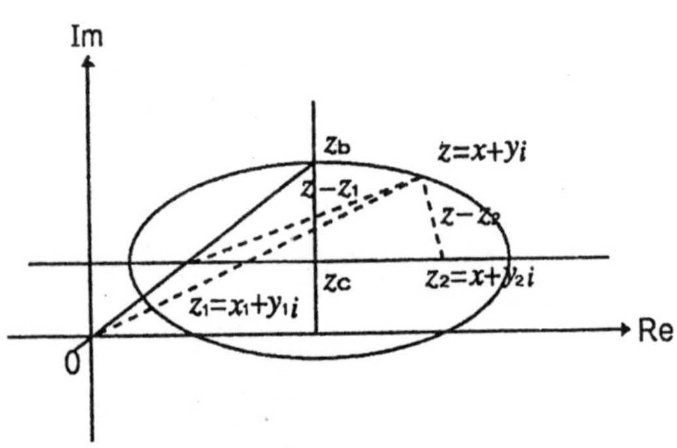


(그림 9−22)

$$|z - z_1| + |z - z_2| = 2a \Leftrightarrow |z_1 - z_2| < 2a$$

또는 $|z-z_1|+|z-z_2|=k \Leftrightarrow |z_1-z_2|<k$ 이다.

이 타원의 중심은 $z_c=\dfrac{z_1+z_2}{2}$로 주어지고 초점은 $z_1$과 $z_2$이다.

$\triangle z_1 z_b z_c$를 알아보면, $|z_b-z_1|=a$, $|z_c-z_1|=\dfrac{1}{2}|z_2-z_1|=c$이고

$|z_b-z_c|=b$이다.

$b$에 대한 값을 얻기 위해 피타고라스의 정리를 적용하면 즉 $b^2=a^2-c^2$이다.

따라서 $b^2=\left(\dfrac{k}{2}\right)^2-\left(\dfrac{|z_2-z_1|}{2}\right)^2$

양변에 4를 곱하면 $(2b)^2=k^2-|z_2-z_1|^2$

근호를 취하면, $2b=\sqrt{k^2-|z_2-z_1|^2}$(단축의 길이)를 얻는다.

**[예제 4]** (복소평면 위의 타원)

타원 $|z-(1+i)|+|z-(5+i)|=6$을 그려라.

**풀이** $|z-z_1|+|z-z_2|=k$에서

$z_1$과 $z_2$가 초점이고

$|z_1-z_2|<k$이다.

$z_1=1+i$, $z_2=5+i$이고 $k=6$

$|z_1-z_2|=|1+i-5-i|=|-4|=4$

$k=6$이므로 $|z_1-z_2|<k$

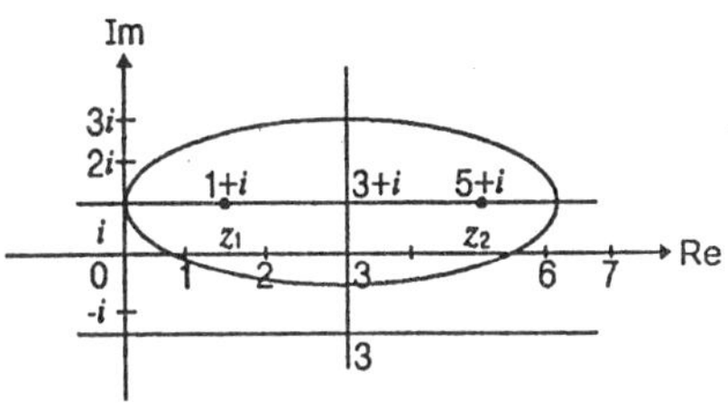


(그림 9-23)

따라서 자취는 초점 $z_1$, $z_2$인 타원이다.

장축의 길이는 6, 단축의 길이는

$\sqrt{k^2-|z_2-z_1|^2}=\sqrt{36-4^2}=\sqrt{20}=2\sqrt{5}$

타원의 중심은 $z_c=\dfrac{z_1+z_2}{2}=\dfrac{1+i+5+i}{2}=3+i$

초점은 $1+i$, $5+i$

따라서, 타원을 그리면 (그림 9-23)과 같다. ▣

**[예제 5]** ──(복소평면 위의 타원을 직교좌표형으로 고치기)

$|z-(1+3i)|+|z-(1+7i)|=6$으로 주어진 복소평면 위의 타원의 방정식을 직교좌표형으로 고쳐라.

**풀이** $|z-(1+3i)|+|z-(1+7i)|=6$에서 $z=x+yi$라 놓으면

$|x+yi-1-3i|+|x+yi-1-7i|=6$이고

$|(x-1)+i(y-3)|+|(x-1)+i(y-7)|=6$에서

$\sqrt{(x-1)^2+(y-3)^2}+\sqrt{(x-1)^2+(y-7)^2}=6$

$\sqrt{(x-1)^2+(y-3)^2}=6-\sqrt{(x-1)^2+(y-7)^2}$

양변을 제곱하여 정리하면,

$3\sqrt{(x-1)^2+(y-7)^2}=19-2y$

다시 양변을제곱하여 정리하면,

$9(x-1)^2+5(y-5)^2=45$

따라서, $\dfrac{(x-1)^2}{5}+\dfrac{(y-5)^{22}}{9}=1$

▣

## □ 복소평면 위의 쌍곡선

타원에 적용한 것과 똑같은 방법을 이용하여 복소평면위의 두 복소수 $z_1$과 $z_2$를 알아보자.

주어진 두 점에서 거리사이의 차이가 일정한 점의 자취의 정의는

$|z-z_1|-|z-z_2|=|k|$ 이다.

$|k|$는 주축의 길이이므로 즉,

$|k|=2a$이다.

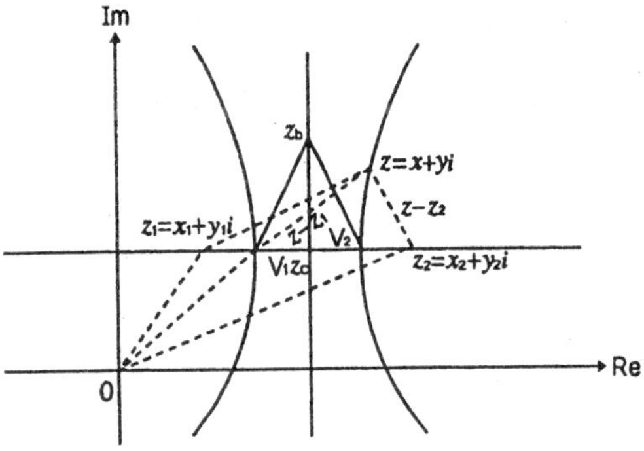


(그림 9-24)

따라서, (그림 9-24)에서 방정식은

$|z-z_1|-|z-z_2|=|2a|$

$\Leftrightarrow |z_1-z_2|>|2a|$

$|z-z_1|-|z-z_2|=|k|$

$\Leftrightarrow |z_1-z_2|>|k|$ 이다.

이 쌍곡선의 중심은 $z_c=\dfrac{z_1+z_2}{2}$로 주어지고 초점은 $z_1$과 $z_2$이다.

$\triangle V_1z_bz_c$에서,

$|z_c-V_1|=a, \quad |z_b-V_1|=\dfrac{1}{2}|z_2-z_1|=c, \quad |z_b-z_c|=b$

피타고라스의 정리를 이용하면 $b^2=c^2-a^2$

따라서, $b^2=\left(\dfrac{|z_2-z_1|}{2}\right)^2-\left(\dfrac{k}{2}\right)^2$

양변에 4를 곱하면 $(2b)^2=|z_2-z_1|^2-k^2$

따라서, 켤레축의 길이 $2b=\sqrt{|z_2-z_1|^2-k^2}$이다.

정리하면,

1) $|z-z_1|-|z-z^2|=k$는 초점 $z_1$, $z_2$인 쌍곡선의 한 쪽을 나타낸다.

2) $k<0$이면, 쌍곡선의 왼쪽 부분이다. ($\because |z-z_1|<|z-z_2|$)

3) 마찬가지로 $k>0$이면 쌍곡선의 오른쪽 부분이다. ($\because |z-z_1|>|z-z_2|$)

4) 쌍곡선 양쪽을 모두 생각하려면 $|k|$ 일 때이다.

**[예제 6]** (복소평면 위의 쌍곡선)

복소평면 위에 $|z-(1+i)|-|z-(5+i)|=-3$을 그려라.

**풀이** 쌍곡선은 초점이 $z_1$, $z_2$인

$|z-z_1|-|z-z_2|=|k|$로 나타내어지고 $|z_1-z_2|>|k|$ 이다.

$z_1=1+i, \ z_2=5+i, \ k=-3$에서

$|z_1 - z_2| = |1+i-5-i| = |-4| = 4$

$|k| = |-3| = 3$ 따라서, $|z_1 - z_2| > |k|$ 이다.

주축의 길이는 3이고 쌍곡선의 중심은

$$z_c = \frac{z_1 + z_2}{2} = \frac{1+i+5+i}{2} = 3+i$$

초점은 $z_1$과 $z_2$에서 $1+i$와 $5+i$이다.

(그림 9-25)에서 쌍곡선의 왼쪽이 구하는 그래프이다. ▣

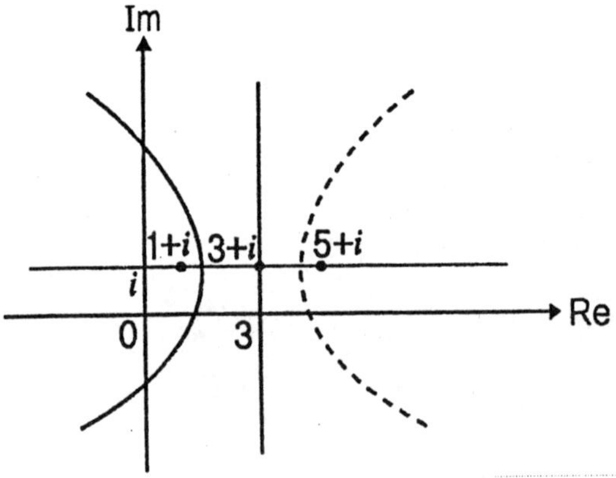


(그림 9-25)

## 연습문제 9-5

1. 다음 복소평면 위의 두 점 $z_1$, $z_2$에서 같은 거리에 있는 점 $z$의 자취를 직교좌표 방정식으로 구하여라.
   1) $z_1 = 2+3i,\ z_2 = 5-i$
   2) $z_1 = -2+3i,\ z_2 = 5-i$
   3) $z_1 = 2+i,\ z_2 = -5+i$

2. 복소평면 위에 다음을 그리고 직교좌표 방정식을 구하여라.
   1) $|z-3| = 3$
   2) $|z+2| = 2$
   3) $|z-4i| = 3$
   4) $|z+i| = 4$
   5) $|z-2-i|\ 3$
   6) $|z+3-2i| = 1$
   7) $|z+4+3i| = 5$
   8) $|z-5+5i| = 2$
   9) $|z-2+i| = |z+1-2i|$
   10) $|z-2| = |z-3-i|$
   11) $|z-3i| = |\overline{z+5-3i}|$

3. 다음을 Argand 평면위에 나타내어라.
   1) $|z| \leqq 2$
   2) $|z| > 5$
   3) $|z-2| < 3$
   4) $|z+3| \geqq 1$
   5) $|z-3+2i| \leqq 4$
   6) $|z+5-i| > 3$
   7) $0 < \arg(z) \leqq \dfrac{\pi}{6}$
   8) $-\dfrac{2}{3}\pi < \arg(z) \leqq \dfrac{\pi}{2}$

### 해 답

1.
1) $6x-8y-13=0$
2) $14x-8y-13=0$
3) $x=-1.5$

2.
1) $(x-3)^2+y^2=9$
2) $(x+2)^2+y^2=4$
3) $x^2+(y-4)^2=9$
4) $x^2+(y+1)^2=16$
5) $(x-2)^2+(y+1)^2=9$
6) $(x+3)^2+(y-2)^2=1$
7) $(x+4)^2+(y+3)^2=25$
8) $(x-5)^2+(y+5)^2=4$
9) $x=y$
10) $x+y-3=0$
11) $2x+5=0$

3. 생략

9) $-\frac{\pi}{2} \leqq \arg(z) < \pi$  10) $0 \leqq \arg(z+1) \leqq \frac{2}{3}\pi$

11) $-\frac{3}{4}\pi \leqq \arg(z-2i) \leqq -\frac{\pi}{2}$

12) $\frac{\pi}{6} < \arg(z-3+i) < \frac{5}{6}\pi$

13) $\left\{-\frac{\pi}{2} < \arg(z) \leqq \frac{3\pi}{4}\right\} \cap \{\,|z| \leqq 2\}$

14) $\{\,|z+3| > 2\} \cap \left\{\frac{\pi}{6} < \arg(z+2) \leqq \frac{2}{3}\pi\right\}$

4. 복소평면 위에 다음 타원을 나타내어라.

1) $|z-(2+i)| + |z-(8+i)| = 10$
2) $|z-(3-i)| + |z-(3+5i)| = 8$
3) $|z+3+2i| + |z-3+2i| = 8$
4) $|z-5+i| + |z-5+9i| = 12$

5. 다음 타원을 직교좌표형으로 고쳐라.

1) $|z-i| + |z-7i| = 10$
2) $|z+3| + |z-7| = 14$
3) $|z-(3+4i)| + |z-(11+4i)| = 16$
4) $|z+1-7i| + |z-11-7i| = 14$

6. 복소평면 위에 다음 쌍곡선을 나타내어라.

1) $|z-i| - |z-7i| = |4|$
2) $|z+3| - |z-7| = |8|$
3) $|z-(3+4i)| - |z-(11+4i)| = 161$
4) $|z+1-7i| - |z-11-7i| = -10$

4. 생략

5.

1) $\frac{x^2}{16} + \frac{(y-4)^2}{25} = 1$

2) $\frac{(x-2)^2}{49} + \frac{y^2}{24} = 1$

3)
$\frac{(x-7)^2}{64} + \frac{(y-4)^2}{48} =$

4)
$\frac{(x-5)^2}{49} + \frac{(y-7)^2}{13} =$

6. 생략

7. 다음 쌍곡선을 직교좌표형으로 나타내어라.

1) $|z-(2+i)|-|z-(8+i)|=|5|$

2) $|z-(3-i)|-|z-(3+5i)|=|5|$

3) $|z+3+2i|-|z-3+2i|=|4|$

4) $|z-5+i|-|z-5+9i|=|7|$

8. 다음 영역을 복수평면에 나타내어라.

1) $\{|z-1-2i|\leq 4\}\cap\{|z+2|+|z-5|<10\}$

2) $\{|z+2|+|z-4|=8\}\cap\{|z+4|$
$-|z-2|=2\}$

3) $\{|z+3-5i|=4\}\cap\{|z-6i|-|z+2i|=3\}$

7.

1)
$$\frac{4(x-5)^2}{25}-\frac{4(y-1)^2}{11}=1$$

2)
$$\frac{4(y-2)^2}{25}-\frac{4(x-3)^2}{11}=1$$

3) $\frac{x^2}{4}-\frac{(y+2)^2}{5}=1$

4)
$$\frac{4(y-5)^2}{49}-\frac{4(x-5)^2}{15}=1$$

8. 생략

## Home Work

1. 방정식 $(x-2)^2+(y+4)^2=16$이 나타내는 원은?

2. 방정식 $x^2+y^2+Dx+Ey=F=0$이 실원이 되기 위한 조건은?

3. 방정식 $y^2=-8x$가 나타내는 도형은?

4. 방정식 $\frac{x^2}{9}+\frac{y^2}{4}=1$이 나타내는 도형은?

5. 점근선을 갖는 원뿔 곡선은?

6. 쌍곡선 $\frac{(x-4)^2}{25}-\frac{(y+1)^2}{9}=1$의 꼭짓점과 점근선의 방정식을 구하여라.

7. $A(c,\ 0)$, $B(-c,\ 0)$ $C$는 다른 점일 때, $\triangle ABC$에서 $\angle A=2\angle B$인 점 $C$가 그리는 경로를 구하여라.

8. 복소 방정식 $|z-3+2i|=|z+3|$을 직교방정식으로 고쳐라.

9. $|z-2-2i|>4$와 $|z+1-2i|+|z-5-2i|\leqq 12$의 공통영역을 나타내어라.

제 10 장

# 이산변수와 연속변수

〈 학습내용 〉

10.1. 임의변수와 이산확률분포
10.2. 이산확률분포의 기댓값, 분산, 표준편차
10.3. 이항분포와 그래프
10.4. 이항확률분포의 기댓값, 분산, 표준편차
10.5. 초기하분포
10.6. 정규분포
10.7. 표준정규분포
10.8. 이항분포의 근사

# 이산변수와 연속변수

## 10.1 임의 변수와 이산확률분포

이산확률분포의 연구는 경제계와 과학계의 많은 활동의 중요한 부분이다. 예를 들면, 수학의 이 분야는 의학연구개발, 처방개발, 시장을 위해 새로운 상품 개발, 품질조절 기회의 분석에 이용된다.

### □ 임의변수

표본조사를 시행할 때, 많은 다른 결과를 관찰하길 기대한다. 예를 들면 정상적인 주사위를 여러 번 던질 때 가능한 결과가 각각 일어나길 기대한다. {1, 2, 3, 4, 5, 6}에서 각 값을 관찰하길 기대한다.

결과는 던질 때마다 변할 수 있다. 관찰된 결과 $X$를 **임의변수**(random variable)라고 한다. 특히, $X$는 **이산임의변수**(discrete random variable)이다. 왜냐하면 가능한 결과가 셀 수 있기 때문이다. 이산임의변수는 흔히 수나 크기와 관련이 있다. 한편, 가능한 결과가 셀 수 없으면 **연속임의변수**(continuous random variable)를 갖는다. 예를 들면 20대와 30대 사이의 20명의 여자 표본에 대해 키를 측정하면 결과가 140cm에서 190cm 사이에 있을 것이라고 기대한다. 각 개인별 값은 측정도구의 정확도에 달려있다. 연속임의변수는 흔히 키, 몸무게와 시간과 관련이 있다.

어떤 경우에 변수는 실질적인 결과이기보다는 다음 예제와 같이 특별한 결과에 할당된 값이다.

**[예제 1]** — (임의변수)

세 개의 동전을 던지는 경우에 대해 $X$는 앞면의 수를 나타낸다. $X$에 대해 표본공간과 대응하는 값을 보여주는 표를 만들어라.

**풀이**

| 관찰결과 | $HHH$ | $HHT$ | $HTH$ | $HTT$ | $THH$ | $THT$ | $TTH$ | $TTT$ |
|---|---|---|---|---|---|---|---|---|
| $X$의 값 | 3 | 2 | 2 | 1 | 2 | 1 | 1 | 0 |

H는 앞면, T는 뒷면을 나타낸다.

$X$는 {0, 1, 2, 3}에서 뽑은 임의의 값이라 가정할 수 있다. ▣

예제 1에서 집합

$S=\{HHH, HHT, HTH, HTT, THH, THT, TTH, TTT\}$를 세 개의 동전을 던지는 경우의 표본공간이라고 한다. S의 부분집합을 사건이라고 한다. 사용된 동전들이 정상이라면 $X$의 특별한 값이 일어날 확률을 계산할 수 있다.

$P(X=x)=p$라는 기호를 이용할 것이다. $X$는 임의변수를 나타내고 $x$는 관찰된 변수의 특별한 값을 의미하며 $p$는 관찰된 값의 확률이다.

**[예제 2]** — (사건이 일어날 확률)

세 개의 정상적인 동전을 던질 때 앞면이 정확이 2번 일어날 확률을 구하여라.

**풀이** 표본공간에서 대응하는 사건을 쓰면 $HHT$, $HTH$, $THH$이다. 각 사건에 대해 확률을 계산하면,

$$P(HHT)=\frac{1}{2}\times\frac{1}{2}\times\frac{1}{2}=\frac{1}{8}, \qquad P(HTH)=\frac{1}{2}\times\frac{1}{2}\times\frac{1}{2}=\frac{1}{8}$$

$$P(THH)=\frac{1}{2}\times\frac{1}{2}\times\frac{1}{2}=\frac{1}{8}$$

따라서, $P(X=2)=\frac{1}{8}+\frac{1}{8}+\frac{1}{8}=\frac{3}{8}$ ▣

## □ 이산확률분포

앞의 예제에서 기술된 경우에 대해 $X$의 각 값에 대한 관찰된 앞면의 수의 확률을 계산할 수 있다. 표로 나타내면 다음과 같다.

| $x$ | 0 | 1 | 2 | 3 |
|---|---|---|---|---|
| $P(X=x)$ | $\frac{1}{8}$ | $\frac{3}{8}$ | $\frac{3}{8}$ | $\frac{1}{8}$ |

이것을 **확률분포**라고 한다. 가능한 $x$값의 목록과 관련된 확률을 보여준다. 특히 변수가 이산이면 이것을 **이산확률분포**(discrete probability distribution)라 한다. 확률분포는 수직으로 나타낼 수 있다. 예는 표와 같다.

이산확률분포는 $x$의 모든 값에 대해 $0 \le P(X=x) \le 1$이고, $\Sigma P(X=x)=1$이다. 여러 가지 질문에 대답하기 위해 이들 조건을 이용할 수 있다.

| $x$ | $P(X=x)$ |
|---|---|
| 0 | $\frac{1}{8}$ |
| 1 | $\frac{3}{8}$ |
| 2 | $\frac{3}{8}$ |
| 3 | $\frac{1}{8}$ |

**[예제 3]** — (이산확률분포의 정의)

다음 표는 이산확률분포를 나타내는가?

| $x$ | 1 | 3 | 5 | 7 |
|---|---|---|---|---|
| $P=(X=x)$ | $\frac{1}{5}$ | $\frac{1}{10}$ | $\frac{3}{10}$ | $\frac{2}{5}$ |

**풀이** 모든 합의 확률이 $0 \le P(X=x) \le 1$을 만족한다.

$$\Sigma P(X=x)=\frac{1}{5}+\frac{1}{10}+\frac{3}{10}+\frac{2}{5}=1$$

따라서, 이산확률분포이다. ▣

확률은 분수, 소수, 퍼센트로 나타낼 수 있음을 배워왔다.

**[예제 4]** — (이산확률분포의 조건 이용)

다음 표는 이산확률분포를 나타내는가?

| $x$ | 3 | 4 | 5 | 6 | 7 |
|---|---|---|---|---|---|
| $P=(X=x)$ | 0.14 | $\kappa$ | 0.36 | 0.21 | 0.13 |

**풀이** $\Sigma P(X=x)=0.14+\kappa+0.36+0.21+0.13=1$에서

$0.84+\kappa=1$

$\kappa=1-0.84=0.16$ ▣

수학의 많은 영역에서와 같이 이 절에서 분포를 그림으로 나타낼 표현으로 그래프를 그리는 것이 유용하다는 것을 안다.

다음 표에 대해 알아보자.

| $x$ | 0 | 1 | 2 | 3 | 4 |
|---|---|---|---|---|---|
| $P(X=x)$ | 0.25 | 0.1 | 0.3 | 0.15 | 0.2 |

표의 그래프는 다음과 같다.(그림10-1)

그래프는 점 그래프(dot graph)로 나타낼 수 있다.(그림10-2)

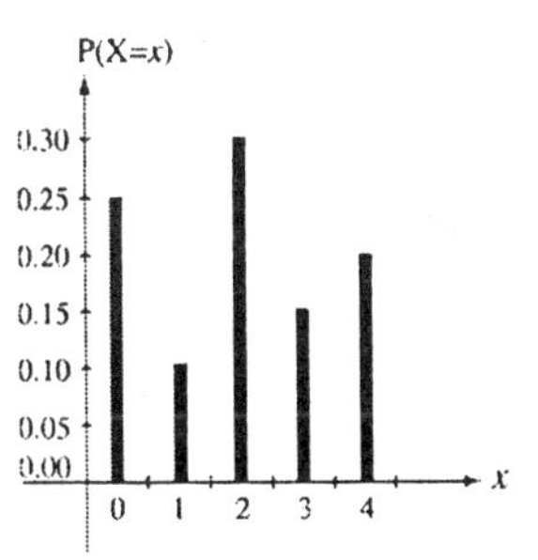


**(그림 10-1)**

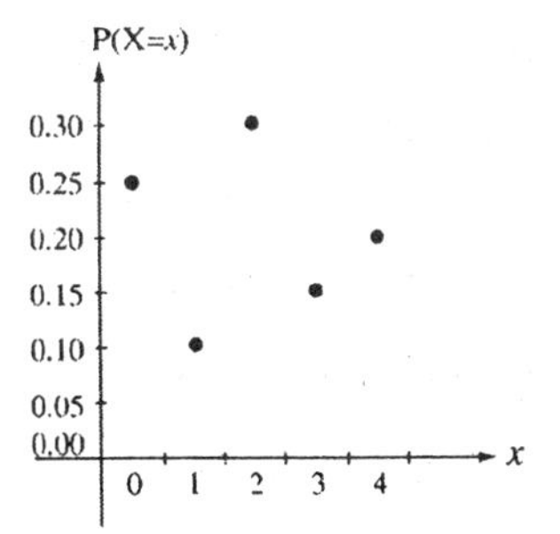


**(그림 10-2)**

# ◆◆◆ 연습 문제 10-1 ◆◆◆

| | 해 답 |
|---|---|
| 1. 다음 임의변수가 이산이면 $D$, 연속이면 $C$로 나타내어라. | 1. |
| 1) 학교의 각과의 학생수. | 1) $D$ |
| 2) 학교의 교직원의 키. | 2) $C$ |
| 3) 수학을 수강하는 학생들이 입은 옷의 사이즈. | 3) $D$ |
| 4) 축구대표팀의 선수들의 목둘레. | 4) $C$ |
| 5) 동전을 던질 때 앞면이 관찰되는 동전 던지기의 수. | 5) $D$ |
| 6) 직장인이 일을 완수하는데 걸리는 시간. | 6) $C$ |
| 7) 점프했을 때 점프한 높이. | 7) $C$ |
| 8) 하루종일 걸어다닐 때 교통신호들의 빨간불에 멈춘 횟수. | 8) $D$ |
| 9) 수업시간에 결석한 날의 수. | 9) $D$ |
| 10) 은행에 들어갔을 때 줄 서 있는 사람의 수. | 10) $D$ |
| 2. 다섯 개의 흰공, 세 개의 빨간 공, 두 개의 파란공이 들어 있는 항아리가 있다. 항아리에서 두 개의 공을 꺼낸다. $X$를 꺼낸 빨간 공의 수라고 한다. (꺼냈다 집어넣는다) | 2. |
| 1) $X$가 가질 수 있는 값? | 1) 0, 1, 2 |
| 2) $X$의 확률분포를 보여주는 표를 만들어라. | |
| 3) 항아리에서 정확히 한 개의 빨간 공을 꺼낼 확률을 구하여라. | 3) 0.42 |
| 4) 항아리에서 적어도 한 개의 빨간 공을 꺼낼 확률을 구하여라. | 4) 0.51 |

3. 두 개의 공정한 주사위를 던질 때,
$X$는 두 주사위의 눈의 합이다
1) $X$의 확률분포를 나타내는 표를 그려라.
2) $P(X \geq 6)$을 구하여라.
3) $P(X < 10)$을 구하여라.
4) $P(4 \leq X \leq 10)$을 구하여라.

3.

2) $\frac{13}{18}$

3) $\frac{5}{6}$

4) $\frac{5}{6}$

## 10.2 이산확률분포의 기댓값, 분산, 표준편차

중심경향 측도로서 평균을 계산해 왔다. 이것을 기술하는 또 다른 방법을 기댓값(expected value)이라고 한다. 역사적으로 기댓값의 연구는 처음에 도박과 관련이 있었다. 게임이 공정한지 아닌지를 결정할 수 있는 것은 확실히 도박꾼에게 이익이었다.
다음 예는 이것이 어떻게 이루어질 수 있는지를 보여준다.

공정한 주사위를 던져 상으로 주사위에 나타난 눈금의 돈을 받는 게임을 알아보자.

다음 표가 결과를 요약한 것이다.

| 눈의 수 | 1 | 2 | 3 | 4 | 5 | 6 |
|---|---|---|---|---|---|---|
| 확 률 | $\frac{1}{6}$ | $\frac{1}{6}$ | $\frac{1}{6}$ | $\frac{1}{6}$ | $\frac{1}{6}$ | $\frac{1}{6}$ |
| 금 액 | 1 | 2 | 3 | 4 | 5 | 6 |

게임에서 받을 수 있는 기대금액을 알아보자.

$$1\times\frac{1}{6}+2\times\frac{1}{6}+3\times\frac{1}{6}+4\times\frac{1}{6}+5\times\frac{1}{6}+6\times\frac{1}{6}=\frac{21}{6}=\frac{7}{2}$$

이 평균은 주사위를 던질 때마다 3.5 얻을 수 있다는 기대금액이다.

이 예는 이산임의변수의 기댓값을 정의하는데 도움을 줄 것이다.

이산임의변수 $X$의 기댓값 또는 평균을 $E(X)$ 또는 $\mu$로 나타내고, 다음과 같이 계산한다.

| $x$ | $x_1$ | $x_2$ | $x_3$ | $\cdots$ | $x_i$ | $\cdots$ | $x_n$ | 계 |
|---|---|---|---|---|---|---|---|---|
| $P(X=x)$ | $p_1$ | $p_2$ | $p_3$ | $\cdots$ | $p_i$ | $\cdots$ | $p_n$ | 1 |

$$E(X)=x_1p_1+x_2p_2+\cdots+x_np_n$$

$$=\sum_{i=1}^{n}x_ip_i=\sum_{x=1}^{n}x_iP(X=x_i)$$

**[예제 1]** — (기댓값 구하기)

다음 확률분포의 기댓값을 구하여라.

| $x$ | 4 | 8 | 12 | 16 |
|---|---|---|---|---|
| $P=(X=x)$ | $\frac{3}{8}$ | $\frac{1}{4}$ | $\frac{1}{4}$ | $\frac{1}{8}$ |

**풀이** $E(X)=\Sigma x_i p_i = 4\times\frac{3}{8}+8\times\frac{1}{4}+12\times\frac{1}{4}+16\times\frac{1}{8}$

$=\frac{3}{2}+2+3+2=\frac{17}{2}$ ▣

**[예제 2]** — (확률분포의 성질)

다음 표는 확률분포를 나타낸다. $E(X)=3.4$일 때 $a$, $b$를 구하여라.

| $x$ | 1 | 2 | 3 | 4 | 5 | 6 |
|---|---|---|---|---|---|---|
| $P=(X=x)$ | 0.1 | $a$ | 0.3 | 0.2 | 0.2 | $b$ |

**풀이** $\Sigma P(X=x)=0.1+a+0.3+0.2+0.2+b=1$에서

$a+b=0.2 \cdots$ ①

$E(X)=\Sigma xP(X=x)=0.1+2a+0.9+0.8+1+6b=3.4$에서

$2a+6b=0.6 \cdots$ ②

②-①×2 ; $4b=0.2$ $b=0.05$ $a=0.15$

$\therefore\ a=0.15,$ $b=0.05$ ▣

**[예제 3]** — (기댓값 구하기)

$X$는 다음 확률분포를 따른다면 $3X-2$의 기댓값을 구하여라.

| $x$ | 2 | 3 | 4 | 5 |
|---|---|---|---|---|
| $P=(X=x)$ | 0.4 | 0.15 | 0.25 | 0.2 |

**풀이** $f(X)=3X-2$라면

$$f(2)=4,\ f(3)=7,\ f(4)=10,\ f(5)=13$$

| $f(x)$ | 4 | 7 | 10 | 13 |
|---|---|---|---|---|
| $P(f(X)=f(x))$ | 0.4 | 0.15 | 0.25 | 0.2 |

$$\begin{aligned} E(3X-2) &= \Sigma f(x)P(f(X)=f(x)) \\ &= 4\times0.4+7\times0.15+10\times0.25+13\times0.2 \\ &= 7.75 \end{aligned}$$

▣

$E(3X-2)$를 구하는 다른 방법을 알아보자.

$$\begin{aligned} E(3X-2) &= \Sigma(3x_i-2)p_i = \Sigma(3x_ip_i-2p_i) \\ &= \Sigma 3x_ip_i - \Sigma 2p_i = 3\Sigma x_ip_i - 2\Sigma p_i \\ &= 3E(X)-2 \end{aligned}$$

이 식은 특히 $E(X)$의 값을 알고 있으면 유용하다.
일반으로 $E(aX+b)=aE(X)+b$이다.

다음 예제는 두 방법이 어떻게 이용되고 똑같은 해를 얻는가를 보여준다.

**[예제 4]** — (기댓값 구하는 변형 공식 이용)

어떤 상품의 외판원의 수입은 하루에 기본급 300원에 물건을 1개 팔 때마다 500원 받는다. 다음 표는 하루에 판 물건의 수와 확률을 나타낸 것이다. $N$은 팔린 물건의 수이다.

| $n$ | 0 | 1 | 2 | 3 | 4 |
|---|---|---|---|---|---|
| $P(N=n)$ | 0.5 | 0.35 | 0.1 | 0.04 | 0.01 |

외판원의 하루 기대수입을 구하여라.(두 가지 방법 모두 이용)

**풀이**

$$f(N)=500N+300$$

| $f(n)$ | 300 | 800 | 1300 | 1800 | 2300 |
|---|---|---|---|---|---|
| $P(f(N)=f(n))$ | 0.5 | 0.35 | 0.1 | 0.04 | 0.01 |

$$\Sigma f(n_i)p_i = 300\times 0.5 + 800\times 0.35 + 1300\times 0.1$$
$$+1800\times 0.04 + 2300\times 0.01$$
$$=150+280+130+72+23=655$$
$$E(500N+300)=655$$
$$E(N)=\Sigma n_i p_i = 0\times 0.5 + 1\times 0.35 + 2\times 0.01 + 3\times 0.04 + 4\times 0.01$$
$$=0.71$$
$$E(500N+300)=500E(N)+300=500\times 0.71+300=655$$ ▣

따라서, 두 방법을 이용하여 똑같은 결과가 얻어짐을 알 수 있나.
문제풀이에서 가장 편리한 방법을 선택한다.
두 임의변수 $X$와 $Y$에 대해 $E(X+Y)=E(X)+E(Y)$이다.

## □ 분산

통계의 연구에서 중심경향 측도(산술평균, 평균, 중앙값, 최빈수)와 흩어짐의 측도(범위, 사분편차, 분산, 표준편차)에 관심을 가져 왔다.

이들을 모든 자료의 표에 이용한다. 같은 방법으로 확률분포를 포함하는 작업에서 이들 개념에 관심을 갖는다. 중심경향 측도로 앞에서 기댓값 $E(X)$를 알아보았다.

이제 흩어짐의 측도(measures of spread), 분산(variance)으로 관심을 돌려보자. 분산은 기호로 $\sigma^2$ 또는 $V(X)$를 이용한다.

분산이 클수록 자료는 더 많이 흩어짐을 말한다.

분산은 다음과 같이 계산한다.

$$V(X)=\sigma^2=\sum_i (x_i-\mu)^2 p_i, \qquad \mu=E(X)$$

$V(X)$를 $E(X-\mu)^2$으로 쓸 수 있다.

이 공식이 사용하기에 가장 편리한 것은 아니다. 따라서 대수적인 조작을 이용해 유용한 공식을 만들어 보자.

$$
\begin{aligned}
E(X-\mu)^2 &= E(X^2-2X\mu+\mu^2) \\
&= E(X^2)-E(2X\mu)+E(\mu^2) \\
&= E(X^2)-2\mu E(X)+\mu^2 \\
&= E(X^2)-2\mu^2+\mu^2 \\
&= E(X^2)-\mu^2 \\
&= E(X^2)-[E(X)]^2 \\
&= \Sigma x_i^2 p_i-(\Sigma x_i p_i)^2
\end{aligned}
$$

이 공식이 문제 풀이에 더 유용하다.

**[예제 5]** — (기댓값과 분산 구하기)

확률분포에 대해 다음을 구하여라.

1) $E(X)$ 2) $V(X)$

| $x$ | 1 | 2 | 3 | 4 | 5 | 6 |
|---|---|---|---|---|---|---|
| $P=(X=x)$ | 0.2 | 0.15 | 0.35 | 0.05 | 0.1 | 0.15 |

**풀이**

1) $E(X)=1\times0.2+2\times0.15+3\times0.35+4\times0.05+5\times0.1+6\times0.15$
$=0.2+0.3+1.05+0.2+0.5+0.9=3.15$

2) $E(X^2)=\Sigma x_i^2 p_i=1\times0.2+4\times0.15+9\times0.35+16\times0.05$
$+25\times0.1+25\times0.1+36\times0.15$
$=0.2+0.6+3.15+0.8+2.5+5.4$
$=12.65$

$V(X)=E(X^2)-\{E(X)\}^2$
$=12.65-(3.15)^2=12.65-9.9225$
$=2.7275$ ▣

$(X^2)$은 확률분포에서 수직으로 된 표를 이용하여 구할 수 있다.

| $x$ | $P(X=x)$ | $x^2$ | $x^2P(X=x)$ |
|---|---|---|---|
| 1 | 0.2 | 1 | 0.2 |
| 2 | 0.15 | 4 | 0.6 |
| 3 | 0.35 | 9 | 3.15 |
| 4 | 0.05 | 16 | 0.8 |
| 5 | 0.1 | 25 | 2.5 |
| 6 | 0.15 | 36 | 5.4 |
| | | $\sum x^2P(X=x)=12.65$ | |

일반적으로 $V(aX+b)=a^2V(X)$이다.

**[예제 6]** — (분산관계식 이용)

임의변수 $Y$가 다음표로 주어진 확률분포를 갖는다.

| $y$ | 3 | 4 | 5 | 6 | 7 | 8 |
|---|---|---|---|---|---|---|
| $P(Y=y)$ | 0.05 | 0.15 | 0.1 | 0.2 | 0.35 | 0.15 |

$V(Y)=2.09$라면 $V(4Y-2)$를 구하여라.

**풀이** $V(aY+b)=a^2V(Y)$에서,

$V(4Y-2)=16V(Y)=16\times 2.09=33.44$ ▣

## □ 표준편차

특히, 가장 흔하게 이용되는 흩어짐의 측도는 표준편차(standard deviation)이다.

$X$의 표준편차는 $SD(X)$로 나타내고

$SD(X)=\sqrt{V(X)}=\sqrt{\sigma^2}=\sigma$로 계산한다.

**[예제 7]** — (표준편차 구하기)

다음 확률분포를 갖는 변수 $X$의 표준편차를 구하여라.

| $x$ | $-1$ | 0 | 1 | 2 | 3 |
|---|---|---|---|---|---|
| $P(X=x)$ | 0.2 | 0.15 | 0.25 | 0.3 | 0.1 |

**풀이** $E(X)=\Sigma x_i p_i=-1\times0.2+0\times0.15+1\times0.25+2\times0.3+3\times0.1$

$=-0.2+0+0.25+0.6+0.3=0.95$

$[E(X)]^2=(0.95)^2=0.9025$

$E(X^2)=1\times0.2+0\times0.15+1\times0.25+4\times0.3+9\times0.1$

$=0.2+0+0.25+1.2+0.9=2.55$

$V(X)=E(X^2)-\{E(X)\}^2=2.55-0.9025=1.6475$

$SD(X)=\sqrt{1.6475}=1.2835$ ▣

표준편차의 유용한 면은 자료의 95%가 평균적으로 $2SD(X)$내에 있다는 것이다. 다음 예제가 이것을 설명한다.

즉, $P(\mu-2\sigma\le X\le\mu+2\sigma)=0.95$

**[예제 8]** — (구간에 대한 확률 구하기)

다음은 오랜 기간 동안 얻은 자료이다. 다음 표는 치과의사와 상담한 환자의 수 $Y$의 확률분포를 나타낸다.

| $y$ | 0 | 1 | 2 | 3 | 4 | 5 | 6 | 7 |
|---|---|---|---|---|---|---|---|---|
| $P(Y=y)$ | 0.015 | 0.05 | 0.255 | 0.321 | 0.179 | 0.155 | 0.016 | 0.009 |

$E(Y)=3.173$, $SD(Y)=1.283$임을 이용하여

$P(\mu-2\sigma\le Y\le\mu+2\sigma)$를 구하여라.

**풀이** $\mu-2\sigma=3.173-2\times1.283=0.607$

$\mu+2\sigma=3.173+2\times1.283=5.739$

$P(0.607\le Y\le5.739)$

$=P(Y=1)+P(Y=2)+P(Y=3)+P(Y=4)+P(Y=5)$

$=0.05+0.255+0.321+0.179+0.155=0.96$ ▣

# ◆◆◆ 연습 문제 10-2 ◆◆◆

1. 다음 확률분포에 대해 $E(X)$를 구하여라

1)

| $x$ | $P(X=x)$ |
|---|---|
| 1 | 0.2 |
| 3 | 0.3 |
| 5 | 0.25 |
| 7 | 0.15 |
| 9 | 0.1 |

2)

| $x$ | $P(X=x)$ |
|---|---|
| -1 | 0.4 |
| 0 | 0.15 |
| 1 | 0.2 |
| 2 | 0.05 |
| 3 | 0.2 |

3)

| $x$ | $P(X=x)$ |
|---|---|
| 2 | $\frac{1}{9}$ |
| 3 | $\frac{1}{9}$ |
| 4 | $\frac{1}{3}$ |
| 5 | $\frac{1}{6}$ |
| 8 | $\frac{5}{18}$ |

4)

| $x$ | $P(X=x)$ |
|---|---|
| -2 | $\frac{1}{4}$ |
| -1 | $\frac{1}{6}$ |
| 1 | $\frac{1}{12}$ |
| 3 | $\frac{1}{3}$ |
| 5 | $\frac{1}{6}$ |

2. 주어진 기대 값과 확률분포에서 $a$, $b$를 구하여라.

1) $E(X)=3.8$

| $x$ | $P(X=x)$ |
|---|---|
| 2 | 0.4 |
| 3 | 0.1 |
| 4 | $a$ |
| 5 | 0.1 |
| 6 | $b$ |

2) $E(X)=0.15$

| $x$ | $P(X=x)$ |
|---|---|
| -3 | 0.05 |
| -2 | $a$ |
| -1 | $0.05a$ |
| 0 | $b$ |
| 1 | 0.55 |

**해 답**

1.

1) 4.3 2) 0.5

3) $4\frac{17}{18}$ 4) $1\frac{1}{4}$

2.

1) 0.1, 0.3

2) 0.1, 0.25

3) $E(X)=\frac{32}{5}$

| $x$ | $P(X=x)$ |
|---|---|
| 2 | $\frac{3}{20}$ |
| 4 | $\frac{5}{20}$ |
| 6 | $a$ |
| 8 | $\frac{7}{20}$ |
| 10 | $b$ |

4) $E(X)=\frac{19}{15}$

| $x$ | $P(X=x)$ |
|---|---|
| -3 | $a$ |
| -1 | $\frac{1}{5}$ |
| 1 | $\frac{1}{15}$ |
| 3 | $b$ |
| 5 | $\frac{1}{5}$ |

3) $\frac{1}{20}$, $\frac{1}{5}$

4) $\frac{1}{5}$, $\frac{1}{3}$

3. 변수 $X$는 다음과 같은 확률분포를 갖는다. 다음을 구하여라.

| $x$ | $-1$ | 0 | 1 | 2 |
|---|---|---|---|---|
| $P(X=x)$ | 0.3 | 0.2 | 0.35 | 0.15 |

1) $V(X)$　　2) $V(3X-1)$

3) $V(2X-4)$　　4) $V(-3X+1)$

3.

1)1.1275 2)10.1475

3)4.51 4)10.1475

4. 임의변수 $T$가 다음과 같은 확률분포를 갖는다. 다음을 구하여라.

| $x$ | $P(T=t)$ |
|---|---|
| $w-3$ | 0.2 |
| $w-2$ | 0.5 |
| $w-1$ | 0.1 |
| $w$ | 0.05 |
| $w+1$ | 0.15 |

1) $E(T)=8.45$일 때 $w$의 값

2) $V(T)$　　3) $SD(T)$

4) $V(2T-6)$　　5) $V(5-3T)$

4.

1) 10 2) 1.6475

3) 1.28 4) 6.59

5) 14.5275

5. $G$의 확률분포가 $P(G=g)=\kappa(6-g)$로 주어졌다. $g=$ 0, 1, 2, 3, 4일 때, 다음을 구하여라

1) $\kappa$ 2) $E(G)$ 3) $V(G)$ 4) $SD(G)$

5.

1) $\frac{1}{20}$ 2) 1.5

3) 1.75 4) 1.3229

# 10.3 이항분포와 그래프

## □ 표준편차

이산확률분포를 갖는 임의 변수에 대해 알아보았다.
이산확률분포의 특별한 형태에 대해 깊이 있게 알아보려고 한다.
이것은 두 개의 가능한 결과가 있는 형태이다. 예를 들면 다음과 같다.
* 스포츠 경기에서 이기거나 지는 것.
* 의료처치에서 성공하거나 실패하는 것.
* 앞면이나 뒷면이 나타나는 동전 던지기.

편의상 두 결과를 성공 또는 실패로 본다.
실험에서 $n$번의 시행을 한다고 하자.
* 실험이 시작되기 전에 $n$은 결정된다.
* 모든 $n$번의 시행은 같은 수준이다.
* 각 시행에 대해 두 개의 가능한 결과가 있다. 확률 $p$가 성공할 확률이면 실패할 확률은 $1-p$이다.
* $n$번의 시행은 독립적이다. 한 시행의 결과가 다른 시행의 결과에 영향을 미치지 않는다.

위와 같은 경우에 이항임의변수(binomial random variable)를 갖는다고 하고 바꾸어 이항확률분포(binomial probability distribution)를 갖는다고 말한다. 이것은 Bernoulli trials로 알려진 경우로 때때로 본다. 이것은 단지 성공과 실패를 나타낼 수 있는 두 결과가 있다는 것을 의미한다.

이항분포를 나타내는 간단한 기호가 있다.

$X \sim B(n, p)$는 이항분포를 갖는 임의 변수 $X$가 $n$번 시행할 때 한 번의 시행에서 성공한 확률 $p$일 때 나타내는 기호이고 $n$과 $p$가 분포의 매개변수(parameter)이다.

$X \sim B(n, p)$는 $X$는 매개변수 $n$과 $p$를 갖는 이항임의변수로 분포된다고 읽는다. 주머니에서 한 번에 세 개의 카드를 꺼내는 복원 실험을 생각해 보자.

꺼내는 하트의 수에 관심이 있으면 $X$는 이항변수이다.

하트를 꺼내는 것을 성공하는 것으로 여긴다. 기호로 $X \sim B(3, \frac{1}{4})$와 같이 나타내고 간단히 $B(3, \frac{1}{4})$로 나타낸다. 정확히 두 개의 하트를 뽑을 확률을 구해보자. 두 개의 하트를 뽑는 경우는 세 가지가 있다. $HHN$, $HNH$, $NHH$($H$는 하트, $N$은 하트가 아닌 경우) 각 경우의 확률은 $\frac{1}{4} \times \frac{1}{4} \times \frac{3}{4}$이다. 따라서 $P(X=2) = 3 \times (\frac{1}{4})^2 \times \frac{3}{4} = \frac{9}{64}$이다.

이와 같이 간단한 예를 다루는 경우는 쉽지만 30장의 카드에서 13장의 하트를 뽑아내는 확률을 구하는 것은 쉽지 않다. 이때 $X \sim B(30, \frac{1}{4})$에서 $P(X=13) = {}_{30}C_{13}(\frac{1}{4})^{13}(\frac{3}{4})^{17}$을 이용한다.

일반적으로 $X \sim B(n, p)$에서 $P(X=x) = {}_nC_x p^x (1-p)^{n-x}$이다.

이항정리의 전개식을 이용하면 다음을 알 수 있다.

$$1 = (p+q)^n = \sum_{i=0}^{n} nC_i p^{n-i} q^i = \sum_{i=0}^{n} nC_i p^{n-i} (1-p)^i$$

**[예제 1]** — (이항분포의 확률 구하기)

계란 1상자에서 한 개의 계란이 깨어질 확률은 0.05이다. 12개가 든 1상자에서 정확히 3개의 계란이 깨질 확률을 구하여라.

**풀이** $X \sim B(12,\ 0.05)$에서

$$P(X=3) = {}_{12}C_3 0.05^3 (1-0.05)^9$$
$$= 0.017$$

▣

**[예제 2]** — (이항분포의 확률 구하기)

의학 실험에서 한 사람이 병에 걸릴 확률은 98%라고 한다. 10명이 검사를 받을 때 다음 확률을 구하여라.

1) 10명이 병에 걸릴 확률을 구하여라.

2) 적어도 1명이 병에 안 걸릴 확률을 구하여라.

**풀이** 1) $n=10,\ x=10,\ p=0.98$에서

$$P(X=10)={}_{10}C_{10}0.98^{10}(1-0.98)^{10-10}=0.817$$

2) $P(X<10)=1-P(X=10)$

$=1-0.817=0.183$ ▣

**[예제 3]** — (이항분포의 확률 구하기)

어떤 사람이 공 던지기에서 과녁을 맞출 확률은 80%이다. 다섯 번 공 던지기 시행에서 다음 확률을 구하여라.

1) 두 번만 맞추기

2) 세 번 보다 많이 맞추기

3) 첫 번째와 다섯 번째만 맞추기

**풀이** 1) $n=5,\ x=2,\ p=0.8$에서

$$P(X=2)={}_5C_2 0.8^2(1-0.8)^{5-2}=0.0512$$

2) $P(X>3)=P(X=4)+P(X=5)$

$={}_5C_4 0.8^4(1-0.8)^1+{}_5C_5 0.8^5$

$=0.4096+0.32768=0.73728$

3) $OXXXO$일 경우 확률은

$0.8\times0.2\times0.2\times0.2\times0.8=0.00512$ ▣

## □ 이항분포의 그래프

$X \sim B(3,\ 0.25)$인 이항분포에 대해 알아보자.

| $x$ | 0 | 1 | 2 | 3 |
|---|---|---|---|---|
| $P(X=x)$ | 0.422 | 0.422 | 0.141 | 0.016 |

$\Sigma P(X=x)=1.001$이 되는 것은 $P(X=x)$ 계산에서 반올림을 한 결과이다. 이 분포의 그래프를 그리면 (그림10-3)과 같다.

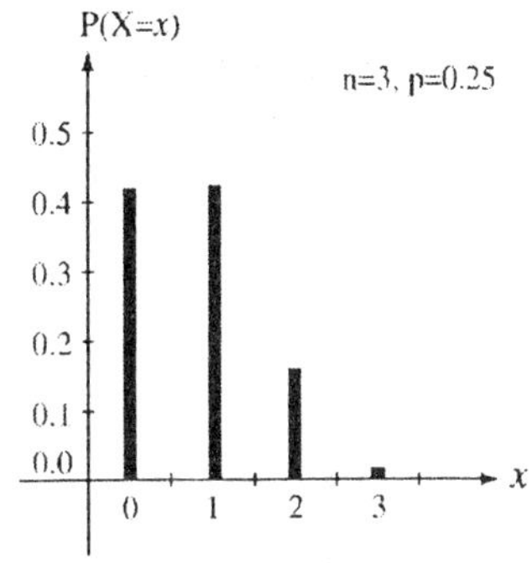


**(그림 10-3)**

$n$과 $p$의 값에 따라 분포의 그래프가 어떻게 달라지나 알아보자. 우선 $p$의 효과를 알기 위해 $n=10$으로 고정시켜본다 (그림10-4)

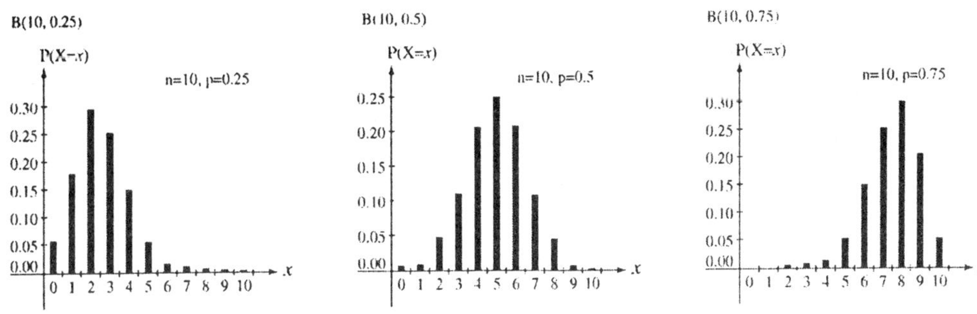


**(그림 10-4)**

이들 그래프를 보면 $p=0.5$일 때 대칭인 그래프가 됨을 알 수 있다. 최빈수(mode), 가장 큰 확률을 갖는 사건이 중요한 통계 값이다.

$P<0.5$이면 꼬리가 오른쪽으로 뻗었다.(skewed to the right or positively skewed)

$P>0.5$이면 꼬리가 왼쪽으로 뻗었다.(skewed to the left or negatively skewed)

이번에는 $p$를 고정시키고 $n$을 변화시켜 보자. $p=0.5$로 놓자.(그림10-5)

이들 그래프를 보면 모든 $n$에 대해 최빈수에 대해 대칭이다.
$n$이 증가함에 따라 최빈수 주위에 조밀하게 밀집된다.

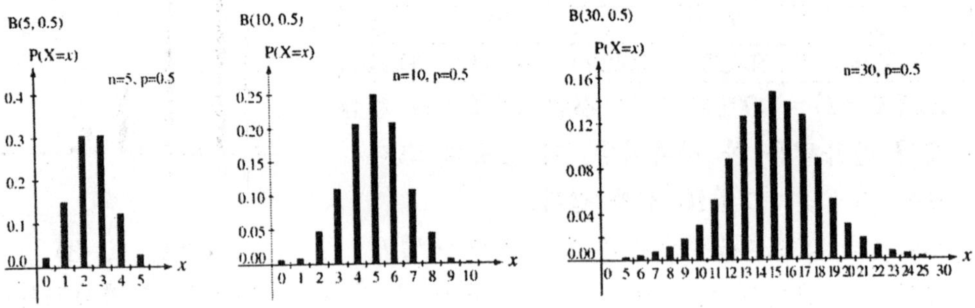


**(그림 10-5)**

$X \sim B(n,p)$인 이항분포의 그래프에 대해
$p < 0.5$이면 그래프는 오른쪽으로 꼬리가 뻗고
$p > 0.5$이면 그래프는 왼쪽으로 꼬리가 뻗는다.
$n$이 증가함에 따라 최빈수 주위에 더 밀집하고 더 대칭이 된다.

## ◆◆◆ 연습 문제 10-3 ◆◆◆

1. 다음 이항분포에 대해 주어진 확률을 구하여라.
   1) $P(X=4)$, $X \sim B(12,\ 0.7)$
   2) $P(X=6)$, $X \sim B(20,\ 0.45)$
   3) $P(X=2)$, $X \sim B(8,\ 0.3)$
   4) $P(X=30)$, $X \sim B(50,\ 0.6)$

2. 동전이 $P(X=H)=3P(X=T)$와 같이 되었을 때 10번 동전을 던져 정확히 6번 앞면이 나올 확률을 구하여라.

3. 정상적인 주사위를 50번 던질 때, 다음 확률을 구하여라.
   1) 정확히 짝수가 30번 나올 확률
   2) 적어도 6이 한번 나올 확률

4. 카드상자에 100장의 카드가 들어있다. 복원추출을 할 때, 다음 확률을 구하여라.
   1) 정확히 25장의 하트
   2) 정확히 40장의 클로버
   3) 정확히 55장의 빨간색 카드
   4) 정확히 60장의 검정색 카드

5. 어떤 사람이 일하러 가는데 6개의 신호등을 지난다. 신호등은 서로 독립이고 어떤 신호등에서 멈출 확률은 0.7이다. 다음 경우 멈출 확률을 구하여라.
   1) 정확히 5개의 신호등
   2) 2개의 신호등보다 작다

**해 답**

1.
   1) 0.0078
   2) 0.0746
   3) 0.2965
   4) 0.1146

2. 0.146

3.
   1) 0.0419
   2) 0.99989

4.
   1) 0.0918
   2) $3.626 \times 10^{-4}$
   3) 0.0485
   4) 0.0108

5.
   1) 0.302526
   2) 0.010935

| | |
|---|---|
| 3) 5개의 신호등보다 많다 | 3) 0.117649 |
| 4) 처음 세 신호등 | 4) 0.343 |
| 5) 두 번째와 6번째 만 | 5) 0.003969 |
| 6) 처음 두 신호등 포함 네 번 | 6) 0.129654 |
| 6. 컴퓨터 디스크가 결점이 있을 확률은 0.15이다. 5개씩 한 팩으로 팔고 있다.<br>1) 한 팩에 들어있는 결점이 있는 디스크의 수 $X$의 확률분포를 표로 나타내어라.<br>2) 적어도 한 개가 결점이 있는 디스크임을 알고 있을 때, 4개보다 적게 한 팩에 결점이 있는 디스크가 들어 있을 확률을 구하여라. | 6. 생략 |

## 10.4 이항확률분포의 기댓값, 분산, 표준편차

임의변수 $X \sim B(5,\ 0.4)$에 대해 알아보자. $X$에 대한 확률분포는 다음과 같다.

| $i$ | 0 | 1 | 2 | 3 | 4 | 5 |
|---|---|---|---|---|---|---|
| $P(X=i)$ | 0.0776 | 0.2592 | 0.3456 | 0.2304 | 0.0768 | 0.01024 |

$X$의 기대값 $E(X)$를 구하면,

$$E(X)=\sum_{i=0}^{5} x_i p_i = 0\times 0.07776+1\times 0.2592$$
$$+2\times 0.3456+3\times 0.2304+4\times 0.0768+5\times 0.01024$$
$$=0+0.2592+0.6912+0.6912+0.3072+0.0512$$
$$=2$$

$V(X)=E(X^2)-[E(X)]^2$을 이용하여 구하면 $V(X)=1.2$이다.

다행스럽게 이항분포를 다룰 때 기댓값과 분산을 구하는 지름길이 있다.
$X$가 $B(n,\ p)$를 다룰 때
$E(X)=np,\ \ V(X)=np(1-p),\ \ SD(X)=\sqrt{np(1-p)}$ 이다.
위의 예에서 이것을 확인하면
$E(X)=np=5\times 0.4=2,\ \ V(X)=np(1-p)=t\times 0.4\times(1-0.4)=1.2$
같은 답이 얻어짐을 확인할 수 있다.

**[예제 1]** — (이항분포의 기댓값 구하기)

나무를 100그루 심었다. 성장하여 살아남을 확률은 0.35이다. $X$를 성장하여 살아남을 나무의 수라고 하자. $E(X)$를 구하여라.

**풀이** $n=100,\ p=0.35$

$$E(X)=np=100\times 0.35=35$$

▣

일반적인 이산확률분포에서와 같이 이항분포에서 자료의 약 95%가 평균에서 2배 표준편차 범위내에 있다.

**[예제 2]** — (95% 범위 구하기)

$E(X)=35$임을 알고 있을 때 예제1에서 살아남을 나무의 수가 95%일 범위를 구하여라.

**풀이** $B(100,\ 0.35)$에서 $V(X)=np(1-p)=35\times 0.65=22.75$

$SD(X)=\sqrt{22.75}=4.77$

$M+2\sigma=35+2\times 4.77=44.54$

$M-2\sigma=35-2\times 4.77=25.46$

따라서, $26\le X\le 44$ ▣

**[예제 3]** — (이항분포의 $p$ 구하기)

$X\sim B(20,\ p)$이고, $E(X)=5$일 때, $p$를 구하여라.

**풀이** $np=5$에서 $20\times p=5$

$\therefore\ p=\dfrac{1}{4}$ ▣

**[예제 4]** — (이항분포의 매개변수 구하기)

$X\sim B(n,\ p)$이고, $\mu=9,\ \sigma^2=6.3$일 때 $n$과 $p$를 구하여라.

**풀이** $\mu = np = 9$

$\sigma^2 = np(1-p) = 6.3$에서

$9(1-p) = 6.3, \quad 1-p = 0.7, \quad p = 0.3$

$np = 9, \quad n = \frac{9}{0.3} = 30$

$\therefore \ n = 30, \quad p = 0.3$ ▣

# ◆◆◆ 연습 문제 10-4 ◆◆◆

1. 다음 이항분포에 대해 $i) E(X)$ $ii) V(X)$를 구하여라.
   1) $B(20,\ 0.7)$　　2) $B(100,\ 0.55)$
   3) $B(50,\ \frac{2}{3})$　　4) $B(10,\ 0.05)$
   5) $B(25,\ 0.8)$　　6) $B(40,\ \frac{2}{5})$

2. 다음에서 $n$ 또는 $p$를 구하여라.
   1) $X \sim B(15,\ p)$,　$E(X)=5$
   2) $X \sim B(30,\ p)$,　$E(X)=3$
   3) $X \sim B(n,\ 0.2)$,　$E(X)=7$
   4) $X \sim B(n,\ \frac{2}{5})$,　$E(X)=10$

3. $X \sim B(n,\ p)$, $E(X)=48$, $\sigma=2\sqrt{3}$일 때, 다음을 구하여라.
   1) $n$과 $p$　　2) $\mu \pm 2\sigma$

4. $X$가 이항임의변수이고 $E(X)=3$, $V(X)=0.75$일 때, $P(X=3)$을 구하여라.

5. $X \sim B(40,\ p)$, $\sigma^2=9.6$일 때, $p$를 구하여라.

**해　답**

1.
   1) 14, 4.2
   2) 55, 24.75
   5) 20, 4

2.
   1) $p=\frac{1}{3}$
   2) $p=0.1$
   3) $n=35$
   4) $n=25$

3.
   1) 64, 0.75
   2) 41.07, 54.9

4. 0.42

5. $p=0.4$ 또는 0.6

## 10.5 초기하분포

독립시행을 연속적으로 할 때 사건의 확률이 변하지 않는 이항분포를 다루었다. 그러나 많은 경우에 사건이 일어날 때마다 확률이 상수로 일정하지 않다. 이를 테면 비복원추출(without replacement)로 항아리에서 공을 꺼내는 경우 일어난다. 6개의 검은 공과 4개의 빨간 공이 들어 있는 항아리에서 3개의 공을 꺼내는 확률을 알아보자. 정확히 2개의 검은 공을 꺼낼 확률을 구하자. 수형도(tree diagram)를 가지고 이 문제를 다루려고 한다. B는 검은공 R은 빨간공을 나타낸다.

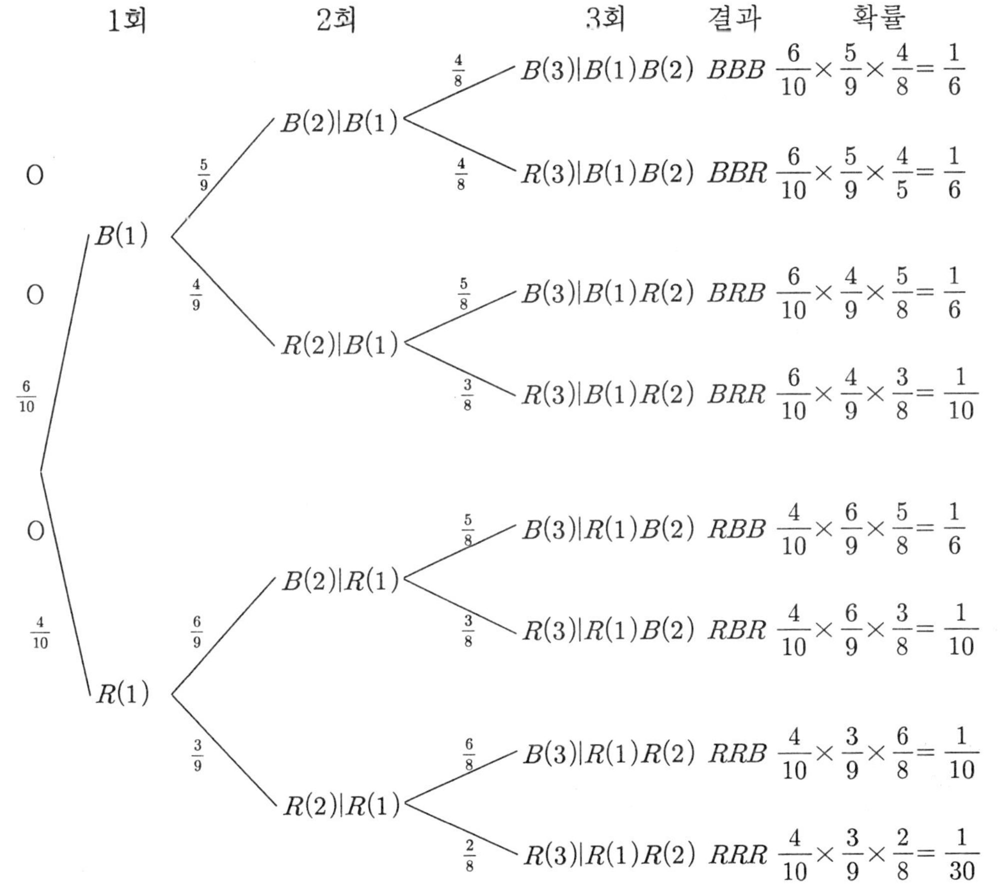

수형도에서 성공한 사건들은 동그랗게 표시했다.

따라서 $P($두 개의 검은공$)=P(BBR)+P(BRB)+P(RBB)$

$$=\frac{1}{6}+\frac{1}{6}+\frac{1}{6}=\frac{3}{6}=\frac{1}{2}$$

이것이 초기하분포(hypergeometric distribution)의 예이다.

$X$는 3개의 공 가운데 검은공의 수를 나타내므로 $X$는 초기하임의변수(hypergeometirc random variable)($X=0,\ 1,\ 2,\ 3$)라고 한다.

작은 실험에서는 수형도가 매우 편리하지만 실험이 4번 이상만 되더라도 쉽지 않다. 따라서 다른 방법을 찾아보아야 한다. 조합을 이용하여 계산해 보자.

$P(X=2)=P($3개의 공 가운데 2개가 정확히 검은공$)$

$$=\frac{(\text{2개의 검은공과 1개의 빨간공을 뽑는 방법의 수})}{(\text{3개의 공을 뽑는 방법의 수})}$$

$$=\frac{{}_6C_2\ {}_4C_1}{{}_{10}C_3}$$

초기하임의변수는 비복원추출에서 나오는 이산임의변수이다.

특히, * $n$개의 독립시행이고

* 각 시행의 결과는 성공 또는 실패이며,
* 성공의 확률은 매 시행에서 변한다.

**[예제 1]** — (확률 구하기)

정상적인 카드놀이에서 6장을 갖고 시작한다. 손에 정확히 4장의 하트를 갖고 있을 확률을 구하여라.

**풀이** $H=$성공$=$하트

$N=$실패$=$하트가 아님

52장의 카드에 13장의 하트가 있다.

따라서, $P(H=4)=\dfrac{{}_{13}C_4\ {}_{39}C_2}{{}_{52}C_6}$ ▣

초기하분포에서 일어나는 확률을 나타내는 표준적인 기호를 소개하면 다음과 같다.

$N$은 가능한 전체의 수

$n$은 표본의 크기

$D$는 성공이 이루어지는 방법의 처음 수

$N-D$는 실패가 이루어지는 방법의 처음 수

$x$는 요구되는 성공의 수, $n-x$는 표본내에서 요구되는 실패의 수

앞의 예제에서 $N=52,\ n=6,\ D=13,\ N-D=39,\ x=4,\ n-x=2$

일반적으로 $P(X=x)=\dfrac{{}_DC_x\ {}_{N-D}C_{n-x}}{{}_NC_n},\ (n<N,\quad D<N)$

**[예제 2]** —— (확률분포 구하기)

8개의 흰공과 4개의 파란공이 들어있는 항아리가 있다. 4개의 공을 항아리에서 비복원추출로 꺼낼 때 흰공의 수 $X$에 대한 확률분포를 구하라.

**풀이** $N=12,\quad n=4,\quad D=8\quad N-D=4,\quad X=0,\ 1,\ 2,\ 3,\ 4$

$x=0,\quad n-x=4$일 때, $P(X=0)=\dfrac{{}_8C_0\,{}_4C_4}{{}_{12}C_4}=0.00202$

$x=1,\quad n-x=3$일 때, $P(X=1)=\dfrac{{}_8C_1\,{}_4C_3}{{}_{12}C_4}=0.06465$

$x=2,\quad n-x=2$일 때, $P(X=2)=\dfrac{{}_8C_2\,{}_4C_2}{{}_{12}C_4}=0.33939$

$x=3,\quad n-x=1$일 때, $P(X=3)=\dfrac{{}_8C_3\,{}_4C_1}{{}_{12}C_4}=0.45253$

$x=4,\quad n-x=0$일 때, $P(X=4)=\dfrac{{}_8C_4\,{}_4C_0}{{}_{12}C_4}=0.14141$

표를 만들면 다음과 같다.

| $x$ | 0 | 1 | 2 | 3 | 4 |
|---|---|---|---|---|---|
| $P(X=x)$ | 0.00202 | 0.06465 | 0.33939 | 0.45253 | 0.14141 |

▣

확률의 합을 구하면 1이다. 반올림한 값이므로 정확히 1이 아니라 놀랄 필요는 없다. 확률분포표를 완성하면 그래프로 바꾸는 것은 단순한 일이다.

예제에 대한 그래프는 (그림10-6)과 같다. 물론 소수 값의 근삿값이 요구된다. 이것은 이산확률분포이므로 그래프가 이어지지 않는다.

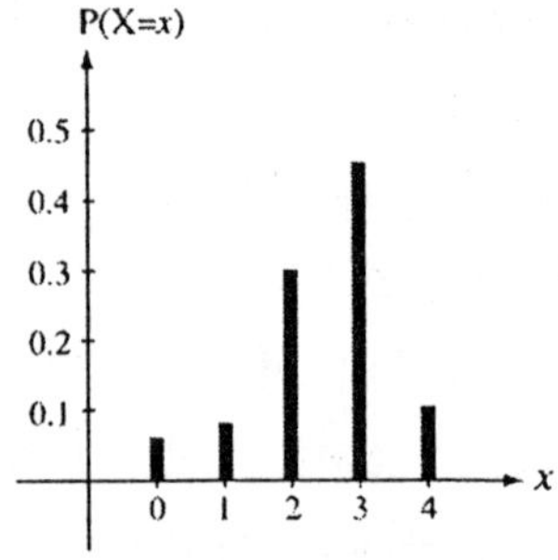


**(그림 10-6)**

## □ 평균과 표준편차

초기하분포의 평균과 표준편차를 나타내는 공식을 구할 수 있다. 여기서는 제시만 하겠다.

초기하분포를 따르는 임의변수 $X$에 대해 분포의 기댓값과 표준편차는 다음과 같다.

$$E(X) = n \cdot \frac{D}{N} \qquad (x = 0,\ 1,\ 2,\ 3,\ \cdots,\ n)$$

$$SD(X) = \sqrt{n\frac{D}{N}(1 - \frac{D}{N})\frac{N-n}{N-1}}$$

**[예제 3]** (초기하분포의 기댓값과 표준편차 구하기)

12개의 계란이 들어 있는 상자는 3개의 깨진 계란을 포함한다고 한다. 상자에서 4개의 계란을 꺼낼 때 $Z$는 표본에 있는 깨진 계란의 수를 나타낸다.(비복원추출) 다음을 구하여라.

1) $E(Z)$　　　　2) $SD(Z)$

**풀이** 1) $E(Z)=n \cdot \frac{D}{N}$에서

$n=4, \quad D=3, \quad N=12$

따라서, $E(Z)=4\times\frac{3}{12}=1$

2) $SD(Z)=\sqrt{n \cdot \frac{D}{N}(1-\frac{D}{N}) \cdot \frac{N-n}{N-1}}$ 에서

$SD(Z)=\sqrt{4\times\frac{3}{12}(1-\frac{3}{12})\times\frac{12-4}{12-1}}=0.739$ ▣

**[예제 4]** —— (초기하분포의 기댓값과 표준편차 구하기)

12개의 계란이 들어 있는 상자는 5개의 깨진 계란이 들어있다. 상자에서 4개의 계란을 꺼낼 때 다음을 구하여라.

1) $P(X=2)$ 2) $E(X), \quad SD(X)$

**풀이** 1) $N=12, \quad D=5, \quad x=2, \quad n=4$

$P(X=2)=\frac{{}_5C_2\,{}_7C_2}{{}_{12}C_4}=0.4242$

2) $E(X)=n \cdot \frac{D}{N}=4\times\frac{5}{12}=1.667$

$SD(X)=\sqrt{n\frac{D}{N}(1-\frac{D}{N})\frac{N-n}{N-1}}$

$=\sqrt{4\times\frac{5}{12}\times(1-\frac{5}{12})\times\frac{12-4}{12-1}}=0.8409$ ▣

초기하분포는 상대적으로 복잡한 계산에 이용될 수 있다.

제품생산에서 품질관리는 매우 중요한 공정이다. 품질이 팔릴 수 없는 불량품이라면 생산품의 표본은 내내 검사를 받아야 한다.

**[예제 5]** — (초기하분포의 공식이용)

초콜릿이 한 상자에 24개씩 포장된다. 하나의 무게는 15g이다. 임의로 한 상자가 선택되고 그 중에 3개의 초콜릿이 표본으로 뽑힌다. 세 개가 모두 15g 미만이면 상자는 폐기된다. 2개가 15g 미만이면 3개의 표본을 더 뽑는다. 이들 중 어느 것도 15g미만이면 상자는 다시 폐기된다. 그렇지 않으면 상자는 우량품이 된다. 6개가 무게가 15g 미만인 것을 알 때 상자가 폐기될 확률을 구하여라.

**풀이** $N=24,\quad D=6,\quad x=3,\quad n=3$

$$P(X=3)=\frac{{}_6C_3}{{}_{24}C_3}=0.0099$$

따라서, 처음 표본에 의해 폐기될 확률은 0.0099

$N=24,\quad D=6,\quad x=3,\quad n=3$

$P(X=2)=0.1334$

$N=21,\quad D=4,\quad x=0,\quad n=3$

$P(X=3)=0.5113$

따라서, 필요한 확률은 $1-0.5113=0.4887$

두 번째 표본에 대해 폐기될 확률은 $0.1334\times0.4887=0.0652$

따라서, 상자가 폐기될 확률은 $P=0.0099+0.0652=0.0751$ ▣

# ◈◈◈ 연습 문제 10-5 ◈◈◈

**해 답**

1. 정상적인 카드놀이에서 5장을 갖고 시작한다. 손에 포함된 카드가 정확히 다음과 같을 때, 확률을 구하여라.
   1) 3장의 클로버
   2) 2장의 다이아몬드
   3) 2장의 Jack
   4) 3징의 그림카드(King, Queen, Jack)

**해답 1.**
1) 0.0815
2) 0.2743

2. 12개의 보라색공과 8개의 오렌지색 공이 들어있는 항아리가 있다. 다음 확률을 구하여라.
   1) 6개의 공 가운데 3개는 보라색, 3개는 오렌지색
   2) 8개의 공 가운데 4개는 보라색, 4개는 오렌지색
   3) 4개의 공 가운데 2개는 보라색, 2개는 오렌지색
   4) 10개의 공 가운데 5개는 보라색, 5개는 오렌지색

**해답 2.**
1) 0.3179
3) 0.3814

3. 다음의 경우에 대해 I) 확률분포를 만들고 II)그래프를 그려라.
   1) 1-40까지 번호가 적힌 공이 상자에 들어 있다. $X$는 짝수를 나타내고, 6개의 공을 상자에서 뽑는다.
   2) 12개의 흰공과 8개의 다른 공이 들어있는 상자에서 5개를 뽑는다. $X$는 흰공의 수를 나타낸다.

**해답 3.** 생략

4. 지갑에 100원짜리 동전 10개와 500원짜리 동전 6개가 들어있다. 다음 각 경우에 확률을 구하여라.
   1) 5개의 동전을 뽑을 때, 적어도 처음 3개의 동전이 100원 짜리

**해답 4.**
1) 0.7583

| | |
|---|---|
| 2) 4개의 동전을 뽑을 때, 500원짜리가 하나도 없다. | |
| 3) 6개의 동전을 뽑을 때, 3개는 100원짜리, 3개는 500원짜리 | 3) 0.2997 |
| 4) 6개의 동전을 뽑을 때, 많아야 4개는 100원짜리 | |
| 5. 학교 토론팀은 4명으로 이루어졌다. A과에서 6명, B과에서 4명, C과에서 5명이 훈련계획에 참여했다. 마지막 팀은 이들 학생가운데 뽑는다. 팀이 다음과 같이 구성될 확률을 구하여라. | 5. |
| 1) A과의 학생의 하나도 없다 | 1) 0.0923 |
| 2) C과의 학생이 적어도 2명이 있다. | |
| 3) B과에서 정확히 1명의 학생이 뽑힌다. | 3) 0.4835 |
| 4) A과에서 많아야 1명이 뽑힌다. | |

# 10.6 정규분포

이산확률분포에 대해 배웠다. 정규분포를 특별히 강조하는 연속확률 분포를 알아보자. 정규분포는 많은 자연적으로 일어나는 현상을 모델로 하는데 이용될 수 있는 매우 특별한 분포이다. 정규분포는 비교적 다루기 쉬우므로 유용할 수 있다. 처음에 1773년경 프랑스 수학자 Abraham de Movire에 의해 조사되었고 19세기초에 Carl Friedrich Gauss에 의해 확장되고 재정리 되었다.

정규분포 그래프, 정규곡선은 때때로 오차 곡선 또는 가우스 곡선으로 알려진다. 정규분포는 이항분포와 Poisson 분포와 같은 다른 분포의 극한분포라고 지적할만한 가치가 있다. 여기서는 이항분포를 조사할 것이다.

## □ 연속임의 변수

변수가 특별힌 구간에서 임의의 값을 가질 때 연속임의변수(continuous random variable)를 갖는다고 말한다. 키, 몸무게, 시간과 질량을 포함하는 연속임의 변수를 이용하여 양의 모델화를 할 수 있다. 예로서 100명의 키가 히스토그램(그림10-7)과 같은 분포를 찾을 수 있다. 이를 테면 185cm보다 작은 사람의 수를 구하기 위해 그래프를 이용할 수 있다. 주어진 값 앞에 기둥을 모두 더하면 된다. 실제로 그래프 아래 넓이로서 기둥의 넓이를 구하는 것이다. 그러나 183cm보다 작은 사람의 수를 구하고 싶다면 이 키는 어느 기둥의 끝점이 아니기 때문에 기둥을 이용할 수 없다.

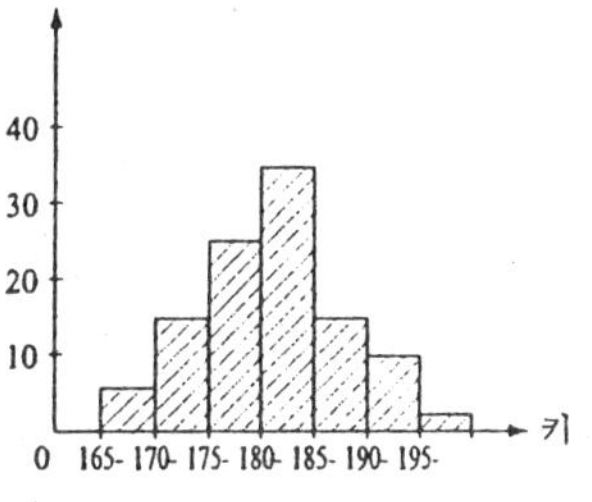


(그림 10-7)

이 모양을 조사시키는 수학적 공식을 찾을 수 있다면 공식이 이와 같은 질문에 대해 대답하는데 이용될 수 있다. 다양한 범위의 키에 맞는 옷을 제작하는데 이러한 공식이 의류생산 업체는 도움을 받을 것이다. 사용하게 되는 어떤 공식도 자료에 딱 들어맞지 않을 것이다. 공식은 음수인 키가 나올 수도 있다. 그러나 상당히 많은 사람들을 대상으로 공식을 만들면 성공적인 모델로 받아들일 수 있다.

연속임의변수에 대해 언급할 것은 어떤 특별한 값을 가질 확률은 0이라는 것이다.

키를 예로 들면 키가 170cm를 갖는 다는 것은 실제로 169.5cm와 170.5cm범위에 있다는 것이다. 또 170.4cm의 키를 갖는다는 것은 170.35cm와 170.45cm 범위에 있는 것이다.

$X$가 연속임의 변수이면 모든 $x$값에 대해 $P(X=x)=0$이다. 기둥의 끝값이 아닌 경우는 이산임의변수에서 할 수 있는 것처럼 확률은 더할 수 없다. 따라서 미적분에 의지해야하고 그래프와 $x$축 사이의 넓이를 계산해야 한다. 확률분포함수를 다루기 때문에 확률은 0과 1 사이므로 그래프는 $x$축 아래에는 나타나지 않는다.

계속해서 키의 예에서 $X$는 키를 나타내는 연속임의변수라고 하자. $P(X=170)=0$이다. $P(169.5<X<170.5)\neq 0$이다. $X$의 확률분포함수(probability distribution function)를 $P(a\leq X\leq b)=\int_{-\infty}^{\infty} f(x)dx$인 함수 $f(x)$로 정의한다. 그래프(그림10-8)에서 확률은 그래프의 어두운 부분으로 나타내어진다.

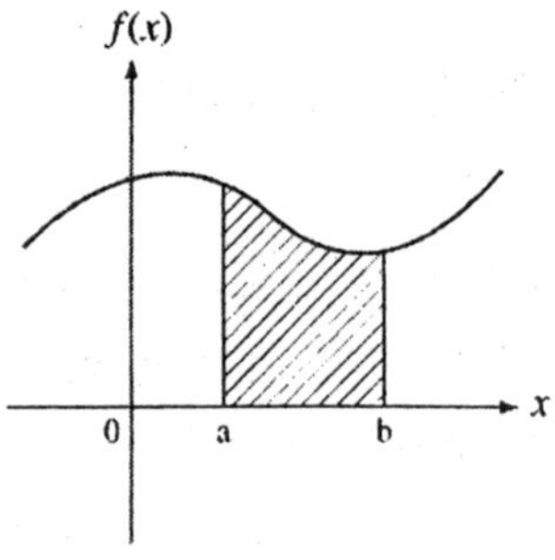

**(그림 10-8)**

즉 $y=f(x)$의 그래프와 $x$축 $x=a$, $x=b$로 둘러싸인 부분의 넓이이다. 함수 $f(x)$가 확률밀도함수(probability density function)이기 위해서는 모든 x에 대해 $f(x)\geq 0$이고 $\int_{-\infty}^{\infty} f(x)dx=1$이다.

$P(X=x)=0$이므로,

$P(a\leq X\leq b)=P(a\leq X<b)=P(a<X\leq b)=P(a<X<b)$이다. 연속임의 변수와 관련된 간단한 통계값을 구할 수 있다.

$f(x)$가 확률분포함수이면 최빈수(mode)는 곡선의 극댓값을 갖는 $x$좌표이다.

$P(X<m)=\frac{1}{2}$인 중앙값(median) m은 가운데 값이다.

## □ 정규분포

정규분포(normal distribution)는 연속임의 변수에 대한 모든 확률분포중 가장 유용하다. 그래프는 대칭적인 종모양으로 특징 지워진다. 이 모양은 모집단의 카 또는 모집단의 지능지수와 같이 많은 자연스럽게 일어나는 변수에서 모은 자료에 대한 모델로 이용될 수 있다.

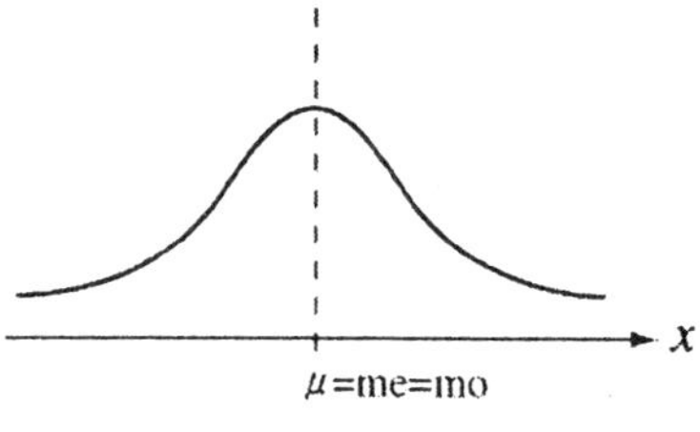


(그림 10-9)

그래프(그림10-9)의 대칭적인 성질은 정규분포에서 평균, 중앙값, 최빈수가 모두 일치함을 의미하고 이 값은 대칭축이 된다.

그래프가 $Y$축 위에 있더라도 양과 음의 방향으로 무한히 확장될 수 있다. 정상적으로 분포된 변수는 임의의 값을 가정할 수 있다.

방정식에 대한 규칙은 복잡하다. $\mu$가 분포의 평균이고 $\sigma$가 분포의 표준편차이면 $f(x)=\dfrac{1}{\sigma\sqrt{2\pi}}e^{-\frac{1}{2}(\frac{x-\mu}{\sigma})^2}$이다.

다행히 이 공식을 기억하는 것은 요구되지 않는다. 그래프(그림10-10)를 보면 $x=\mu$일 때 최대값이 됨을 알 수 있다. 방정식에 대입하면,

$f(x)=\dfrac{1}{\sigma\sqrt{2\pi}}e^0=\dfrac{1}{\sigma\sqrt{2\pi}}$을 얻는다.

확률밀도함수의 조건을 확인할 필요가 있다. 모든 $x$에 대해 $f(x)\geq 0$이고

$\displaystyle\int_{-\infty}^{\infty}\frac{1}{\sigma\sqrt{2\pi}}e^{-\frac{1}{2}(\frac{x-\mu}{\sigma})^2}dx=1$이다. 곡선 아래 부분의 전체 넓이가 1이다.

다음 (그림10-11)은 특별한 경우의 확률을 $\mu$, $\sigma$를 이용하여 나타낸 것이다.

예를 들면, 특별한 모집단의 키가 $\mu=170cm$, $\sigma=6cm$인 정규분포를 따른다면 범위는 다음과 같다.

$\mu\pm\sigma$내에 68% 즉, $164cm \sim 176cm$

$\mu\pm 2\sigma$내에 95% 즉, $158cm \sim 182cm$

$\mu\pm 3\sigma$ 내에 99.7% 즉, $157 \sim 188cm$

연속임의변수 $X$가 평균 $\mu$, 분산 $\sigma^2$인 정규분포

를 이루면 $X \sim N(\mu, \sigma^2)$과 같이 나타낸다. 68%, 95%, 99.7%규칙을 어떤 상황에서 이용할 것이다.

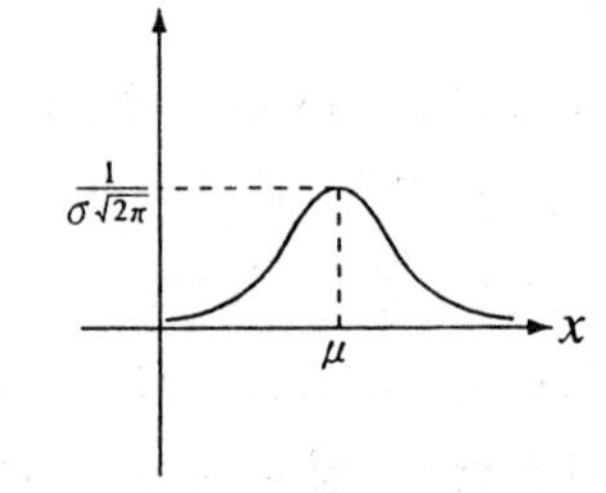


**(그림 10-10)**

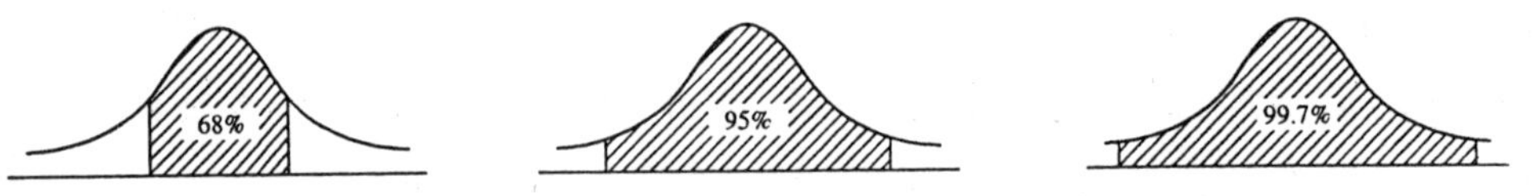


$P(\mu-\sigma \leqq x \leqq \mu+\sigma)=0.68\%$ $P(\mu-2\sigma \leqq x \leqq \mu+2\sigma)=95\%$ $P(\mu-3\sigma \leqq x \leqq \mu+3\sigma)=99.7\%$

**(그림 10-11)**

**[예제 1]** — (정규분포의 이용)

학교운동회에서 100$m$ 경주를 모든 학생이 참가하는데 $X$는 초로 나타낸 것이고 $X \sim N(15, 4)$인 분포를 이룬다고 한다.

1) 가운데 68%에 들 범위를 구하여라.

2) 19초 이상 걸릴 학생의 비율을 구하여라.

**풀이** $\mu=15,\quad \sigma^2=4,\quad \sigma=2$에서

1) $15 \pm 2$ 따라서 $13 \sim 17$초

2) $19=\mu+2\sigma$이므로 이 범위 바깥은 5%이다.

따라서, 19초 이상 걸릴 학생의 비율은 2.5%이다. ▣

## ◈◈◈ 연습 문제 10-6 ◈◈◈

| | 해 답 |
|---|---|
| 1. $X \sim N(10, 4)$를 따를 때 다음 확률을 가질 범위를 구하여라. | 1. |
| 1) 가운데 68% | 1) $8 \sim 12$ |
| 2) 가운데 95% | 2) $6 \sim 14$ |
| 3) 가운데 99.7% | 3) $4 \sim 16$ |
| 2. 모집단의 키 $X$는 $X \sim N(170, 81)$을 따른다고 한다. 모집단에서 기대되는 퍼센트를 구하여라. | 2. |
| 1) $152 \sim 188cm$ 2) $197cm$보다 크다. | 1) 95% 2) 0.15% |
| 3) $170cm$보다 작다 4) $161 \sim 197cm$ 범위 | 3) 50% 4) 84% |
| 3. 다른 분포에 대해 $P(a \le X \le b) = 0.92$인 $a, b$를 구하여라. | 3. |
| 1) $N(14, 26)$ 2) $N(20, 3)$ | |
| 3) $N(26, 12)$ 4) $N(20, 9)$ | 4) $a = 14$, $b = 26$ |
| 4. Mg을 갖는 동전이 $M \sim N(50, 9)$를 따른다고 한다. 무게가 47g보다 작으면 동전은 버려진다. 몇%의 동전이 버려진다고 기대되는가? | 4. 16% |

# 10.7 표준정규분포

변수에 대해 68%, 95%, 99.7% 범위를 찾기만 원하지 않으면 정규분포에 대한 방정식은 작업하기에 어렵다. 다행히 이런 경우를 다루는 방법이 있다. 표준정규분포(standard normal distribution)에 대한 표가 만들어져 있다. 이것은 평균이 0 분산이 1인 정규분포이다.

중요성 때문에 표준정규분포에 대한 문자는 $Z$를 이용한다.

표준정규분포는 $Z \sim N(0,1)$인 정규분포이다.

$\mu$와 $\sigma$의 다른 값에 대한 표를 만드는 것이 가능하지만 각 쌍에 대해 다른 표가 만들어진다. 이런 곤란을 피하기 위해 표준정규분포표가 모든 값에 대해 이용될 수 있다. 최근에 그래픽 계산기의 발달은 이들 표조차도 더 이상 필요하지 않게 되었다.

그러나 계산기 옆에 표를 두고 이용하는 것이 더 이익이다.

이제 표의 이용법을 설명한다. 각자 그래픽 계산기 이용법도 익혀라. 정규분포를 표준정규분포로 고치기 위해 다음 공식을 이용한다.

$X \sim N(\mu, \sigma^2)$이면 $\dfrac{X-\mu}{\sigma} = Z \sim N(0,1)$

표준정규분포에 대해 준비된 표의 값은 $P(0 \le Z \le z)$인 확률을 나타낸다.(그림10-12)

표준정규분포표의 일부를 나타내면 다음과 같다.

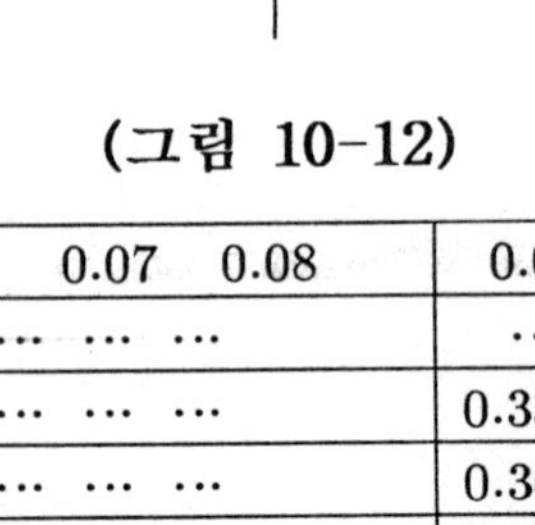


**(그림 10-12)**

| $Z$ | 0.00 | 0.01 0.02 0.03 0.04 | 0.05 | 0.06 0.07 0.08 | 0.09 |
|---|---|---|---|---|---|
| … | … | … … … | … | … … … | … |
| 0.9 | 0.3159 | … … … | 0.3289 | … … … | 0.3389 |
| 1.0 | 0.3413 | … … … | 0.3531 | … … … | 0.3621 |
| 1.1 | 0.3643 | … … … | 0.3749 | … … … | 0.3850 |
| 1.2 | 0.3849 | … … … | 0.3944 | … … … | 0.4015 |
| 1.3 | 0.4032 | … … … | 0.4155 | … … … | 0.4177 |

$P(Z < 0.9) = 0.5 + P(0 \le Z \le 0.9) = 0.5 + 0.3159 = 0.8159$

$P(Z < 0.95) = 0.5 + P(0 \le Z \le 0.95) = 0.5 + 0.3289 = 0.8289$

전체표는 <부록>에 나타나 있다.

**[예제 1]** — (표준화)

$X$는 평균 10, 분산 9인 정규분포를 따르는 임의변수이다. $x = 14$를 나타내는 $Z$값을 구하여라.

**풀이** $X \sim N(10, 3^2)$이므로 $Z = \dfrac{X-\mu}{\sigma} = \dfrac{14-10}{3} = \dfrac{4}{3} = 1.33$

$\therefore\ Z = 1.33$ ▣

정규분포곡선은 대칭이다. 이것은 표준정규분포곡선 ($\mu = 0,\ \ \sigma^2 = 1$)을 이용하여 쉽게 나타낼 수 있다.

$P(X < a) = P(X > b)$이면 $a = -b$이다.(그림10-13)

또, $P(X < b) + P(X > b) = 1$에서

$P(X > b) = 1 - P(X < b)$이다.

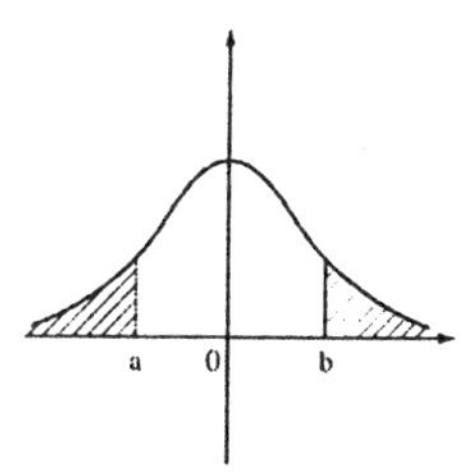


**(그림 10-13)**

**[예제 2]** — (표준정규분포표 이용)

어떤 도시의 1년 강우량 $Xmm$는 $X \sim N(2000, 40000)$을 따른다고 한다. 강우량이 $1750mm$보다 작을 확률을 구하여라.

**풀이** $\mu = 2000,\quad \sigma = 200$에서

$$Z = \frac{X-\mu}{\sigma} = \frac{1750-200}{200} = -1.25$$

$$P(X<1750)=P(Z<-1.25)$$
$$=P(Z>1.25)=0.5-P(0\le Z\le 1.25)$$
$$=0.5-0.3944=0.1056$$ ▣

**[예제 3]** — (표준정규분포표 이용)

예제 2와 같은 분포를 이루는 $X$에 대해 다음 물음에 답하여라.

1) $P(2050<X<2200)$　　　2) $P(1700<X<2100)$

**풀이** $\mu=2000,\quad \sigma=200$에서

1) $P(2050<X<2200)=P(\frac{2050-2000}{200}<Z<\frac{2200-2000}{200})$

$=P(0.25<Z<1)$

$=P(0\le Z<1)-P(0\le Z<0.25)$

$=0.3413-0.0987=0.2426$ (그림10-14)

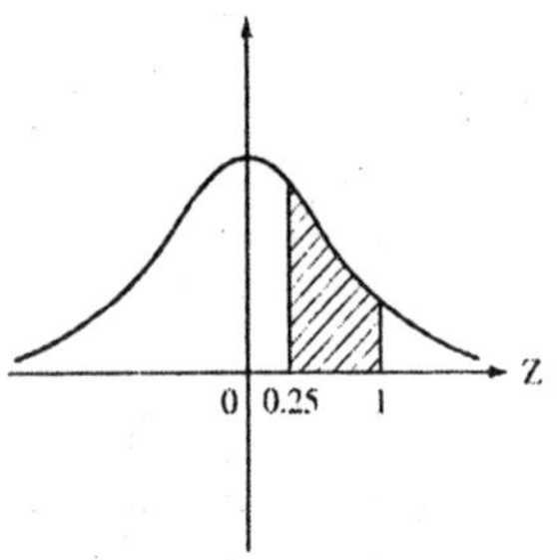


**(그림 10-14)**

2) $P(1700<X<2100)=P(\frac{1700-2000}{200}<Z<\frac{2100-2000}{200})$

$=P(-1.5<Z<0.5)$

$=P(0\le Z<1.5)+P(0\le Z<0.5)$

$=0.4322+0.1915$

$=0.6247$ (그림10-15)

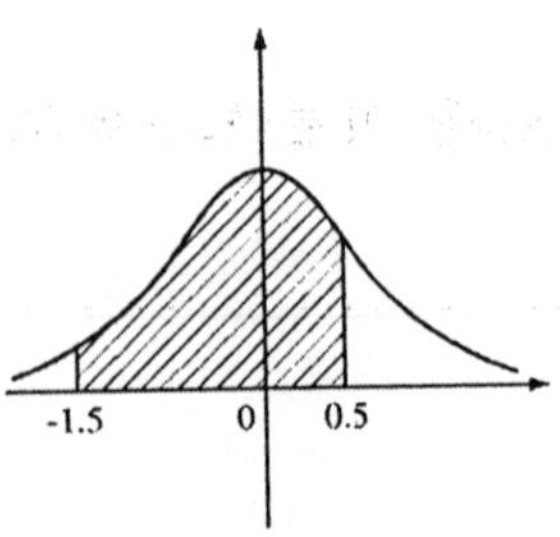


**(그림 10-15)** ▣

이번에는 $P(X<\kappa)=a$인 $\kappa$를 구하는 문제를 다루어 보자

**[예제 4]** — (표준정규분포표 활용)

$X \sim N(2000, 200^2)$을 따르는 $X$에 대해 다음을 만족하는 $\kappa$를 구하여라.

1) $P(X<\kappa)=95\%$

2) $P(X>\kappa)=0.8$

**풀이** 1) $P(Z< \dfrac{\kappa-2000}{200})=0.95$, 표준정규분포표에서

$\dfrac{\kappa-2000}{200}=1.1645$(그림10-16)

$\kappa=1.645\times200+2000=2329$

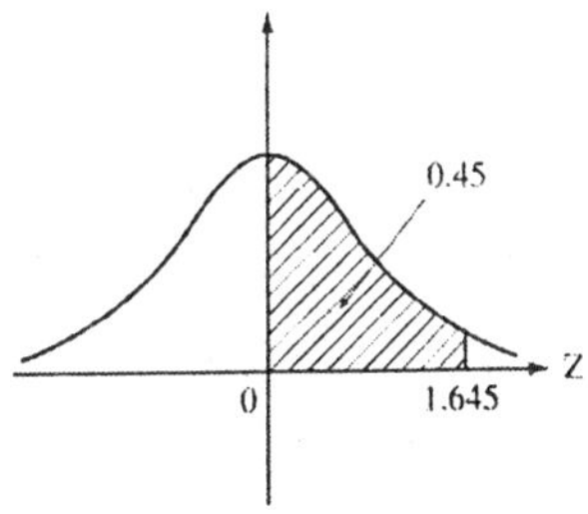


(그림 10-16)

2) $P(Z> \dfrac{\kappa-2000}{200})=0.8$, 표준정규분포표에서

$-0.842=\dfrac{\kappa-2000}{200}$(그림10-17)

$\kappa=200\times(-0.842)+2000=1831.6$ ▣

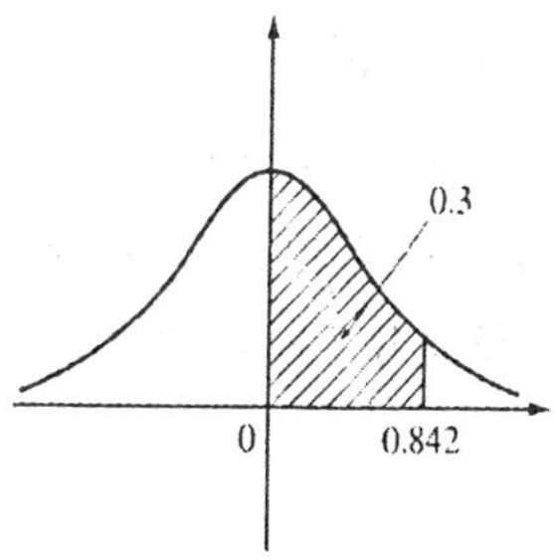


(그림 10-17)

# ◆◆◆ 연습 문제 10-7 ◆◆◆

1. $X \sim N(15, 9)$에서 다음 $x$값에 대응하는 $z$값을 구하여라.

   1) 18　　2) 21　　3) 22
   4) 16　　5) 14　　6) 13
   7) 11　　8) 9　　9) 16.2
   10) 13.3

2. 다음 확률을 구하여라.

   1) $X \sim N(5, 1)$, $P(X < 6.5)$
   2) $X \sim N(12, 9)$, $P(X < 13.2)$
   3) $X \sim N(10, 4)$, $P(X > 7.5)$
   4) $X \sim N(4, 1)$, $P(X > 3.5)$
   5) $X \sim N(50, 100)$, $P(62 < X < 70)$
   6) $X \sim N(65, 81)$, $P(53 < X < 72)$

3. $Z \sim N(0, 1)$을 이용하여 $\kappa$를 구하여라.

   1) $P(|Z| < \kappa) = 0.85$
   2) $P(|Z| > \kappa) = 0.05$
   3) $P(|Z| \le \kappa) = 0.88$
   4) $P(|Z| \ge \kappa) = 0.1$

**해 답**

1.
1) 1　　2) 2
8) $-2$

2.
1) 0.9332
2) 0.6554
3) 0.8944

3.
1) 1.44
2) 1.96
3) 1.555
4) 1.645

# 10.8 이항분포의 근사

이항확률분포에 대해 알아보자. $X$는 10개의 동전을 던져 앞면이 나오는 수를 나타내면 $X \sim B(10, 0.5)$를 따른다.

$P(X \le 2) = P(X=0) + P(X=1) + P(X=2)$이다.

그러나 $X \sim B(500, 0.5)$를 따른다면 $P(X \le 247)$을 어떻게 계산할 것인가? $n$이 상당히 큰 값일 때 이항분포는 정규분포에 근사시킬 수 있음을 이용한다. 시행의 수가 커질수록 부드러운 곡선으로 조사되는 다음 그래프(그림10-18)를 보면 알 수 있다.

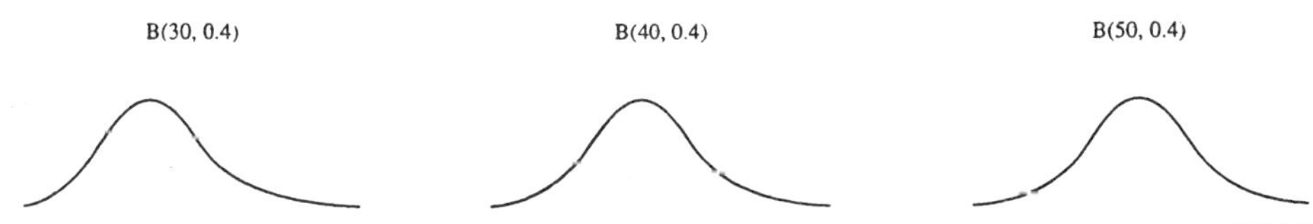


**(그림 10-18)**

$B(n,p)$에서 $\mu = np$이고 $\sigma = \sqrt{np(1-p)}$임을 배웠다. $n$이 상당히 크면 즉, $np \ge 10$, $nq \ge 10$일 때, $X \sim B(n,p)$는 $X^* \sim N(np, npq)$에 근사된다.

이항분포는 이산분포이고 정규분포는 연속분포이므로

$X \sim B(50, 0.2)$에서 $P(X > 30) = P(X \ge 31)$이지만

$P(X^* > 30) \ne P(X^* \ge 31)$이다.

따라서, 다음과 같은 연속 수정의 방법을 이용한다.

$P(X-a)$는 $P(a-0.5 < X^* < a+0.5)$

$P(a < X < b)$는 $P(a+0.5 < X^* < b-0.5)$

$P(a \le X \le b)$는 $P(a-0.5 \le X^* \le b+0.5)$

**[예제 1]** — (이항분포의 정규분포 근사)

공정한 동전을 20번 던졌다. 적어도 15번 앞면이 나올 이항확률을 구하고 정규 근사에 의해 얻은 값과 비교하여라.

**풀이** $X \sim B(20, 0.5)$에서

$$P(X \geq 15) = {}_{20}C_{15}0.5^{15}0.5^{5}$$
$$+ {}_{20}C_{16}0.5^{20} + {}_{20}C_{17}0.5^{20} + {}_{20}C_{18}0.5^{20} + {}_{20}C_{19}0.5^{20} + {}_{20}C_{20}0.5^{20}$$
$$\approx 0.021$$

$$np = 20 \times 0.5 = 10, \quad nq = 20 \times 0.5 = 10,$$
$$\mu = 10, \quad \sigma = \sqrt{20 \times 0.5 \times 0.5} = \sqrt{5}$$
$$P(X \geq 15) = P(X^* \geq 14.5) = P(Z \geq \frac{14.5 - 10}{\sqrt{5}})$$
$$= P(Z \geq 2.012) = 0.022$$

**[예제 2]** — (표준화와 정규분포 수정)

출근하는데 걸리는 시간 $X$분은 $X \sim N(20, 100)$을 따른다.

1) 출근하는데 28분 이상 걸릴 확률을 구하여라.(28분 이상 걸리면 지각한다)
2) 일년에 240일 일하는데 65일 보다 더 많이 지각할 확률을 구하여라.

**풀이** 1) $P(X \geq 28) = P(Z \geq \frac{28 - 20}{10} = P(Z \geq 0.8)$

$$= 0.5 - P(0 \leq Z0.8) = 0.5 - 0.2881$$
$$= 0.2119(\text{그림}10\text{–}19)$$

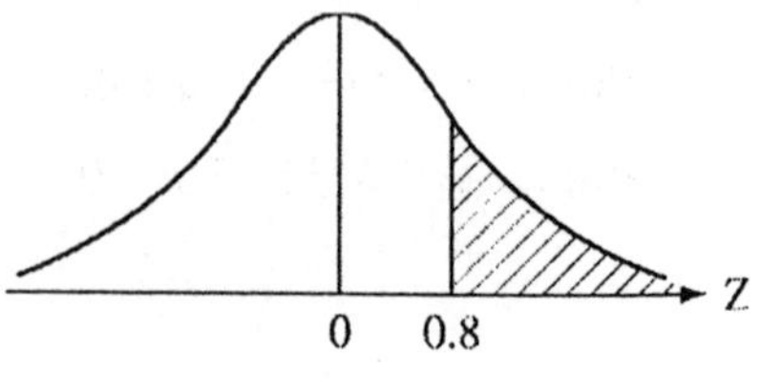


**(그림 10-19)**

2) $n = 240, \quad p = 0.2119$

$X \sim B(240, 0.2119)$를 따른다.

$np = 50.856 \quad nq = 189.144$

따라서, 정규분포로 근사시킬 수 있다.

$$\mu = np = 50.856 \quad \sigma = \sqrt{npq} = \sqrt{40.08}$$

$$\begin{aligned} P(X > 65) &= P(X \geq 66) = P(X^* \geq 65.5) \\ &= P(Z \geq \frac{65.5 - 50.856}{\sqrt{40.08}}) = P(Z \geq 2.313) \\ &= 0.5 - P(0 \leq Z < 2.313) \\ &= 0.5 - 0.4897 = 0.0103 \text{ (그림10-20)} \end{aligned}$$

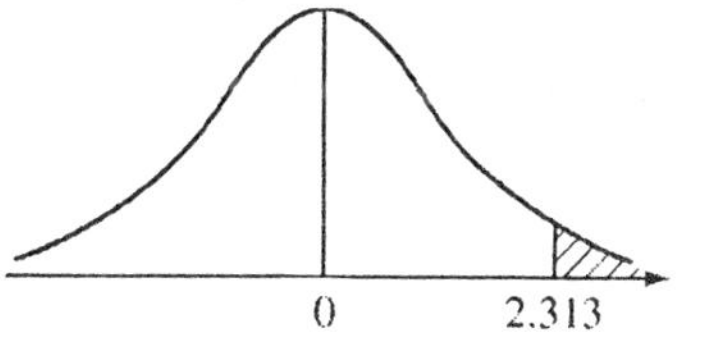


(그림 10-20)

## ◈◈◈ 연습 문제 10-8 ◈◈◈

1. $X \sim B(200, 0.35)$일 때, 정규분포를 이용하여 다음 값을 구하여라.

   1) $P(X < 50)$　　2) $P(X < 75)$

   3) $P(X > 62)$　　4) $P(X < 83)$

   5) $P(X \le 76)$　　6) $P(X \ge 80)$

   7) $P(75 < X < 81)$　　8) $P(60 < X < 77)$

   9) $P(60 \le X \le 83)$　　10) $P(72 \le X \le 79)$

2. 공정한 동전을 300 던질 때 다음을 구하여라.

   1) 앞면이 160번보다 더 많이 나타난다.

   2) 앞면이 135번보다 더 적게 일어난다.

   3) 앞면이 132이상 148번 이하 일어난다.

**해 답**

1.

1) 0.0012

2) 0.2076

3) 0.8669

4) 0.9680

2.

1) 0.1127

2) 0.0367

3) 0.4149

## Home Work

1. 두 개의 공정한 주사위를 던질 때 $X$는 두 주사위에 나타난 눈의 합이다. 다음을 구하여라.
   1) $P(X \geq 10)$ 2) $P(5 < X \leq 9)$ 3) $E(X)$

2. A는 농구의 프리드로우 라인에서 골을 성공시길 확률이 0.85이다. 50개의 슛을 할 때 다음을 구하여라.
   1) 기댓값을 구하여라. 2) 95% 성공이 기대되는 슛의 수의 범위

3. 다음 표는 이산확률분포를 나타낸다.

| $x$ | 1 | 2 | 3 | 4 | 5 |
|---|---|---|---|---|---|
| $P(X=x)$ | $2t^2$ | $4t^2$ | $2t^2$ | $6t^2$ | $2t^2$ |

   1) $t$를 구하여라. 2) 표를 다시 그려라.
   3) $E(X)$를 구하여라. 4) $V(X)$를 구하여라.

4. 변수 $F \sim B(50, 0.2)$에서 $B(50, 0.2)$의 의미를 설명하고 $E(F)$, $SD(F)$를 구하여라.

5. 주사위는 $P$(홀수)$= 3 \times P$(짝수)이다.
   1) 홀수가 나오면 성공이라고 한다. $P$(성공)을 구하여라.
   2) 주사위를 30번 던질 때 $X \sim B(n, p)$를 써라.
   3) $E$(홀수),
   4) $P(X = 29)$

6. 가방에 6개의 파란 펜과 8개의 녹색 펜이 들어 있다. 가방에서 4개의 표본을 꺼낸다.
   1) 녹색 펜을 뽑는 수에 대한 표준편차를 구하여라.
   2) 파란 펜을 뽑는 수에 대한 표준편차를 구하여라.

7. 다음 확률분포에 대해 물음에 답하여라.

| $x$ | $-2$ | $-1$ | $0$ | $1$ | $2$ |
|---|---|---|---|---|---|
| $P(X=x)$ | 0.15 | 0.2 | 0.1 | 0.25 | 0.2 |

   1) $E(X)$ 2) $V(X)$ 3) $E(3X-2)$
   4) $E(X^2-2X)$ 5) $V(3X-2)$

8. $X \sim N(10, 9)$에서 $P(a \le X \le b) = 0.95$일 때, $a, b$를 구하여라.

9. $X \sim N(100, 49)$에서 $P(X > 102)$를 구하여라.

10. $X \sim N(50, 16)$에 대해 다음을 구하여라.
   1) $P(X > 48)$ 2) $P(X \le 60)$ 3) $P(43 < X < 61)$

11. 공정한 동전을 200번 던질 때 $X$는 뒷면이 나온 수이다. 다음을 구하여라.
   1) $P(X \ge 110)$ 2) $P(X < \kappa) = 0.98$일 때, $\kappa$

12. $X \sim N(120, 40)$에서 $\kappa$를 구하여라.
   1) $P(X > \kappa) = 0.15$ 2) $P(X < \kappa) = 0.25$

13. 시험에서 점수 $X$는 $X \sim N(85, 49)$를 따른다.
   1) 15%의 학생이 낙제한다면 통과되는 최저점수는?
   2) 100점 만점이었다면 몇% 학생이 만점을 얻었는가?
   3) $P(\mu - 1.5\sigma \le X \le \mu + 1.5\sigma)$를 구하여라.

14. 제과점에서 500g, 1kg, 2kg의 케익을 만든다. 케익의 무게가 정규분포를 이루고 표준편차가 8g이라고 한다.

1) $X \sim (500, 8^2)$을 따를 때, $P(500-a \le X \le 500+a)=0.7$인 $a$를 구하여라.

2) 2kg 케이크 5개를 1상자에 넣을 때 1상자에서 무게가 2.02kg 보다 더 나가는 케이크의 수를 구하여라.

3) 500g 케이크 5개를 샀는데 적어도 4개가 510g을 넘을 확률을 구하여라.

# 찾아보기

ⓩ



ⓒ



ⓚ

ⓔ



ⓟ



ⓗ

# College General Mathematics

# 大學 一般數學


<정가 28,000원>

2011년 3월 2 일 인쇄
2011년 3월 7 일 발행

저 자 : 김 병 무
발행인 : 신 동 수
발행처 : 도서출판 신 성

주 소 : 서울시 동작구 흑석1동 207-6
전 화 : 814-7655 FAX : 812-7109
등록일자 : 1989년 10월 27일 등록번호 : 14-85호